Deepen Your Mind

前言

- 本書是一本程式集？並不是。
- 本書是一本程式設計故事匯？並不是。

本書是一本透過故事說明程式如何設計的程式設計方法集。

- 本書是給連 Hello World 都沒寫過的非程式設計師看的書嗎？並不是。
- 本書是給玩過穿孔紙帶（0/1）、寫過組合語言、BASIC、C、C++、Java、C#、Python 等語言，開發過大型系統的骨灰級程式設計師看的書嗎？並不是。

本書希望能給這樣的讀者一些好的建議和提示：

- 渴望了解 OO（Object Oriented，物件導向）世界的初學者
- 困惑於僵硬、脆弱、無法重複使用的程式設計師
- 打著 OO 程式設計的旗號，做著 PO（Procedure Oriented，過程）開發導向的基於物件的程式設計師
- 習慣了用 Python 框架、函數庫、自動化開發而忽視了軟體開發本質的程式設計師
- 決心脫離「藍領程式設計師」圈的程式設計師

✣ 本書起因

寫這本書源於我的一次做教育訓練的經歷，學生大多是電腦專業學生或有過一定經驗的在職開發者。他們都知道類別、方法、建構方法、甚至抽象類別、介面等概念，並用 Visual Studio 寫過桌面或 Web 程式，可是當我提問**為什麼要物件導向，它的好處在哪裡**時，卻沒有人能完整地講出來，多數人的反應是，概念是知道的，就是表達不清楚。

針對於此，我舉了中國古代的四大發明中活字印刷的例子（見第 1 章），透過一個虛構的曹操做詩的情景，把物件導向的幾大好處講解了一下，

學生普遍感覺這樣的教學比直接告訴物件導向有什麼好處要更加容易理解和記憶。

這就使得我不斷地思考這樣一個問題，學一門技術是否需要**趣味性**以及**通俗性**的引導。

我在思考中發現，看小說時，一般情況下我都可以完整地讀完它，而閱讀技術方面的圖書，卻很少按部就班、每章每頁的仔細閱讀。儘管這兩者有很大區別，技術書中可能有不少知識是已經學會或暫時用不上的內容，但也不得不承認，小說之所以可以堅持讀完是因為我對它感興趣，作者的精妙文筆版面配置在吸引我。而有些技術書的枯燥乏味使得讀者閱讀很難堅持，很多時候讀個幾章就進入書架了。

技術的教學同樣如此，除非學生是抱著極大的學習動機來參與其中，否則照本宣科的教學、枯燥乏味的講解，學生一定會被龐雜的概念和複雜的邏輯攪暈了頭腦，致使效果大打折扣。也正因如此，造成部分學生學了四年的電腦程式設計，卻可能連物件導向有什麼好處都還說不清。

為什麼不可以讓技術書帶點趣味性呢，哪怕這些趣味性與所講的技術並不十分貼切，只要不是影響技術核心的本質，不產生重大的錯誤，讓讀者能輕鬆閱讀它，並且有了一定的了解和感悟，這要比一本寫得高深無比卻被長期束之高閣的書要好得多。

也正是這個原因，本人開始了關於設計模式的趣味性寫作的嘗試。

✤ 本書讀者

顯然本書不是給零程式設計經驗的人看的，對想入這一行的朋友來說，找一門程式語言，從頭開始或許才是正道。而本書也不太適合有多年物件導向開發經驗、對常用設計模式瞭若指掌的人——畢竟這裡更多的是講解一些基本觀念的東西。

我時常拿程式設計師的成長與足球運動員的成長做對比。

GoF 的《設計模式》好比是世界頂級足球射門集錦,《重構》、《敏捷軟體開發》、《設計模式解析》好比是一場場精彩的足球比賽。雖然我為之瘋狂,為之著迷,可是我並不只是想做一個球迷(**軟體使用者**),而是更希望自己能成為一個球員(**軟體設計師**),能夠親自上場比賽,並且最終成為球星(**軟體架構師**)。我仔細地閱讀這些被譽為經典的著作,認真實踐其中的程式,但是我總是半途而廢、堅持不下去,我痛恨自己意志力的薄弱、憎惡自己輕易地放棄,難道我真的就是那麼的笨?

痛定思痛,我終於發現,比利、馬拉度納不管老、胖都是用來敬仰的,貝克漢、小羅納多不管美、醜都是用來欣賞的,但他們的球技……唉,客氣地說,是不容易學會的,客觀地說,是**不可能**學得會的。為什麼會這樣?原來,我學習中缺了一個很重要的環節,我們在看到了精彩的球賽、欣賞球星高超球技的同時,卻忽略了球星的成長過程。他們儘管有一定天分,但卻也是從最底層透過努力一點一點慢慢顯露出來的,我們需要的不僅是世界盃上的那定乾坤的一腳,更需要了解這一腳之前是如何練出那種神奇腳法的方法,對於程式設計師來講,精彩的程式的實現想法,要比看到精彩的程式更加令人期待。

本書顯然不是培養球星(軟體架構師)的豪門俱樂部,而是訓練足球基本功的體校,教育訓練的是初學足球的小球員(物件導向的程式設計師),本書希望的是讀者閱讀後可以打好物件導向的基礎,從而更加容易並深入理解和感受 GoF 的《設計模式》以及其他大師作品的魅力。

❖ 本書定位

本書是在學習許多大師智慧結晶的圖書作品、分享了多位朋友的實踐經驗的基礎上,加之自己的程式設計感受寫出來的。正如牛頓有句名言:「如果說我比別人看得更遠些,那是因為我站在了巨人的肩上。」

顯然本書並沒有創造或發現什麼模式，因此談不上站在巨人肩膀上而看得更遠。所以作者更希望本書能成為一些準備攀登物件導向程式設計高峰的朋友的登山引路人、提攜者，在您登山途中迷路時給予指引一條可以堅實踩踏的路線，在您峭壁攀岩不慎跌落時給予保護和鼓勵。

✤ 本書特色

本書有兩個特色。

第一個特色是**重視過程**。我看了太多的電腦程式設計類的圖書，大多數書籍都是在集中講授優秀的解決方案或完美的程式範例，但對這些解決方案和程式的演變過程卻不夠重視。好書之所以好，就是因為作者可以站在學習者的角度去講解問題所在，讓學習門檻降低。《重構與模式》中有一句經典之語：「如果想成為一名更優秀的軟體設計師，了解優秀軟體設計的演變過程比學習優秀設計本身更有價值，因為設計的演變過程中蘊藏著大智慧。」本人就希望能透過小菜與大鳥的對話，在不斷地提問與回答過程中，在程式的不斷重構演變中，把設計模式的學習門檻降低，讓初學者可以更加容易地理解，為什麼這樣設計才好，你是如何想到這樣設計的。

第二個特色就是**貼近生活**。儘管程式設計是嚴謹的，不容大話和戲說，但生活卻是多姿多彩的，而設計模式也不是完全孤立於現實世界而憑空想出來的理論。事實上所有的模式都可以在生活中找到對應。因此，透過主人翁小菜和大鳥的對話，將求職、面試、工作、交友、投資、兼職、辦公室文化、生活百味等等非常接近程式設計師生活原貌的場景寫到了書中，用一個個小故事來引出模式，會讓讀者相對輕鬆地進入學習設計模式的狀態。當然，此舉的最大目的還是為了深入淺出，而非純粹噱頭。

❖ 本書內容

本書通篇都是以情景對話的形式，用一個又一個的小故事或程式設計範例來組織的。全書共分為四個部分。

- 第一部分（第 0 章）是楔子，主要是向不熟悉物件導向程式設計的讀者一個觀念說明，並透過一個例子的演變介紹類別、封裝、繼承、多形、介面、集合等概念。
- 第二部分（第 4~5 章，第 11 章）是物件導向的意義和好處以及幾個重要的設計原則──透過小菜面試的失敗引出；
- 第三部分（第 1~3 章、第 6~10 章、第 12~28 章）是詳細講解 23 個設計模式；
- 第四部分（第 29 章）是對設計模式的複習，利用小菜夢到的超級模式大賽的場景，把所有的物件導向和模式概念都擬人化來趣味性地複習設計模式之間的異同和關鍵點；

❖ 本書人物及背景

小菜：原名蔡遙，22 歲，上海人，上海某大學電腦專業大學四年級學生，成績一般，考研剛結束，即將畢業，正求職找工作，夢想進大廠。

大鳥：原名李大遼，29 歲，小菜的表哥，雲南昆明人，畢業後長期從事軟體開發和管理工作，近期到上海發展，借住小菜家在寶山的空房內。

小菜以向大鳥學習為由，也從市區父母家搬到寶山與大鳥同住。

❖ 本書研讀方法

本書建議按順序閱讀，如果您感覺由於物件導向知識的匱乏（例如對繼承、多形、介面、抽象類別的理解不足）造成閱讀上的困難，不妨先閱讀楔子的「教育訓練實習生──物件導向基礎」部分，然後再從第 1 章開

始閱讀。如果您已經對不少設計模式很熟悉，也不妨挑選不熟悉的模式章節閱讀。

本書中的很多精華都來自許多大師作品，建議讀者透過筆記形式記錄，將會有助您的記憶和理解設計模式，增強最終的讀書效果。

✤ 關於本書學習的疑問解答

- 看本書需要什麼基礎？

  主要是 Java 或其他程式語言的基礎知識，如變數、分支判斷、迴圈、函數等程式設計基礎，關於物件導向基礎可參看本書的楔子（第 0 章）。

- 設計模式是否有必要全部學一遍？

  答案是，Yes！別被那些說什麼設計模式大多用不上，根本不用全學的輿論所左右。儘管現在設計模式遠遠不止 23 種，對所有都有研究是不太容易的，但就像作者本人一樣，在學習 GoF 複習的 23 個設計模式過程中，你會被那些程式設計大師們進行偉大的技術思想洗禮，不斷增加自己對物件導向的深入理解，從而更好的把這種思想發揚光大。這就如同高中時學立體幾何感覺沒用，但當你裝潢好房子購買家俱時才知道，有空間感，懂得空間計算是如何的重要，你完全可能遇到買了一個大號的冰箱卻放不進廚房，或買了開關門的衣櫥（移門不佔空間）卻因床在旁邊堵住了門而打不開的尷尬。

  重要的不是你將來會不會用到這些模式，而是透過這些模式讓你找到「封裝變化」、「物件間鬆散耦合」、「針對介面程式設計」的感覺，從而設計出易維護、易擴充、易重複使用、靈活性好的程式。成為詩人後可能不需要刻意地按照某種模式去創作，但成為詩人前他們一定是認真地研究過成百上千的唐詩宋詞、古今名句。

如果說，數學是思維的體操，那設計模式，就是物件導向程式設計思維的體操。

- 我學了設計模式後時常會過度設計，怎麼辦？
作者建議，暫時現象，繼續努力。

設計模式有四境界：

1. 沒學前是一點不懂，根本想不到用設計模式，設計的程式很糟糕；
2. 學了幾個模式後，很開心，於是到處想著要用自己學過的模式，於是時常造成誤用模式而不自知；
3. 學完全部模式時，感覺諸多模式極其相似，無法分清模式之間的差異，有困惑，但深知誤用之害，應用之時有所猶豫；
4. 靈活應用模式，甚至不應用具體的某種模式也能設計出非常優秀的程式，以達到無劍勝有劍的境界。

從作者本人的觀點來說，不會用設計模式的人要遠遠超過過度使用設計模式的人，從這個角度講，因為怕過度設計而不用設計模式顯然是因噎廢食。當你意識到自己有過度使用模式的時候，那就證明你已意識到問題的存在，只有透過不斷的鑽研和努力，你才能突破「不識廬山真面目，只緣身在此山中」的瓶頸，達到「會當凌絕頂，一覽眾山小」的境界。

✤ 程式語言的差異

本書講的是物件導向設計模式，是用 Java 語言撰寫，但本書並不是主要講解 Java 語言的圖書，因此本書同樣適合 C#、VB.NET、C++ 等其他一些物件導向語言的讀者閱讀來學習設計模式。

就 C# 而言，主要差異來自 C# 對於子類別繼承父類別或實現介面用的都是 " : "，而 Java 中兩者是有區別的。

當 Cat 繼承抽象類別 Animal 時，C# 語法是

```
public class Cat : Animal
```

當 Superman 實現介面 IFly 時，C# 語法是

`public class Superman : IFly`

然後 C# 中類別中的方法，如果父類別是虛方法，需要子類別指定 new 或是 override 修飾符號。還有一些其他差異，但基本都不影響本書的閱讀。

C++ 的程式設計師，可能在語言上會有些差異，不過本書應該不會因為語言造成對物件導向思想的誤讀。

✣ 本書程式下載

儘管本書中的程式都提供下載，但不經過讀者的自己手動輸入過程，其實閱讀的效果是大打折扣的。強烈建議讀者根據範例自己寫程式，只有在運行出錯，達不到預期效果時再查看本書提供的來源程式，這樣或許才是最好的學習方法。有問題可即時與我聯繫。部落格是 http://cj723.cnblogs.com/。

✣ 不是一個人在戰鬥

首先要感謝我的妻子李秀芳對我寫作本書期間的全力支持，沒有她的理解和鼓勵，就不可能有本書的出版。

父母的養育才有作者本人的今天，本書的出版，尋根溯源，也是父母用心教育的結果。養育之恩，沒齒難忘。

本書起源於本人在「博客園」網站的部落格 http://cj723.cnblogs.com/ 中的連載文章《小菜程式設計成長記》。沒想到連載引起了不小的反響，網友普遍認為本人的這種技術寫作方式新穎、有趣、喜歡看。正是因為許多網友的支持，本人有了要把 GoF 的 23 種設計模式全部故事化的衝動。非常感謝這些在部落格回覆中鼓勵我的朋友。

這裡需要特別提及洪立人先生，他是本人在寫書期間共同為理想奮鬥的戰友，寫作也獲得了他的大力支持和幫助。在此對他表示衷心的感謝。

寫作過程中，本人參考了許多國內外大師的設計模式的著作。尤其是《設計模式》（作者：簡稱 GoF 的 Erich Gamma，Richard Helm，Ralph Johnson，John Vlissides）、《設計模式解析》（作者：Alan Shalloway，James R. Trott）、《敏捷軟體開發：原則、模式與實踐》（作者：Robert C.Martin）、《重構——改善既有程式的設計》（作者：Martin Fowler）、《重構與模式》（作者：Joshua Kerievsky）、《Java 與模式》（作者：閻宏）等等，沒有他們的貢獻，就沒有本書的出版。也希望本書能成為更好閱讀他們這些大師作品的前期讀物。

寫作過程中，本人還參考了 http://www.dofactory.com/ 關於 23 個設計模式的講解，並引用了他們的結構圖和基本程式。在部落格園中的許多朋友，比如張逸、呂震宇、李會軍、idior、Allen Lee 的博文，MSDN SmartCast 中李建忠的講座，CSDN 部落格中的大衛、ai92 的博文，網站 J 道 www.jdon.com 的版主 banq 的文章都給本人的寫作提供了非常大的指引和幫助，在此表示感謝。另外部落格園的雙魚座先生還對本人的部分程式提出了整改意見，也表示衷心的謝意。詳細參考資料與網站連結，見附錄。

事實上，由於本人長期有看書記讀書筆記的習慣，所以書中引用筆記的內容，也極有可能是來自某本書或某個朋友的部落格、某個網站的文章。而本人已經無法一一說出其引用的地址，但這些作者的智慧同樣對本書的寫作帶來了幫助，在此只能說聲謝謝。

最後，對清華大學出版社的相關工作人員，表示由衷的感謝。

程 杰

再版說明

✤ 再版背景

大家好！我是《大話設計模式》(2007 年第一版) 的作者，15 年來，承蒙讀者們的厚愛，《大話設計模式》(2007 年第一版) 獲得了非常大的成功。京東自營店中，此書就已經有 5 萬次評論，98% 的好評度。當當網中，有 2 萬+次評論，99.2% 的好評度。本書出版至今長達 15 年裡一直是國內原創電腦類圖書最暢銷的書籍之一。不過本書前作確實存在一些不足和缺憾，有很大提升空間。

多年來，我收到了數以千計的郵件建議，很多建議都非常好，我也不止一次地動心要大刀闊斧地更新一版。在 2022 年春天，受上海疫情影響居家隔離，終於有了大段時間對本書做一個全面升級，改進前作解讀方式，讓學習設計模式相對更加容易，讓閱讀體驗更加舒適。

✤ 程式語言替換為 Java

前作用 C# 作為程式演示語言，但大量讀者回饋，希望用更加熱門的 Python 或 Java 語言來解讀物件導向設計模式。

為什麼不用如日中天的 Python？Python 語言非常靈活，這種靈活依靠於 Python 強大的類別、函數庫、框架生態，所以 Python 語法對 OO 程式設計思想實際上是淡化了，對於設計模式的解析有時不容易找到精準的程式進行描述。

而 Java 作為老牌純正的 OO 程式語言，在規範性上有著天然優勢。因此新版的設計模式講解全部用 Java 語言來描述，並針對 Java 語言的特性對講解內容做了相當大的改動。

再次強調一點：**掌握設計模式相當於華山派的「氣宗」，是程式設計師的內功修為**，雖然在同樣的學習時間下，類似 Python 這種「劍宗」的開發模式見效更快，但是長遠來看，「氣宗」才是走向軟體架構師以上等級的必由之路。

✤ 內容改進與升級

內容是一本書的靈魂，對一本技術書來說，內容表示解讀是否合格。

- 此次升級對書中的大量細節做了更新，增補或替換了更加便於理解的解讀和案例。
- 對原書中工廠方法模式的內容進行了徹底重寫。
- 對部分章節，比如裝飾模式、觀察者模式、抽象工廠模式、單例模式等內容做了較大改動。
- 對很多模式的講解內容和程式範例做了完善，比如同一個商場收銀程式地不斷迭代升級在策略模式、裝飾模式、工廠方法模式、抽象工廠模式章節中都有表現。

由於原書成書時間較早，存在的部分錯誤做了修訂。在此對購買前作的作者說聲抱歉，也對指出錯誤的熱心讀者表示感謝。

✤ 圖表升級

本書上一版是黑白印刷，圖形以 UML 結構圖為主。黑白灰的平面圖形，很難一目了然地把知識和想法表達清楚。結合我的另一本圖書《大話資料結構》的改版經驗，我對本書所有圖表做了全面升級。

1. 修改了所有原來的 UML 結構圖，改為色彩鮮明的彩色 UML 圖

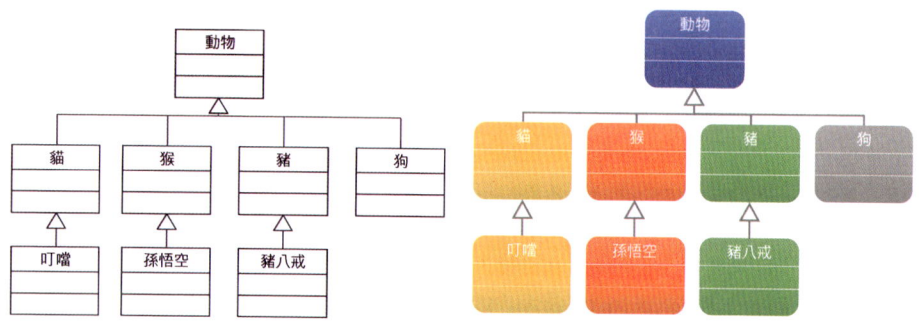

2. 增加了大量趣味圖片

a) 講解錯誤繼承關係時

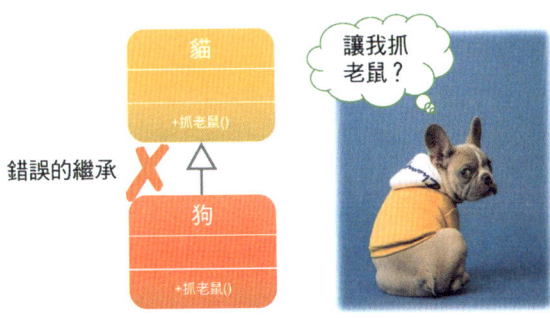

b) 講解物件導向特性──多形時

c) 講解工廠方法模式時

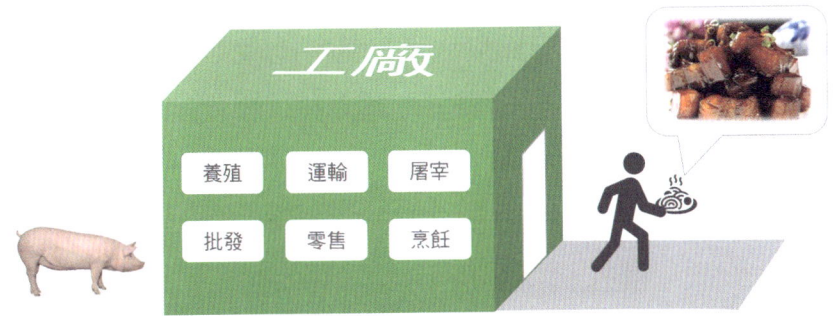

d) 講解狀態模式時

e) 講解職責鏈模式時

f) 講解解譯器模式時

✤ 程式樣式升級

本書所有程式，我都用 Java 重寫了一遍，並在編譯器中重新跑過。展示方式採取直接抓圖編輯器的方式，力爭讓讀者有一種實地開發的即視感，同時節約了大量篇幅。

舊版書中程式

```
class Program
{
    static void Main(string[] args)
    {
        Console.Write("請輸入數字A：");
        string A = Console.ReadLine();
        Console.Write("請選擇運算子號(+、-、*、/)：");
        string B = Console.ReadLine();
        Console.Write("請輸入數字B：");
        string C = Console.ReadLine();
        string D = "";

        if (B == "+")
            D = Convert.ToString(Convert.ToDouble(A) + Convert.ToDouble(C));
        if (B == "-")
            D = Convert.ToString(Convert.ToDouble(A) - Convert.ToDouble(C));
        if (B == "*")
            D = Convert.ToString(Convert.ToDouble(A) * Convert.ToDouble(C));
        if (B == "/")
            D = Convert.ToString(Convert.ToDouble(A) / Convert.ToDouble(C));
        Console.WriteLine("結果是：" + D);
    }
}
```

註解：
- 這樣命名是非常不標準的
- 判斷分支，你這樣的寫法，意味著每個條件都要做判斷，等於電腦做了三次無用功
- 如果除數時，客戶輸入了 0 怎麼辦，如果使用者輸入的是字元符號而非數字怎麼辦

新版書中程式

```java
import java.util.Scanner;

public class Test {

    public static void main(String[] args){

        Scanner sc = new Scanner(System.in);

        System.out.println("請輸入數字A：");
        String A = sc.nextLine();
        System.out.println("請選擇運算子號(+、-、*、/)：");
        String B = sc.nextLine();
        System.out.println("請輸入數字B：");
        String C = sc.nextLine();
        double D = 0d;                    // 變數命名不規範

        if (B.equals("+"))
            D = Double.parseDouble(A) + Double.parseDouble(C);
        if (B.equals("-"))
            D = Double.parseDouble(A) - Double.parseDouble(C);
        if (B.equals("*"))
            D = Double.parseDouble(A) * Double.parseDouble(C);
        if (B.equals("/"))
            D = Double.parseDouble(A) / Double.parseDouble(C);

        System.out.println("結果是："+D);
    }
}
```

判斷分支，這樣的寫法，表示每個條件都要做到判斷，等於做了三次無用功。

(1) 除數可能會 0，沒有做容錯判斷
(2) 大量重複的 Double.parseDouble() 程式

本書出版後的讀者評論

當當網的本書讀者評論（當當網是只有買了書的讀者才能發表評論的）

zenmelpengyou：這本書是我從識字以來看過的最好的一本書了，詼諧幽默而又能學到知識～～～～～～

aivdesign：正在看。真是受益匪淺，作者不但用很通俗易懂的方式介紹了設計模式，同時還滲透了求職、面試、辦公室文化等很多生活場景，讓設計模式的概念融入其中，真是想忘也不容易忘啊，呵呵！

wxhwzz：書很不錯～詼諧幽默！應該是一種很好的創新，絕對是設計模式入門級的好書，讚一個！當當發貨的速度也很快，兩天就收到了！很感動～～

hwj_no1：確實是本好書，在入門階段和晉級階段，都可以看看。並且能看到不同的啟發，確實適合我這樣的初級選手，語言和風格都很清新，在初級的不同階段閱讀，有橫看成嶺側成峰的感覺。

asky99：適合設計模式入門的初學者研讀，技術要點融匯在詼諧幽默的小說當中，是我讀過的最輕鬆的技術類書籍，支援作者。部落格園的朋友。

藍天 DotNet：剛看了幾天，感覺很不錯的一本書。不像其它設計模式書籍，都是純理論的，剛開始看就叫人難以捉摸。

Sofut：這個是我在當當買過的最好的一本書！

xpwang_leo：此書乃不可多得之佳作，通俗易懂，讀完很容易吸收，其實以前也讀過很多設計模式的書籍，發現再重頭來讀這本書，有種醍醐灌頂的感覺，以前生澀難懂的地方，現在豁然開朗，如果想學設計模式，讀它吧。

niyo：不錯，淺顯易懂，看小說一樣。

bellxie：以前每次看模式的書，總是看到一半就昏昏欲睡，這本書一口氣全部看完了。內容深入淺出，通俗易懂。總算看懂了幾個模式。不錯的好書。

苗苗老師：看慣了 Wrox 的書，這次換換思維方式。看中國人寫的書就是容易接受，畢竟是用母語思維然後用母語寫的，不經過翻譯。看書的過程不像看外國人寫的書，總是走走停停，需要回味一下。看這本書是行雲流水，一氣呵成。

siso：單單看後面的基礎知識，就比許多 C# 教學還好。

adamzhang：這本書我每天花一個小時左右來讀，差不多兩三周就看完了。非常通俗易讀，而且講得很好，能聯繫現實生活，很有趣味性。

✤ 卓越亞馬遜的本書讀者評論

ceduce193：由於以前就一直關注作者的《小菜程式設計成長記》，發現 china-pub 上有，就在那裏買了。剛從 china-pub 拿到書，大致翻了一下，感覺很不錯。正如作者在前言所講的，「精彩的程式是如何想出來的，要比看到精彩的程式更加令人期待。」每一個設計模式都是從小故事入手，然後一步一步在小菜犯錯大鳥啟發中引出設計模式。書中有一段講解這樣寫，「為了回歸的大局，增加一種制度又何嘗不可，一個國家，兩種制度，這在政治上，是偉大的發明。在軟體設計模式中，這種不能修改，但可以擴充的思想也是最重要的一種設計原則，它就是開放 - 封閉原則」，這個例子舉得太精彩了。反而覺得作者公開的兩章不能完全代表書的全貌，強烈推薦購買。

stoat：此書不錯，比晦澀的教材好理解多了。透過範例程式的不斷完善引出了各個設計模式的特徵和使用方法，還有風趣的人物對話。我買的時候 38 塊多，才過幾天就降了 5 塊！！鬱悶啊！卓越的物價變得太快了吧！

✤ 互動出版網的本書讀者評論

hermitbab：我覺得不錯，至少原先看的那些設計模式都很枯燥，看這個書就好像看小說一樣，看好了記憶也深刻。

tiananz2006：在書店看了兩章，整書的思路就像 Head First 的思路，當然不如 Head First 所舉的範例那麼有震撼力，但仍然是本入門的好書！購買此書的理由主要是：1．Head First 在網上都有下載了，可以對比著讀；2．所談範例更針對於學生學習程式設計；3．價格便宜，支持國內原創。

songlonglong：感覺很不錯，四人團的書太晦澀，如果和這本書結合看，效果很好。

✤ 第二書店的本書讀者評論

c25894670：我對於設計模式只是一知半解，一直感覺 GoF 大師的作品以自己的水準實在無法理解。這本書實在是非常適合我這種不喜歡自己動腦子理解大師語言的人，用通俗的例子讓我理解設計模式的精髓，我感覺爽得要死……推薦想入門設計模式的人看這本書，入門的不二法門……

lizhizhe2000：在部落格上看過作者的一些連載，寫得很風趣，很適合初學者看看，對那些工作了兩三年的人也有實際價值。

124.114.129.*：支持這樣的書籍，大道至簡至易。

125.35.4.*：剛收到書，看了幾頁，感覺這本書應該是程式設計師學習的第一本書。也許在講設計模式的書中這不是最好的，但肯定是能讓你看了不睏能從頭到尾堅持看完的，而且每一種設計模式的用法只用一句話就簡明概括出來了，比起以前買的看了二、三十頁就頭腦發脹昏昏欲睡的高手的著作，這本書真的可以稱得上是《設計模式——菜鳥天書》，強烈推薦。到家才 37.2，便宜透了。

58.246.92.*：這本書完全是作者的工作經驗的複習，很值得看。

biser：入門的好書啊，不光菜鳥，老鳥也是很值得一讀的，經典得很啊。

✤ CSDN 讀書頻道的本書讀者評論

218.106.251.*：「程式設計是門技術，更是一門藝術。」寫得真好，看完了第一章，非常喜歡作者這種步步深入，循循善誘的寫作方式。設計模式的書籍我也看過不少，不過以這麼通俗的方式來講解，特別是還有故事情節，幽默對白，的確給人耳目一新之感。讓人忘記了是在學習設計模式，彷彿是在讀小說一樣，而讀完之後，作者要講的問題也就自然明白了。我猜測，這本書一定會引起不同凡響的轟動。

feng545218：這是我的專業老師強烈向我們推薦的一本適合我們的書，看後真的很好。既輕鬆幽默，又能記憶深刻，還形象化的理解了問題。

218.82.87.*：作者太有才了，怎麼想到的，把 23 個模式變成 23 個女孩，哈，惡搞了超級女生、潛規則、黃金甲，有意思。不過我最喜歡的還是第一章活字印刷那一段，哈，「喝酒唱歌，人生真爽。」物件導向經作者這麼一說，的確通俗無比，比那種只會教條式的講解物件導向的要強太多了。

abware：強啊，作者對 OO 和設計模式的理解有一定深度，不然不會寫得這麼深入淺出。

dangnilaoqu：不錯呀。誰說理科就不能出文學家呀？

218.82.87.*：剛剛看完，正想發表一些感想，發現樓下的朋友說風格抄襲 Head First，我不贊同這個觀點。比如裡面寫到了三國曹操吟詩，寫到了近期國內的 IT 或娛樂事件。Head First 是好書，這一本沒看完我還不知道是不是好書。但顯然兩本書風格是不一樣的，我認為這是一本非常中國化的設計模式的技術書，如果國人都不支援國人作品，特別是已經不錯的作品，那國人的技術又如何可以振興？

Maciloveyou：寫的很有特點，風格很像《水煮三國》，挺有意思的。

JunsGo：如果大專院校的教材也這麼有趣那該多好啊！

58.246.92.*：用很簡單的生活道理來告訴你深奧的程式設計思路。

✣ 作者部落格的本書讀者評論

肖雪平：昨晚有幸讀到了你的《戲說物件導向程式設計》（也許就是上面提到的小菜程式設計成長記），非常欣賞。說實在話，一個人只是單純的會寫點文字，發發自己的牢騷；或者單純的懂技術，開發能力強，我個人認為，算不得什麼。難得的是，兩者兼備。而你，做到了。能讓外行一眼就愛上物件導向，愛上設計模式，並且一讀就明白。何其難啊！這正是我一直努力的目標。因為我的職業就是軟體開發老師。讀過的晦澀、艱深、卻百無一用的所謂教授專家所寫的書，不敢說過千，但至少過百吧。看看你的，禁不住由衷的感慨：深入淺出的真諦，莫過於此！您的嘗試非常有意義，希望您再接再厲，寫出更多更好的文章，為我們國家的軟體行業培養更多更實用的人才。

James Liang：很有意思啊，之前就覺得你對這方面的東西有很深的研究和思維，現在居然還指定激情幽默的故事，將它們說的很輕鬆和詼諧，不錯的。所有的模式是為業務而服務的。期待這本書有更好的表現。嘿嘿……

橫刀天笑：恭喜啊！很贊同你的有些觀點：成為詩人後可能不需要刻意地按照某種模式去創作，但成為詩人前他們一定是認真地研究過成百上千的唐詩宋詞、古今名句。我一直認為學習設計模式也要走從量變到質變這條路，不要把設計模式當聖經。

mekong：衷心恭喜您！真是應了是金子總會發光的！期待著！您能這樣寫書真是我等之福！您教的工廠模式是我最先學用的模式，逐漸領略了其優勢而開始關注設計模式，所以陸續瀏覽過 N 本設計模式的書，總因

晦澀難懂堅持不了 50 頁、80 頁就棄之而沿用了笨拙但順手的方法。現在終於看到由您寫的這本包含這麼多設計模式的書，期待早早拜讀……

newrain：這一系列文章真的不錯，很不錯的文章，非常喜歡這樣閑侃式的把思想傳授給我們。

肖卓耘：剛去 dangdang 了……説沒貨了……等一有貨就買……（買回去當小説看）説實話，寫得太好了……能和《明朝那些事》相媲美……

小侯：很少有人能把設計模式介紹得清楚易懂，你做到了，而且很好，很適合我們中國人的口味，呵呵，可能説得有點大，不過很適合我，請繼續努力，我會經常來光顧的。

棠棠 dotNet：絕對經典！看到部落格有這樣的文章，真是爽。長期關注樓主的文章。

scotoma：博主的文采和文章我一直都很喜歡，看到尾端博主所提到的每天的堅持，我會努力做到的，您的書我已經買了，像博主所説的，大學剛畢業很難找到工作，我感覺主要的原因是每個人的四年中的每一天的 24 小時是怎麼花的，只要你努力的用好這些時間，我想四年會學到很多，還怕找不到工作嗎？其實如果每個人都能夠利用好時間，什麼事情都可以做得相對完美的。期待博主的好文章。

ily：樓主寫的東西很好，可能對有些大蝦來説是小兒科，但我相信對大多數開發人員來説不僅是一種互相學習，也是一種如何學會更高效更合理開發的思路，繼續支持你！

tom385：真的不錯，一口氣看完了，相當通俗易懂，學到很多東西！謝謝你，期待更多好文章！

Ruby113028：其實像這類的書還是很有必要的。很多技術方面的書都當成字典一樣的查詢，由於實在是太枯燥了，往往讀了沒多少時間就放在一旁休息了。一直在尋找有沒有作者能把技術書寫活了，不要像説明文

件那樣的枯燥。唉，如果都像說明文件那樣，還不如看幫助呢。希望能多幾本大話設計模式這樣的書。沒有必要一定要劃歸到技術類，在休閒的時候看看其實也蠻有趣的，還能在休閒的時候學到點東西。

張衛林：前段時間專程去書店買了，現在看了幾章，非常不錯。一本值得從頭看到尾的書，也是一本能讓人從頭看到尾的書。

yarco：另外，再次感謝作者，實際上我能很明確的看懂 UML 圖例的這個聚合現象，完全是因為您在本書裡放的大雁和雁群的關係，我幾乎在一霎那間就懂了 UML：）

✤ 本書策劃編輯對本書的評論

在出版這本書前，

我就知道這是一本好書，
我想像過它暢銷的情景，
這，
是一回事。

在出版這本書後，

我真正看到這本書獲得了讀者的一致好評，
成為了一本暢銷書，
這，
則完全是另外一回事。

舉出幾個在我寫下上面這段文字時的數字吧：

當當網暢銷排行榜第 4 名
卓越亞馬遜 售排行榜第 5 名
第二書店 售排行榜第 1 名

✣ CSDN 2007 年度十大精品圖書第 1 名

我是本書的策劃編輯陳冰，給讀者帶去好書是我的責任。如果你有任何意見或建議想要告訴我，可以直接到我的部落格（http://w3cbook.blog.sohu.com/）上留言。

今天是 2008 年 1 月 31 日，還有幾天就要過大年了。在這裡我代表我自己、本書作者程傑和清華大學出版社全體同仁給讀者們拜年，希望每位讀者的每一天都有過大年前快樂的心情。

✣ 網友評論

daigua：看到這篇精彩的成長記，我連飯都不想吃了，什麼事都不想做，就想把它看完。寫得太好了！是啊，現在很多教材都太枯燥了，不好理解。其實書的意義就在於讓人學到知識，而不在於用什麼方式，為什麼一定要那麼教條呢，只要能讓人比較容易地學到書裡的知識就是一本好書。謝謝你啊，給了我很大的信心。我現在很有信心把程式設計進行到底，哈哈。

光頭小松鼠：絕對經典！一篇小故事，把程式的靈活性、可擴充性、可維護、可重複使用等說得怎一個妙字了得！

沉默天蠍：感激，讓我這個菜鳥頓悟。這樣的寫法太好了，如果老大你出書，我肯定購買！

碳碳：這種學習的方式真的很神奇，儘管每個人都能想到，但不是每個人都能做到。或許可以把系列文章歸檔出書，說不定會收到推崇，呵呵。

Bryant：真的是太棒了！我原來看過一些有關設計模式的書，都覺得太抽象，根本就不能理解，也不知道啥時候能用上。看過你寫的這些文章，才知道了應該怎樣在實際中運用這些模式，而且文筆非常的幽默，享受！Thx ^_^ 支持！有個建議，最好慢慢地把所有的設計模式都聊聊！

Bryant：不錯，樓主説的非常幽默，通俗，把我們一步一步帶入物件導向的世界 thx ^_^

Bryant：太棒了，我正是這樣初學設計模式的小菜，需要這樣的文章，謝謝樓主！

菜鳥飛：樓主，加油，支持你。在這裡獻上崇高的敬意，不管你有沒有感受到我摯熱的目光。請你相信，有這樣一些人一直在默默地關注著你，期待著你。

wdx2008：非常好！！！幽默，搞笑，易懂，真神人也，鬼神不可測！支持樓主！！

空明流轉：呵呵，樓主説得蠻好。國外的文章好就好在有例子，「廢話」多，所以比較好理解。至於行文風格嘛，這個倒是因人而異的。我個人就偏向於論文式的行文風格，邏輯嚴密，層層遞進，闡述也很清晰。就有點像有序數組，二分法就能輕鬆查詢到自己想要的東西，但國內的那種論文式的文章，呵呵，我看是賣弄的成分居多，實作的成分偏少，所以才那麼難讀的吧。

Char：現在的大學就缺少這種既通俗易懂，又有內容的東西。

Apple：不錯，學習了。希望博主能再接再厲多寫點，看了很多書都沒有看你的文章明白得快。

SnowDoggie：呵呵，挺好的。其實要想找個絕對沒有漏洞的例子是很辛苦的，關鍵在於文章本身能説明問題，能表現作者的意圖就足夠了。昨天和朋友一起爬山的時候還討論了你的文章風格，其實最有用的還是你這種寓教於樂，步步深入的風格，陽春白雪的經典雖然是經典，大眾卻不見得喜歡。

Jerry：不錯的文章，簡單明瞭，又不乏趣味，好的文章就得頂下。

izhizhe2000：很好，整個系列寫完之後可以出書了，保證受大學生的廣泛歡迎！

mekong：很是欣賞這樣幽默風趣又不失睿智深刻的文字。

Wuyisky：呵呵，樓主不僅程式寫得好，而且還有文學天賦。佩服！

Jack：真正的高手是用最生動的語言，最簡單的例子，這才是真正的「深入淺出」。讚！！！老兄，加油，繼續喲。

BoyLee：人才，愛死你了。做了一年外包，沒技術含量。正打算從頭學習這些東西，這樣的方式我最喜歡了。

Leoxu：很不錯，對正在找工作的我有很大的幫助。以後會多來光顧。

Ame：寫得承上啟下，始終有一骨幹貫穿，作者的文字功底很強啊！

Artech：我很喜歡你的寫作風格！以一種調侃的方式講明一個深奧的問題。我一直在嘗試如何以一種讓每個人都懂得的語言來向大家分享我所理解的 .NET。你給了我一個啟發。

8：醍醐灌頂！感謝，領悟了不少東西！！！

Yufengly：真是太容易理解了，而且看後印象深刻，繼續努力！期待下文……支持作者！

Sopper：支持，例子舉得很形象，寫得很棒，以後會常來關注。

d：會技術的高人有很多，但能把技術講得如此通俗易懂的高人並不多，你是一個，謝謝～～～

white.wu：非常喜歡您這種授人以「漁」的文章。

Answer：強啊，本菜鳥受益很大，謝謝。

Hanlei：強，很受益啊，感謝樓主，寫出這麼好的文章來。

金色海洋（jyk）：繼續呀，我們期待中……，寫得很好，一看就懂。

DSharp：看部落格這麼久了，終於看到一篇有中國特色的好文。

目錄

Chapter 0　楔子：教育訓練實習生 -- 物件導向基礎

- 0.1　教育訓練實習生 0-1
- 0.2　類別與實例 0-3
- 0.3　建構方法 0-7
- 0.4　方法多載 0-8
- 0.5　屬性與修飾符號 0-10
- 0.6　封裝 0-14
- 0.7　繼承 0-15
- 0.8　多形 0-23
- 0.9　重構 0-29
- 0.10　抽象類別 0-34
- 0.11　介面 0-36
- 0.12　集合 0-43
- 0.13　泛型 0-47
- 0.14　客套 0-49

Chapter 01　程式無錯就是優？ -- 簡單工廠模式

- 1.1　面試受挫 1-1
- 1.2　初學者程式毛病 1-3
- 1.3　程式規範 1-4
- 1.4　物件導向程式設計 1-6
- 1.5　活字印刷，物件導向 1-6
- 1.6　物件導向的好處 1-8
- 1.7　複製 vs. 重複使用 1-9
- 1.8　業務的封裝 1-11

1.9	緊耦合 vs. 鬆散耦合	1-14
1.10	簡單工廠模式	1-17
1.11	UML 類別圖	1-19

Chapter 02 商場促銷 -- 策略模式

2.1	商場收銀軟體	2-1
2.2	增加打折	2-3
2.3	簡單工廠實現	2-5
2.4	策略模式	2-9
2.5	策略模式實現	2-12
2.6	策略與簡單工廠結合	2-14
2.7	策略模式解析	2-16

Chapter 03 電子閱讀器 vs. 手機 -- 單一職責原則

3.1	閱讀幹嘛不直接用手機？	3-1
3.2	手機不純粹	3-2
3.3	電子閱讀器 vs. 手機	3-3
3.4	單一職責原則	3-4
3.5	方塊遊戲的設計	3-4
3.6	電子閱讀器與手機的利弊	3-8

Chapter 04 考研求職兩不誤 -- 開放 - 封閉原則

4.1	考研失敗	4-1
4.2	開放 - 封閉原則	4-3
4.3	何時應對變化	4-5
4.4	兩手準備，並全力以赴	4-7

Chapter 05 會修電腦不會修收音機？ -- 依賴倒轉原則

- 5.1 女孩請求修電腦 5-1
- 5.2 電話遙控修電腦 5-3
- 5.3 依賴倒轉原則 5-5
- 5.4 里氏代換原則 5-9
- 5.5 修收音機 5-11

Chapter 06 穿什麼有這麼重要？ -- 裝飾模式

- 6.1 穿什麼有這麼重要？ 6-1
- 6.2 小菜扮靚第一版 6-4
- 6.3 小菜扮靚第二版 6-7
- 6.4 裝飾模式 6-10
- 6.5 小菜扮靚第三版 6-14
- 6.6 商場收銀程式再升級 6-18
- 6.7 簡單工廠 + 策略 + 裝飾模式實現 6-21
- 6.8 裝飾模式複習 6-27

Chapter 07 為別人做嫁衣 -- 代理模式

- 7.1 為別人做嫁衣！ 7-1
- 7.2 沒有代理的程式 7-4
- 7.3 只有代理的程式 7-6
- 7.4 符合實際的程式 7-8
- 7.5 代理模式 7-10
- 7.6 代理模式應用 7-12
- 7.7 秀才讓小六代其求婚 7-13

Chapter 08 工廠製造細節無須知 -- 工廠方法模式

8.1 需要了解工廠製造細節嗎？ 8-1
8.2 簡單工廠模式實現 8-2
8.3 工廠方法模式實現 8-4
8.4 簡單工廠 vs. 工廠方法 8-6
8.5 商場收銀程式再再升級 8-14
8.6 簡單工廠 + 策略 + 裝飾 + 工廠方法 8-16

Chapter 09 簡歷複印 -- 原型模式

9.1 誇張的簡歷 9-1
9.2 簡歷程式初步實現 9-4
9.3 原型模式 9-7
9.4 簡歷的原型實現 9-9
9.5 淺複製與深複製 9-11
9.6 簡歷的深複製實現 9-15
9.7 複製簡歷 vs. 手寫求職信 9-18

Chapter 10 考題抄錯會做也白搭 -- 範本方法模式

10.1 選擇題不會做，猜吧！ 10-1
10.2 重複 = 易錯 + 難改 10-4
10.3 提煉程式 10-6
10.4 範本方法模式 10-13
10.5 範本方法模式特點 10-15
10.6 主觀題，看你怎麼猜 10-15

Chapter 11 無熟人難辦事？ -- 迪米特法則

11.1 第一天上班 11-1

| 11.2 | 無熟人難辦事 .... 11-2 |
| 11.3 | 迪米特法則 .... 11-6 |

Chapter 12 牛市股票還會虧錢？-- 面板模式

12.1	牛市股票還會虧錢？ 12-1
12.2	股民炒股程式 12-4
12.3	投資基金程式 12-6
12.4	面板模式 12-8
12.5	何時使用面板模式 12-10

Chapter 13 好菜每回味不同 -- 建造者模式

13.1	炒麵沒放鹽 13-1
13.2	建造小人一 13-5
13.3	建造小人二 13-6
13.4	建造者模式 13-8
13.5	建造者模式解析 13-12
13.6	建造者模式基本程式 13-13

Chapter 14 老闆回來？我不知道 -- 觀察者模式

14.1	老闆回來？我不知道！.. 14-1
14.2	雙向耦合的程式 14-3
14.3	解耦實踐一 14-6
14.4	解耦實踐二 14-9
14.5	觀察者模式 14-14
14.6	觀察者模式特點 14-17
14.7	Java 內建介面實現 14-19
14.8	觀察者模式的應用 14-24
14.9	石守吉失手機後 14-26

xxxi

Chapter 15 就不能不換 DB 嗎？-- 抽象工廠模式

- 15.1 就不能不換 DB 嗎？ 15-1
- 15.2 最基本的資料存取程式 15-4
- 15.3 用了工廠方法模式的資料存取程式 15-6
- 15.4 用了抽象工廠模式的資料存取程式 15-10
- 15.5 抽象工廠模式 15-15
- 15.6 抽象工廠模式的優點與缺點 15-16
- 15.7 用簡單工廠來改進抽象工廠 15-17
- 15.8 用反射＋抽象工廠的資料存取程式 15-20
- 15.9 用反射＋設定檔實現資料存取程式 15-24
- 15.10 商場收銀程式再再再升級 15-26
- 15.11 無癡迷，不成功 15-30

Chapter 16 無盡加班何時休 -- 狀態模式

- 16.1 加班，又是加班！ 16-1
- 16.2 工作狀態 - 函數版 16-3
- 16.3 工作狀態 - 分類版 16-5
- 16.4 方法過長是壞味道 16-7
- 16.5 狀態模式 16-9
- 16.6 狀態模式好處與用處 16-11
- 16.7 工作狀態 - 狀態模式版 16-12

Chapter 17 在 NBA 我需要翻譯 -- 轉接器模式

- 17.1 在 NBA 我需要翻譯！ 17-1
- 17.2 轉接器模式 17-3
- 17.3 何時使用轉接器模式 17-6
- 17.4 籃球翻譯轉接器 17-7

| 17.5 | 轉接器模式的 .Net 應用 | 17-12 |
| 17.6 | 扁鵲的醫術 | 17-13 |

Chapter 18 如果可以回到過去 -- 備忘錄模式

18.1	如果再給我一次機會……	18-1
18.2	遊戲存進度	18-3
18.3	備忘錄模式	18-6
18.4	備忘錄模式基本程式	18-8
18.5	遊戲進度備忘	18-11

Chapter 19 分公司 = 一部門 -- 組合模式

19.1	分公司不就是一部門嗎？	19-1
19.2	組合模式	19-4
19.3	透明方式與安全方式	19-7
19.4	何時使用組合模式	19-8
19.5	公司管理系統	19-9
19.6	組合模式好處	19-13

Chapter 20 想走？可以！先買票 -- 迭代器模式

20.1	乘車買票，不管你是誰！	20-1
20.2	迭代器模式	20-4
20.3	迭代器實現	20-6
20.4	Java 的迭代器實現	20-11
20.5	迭代高手	20-13

Chapter 21 有些類別也需計劃生育 -- 單例模式

- 21.1 類別也需要計劃生育 21-1
- 21.2 判斷物件是否是 null 21-3
- 21.3 生還是不生是自己的責任 21-7
- 21.4 單例模式 21-11
- 21.5 多執行緒時的單例 21-13
- 21.6 雙重鎖定 21-15
- 21.7 靜態初始化 21-16

Chapter 22 手機軟體何時統一 -- 橋接模式

- 22.1 憑什麼你的遊戲我不能玩 22-1
- 22.2 緊耦合的程式演化 22-3
- 22.3 合成 / 聚合重複使用原則 22-9
- 22.4 鬆散耦合的程式 22-11
- 22.5 橋接模式 22-15
- 22.6 橋接模式基本程式 22-17
- 22.7 我要開發「好」遊戲 22-19

Chapter 23 烤羊肉串引來的思考 -- 命令模式

- 23.1 吃烤羊肉串！ 23-1
- 23.2 燒烤攤 vs. 燒烤店 23-4
- 23.3 緊耦合設計 23-6
- 23.4 命令模式 23-7
- 23.5 鬆散耦合設計 23-10
- 23.6 進一步改進命令模式 23-13
- 23.7 命令模式作用 23-15

Chapter 24　加薪非要老總批？-- 職責鏈模式

24.1　老闆，我要加薪！ 24-1
24.2　加薪程式初步 24-3
24.3　職責鏈模式 24-7
24.4　職責鏈的好處 24-10
24.5　加薪程式重構 24-11
24.6　加薪成功 24-15

Chapter 25　世界需要和平 -- 仲介者模式

25.1　世界需要和平！ 25-1
25.2　仲介者模式 25-4
25.3　安理會做仲介 25-8
25.4　仲介者模式優缺點 25-12

Chapter 26　專案多也別傻做 -- 享元模式

26.1　專案多也別傻做！ 26-1
26.2　享元模式 26-4
26.3　網站共用程式 26-7
26.4　內部狀態與外部狀態 26-10
26.5　享元模式應用 26-14

Chapter 27　其實你不懂老闆的心 -- 解譯器模式

27.1　其實你不懂老闆的心 27-1
27.2　解譯器模式 27-3
27.3　解譯器模式好處 27-7
27.4　音樂解譯器 27-8

27.5　音樂解譯器實現 27-10
27.6　料事如神 27-16

Chapter 28　男人和女人 -- 存取者模式

28.1　男人和女人！.. 28-1
28.2　最簡單的程式設計實現 28-4
28.3　簡單的物件導向實現 28-5
28.4　用了模式的實現 28-8
28.5　存取者模式 28-13
28.6　存取者模式基本程式 28-15
28.7　比上不足，比下有餘 28-18

Chapter 29　OOTV 杯超級模式大賽 -- 模式複習

29.1　演講任務 29-1
29.2　報名參賽 29-3
29.3　超模大賽開幕式 29-5
29.4　建立型模式比賽 29-11
29.5　結構型模式比賽 29-19
29.6　行為型模式一組比賽 29-32
29.7　行為型模式二組比賽 29-40
29.8　決賽 29-47
29.9　夢醒時分 29-53
29.10　沒有結束的結尾 29-54

Appendix A　參考文獻

CHPATER

0

楔子：教育訓練實習生
-- 物件導向基礎

本章節主要是為閱讀本書設計模式章節有困難的朋友提供正餐前的開胃小菜。目的是不希望在閱讀設計模式時，由於對 Java 語言中物件導向的知識了解匱乏或理解欠缺造成太大的障礙。所以本章僅對牽涉閱讀本書需要了解的 Java 語言中物件導向的知識做簡單的介紹，比如像繼承多形、介面抽象類別、集合泛型等。由於本書的重點不是講物件導向基礎，也不是講 Java 語言，所以在本章中對很多技術細節都未提及或深入，希望有興趣的朋友去閱讀相關的專著，來補充對 Java 語言和物件導向的認識不足。

0.1 教育訓練實習生

小菜，名叫蔡遙，24 歲，上海人，上海某大學軟體工程專業大學畢業。工作兩年多，因為勤思考、愛學習，成長很快，迅速成為了公司裡軟體開發部門的骨幹。

0.1 教育訓練實習生

時間：9月3日上午9點　地點：小菜辦公室　人物：小菜、史熙、公司開發部經理

小菜的單位來了個大學實習生，叫史熙。開發部經理安排小菜有空教教他，小菜欣然接受。

「蔡老師，請多多關照了。」史熙很誠懇。

「哈，不敢當，我也工作沒幾年，比你大幾屆。以後叫我名字，我叫蔡遙。」

「哦，那叫遙哥。」

「唉！不跟你客氣了，你是學電腦專業的嗎？」

「是的，今年大四。不過老實說，在學校裡真的沒學到什麼東西。所謂『公司一日，校園一年。』來這一定會比學校學的東西要多。」

「哈，誇張了，應該是『公司一日抵自學一月。』在實踐當中，自然會學得快一些。不過話說回來，一些基本的東西還是要知道的。Java 語言學過，對物件導向又了解多少？」

「Java 是學過的，什麼變數、常數、判斷迴圈，我都知道。物件導向，好像也學過的。什麼類別呀、方法呀的，太久了，當時就為了應付考試了，具體是如何用，根本不記得。你要不給我講講吧。」

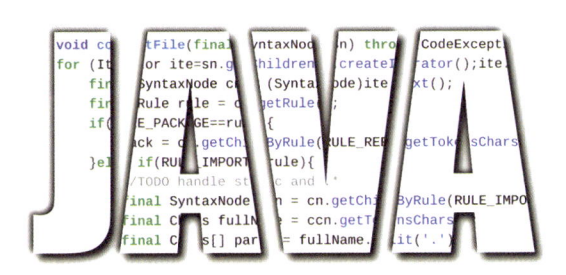

楔子：教育訓練實習生 -- 物件導向基礎

「啊，都不記得了，不就等於白學了嗎？不過沒關係，今天我正好有空，我們爭取來個快速入門吧。」

「遙哥，不對，還是得叫蔡老師，先謝謝了。」

0.2 類別與實例

「先問問你，物件是什麼？類別是什麼？」小菜問道。

「準確定義不知道。類別大概就是對東西分類的意思。」史熙答得很勉強。

「啊，看來你是實實在在的菜鳥呀。一切事物皆為物件，即所有的東西都是物件，物件就是可以看到、感覺到、聽到、觸控到、嘗到、或聞到的東西。準確地說，物件是一個自包含的實體，用一組可辨識的特性和行為來標識。物件導向程式設計，英文叫 Object-Oriented Programming，其實就是針對物件來進行程式設計的意思。

0.2 類別與實例

「至於類別,待會兒再講,我們先從最簡單的開始,你可以用 Java 撰寫一個小程式,最終我們將實現一個『動物運動會』的軟體小例子。」

「動物運動會?有意思。」

「首先實現這樣一個功能,用 Java 實現一聲『貓叫』,我們暫時無法模擬出真實的聲音,那就主控台顯示貓的叫聲『喵』就可以了。」

「這個非常簡單。」

```java
public class Test {

    public static void main(String[] args){

        System.out.println("喵");

    }
}
```

「是這個意思嗎?」史熙問道。

「是,程式是寫出來了,現在的問題就是,如果我們需要在另一個按鈕中來讓小貓叫一聲,或需要小貓多叫幾聲,怎麼辦?」

「那就多寫幾個 'System.out.println(" 喵 ");' 呀。」

「那不就重複了嗎?可不可以想個辦法。」

「我知道你的意思,寫個函數就可以解決了。其他需要『貓叫』的地方都可以」

```java
public class Test {

    public static void main(String[] args){

        System.out.println(shout());

    }

    String shout(){
        return "喵";
    }
}
```

「很好,現在問題是,萬一別的地方,我指程式的其他地方也需要『貓叫 shout()』,如何處理?」

「這個我好像學過的,在 shout() 方法前面加一個 public,別的場合就可以存取了。」

「對,沒錯,這樣是可以達到存取的目的了,但是你覺得這個『shout(貓叫)』放在這個 Test.java 的程式中合適嗎?這就好比,里辦公室的公用電視放在你家,而別人家都沒有,於是街坊鄰居都來你家看電視。你喜歡這樣嗎?」

「這樣好呀,鄰居關係好了。不過這確實不是辦法,公用電視應該放在里辦公室。」

「所以說,這『貓叫』的函數應該放在一個更合適的地方,這就是『類別』。類別就是具有相同的屬性和功能的物件的抽象的集合,我們來看程式。」

```java
public class Cat {

    public String shout(){
        return "喵";
    }

}
```

0.2 類別與實例

「這裡 'class' 是表示定義類的關鍵字,'Cat' 就是類別的名稱,'shout' 就是類別的方法。」

「哈,定義類這玩意還是很簡單的嘛」

「這裡有兩點要注意
1. 類別名稱首字母記著要大寫。多個單字則各個字首大寫;
2. 對外公開的方法需要用 'public' 修飾符號。」

「明白,那怎麼應用這個類別呢?」

「很簡單,只要將類別實例化一下就可以了。」

「什麼叫實例化?」

「實例,就是一個真實的物件。比如我們都是『人』,而你和我其實就是『人』類別的實例了。而實例化就是建立物件的過程,使用 new 關鍵字來建立。」

```java
public class Test {
    public static void main(String[] args){
        Cat cat = new Cat();
        System.out.println(cat.shout());
    }
}
```

「注意,'Cat cat = new Cat();' 其實做了兩件事。」

```java
Cat cat;            //宣告一個Cat物件,物件名為cat

cat = new Cat();    //將此cat對象產生實體
```

「Cat 實例化後,等於出生了一隻小貓 cat,此時就可以讓小貓 cat.shout() 了。在任何需要小貓叫的地方都可以實例化它。」

「明白,這下呼叫它確實就方便很多了。」

0.3 建構方法

「下面，我們希望出生的小貓應該有個姓名，比如叫『咪咪』，當咪咪叫的時候，最好是能説『我的名字叫咪咪，喵』。此時就需要考慮用建構方法。」

「建構方法？這是做什麼用的？」

「建構方法，又叫建構函數，其實就是對類別進行初始化。建構方法與類別名稱相同，無傳回值，也不需要 void，在 new 時候呼叫。」

「那就是説，在類別建立時，就是呼叫建構方法的時候了？」

「是呀，在 'Cat cat=new Cat();' 中，new 後面的 Cat() 其實就是建構方法。」

「不對呀，在類別當中沒有寫過建構方法 Cat()，怎麼可以呼叫呢？」

「問得好，實際情況是這樣，所有類別都有建構方法，如果你不編碼則系統預設生成空的建構方法，若你有定義的建構方法，那麼預設的建構方法就會故障了。也就是説，由於你沒有在 Cat 類別中定義過建構方法，所以 Java 語言會生成一個空的建構方法 Cat()。當然，這個空的方法是什麼也不做，只是為了讓你能順利地實例化而已。」

「那不是很好嗎？我們還需要建構方法做什麼呢？」

「剛才不是説過嗎，建構方法是為了對類別進行初始化。比如我們希望每個小貓一誕生就有姓名，那麼就應該寫一個有參數的建構方法。」

> 0.4 方法多載

```java
public class Cat {

    //宣告Cat的私有字串變數name
    private String name = "";
    //定義Cat類別的建構方法,參數是輸入一個字串
    public Cat(String name){
        //將參數賦值給私有變數name
        this.name = name;
    }

    public String shout(){
        return "我的名字叫"+ name + " 喵";
    }
}
```

「這樣一來,我們在用戶端要生成小貓時,就必須要給小貓取名字了。」

```java
public class Test {

    public static void main(String[] args){

        Cat cat = new Cat("咪咪");
        System.out.println(cat.shout());

    }
}
```

執行效果以下

```
我的名字叫咪咪 喵
```

0.4 方法多載

「但是,遙哥,如果我事先沒有取好小貓的名字,難道這個實例就建立不了了嗎?」史熙又有疑問。

0-8

「是的，有些父母剛生下孩子時，姓名沒有取好也是很正常的事。就目前的程式，你如果寫 'Cat cat = new Cat();' 是會直接報『Cat 方法沒有採用 0 個參數的多載』的錯誤，原因就是必須要給小貓取名字。如果當真需要不取名字也要生出小貓來。可以用『方法多載』。」

「方法多載？好像也學過的東西，具體如何說？」

「方法多載提供了建立名稱相同的多個方法的能力，但這些方法需使用不同的參數類型。注意並不是只有建構方法可以多載，普通方法也是可以多載的。」

```java
public class Cat {

    private String name = "";
    public Cat(String name){
        this.name = name;
    }

    //將建構方法重載
    public Cat(){
        this.name = "無名";
    }

    public String shout(){
        return "我的名字叫"+ name + " 喵";
    }
}
```

「哦，這樣的話，如果寫 'Cat cat = new Cat();' 的話，就不會顯示出錯了。而貓叫時會是『我的名字叫無名 喵』。」

「對的，注意方法多載時，兩個方法必須要方法名稱相同，但參數類型或個數必須要有所不同，否則多載就沒有意義了。你覺得方法多載的好處是什麼？」小菜問道。

「哈，我想應該是方法多載可在不改變原方法的基礎上，新增功能。」

「說得很好,方法多載算是提供了函數可擴充的能力。比如剛才這個例子,有的小貓起好名字了,就用帶 string 參數的建構方法,有的沒有名字,就用沒有參數的,這樣就達到了擴充的目的。」

「如果我需要分清楚貓的姓和名,還可以再多載一個 public Cat(string firstName,string lastName),對吧?」

「對的。非常好。下面,我們覺得小貓叫的次數太少,希望是我讓它叫幾聲,它就叫幾聲,如何做?」

「那是不是在建構方法裡再加一個叫的次數?」

「那樣當然是可以,但叫幾聲並不是必須要實例化的時候就宣告的,我們可以之後再規定叫幾聲,所以這時應該考慮用『屬性』。」

0.5 屬性與修飾符號

「屬性是一個方法或一對方法,即屬性適合於以欄位的方式使用方法呼叫的場合。這裡還需要解釋一下欄位的意思,欄位是儲存類別要滿足其設計所需要的資料,欄位是與類別相關的變數。比如剛才的 Cat 類別中的 'private string name = "";' name 其實就是一個欄位,它通常是私有的類別變數。那麼屬性是什麼樣呢?我們現在增加一個『貓叫次數 ShoutNum』的屬性。」

```
public class Cat {
    //宣告一個內部欄位,注意是private,預設叫的次數為3
    private int shoutNum = 3;
    //表示外界可以給內部的shoutNum賦值
    public void setShoutNum(int value){
        this.shoutNum=value;
    }
    //表示外界呼叫時可以得到shoutNum的值
```

```
    public int getShoutNum(){
        return this.shoutNum;
    }
}
```

「剛才沒有強調 public 和 private 的區別，它們都是修飾符號，public 表示它所修飾的類別成員可以允許其他任何類別來存取，俗稱公有的。而 private 表示只允許同一個類別中的成員存取，其他類別包括它的子類別無法存取，俗稱私有的。如果在類別中的成員沒有加修飾符號，則被認為是 private 的。修飾符號還有其他三個，我們以後再講。通常欄位都是 private，即私有的變數，而屬性都是 public，即公有的變數。那麼在這裡 shoutNum 就是私有的欄位，而 ShoutNum 就是公有的對外屬性。由於是對外的，所以屬性的名稱一般字首大寫，而欄位則一般字首小寫或前加 '_'。」

「屬性的 get 和 set 是什麼意思？」

「屬性有兩個方法 get 和 set。get 傳回與宣告的屬性相同的資料型態，表示的意思是呼叫時可以得到內部欄位的值或引用；set 有一個參數，用關鍵字 value 表示，它的作用是呼叫屬性時可以給內部的欄位或引用給予值。」

「那又何必呢，我把欄位的修飾符號改為 public，不就可以做到對變數的既讀又寫了嗎？」

「是的，如果僅是讀取寫入，那與宣告了 public 的欄位沒什麼區別。但是對外界公開的資料，我們通常希望能做更多的控制，這就好像我們的房子，我們並不希望房子是全透明的，那樣你在家裡的所有活動全部都被看得清清楚楚，毫無隱私可言。通常我們的房子有門有窗，但更多的是不透明的牆。這門和窗其實就是 public，而房子內的東西，其實就是 private。而對這個房子來說，門窗是可以控制的，我們並不是讓所有的人

> 0.5 屬性與修飾符號

都可以從門隨意進出,也不希望蚊子蒼蠅來回出入。這就是屬性的作用了,如果你把欄位宣告為 public,那就表示不設防的門窗,任何時候,呼叫者都可以讀取或寫入,這是非常糟糕的一件事。如果把對外的資料寫成屬性,那情況就會好很多。」

```
public class Cat {

    private int shoutNum = 3;
    public int getShoutNum(){
        return this.shoutNum;
    }

    //去掉set,表示ShoutNum
    //屬性是唯讀的

}
```

```
public class Cat {

    private int shoutNum = 3;
    public void setShoutNum(int value){

        //控制叫聲次數,最多只能叫10聲
        if (value<=10)
            this.shoutNum=value;
        else
            this.shoutNum = 10;

    }
    public int getShoutNum(){
        return this.shoutNum;
    }

}
```

0-12

「我明白了,這就好比給窗子安裝了紗窗,只讓陽光和空氣進入,而蚊子蒼蠅就隔離。多了層控制就多了層保護。」

「說得很好。我們還沒有做完,由於有了『叫聲次數』的屬性,於是我們的 shout 方法就需要改進了。」

```java
public String shout(){
    String result="";
    //用一個迴圈讓小貓叫相應的次數
    for(int i=0;i<this.shoutNum;i++){
        result+= "喵 ";
    }
    return " 我的名字叫"+ name + " " + result;
}
```

「此時呼叫的時候只需要給屬性給予值就可以了。」

```java
Cat cat = new Cat("咪咪");

cat.setShoutNum(5);    //給屬性賦值

System.out.println(cat.shout());
```

▌顯示結果以下

```
我的名字叫咪咪 喵 喵 喵 喵 喵
```

「如果我們不給屬性給予值,小貓會叫『喵』嗎?」

「當然會,應該是三聲,因為欄位 shoutNum 的初值是 3。」

「很好。另外需要強調的是,變數私有的叫欄位,公有的是屬性,那麼對於方法而言,同樣也就有私有方法和公有方法了,一般無須對外界公開的方法都應該設定其修飾符號為 private(私有)。這才有利於『封裝』。」

0-13

0.6 封裝

「現在我們可以講物件導向的三大特性之一『封裝』了。每個物件都包含它能操作所需要的所有資訊,這個特性稱為封裝,因此物件不必依賴其他物件來完成自己的操作。這樣方法和屬性包裝在類別中,透過類別的實例來實現。」

「是不是剛才提煉出 Cat 類別,其實就是在做封裝?」

「是呀,封裝有很多好處,第一、良好的封裝能夠減少耦合,至少我們讓 Cat 和 Form1 的耦合分離了。第二、類別內部的實現可以自由地修改,這也是顯而易見的,我們已經對 Cat 做了很大的改動。第三、類別具有清晰的對外介面,這其實指的就是定義為 public 的 ShoutNum 屬性和 shout 方法。」

「封裝的好處很好理解呀,比如剛才舉的例子。我們的房子就是一個類別的實例,室內的裝飾與擺設只能被室內的居住者欣賞與使用,如果沒有四面牆的遮擋,室內的所有活動在外人面前一覽無遺。由於有了封裝,房屋內的所有擺設都可以隨意地改變而不用影響他人。然而,如果沒有門窗,一個包裹得嚴嚴實實的黑箱子,即使它的空間再寬闊,也沒有實用價值。房屋的門窗,就是封裝物件曝露在外的屬性和方法,專門供人進出,以及流通空氣、帶來陽光。

「現在我需要增加一個狗叫的功能，就是加一個按鈕『狗叫』，點擊後會彈出『我的名字叫 XX 汪 汪汪』如何做？」

「那簡單呀，仿造 Cat 加一個 Dog 類別。然後再用類似程式呼叫就好了。」

```
Dog dog = new Dog("旺財");

dog.setShoutNum(8);

System.out.println(dog.shout());
```

顯示結果

我的名字叫旺財 汪 汪 汪 汪 汪 汪 汪

「這下就 OK 了，小狗旺財也會叫了。」

「很好，但你有沒有發現，Cat 和 Dog 有非常類似的程式？」

「是呀，90% 的程式是一樣的，不過這些程式都是必須的，也沒什麼辦法去除呀。」

「當然可以想辦法，程式有大量重複不會是什麼好事情。我們要用到物件導向的第二大特性『繼承』。」

0.7　繼承

「我們還是先離開軟體程式設計，來想想我們的動物常識，貓和狗都是什麼？」小菜問道。

「都是給人添麻煩的東西。除了吃喝拉撒睡，什麼也不幹的傢伙。」史熙調皮地答道。

0.7 繼承

「拜託，正經一些。貓和狗都是動物，準確地說，他們都是哺乳動物。哺乳動物有什麼特徵？」

「哦，這個小時候學過，哺乳動物是胎生、哺乳、恒溫的動物。」

「OK，因為貓和狗是哺乳動物，所以貓和狗就同樣具備胎生、哺乳、恒溫的特徵。所以我們可以這樣說，由於貓和狗是哺乳動物，所以貓和狗與哺乳動物是繼承關係。」

「哦，原來繼承就是這個意思。」

「是的，回到程式設計上，物件的繼承代表了一種 'is-a' 的關係，如果兩個物件 A 和 B，可以描述為 'B 是 A'，則表明 B 可以繼承 A。『貓是哺乳動物』，就說明了貓與哺乳動物之間繼承與被繼承的關係。實際上，繼承者還可以視為是對被繼承者的特殊化，因為它除了具備被繼承者的特性外，還具備自己獨有的個性。舉例來說，貓就可能擁有抓老鼠、爬樹等『哺乳動物』物件所不具備的屬性。因而，在繼承關係中，繼承者可以完全替換被繼承者，反之則不成立。所以，我們在描述繼承的 'is-a' 關係時，是不能相互顛倒的。說『哺乳動物是貓』顯然有些莫名其妙。繼承定義了類別如何相互連結，共用特性。繼承的工作方式是，定義父類別和子類別，或叫做基礎類別和衍生類別，其中子類別繼承父類別的所有特性。子類別不但繼承了父類別的所有特性，還可以定義新的特性。」

「'is-a' 這個比較好理解。」

「學習繼承最好是記住三句話，如果子類別繼承於父類別，第一、子類別擁有父類別非 private 的屬性和功能；第二、子類別具有自己的屬性和功能，即子類別可以擴充父類別沒有的屬性和功能；第三、子類別還可以以自己的方式實現父類別的功能（方法重寫）。」

「這裡有些不理解，什麼叫非 private，難道除了 public 還有別的修飾符號嗎？」

「當然有,剛才講了 private 和 public,現在再講一個 protected 修飾符號。protected 表示繼承時子類別可以對基礎類別有完全存取權,也就是說,用 protected 修飾的類別成員,對子類別公開,但不對其他類別公開。所以子類別繼承於父類別,則子類別就擁有了父類別的除 private 外的屬性和功能,注意除這三個修飾符號外還有兩個,由於和目前所講的內容無關,就留給你自己去查 MSDN 看吧。」

「那方法重寫是什麼意思?」

「這個留到後面講多形的時候去說,現在我們來看看怎麼做。對比觀察 Cat 和 Dog 類別。」

```
public class Cat {

    private String name = "";
    public Cat(String name){
        this.name = name;
    }

    public Cat(){
        this.name="無名";
    }

    private int shoutNum = 3;
    public void setShoutNum(int value){
        this.shoutNum=value;
    }
    public int getShoutNum(){
        return this.shoutNum;
    }

    public String shout(){
        String result="";
        for(int i=0;i<this.shoutNum;i++){
            result+= "喵 ";
        }
        return " 我的名字叫"+ name + " " + result;
```

0.7 繼承

```java
        }
    }



public class Dog {

    private String name = "";
    public Dog(String name){
        this.name = name;
    }

    public Dog(){
        this.name="無名";
    }

    private int shoutNum = 3;
    public void setShoutNum(int value){
        this.shoutNum=value;
    }
    public int getShoutNum(){
        return this.shoutNum;
    }

    public String shout(){
        String result="";
        for(int i=0;i<this.shoutNum;i++){
            result+="汪";
        }
        return " 我的名字叫"+ name + " " + result;
    }
}
```

「我們會發現大部分程式都是相同的,所以我們現在建立一個父類別,動物 Animal 類別,顯然貓和狗都是動物。我們把相同的程式儘量放到動物類別中。」

```java
public class Animal {
                        注意修飾符號改成了 protected
    protected String name = "";
    public Animal(String name){
        this.name = name;
    }

    public Animal(){
        this.name = "無名";
    }
                        注意修飾符號改成了 protected
    protected int shoutNum = 3;
    public void setShoutNum(int value){
        this.shoutNum = value;
    }
    public int getShoutNum(){
        return this.shoutNum;
    }

    public String shout(){
        return "";
    }
}
```

「然後我們需要寫 Cat 和 Dog 的程式。讓它們繼承 Animal。這樣重複的部分都可以不用寫了，不過在 Java 中，子類別從它的父類別中繼承的成員有方法、屬性等，但對於建構方法，有一些特殊，它不能被繼承，只能被呼叫。對於呼叫父類別的成員，可以用 base 關鍵字。」

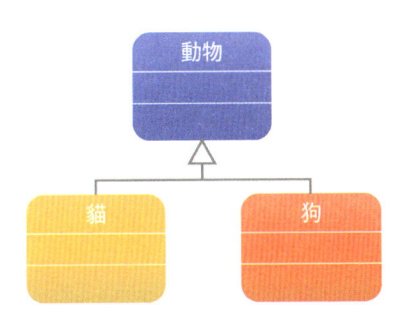

0.7 繼承

```java
public class Cat extends Animal {

    public Cat(){
        super();
    }

    public Cat(String name){
        super(name);
    }

    public String shout(){
        String result="";
        for(int i=0;i<this.shoutNum;i++){
            result += "喵 ";
        }
        return "我的名字叫"+ name + " " + result;
    }
}

public class Dog extends Animal {

    public Dog(){
        super();
    }

    public Dog(String name){
        super(name);
    }

    public String shout(){
        String result="";
        for(int i=0;i<this.shoutNum;i++){
            result += "汪 ";
        }
        return "我的名字叫"+ name + " " + result;
    }
}
```

- 繼承格式就是使用 extends 讓 Cat 繼承 Animal
- 子類別建構方法需要呼叫與父類別同樣參數的建構方法，用 super 關鍵字

「此時用戶端的程式完全一樣，沒有受到影響，但重複的程式卻因此減少了。」小菜說。

「差不太多嘛，子類別還是有些複雜，沒簡單到哪去？」史熙說道。

「如果現在需要加牛、羊、豬等多個類似的類別，按你以前的寫法就需要再複製三遍，也就是有五個類別。如果我們需要改動起始的叫聲次數，也就是讓 shoutNum 由 3 改為 5，你需要改幾個類別？」

「我懂你意思了，那需要改 5 個類別，現在有了 Animal，就只要改一個類別就行了，繼承可以使得重複減少。」

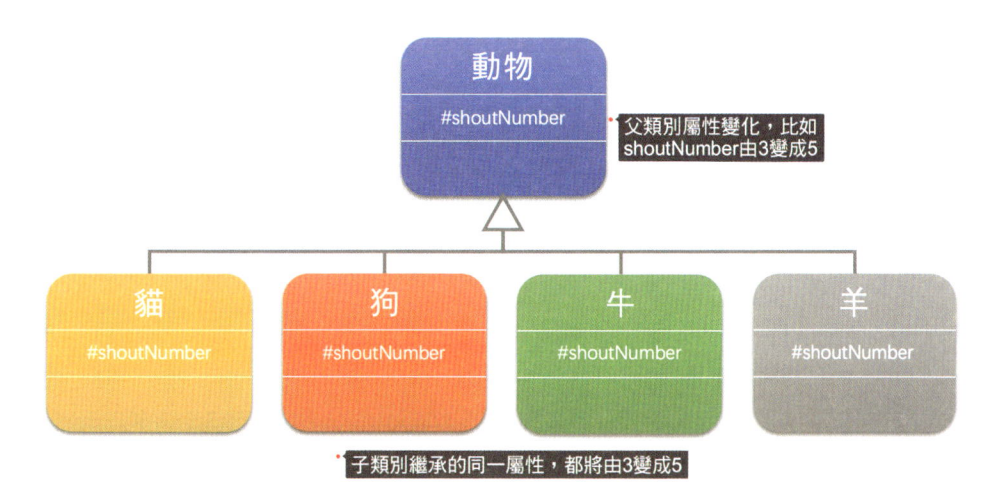

動物
#shoutNumber
*父類別屬性變化，比如 shoutNumber 由 3 變成 5

貓　狗　牛　羊
#shoutNumber #shoutNumber #shoutNumber #shoutNumber

*子類別繼承的同一屬性，都將由 3 變成 5

「說得很好。不用繼承的話，如果要修改功能，就必須在所有重複的方法中修改，程式越多，出錯的可能就越大，而繼承的優點是，繼承使得所有子類別公共的部分都放在了父類別，使得程式獲得了共用，這就避免了重複，另外，繼承可使得修改或擴充繼承而來的實現都較為容易。」

「嗯，繼承是個好東西，我以前時常 Ctrl+C 加 Ctrl+V 的，這樣表面上很快，但其實重複的程式越多，以後要更改的難度越大。看來以後我要多多用繼承。」

0.7 繼承

「慢，等等，你說以後要多多用繼承？那可不一定是好事，用是可以，但一定要慎重。」

「有這麼嚴重嗎，反正只要是有重複的時候，就繼承一個子類別不就行了嗎？」

「哈，那真是大錯特錯了，那我問你，你先寫了 Cat，而後要你寫一個 Dog，由於都差不多，你有沒有考慮過直接讓狗去繼承貓呢？」

「咦，這其實也差不多哦，沒什麼問題呀。如果再有了羊呀、牛呀也都分別繼承貓就可以了。」

「問題就在這裡了。這就使得貓會的行為，狗都會。現在撰寫的這只貓只會叫，以後它應該還可以會抓老鼠、爬樹等行為，你讓狗繼承了貓，就表示狗也就會抓老鼠、會爬樹。你覺得這合理嗎？」

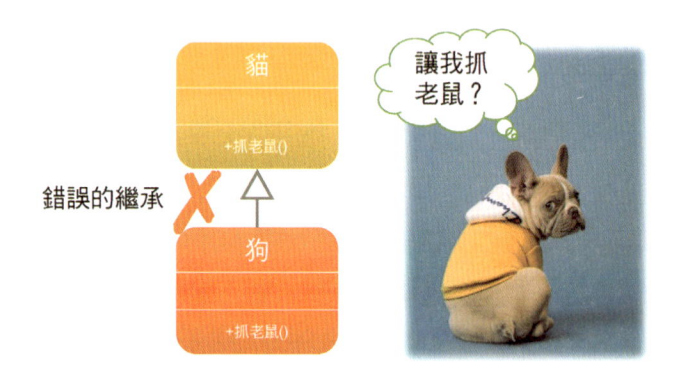

「狗拿耗子，那是多管閒事了。看來不能讓狗繼承貓，那樣很容易造成不必要的麻煩。」

「繼承是有缺點的，那就是父類別變，則子類別不得不變。讓狗去繼承於貓，顯然不是什麼好的設計，另外，繼承會破壞包裝，父類別實現細節曝露給子類別，這其實是增大了兩個類別之間的耦合性。」

「什麼叫耦合性？」

「嚴格定義你自己去查，簡單理解就是藕斷絲連，兩個類別儘管分開，但如果關係密切，一方的變化都會影響到另一方，這就是耦合性高的表現，繼承顯然是一種類與類別之間強耦合的關係。」

「明白，你說了這麼多，那什麼時候用繼承才是合理的呢？」

「我最先不是說過嗎？當兩個類別之間具備 'is-a' 的關係時，就可以考慮用繼承了，因為這表示一個類別是另一個類別的特殊種類，而當兩個類別之間是 'has-a' 的關係時，表示某個角色具有某一項責任，此時不合適用繼承。比如人有兩隻手，手不能繼承人；再比如飛機場有飛機，這飛機也不能去繼承飛機場。」

「OK，也就是說，只有合理的應用繼承才能發揮好的作用。」

0.8 多形

「下面我們再來增加需求，如果我們要舉辦一個動物運動會，來參加的有各種各樣的動物，其中有一項是『叫聲比賽』。介面就是放兩個按鈕，一個是『動物報名』，就是確定動物的種類和報名的順序，另一個是『叫聲比賽』，就是報名的動物逐一地叫出聲音來比賽。注意來報名的都是什麼動物，我們並不知道。可能是貓、可能是狗，也可能是其他的動物，當然它們都需要會叫才行。」

「有點複雜，我除了會加兩個按鈕外，不知道如何做了。」

「先分析一下，來報名的都是動物，參加叫聲比賽必須會叫。這說明什麼？」

「說明都有叫的方法，哦，也就是 Animal 類別中有 shout 方法。」

「是呀，所謂的『動物報名』，其實就是建立一個動物物件陣列，讓不同的動物物件加入其中。所謂的『叫聲比賽』，其實就是遍歷這個陣列來讓動物們 'shout()' 就可以了。」

0.8 多形

```java
public class Test {

    public static void main(String[] args){

        //有五個動物報名的資格
        Animal[] arrayAnimal=new Animal[5];

        //報名程式




                                            ← 什麼動物來報名參賽是事先
                                              不知道的


        //開始叫聲比賽,遍歷這個陣列,讓每個動物物件都shout
        for(int i=0;i<5;i++){
            System.out.println(arrayAnimal[i].shout());
        }
                                    ← 什麼動物怎麼叫也是不確定的
    }
}
```

「哦,我大概明白你意思了,那看看我寫的程式,我覺得應該是類似的樣子,但問題是我們不知道是哪個動物來報名,最終叫的時候到底是貓在叫還是狗在叫呢?」

「是呀,就之前講到的知識,是不足以解決這個問題的,所以我們引入物件導向的第三大特性——多形。」

神態 ✗　體態 ✗
狀態 ✗　變態 ✗　　多態 ✓

「啊,多形,多形是我大學裡聽得很多,但一直都不懂的東西,實在不明白它是什麼意思。」

楔子：教育訓練實習生 -- 物件導向基礎　**0**

「同樣是鳥，同樣長開翅膀的動作，但老鷹、鴕鳥和企鵝之間，是完全不同的作用。老鷹長開翅膀用來更高更遠的飛翔，鴕鳥用來更快更穩的奔跑，而企鵝則是更急更流暢的游泳。這就是生物多形性表現。在物件導向中，多形表示不同的物件可以執行相同的動作，但要透過它們自己的實現程式來執行。

我會飛　　我會跑　　我會游

我們都是鳥

看定義顯然不太明白，我再來舉個例子。我們的國粹『京劇』以前都是子承父業，代代相傳的藝術。假設有這樣一對父子，父親是非常有名的京劇藝術家，兒子長大成人，模仿父親的戲也惟妙惟肖。有一天，父親突然發高燒，上不了台表演，而票都早就賣出，退票顯然會大大影響聲譽。怎麼辦呢？由於京戲都是需要化妝才可以上台的，於是就決定讓兒子代父親上台表演。」

臉譜後面是父親還是兒子，誰知道？

0-25

0.8 多形

「化妝後誰認識誰呀，只要唱得好就可以糊弄過去了。」

「是呀，這裡面有幾點注意，第一、子類別以父類別的身份出現，兒子代表老子表演，化妝後就是以父親身份出現了。第二、子類別在工作時以自己的方式來實現，兒子模仿得再好，那也是模仿，兒子只能用自己理解的表現方式去模仿父親的作品；第三、子類別以父類別的身份出現時，子類別特有的屬性和方法不可以使用，兒子經過多年學習，其實已經有了自己的創作，自己的絕活，但在此時，代表父親表演時，絕活是不能表現出來的。當然，如果父親還有別的兒子會表演，也可以在此時代表父親上場，道理也是一樣的。這就是多形。」

「聽聽好像都懂，怎麼用呢？」

「是呀，怎麼用呢，我們還需要了解一些概念，方法重寫。子類別可以選擇使用 override 關鍵字，將父類別實現替換為它自己的實現，這就是方法重寫 Override，或叫做方法覆載。我們來看一下例子。」

「由於 Cat 和 Dog 都有 shout 的方法，只是叫的聲音不同，所以我們可以讓 Animal 有一個 shout 的方法，然後 Cat 和 Dog 去重寫這個 shout，用的時候，就可以用貓或狗代替 Animal 叫喚，來達到多形的目的。」

```
public class Animal {
   ......
   public String shout(){
      return "";
   }
}


public class Cat extends Animal {
   public Cat(){
      super();
   }
```

```java
    public Cat(String name){
        super(name);
    }

    public String shout(){
        String result="";
        for(int i=0;i<this.shoutNum;i++){
            result += "喵 ";
        }
        return "我的名字叫"+ name + " " + result;
    }
}

public class Dog extends Animal {
    public Dog(){
        super();
    }

    public Dog(String name){
        super(name);
    }

    public String shout(){
        String result="";
        for(int i=0;i<this.shoutNum;i++){
            result += "汪 ";
        }
        return "我的名字叫"+ name + " " + result;
    }
}
```

「再回到你剛才寫的用戶端程式上。」

```java
public class Test {

    public static void main(String[] args){

        //有五個動物報名的資格
        Animal[] arrayAnimal=new Animal[5];
```

0.8 多形

```java
        //報名程式
        arrayAnimal[0] = new Cat("小花");
        arrayAnimal[1] = new Dog("阿毛");
        arrayAnimal[2] = new Dog("小黑");
        arrayAnimal[3] = new Cat("嬌嬌");
        arrayAnimal[4] = new Cat("咪咪");

        //開始叫聲比賽，遍歷這個陣列，讓每個動物物件都shout
        for(int i=0;i<5;i++){
            System.out.println(arrayAnimal[i].shout());
        }
    }
  }
}
```

報名的是貓、狗、狗、貓、貓，根據需要還可以是牛、羊、豬等任何動物

結果顯示

先點擊「動物報名」，然後「叫聲比賽」，將有五個對話列出。

```
我的名字叫小花 喵 喵 喵
我的名字叫阿毛 汪 汪 汪
我的名字叫小黑 汪 汪 汪
我的名字叫嬌嬌 喵 喵 喵
我的名字叫咪咪 喵 喵 喵
```

「我明白了，Animal 相當於京劇表演的老爸，Cat 和 Dog 相當於兒子，兒子代表父親表演 shout，但 Cat 叫出來的是『喵』，Dog 叫出來的是『汪』，這就是所謂的不同的物件可以執行相同的動作，但要透過它們自己的實現程式來執行。」

「說得好，是這個意思，不過一定要注意了，這個物件的宣告必須是父類別，而非子類別，實例化的物件是子類別，這才能實現多形。多形的原理是當方法被呼叫時，無論物件是否被轉為其父類別，都只有位於物件繼承鏈最末端的方法實現會被呼叫。也就是說，虛方法是按照其執行時期類型而非編譯時類型進行動態繫結呼叫的。」

```
動物 animal = new 貓();
```

```
貓 cat = new 貓();
動物 animal= cat;
```

「不過老實說,即使這樣,我也還是不太理解這樣做有多大的好處。多形被稱為物件導向三大特性,我感覺不到它有和封裝、繼承同樣的作用。」

「慢慢來,要深刻理解並會合理利用多形,不去研究設計模式是很難做到的。也可以反過來說,沒有學過設計模式,那麼對多形、乃至對物件導向的理解多半都是膚淺和片面的。我相信會有那種天才,可以聽一知十,剛學的東西就可以靈活自如地應用,甚至要造汽車,他都能再去發明輪子。但對於絕大多數程式設計師,還是需要踏踏實實地學習基本的東西,並在不斷地實踐中成長,最終成為高手。」

「蔡老師,受教了。下面我們做什麼?」

0.9 重構

「現在又來了小牛和小羊來報名,需要參加『叫聲比賽』,你如何做?」

「這個簡單了,我現在再實現牛 Cattle 和羊 Sheep 的類別,讓它們都繼承 Animal 就可以了。」

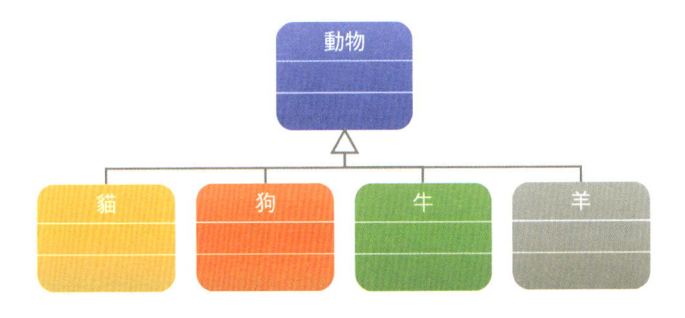

0.9 重構

```java
public class Cattle extends Animal {

    public Cattle (){
        super();
    }

    public Cattle (String name){
        super(name);
    }

    public String shout(){
        String result="";
        for(int i=0;i<this.shoutNum;i++){
            result+= "哞 ";
        }
        return "我的名字叫"+ name + " " + result;
    }
}


public class Sheep extends Animal {

    public Sheep (){
        super();
    }

    public Sheep (String name){
        super(name);
    }

    public String shout(){
        String result="";
        for(int i=0;i<this.shoutNum;i++){
            result+= "咩 ";
        }
        return "我的名字叫"+ name + " " + result;
    }
}
```

「等等，你有沒有發現，貓狗牛羊四個類別，除了建構方法之外，還有重複的地方？」

「是呀，我發現了，shout 裡除了四種動物叫的聲音不同外，幾乎沒有任何差異。」

「這有什麼壞處？」

「重複呀，如果你有需求說，把『我的名字叫 XXX』改成『我叫 XXX』，我就得更改四個類別的程式了。」

「非常好，所以這裡有重複，我們還是應該要改造它。」

「我先把重複的這個 shout 的方法區塊放到 Animal 類別中。」

「這樣如何能行，動物叫什麼聲音呢？叫『喵』？叫『汪』？都不行，動物是個抽象的概念，它是不會有叫的聲音的。」

「別急，我們把叫的聲音部分改成另一個方法 getShoutSound 不就行了！」

```java
public class Animal {

    ......

    public String shout(){

        String result="";

        for(int i=0;i<this.shoutNum;i++){
            result+= getShoutSound()+", ";
        }
        // 改成呼叫 getShoutSound 方法

        return "我的名字叫"+ name + " " + result;

    }
    // 此方法留給繼承的類別具體實現，
    // 所以用 protected 修飾
    protected String getShoutSound(){
        return "";
    }
}
```

0.9 重構

「此時的子類別就極其簡單了。除了叫聲和建構方法的不同，所有的重複都轉移到了父類別，真是漂亮至極。」

```java
public class Cat extends Animal {

    public Cat (){
        super();
    }
    public Cat (String name){
        super(name);
    }

    protected String getShoutSound(){
        return "喵";
    }
}

public class Dog extends Animal {

    public Dog (){
        super();
    }
    public Dog (String name){
        super(name);
    }

    protected String getShoutSound(){
        return "汪";
    }
}

public class Sheep extends Animal {

    public Sheep (){
        super();
    }
    public Sheep (String name){
        super(name);
    }
```

```
    protected String getShoutSound(){
        return "咩";
    }
}

public class Cattle extends Animal {

    public Cattle (){
        super();
    }
    public Cattle (String name){
        super(name);
    }

    protected String getShoutSound(){
        return "哞";
    }
}
```

「有點疑問，這樣改動，子類別，比如 Cat 就沒有 Shout 方法了，外面如何呼叫呢？」

「唉！你把繼承的基本忘記了？繼承第一筆是什麼？」

「哈，是子類別擁有所有父類別非 private 的屬性和方法。對的對的，由於子類別繼承父類別，所以是 public 的 Shout 方法是一定可以為所有子類別所用的。」史熙高興地說，「我漸漸能感受到物件導向程式設計的魅力了，的確是非常的簡捷。由於不重複，所以需求的更改都不會影響到其他類別。」

「這裡其實就是在用一個設計模式，叫範本方法。（詳見第 10 章）」

「啊，原來就是設計模式呀，Very Good，太棒了，哈，我竟然學會了設計模式。」

「瘋了？發什麼神經呀。」小菜同樣微笑道，「這才是知道了皮毛，得意什麼，還早著呢。」

0.10 抽象類別

「我們再來觀察，你會發現，Animal 類別其實根本就不可能實例化的，你想呀，說一隻貓長什麼樣，可以想像，說 new Animal(); 即實例化一個動物。一個動物長什麼樣？」

「不知道，動物是一個抽象的名詞，沒有具體物件與之對應。」

「是呀，所以我們完全可以考慮把實例化沒有任何意義的父類別，改成抽象類別，同樣的，對於 Animal 類別的 getShoutSound 方法，其實方法區塊沒有任何意義，所以可以將修飾符號改為 abstract，使之成為抽象方法。Java 允許把類別和方法宣告為 abstract，即抽象類別和抽象方法。」

```
//宣告一個抽象類別，在class前增加abstract關鍵字
public abstract class Animal {

    .......

    //宣告一個抽象方法，在返回數值型態前加abstract
    //抽象方法沒有方法區塊，直接在括弧後加";"
    protected abstract String getShoutSound();

}
```

這樣一來，Animal 就成了抽象類別了。抽象類別需要注意幾點，第一，抽象類別不能實例化，剛才就說過，『動物』實例化是沒有意義的；第

二，抽象方法是必須被子類別重寫的方法，不重寫的話，它的存在又有什麼意義呢？其實抽象方法可以被看成是沒有實現體的虛方法；第三，如果類別中包含抽象方法，那麼類別就必須定義為抽象類別，不論是否還包含其他一般方法。」

「這麼說的話，一開始就可以把 Animal 類別設成抽象類別了，根本沒有必要存在虛方法的父類別。是這樣吧？」史熙問道。

「的確是這樣，我們應該考慮讓抽象類別擁有盡可能多的共同程式，擁有盡可能少的資料 [J&DP]。」

「那到底什麼時候應該用抽象類別呢？」

「抽象類別通常代表一個抽象概念，它提供一個繼承的出發點，當設計一個新的抽象類別時，一定是用來繼承的，所以，在一個以繼承關係形成的等級結構裡面，樹葉節點應當是具體類別，而樹枝節點均應當是抽象類別 [J&DP]。也就是說，具體類別不是用來繼承的。我們作為程式設計者，應該要努力做到這一點。比如，若貓、狗、牛、羊是最後一級，那麼它們就是具體類別，但如果還有更下面一級的金絲貓繼承於貓、哈巴狗繼承於狗，就需要考慮把貓和狗改成抽象類別了，當然這也是需要具體情況具體分析的。」

「這個應該可以理解。」

「OK，我們繼續下面的需求實現。」

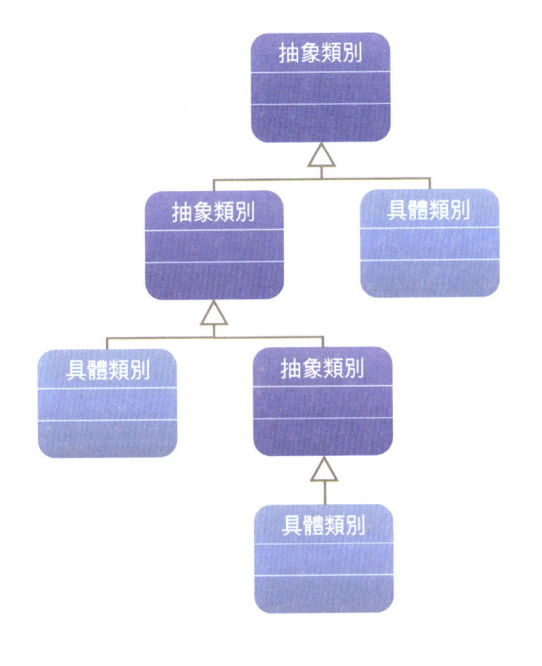

0.11 介面

「在動物運動會裡還有一項非常特殊的比賽是為了給有特異功能的動物展示其特殊才能的。」

「哈,有特異功能?有意思。不知是什麼動物?」

「多的是呀,可以來比賽的比如有機器貓多啦A夢,石猴孫悟空,肥豬豬八戒,再比如蜘蛛人、蝙蝠俠等。」

「啊,這都是什麼動物呀,根本就是人們虛構之物。」

「讓貓狗比賽叫聲難道就不是虛構?你當它們會願意相互攀比?其實我的目的只是為了讓兩個動物儘量的不相干而已。現在多啦A夢會從肚皮的口袋裡變出東西,而孫悟空可以拔根毫毛變出東西,且有七十二般變化,八戒有三十六般變化。它們各屬於貓、猴、豬,現在需要讓它們比賽誰變東西的本領大。你來分析一下如何做?」

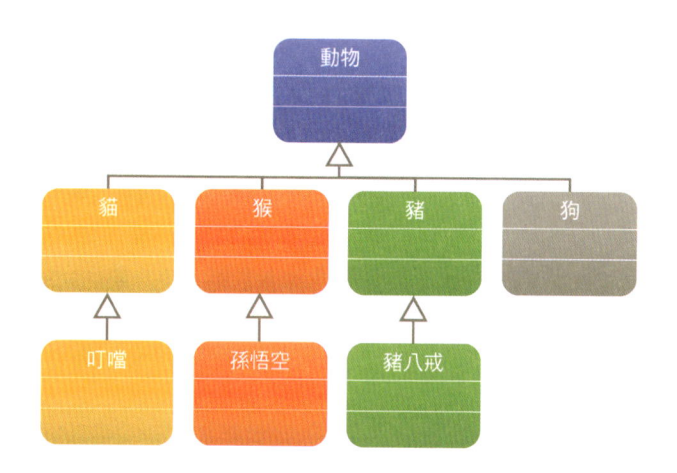

「『變出東西』應該是多啦A夢、孫悟空、豬八戒的行為方法,要想用多形,就得讓貓、猴、豬有『變出東西』的能力,而為了更具有普遍意義,乾脆讓動物具有『變出東西』的行為,這樣就可以使用多形了。」

楔子：教育訓練實習生 -- 物件導向基礎

「哈哈，史熙呀，你犯了幾乎所有學物件導向的人都會犯的錯誤，『變出東西』它是動物的方法嗎？如果是，那是不是所有的動物都必須具備『變出東西』的能力呢？」

「這個，確實不是，這其實只是三個特殊動物具備的方法。那應該如何做？」

「這時候我們就需要新的知識了，那就是介面 interface。通常我們理解的介面可能更多是像電腦、音響等裝置的硬體介面，比如用來傳輸電力、音視訊、資料等接線的插座。而今天我們要提的，是物件導向程式設計裡的介面概念。」

「介面是把隱式公共方法和屬性組合起來，以封裝特定功能的集合。一旦類別實現了介面，類別就可以支援介面所指定的所有屬性和成員。宣告介面在語法上與宣告抽象類別完全相同，但不允許提供介面中任何成員的執行方式。所以介面不能實例化，不能有建構方法和欄位；不能有修飾符號，比如 public、private 等；不能宣告虛擬的或靜態的等。還有實現介面的類別就必須要實現介面中的所有方法和屬性。」

「怎麼介面這麼麻煩。」

「要求是多了點，但一個類別可以支援多個介面，多個類別也可以支援相同的介面。所以介面的概念可以讓使用者和其他開發人員更容易理解其他人的程式。哦，對了，介面的命名，有些語言前面要加一個大寫字母'I'，這是一種規範。」

「聽不懂呀，不如講講實例吧。」

0-37

0.11 介面

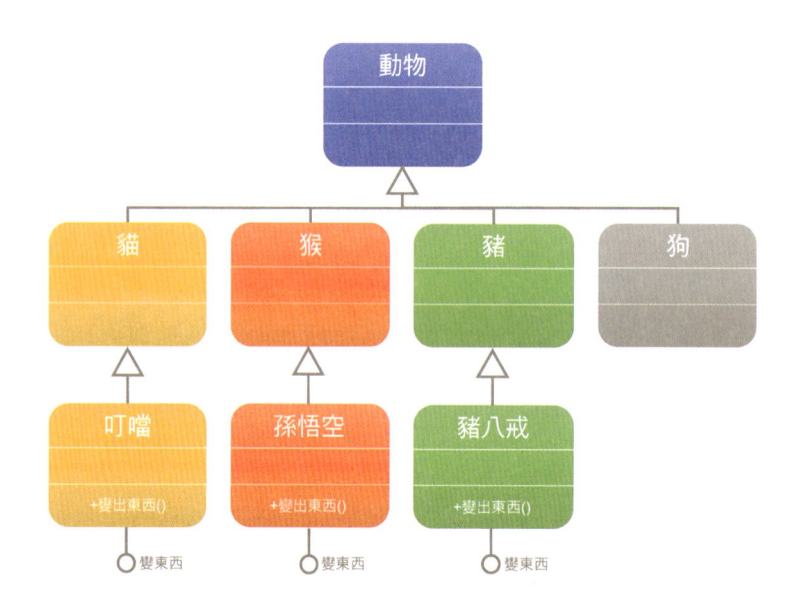

「我們先建立一個介面,它是用來『變東西』用的。注意介面用 interface 宣告,而非 class(介面名稱前加 'I' 會更容易辨識),介面中的方法或屬性前面不能有修飾符號、方法沒有方法區塊。」

```
//宣告一個IChange介面
public interface IChange {

    //此介面有一個方法ChangeThing,
    //參數是一個字串變數,返回一字元
    public String changeThing(String thing);

}
```

「然後我們來建立機器貓的類別。」

```
//繼承了Cat類別,並實現了IChange介面
public class MachineCat extends Cat implements IChange {

    public MachineCat (){
        super();
    }
```

```java
    public MachineCat (String name){
        super(name);
    }

    //實現了介面的方法
    public String changeThing(String thing){
        return super.shout()+ ",我有萬能的口袋,我可變出" + thing;
    }
}
```

> super 表示呼叫父類別 Cat 的 shout 方法

「猴子的類別 Monkey 和孫悟空的類別 StoneMonkey 與上面非常類似,在此省略。此時我們的用戶端,可以加一個『變出東西』按鈕,並實現下面的程式。」

```java
    //建立兩個類別的實例
    MachineCat mcat = new MachineCat("多啦A夢");
    StoneMonkey wukong = new StoneMonkey("孫悟空");

    //宣告了一個介面陣列,將兩個類別的實例引用給介面陣列
    IChange[] array = new IChange[2];
    array[0] = mcat;
    array[1] = wukong;

    //利用多態性,實現不同的changeThing
    System.out.println(array[0].changeThing("各種各樣的東西!"));
    System.out.println(array[1].changeThing("各種各樣的東西!"));
```

執行結果

我的名字叫多啦A夢 喵,喵,喵,我有萬能的口袋,我可變出各種各樣的東西!
我的名字叫孫悟空 俺老孫來也,俺老孫來也,俺老孫來也,我會七十二變,可變出各種各樣的東西!

「哦,我明白了,其實這和抽象類別是很類似的,由於我現在要讓兩個完全不相干的物件,多啦A夢和孫悟空來做同樣的事情『變出東西』,所以我不得不讓他們去實現做這件『變出東西』的介面,這樣的話,當我呼叫介面的『變出東西』的方法時,程式就會根據我實現介面的物件來做出

> 0.11 介面

反應,如果是多啦A夢,就是用萬能口袋,如果是孫悟空,就是七十二變,利用了多形性完成了兩個不同的物件本不可能完成的任務。」
「說得非常好,同樣是飛,鳥用翅膀飛,飛機用引擎加機翼飛,而超人呢?舉起兩手,握緊拳頭就能飛,它們是完全不同的物件,但是,如果硬要把它們放在一起的話,用一飛行行為的介面,比如命名為 IFly 的介面來處理就是非常好的辦法。」

「但是我對抽象類別和介面的區別還是不太清楚。」
「問到點子上了,這兩個概念的異同點是網路上討論物件導向問題時討論得最多的話題之一,從表面上來說,抽象類別可以舉出一些成員的實現,介面卻不包含成員的實現,抽象類別的抽象成員可被子類別部分實現,介面的成員需要實現類別完全實現,一個類別只能繼承一個抽象類別,但可實現多個介面等等。但這些都是從兩者的形態上去區分的。我覺得還有三點是能幫助我們去區分抽象類別和介面的。第一,類別是對物件的抽象;抽象類別是對類別的抽象;介面是對行為的抽象。介面是對類別的局部(行為)進行的抽象,而抽象類別是對類別整體(欄位、屬性、方法)的抽象。如果只關注行為抽象,那麼也可以認為介面就是抽象類別。總之,不論是介面、抽象類別、類別甚至物件,都是在不同層次、不同角度進行抽象的結果,它們的共通性就是抽象。第二,如果行為跨越不同類的物件,可使用介面;對於一些相似的類別物件,用繼承抽象類別。比如貓呀狗呀它們其實都是動物,它們之間有很多相似的地方,所以我們應該讓它們去繼承動物這個抽象類別,而飛機、麻雀、超人是完全不相關的類別,多啦A夢是動漫角色,孫悟空是古代神話人

物,這也是不相關的類別,但它們又是有共同點的,前三個都會飛,而後兩個都會變出東西,所以此時讓它們去實現相同的介面來達到我們的設計目的就很合適了。」

「哦,明白,其實實現介面和繼承抽象類別並不衝突的,我完全可以讓超人繼承人類,再實現飛行介面,是嗎?」

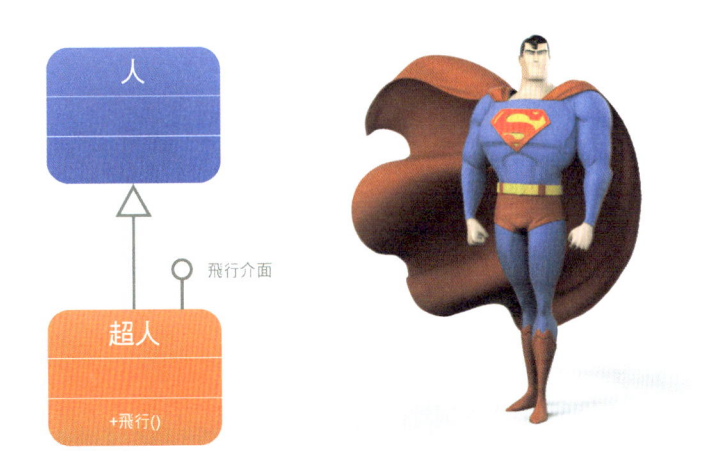

「對,超人除了內褲外穿以外,基本就是一個正常人的樣子,讓他繼承人類是對的,但他本事很大,除了飛天,他還具有刀槍不入、力大無窮等等非常人的能力,而這些能力也可能是其他物件具備的,所以就讓超人去實現飛行、力大無窮等行為介面,這就可以讓超人和飛機比飛行,和大象比力氣了,這就是一個類別只能繼承一個抽象類別,卻可以實現多個介面的做法。」

「那還有一點呢?」

「嗯,這一點更加關鍵,那就是第三,從設計角度講,抽象類別是從子類別中發現了公共的東西,泛化出父類別,然後子類別繼承父類別,而介面是根本不知子類別的存在,方法如何實現還不確認,預先定義。這裡其實說明的是抽象類別和介面設計的思維過程。回想一下我們今天剛開

> 0.11 介面

始講的時候，先是有一個 Cat 類別，然後再有一個 Dog 類別，觀察後發現它們有類似之處，於是泛化出 Animal 類別，這也表現了敏捷開發的思想，透過重構改善既有程式的設計。事實上，只有小貓的時候，你就去設計一個動物類，這就極有可能會成為過度設計了。所以說抽象類別往往都是透過重構得來的，當然，如果你事先意識到多種分類的可能，那麼事先就設計出抽象類別也是完全可以的。」

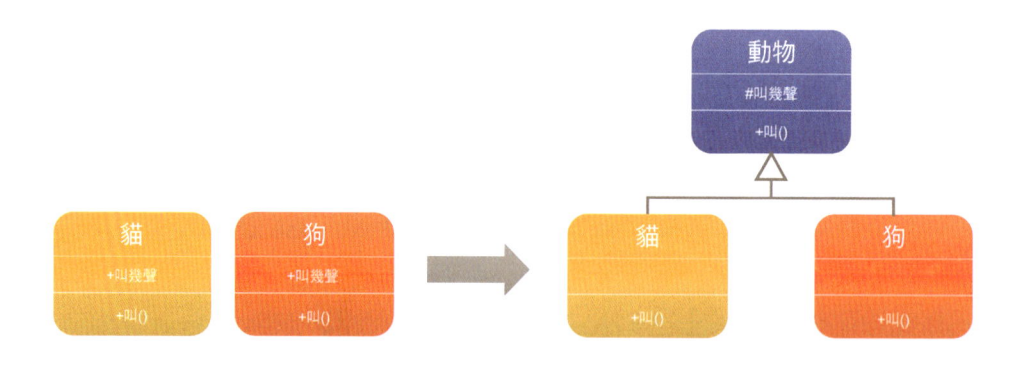

「而介面就完全不是一回事。我們很早已經設計好了電源插座的介面，但在幾十年前是無法想像未來會有什麼樣的電器需要電源插座的。只要事先把介面設計好，剩下的事就慢慢再說不著急了。」

「再比如我們是動物運動會的主辦方，在策劃時，大家就坐在一起考慮需要組織什麼樣的比賽。大家商議後，覺得應該設定如跑得最快、跳得最高、飛得最遠、叫得最響、力氣最大等等比賽項目。此時，主辦方其實還不太清楚會有什麼樣的動物來參加運動會，所有的這些比賽項目都可能是完全不相同的動物在比，它們將如何去實現這些行為也不得而知，此時，能做的事就是事先定義這些比賽項目的行為介面。」

楔子：教育訓練實習生 -- 物件導向基礎

「啊，你的意思是不是說，抽象類別是自底而上抽象出來的，而介面則是自頂向下設計出來的。」

「對，可以這麼說。其實僅理解這一點是不夠的，要想真正把抽象類別和介面用好，還是需要好好用心地去學習設計模式。只有真正把設計模式理解那麼你才能算是真正會合理應用抽象類別和介面了。」

0.12 集合

「下面我們再來看看，用戶端的程式中，『動物報名』用的是 Animal 類別的物件陣列，你設定了陣列的長度為 5，也就是說最多只能有五個動物可以報名參加『叫聲比賽』，多了就不行了。這顯然是非常不合理的，應該考慮改進。你能說說陣列的優缺點嗎？」

「陣列優點，比如說陣列在記憶體中連續儲存，因此可以快速而容易地從頭到尾遍歷元素，可以快速修改元素等等。缺點嘛，應該是建立時必須要指定陣列變數的大小，還有在兩個元素之間增加元素也比較困難。」

「說得不錯，的確是這樣，這就可能使得陣列長度設定過大，造成記憶體空間浪費，長度設定過小造成溢位。所以 Java 提供了用於資料儲存和檢索的專用類別，這些類別統稱集合。這些類別提供對堆疊、佇列、串列和雜湊表的支援。大多數集合類別實現相同的介面。我們現在介紹當中最常用的一種，ArrayList。」

「集合？它和陣列有什麼區別？」

「別急，首先 ArrayList 是套裝程式 java.util.ArrayList 下的一部分，它是使用大小可隨選動態增加的陣列實現 Collection 介面。」

「哦，沒學介面前不太懂，現在知道了，你的意思是說，Collection 介面定義了很多集合用的方法，ArrayList 對這些方法做了具體的實現？」

0-43

0.12 集合

「對的，ArrayList 的容量是 ArrayList 可以儲存的元素數。ArrayList 的預設初始容量為 0。隨著元素增加到 ArrayList 中，容量會根據需要透過重新分配自動增加。使用整數索引可以存取此集合中的元素。此集合中的索引從零開始。」

「是不是可以這樣理解，陣列的容量是固定的，而 ArrayList 的容量可根據需要自動擴充。」

「是的，由於實現了 Collection，所以 ArrayList 提供增加、插入或移除某一範圍元素的方法。下面我們來看看如何做。」

```java
//匯入ArrayList所在的套裝程式
import java.util.ArrayList;

public class Test {

    public static void main(String[] args){

        //宣告集合物件，並實例化物件
        ArrayList arrayAnimal=new ArrayList();

        //呼叫集合的add方法增加物件，參數是所有物件的抽象類別Object,
        //所以new Cat()或new Dog()都是可以的
        arrayAnimal.add(new Cat("小花"));
        arrayAnimal.add(new Dog("阿毛"));
        arrayAnimal.add(new Dog("小黑"));
        arrayAnimal.add(new Cat("嬌嬌"));
        arrayAnimal.add(new Cat("咪咪"));

        //遍歷集合
        for(Object item : arrayAnimal){
            Animal animal = (Animal)item;   //此時需要強制將Object轉化為Animal物件
            System.out.println(animal.shout());
        }

        System.out.println("動物個數："+arrayAnimal.size());

    }
}
```

「如果有動物報完名後，由於某種原因（比如政治、宗教、興奮劑、健康等等）放棄比賽，此時應該需要將其從名單中移除。舉例來說，在報了名後，兩隻小狗需要退出比賽。我們查了一下它們的報名索引次序為 1 和 2（從 0 開始計算），所以我們可以應用集合的 remove 方法，它的作用是移除指定索引處的集合項。」

「我明白怎麼做了。」

```
arrayAnimal.add(new Cat("小花"));
arrayAnimal.add(new Dog("阿毛"));
arrayAnimal.add(new Dog("小黑"));
arrayAnimal.add(new Cat("嬌嬌"));
arrayAnimal.add(new Cat("咪咪"));

//阿毛和小黑兩條狗要退出比賽，所以要移除它們
arrayAnimal.remove(1);
arrayAnimal.remove(2);
```

「哈，你太著急，集合與陣列的不同就在於此，程式在執行 RemoveAt(1) 的時候，也就是叫『阿毛』的 Dog 被移除了集合，此時『小黑』的索引次序還是原來的 2 嗎？」

「哦，我明白了，等於整個後序物件都向前移一位了。應該是這樣才對。也就是說，集合的變化是影響全域的，它始終都保證元素的連續性。」

```
arrayAnimal.remove(1);
arrayAnimal.remove(1);
```

「複習一下，集合 ArrayList 相比陣列有什麼好處？」

「主要就是它可以根據使用大小隨選動態增加，不用受事先設定其大小的控制。還有就是可以隨意地增加、插入或移除某一範圍元素，比陣列要方便。」

「對，這是 ArrayList 的優勢，但它也有不足，ArrayList 不管你是什麼物件都是接受的，因為在它眼裡所有元素都是 Object，這就使得如果你

0-45

0.12 集合

'arrayAnimal.add(123);' 或 'arrayAnimal.add("HelloWorld");' 在編譯時都是沒有問題的，但在執行時，'for (Animal item : arrayAnimal)' 需要明確集合中的元素是 Animal 類型，而 123 是整數，HelloWorld 是字串型，這就會在執行到此處時顯示出錯，顯然，這是典型的類型不匹配錯誤，換句話說，ArrayList 不是類型安全的。還有就是 ArrayList 對於存放數值型態的資料，比如 int、string 型（string 是一種擁有數值型態特點的特殊參考類型）或結構 struct 的資料，用 ArrayList 就表示都需要將數值型態裝箱為 Object 物件，使用集合元素時，還需要執行拆箱操作，這就帶來了很大的性能損耗。」

「等等，我不太懂，裝箱和拆箱是什麼意思？」

「所謂裝箱就是把數值型態打包到 Object 參考類型的實例中。比如整數變數 i 被「裝箱」並給予值給物件 o。」

```
int i = 123;
Object o = (Object)i;  //裝箱 boxing
```

「所謂拆箱就是指從物件中提取數值型態。此例中物件 o 拆箱並將其給予值給整數變數 i。」

```
o = 123;
i = (int)o;  //拆箱 unboxing
```

「相對於簡單的給予值而言，裝箱和拆箱過程需要進行大量的計算。對數值型態進行裝箱時，必須分配並建構一個全新的物件。其次，拆箱所需

的強制轉換也需要進行大量的計算 [MSDN]。總之，裝箱拆箱是耗資源和時間的。而 ArrayList 集合在使用數值型態資料時，其實就是在不斷地做裝箱和拆箱的工作，這顯然是非常糟糕的事情。」

「啊，那從這點上來看，它還不如陣列。因為陣列事先就指定了資料型態，就不會有類型安全的問題，也不存在裝箱和拆箱的事情了。看來他們各有利弊呀。」

「說得非常對，Java 在 5.0 版之前的確也沒什麼好辦法，但 5.0 出來後，就推出了新的技術來解決這個問題，那就是泛型。」

0.13 泛型

「泛型是具有預留位置（類型參數）的類別、結構、介面和方法，這些預留位置是類別、結構、介面和方法所儲存或使用的或多個類型的預留位置。泛型集合類別可以將類型參數用作它所儲存的物件的類型的預留位置；類型參數作為其欄位的類型和其方法的參數類型出現。我讀給你的是泛型定義的原話，聽起有些抽象，我們直接來看例子。在 Java5.0 後有 ArrayList 類別的泛型等效類別，該類別使用大小可隨選動態增加的陣列實現 Collection 泛型介面。其實用法上關鍵就是在 ArrayList 後面加 '<T>'，這個 'T' 就是你需要指定的集合的資料或物件類型。」

```java
import java.util.ArrayList;

public class Test {

    public static void main(String[] args){

        //宣告泛型集合變數，在<>中宣告Animal，表示此集合只接受Animal物件
        ArrayList<Animal> arrayAnimal = new ArrayList<Animal>();

        arrayAnimal.add(new Cat("小花"));
        arrayAnimal.add(new Dog("阿毛"));
```

0.13 泛型

```java
    arrayAnimal.add(new Dog("小黑"));
    arrayAnimal.add(new Cat("嬌嬌"));
    arrayAnimal.add(new Cat("咪咪"));

    //此時迴圈可以直接明確集合中都是Animal的item
    for(Animal item : arrayAnimal){
        System.out.println(item.shout());
    }

    System.out.println("動物個數："+arrayAnimal.size());

    }
}
```

「此時，如果你再寫 "arrayAnimal.add(123);" 或 "arrayAnimal.add ("Hello World");" 結果將是？」

「哈，編譯就顯示出錯，因為 add 的參數必須要是 Animal 或 Animal 的子類型才行。」

「我是這樣想的，其實 ArrayList 和 ArrayList<T> 在功能上是一樣的，不同就在於，它在宣告和實例化時都需要指定其內部項的資料或物件類型，這就避免了剛才講的類型安全問題和裝箱拆箱的性能問題了。強，夠強，怎麼想到的，真是厲害。」

「是呀，也就是說，我們一開始就明確了集合這個「箱子」只能裝啥，這個就不需要再考慮混亂的問題了。不過顯然 Java 語言的設計者也並不是一開始就明白這一點，也是透過實踐和使用者的回饋才在 Java5.0 版中改進過來的。*巨人也有會走冤枉路的時候，何況我們常人。*大部分的情況下，都建議使用泛型集合，因為這樣可以獲得類型安全的直接優點而不需要從基集合類型衍生並實現類型特定的成員。此外，如果集合元素為數值型態，泛型集合類型的性能通常優於對應的非泛型集合類型（並優於從非泛型基集合類型衍生的類型），因為使用泛型時不必對元素進行裝箱。」

「當然是泛型好呀，它可是集早期的 ArrayList 集合和 Array 陣列優點於一身的好東西，有了它，早期的 ArrayList 就顯得太老土了。」

「至於泛型的知識還有很多，這裡就不細講了，你自己去找資料研究吧。」

「好的好的，其實已經有些明白是怎麼回事了。我自己去研究吧。」

0.14 客套

「要講的東西太多了，我們的『動物運動會』程式也寫入了個開頭，以後有的是機會。」小菜看了看表說，「現在都過了中午，餐廳都快沒菜了，走，我們先吃飯去吧。」

「好的，今天真的太感謝了，我覺得這半天的收穫遠遠比上一個月課，看幾本磚頭書來得效果好呀。」史熙興奮地說。

「哪裡哪裡，今天講的都只是皮毛，要學習的內容還多著呢，不過話說回來，上午講的這個未完成的『動物運動會』的例子儘管簡單，但卻涵蓋了物件導向的最重要的知識，你好好去體會一下。有機會我再跟你講講設計模式，你對封裝、繼承、多形的理解就會更深入一些，學無止境，你需要不斷地練習實踐才可能真正成為優秀的軟體工程師。」

「嗯，我覺得我對程式設計有了很大的興趣，物件導向的程式設計方式確實非常有意思。」

0.14 客套

「師傅領進門,修行在個人,今後就看你的了,好好加油。不過現在我們還是先去為肚皮加點油哦。」

「對對對,走,我們去吃飯去。」

幾個月後。研發總監對小菜的教育訓練工作非常滿意,準備提升小菜為技術教育訓練經理,今後教育訓練新員工都可以交給他做。小菜欣喜之餘,也不覺感慨,如果不是兩年前表哥大鳥的幫助,自己也不能有今天成長。那段時間的關於設計模式的學習經歷,真是一段值得書寫和回味的時光。

CHPATER
01

程式無錯就是優？
-- 簡單工廠模式

1.1 面試受挫

兩年前，小菜正在讀軟體工程專業大學四年級，成績一般，考研剛結束，即將畢業。大學學了不少軟體開發方面的東西，也學著編了些小程式，躊躇滿志，一心要找一個好單位。當投遞了無數份簡歷後，終於收到了一個單位的面試通知，小菜欣喜若狂。

到了人家單位，總機小姐在電腦上給他出了一份題目，上面寫著：

> 請用 C++、Java、C# 或 Python等任意一種物件導向語言實現一個計算機主控台程式，要求輸入兩個數和運算符號，得到結果。

1.1 面試受挫

小菜一看，這個還不簡單，三下五除二，10 分鐘不到，小菜寫完了，感覺也沒錯誤。交卷後，單位說一周內等通知吧。於是小菜只得耐心等待。可是半個月過去了，什麼消息也沒有，小菜很納悶，我的程式實現了呀，為什麼不給我機會呢。

時間：2 月 26 日 20 點　　地點：大鳥房間　　人物：小菜、大鳥

小菜找到從事軟體開發工作七年的表哥大鳥，請教原因。大鳥，原名李大遼，29 歲，小菜的表哥，雲南昆明人，畢業後長期從事軟體開發和管理工作，近期到上海發展，暫借住小菜家在寶山的空套房裡。小菜以向大鳥學習為由，也從市區父母家搬到了寶山與大鳥同住。

大鳥問了題目和了解了小菜程式的細節以後，哈哈大笑，說道：「小菜呀小菜，你上當了，人家單位出題的意思，你完全都沒明白，當然不會再聯繫你了。」

小菜說：「我的程式有錯嗎？單位題目不就是要我實現一個計算機的程式嗎，我這樣寫有什麼問題。」

```java
import java.util.Scanner;

public class Test {

    public static void main(String[] args){

        Scanner sc = new Scanner(System.in);
```

```java
        System.out.println("請輸入數字A：");
        String A = sc.nextLine();
        System.out.println("請選擇運算子號(+、-、*、/)：");
        String B = sc.nextLine();
        System.out.println("請輸入數字B：");
        String C = sc.nextLine();
        double D = 0d;

        if (B.equals("+"))
            D = Double.parseDouble(A) + Double.parseDouble(C);
        if (B.equals("-"))
            D = Double.parseDouble(A) - Double.parseDouble(C);
        if (B.equals("*"))
            D = Double.parseDouble(A) * Double.parseDouble(C);
        if (B.equals("/"))
            D = Double.parseDouble(A) / Double.parseDouble(C);

        System.out.println("結果是："+D);
    }
}
```

1.2 初學者程式毛病

大鳥說：「且先不說出題人的意思，單就你現在的程式，就有很多不足的地方需要改進。」

```java
import java.util.Scanner;

public class Test {

    public static void main(String[] args){

        Scanner sc = new Scanner(System.in);

        System.out.println("請輸入數字A：");
        String A = sc.nextLine();
```

> 1.3 程式規範

```
System.out.println("請選擇運算子號(+、-、*、/)：");
String B = sc.nextLine();
System.out.println("請輸入數字B：");
String C = sc.nextLine();
double D = 0d;

if (B.equals("+"))
    D = Double.parseDouble(A) + Double.parseDouble(C);
if (B.equals("-"))
    D = Double.parseDouble(A) - Double.parseDouble(C);
if (B.equals("*"))
    D = Double.parseDouble(A) * Double.parseDouble(C);
if (B.equals("/"))
    D = Double.parseDouble(A) / Double.parseDouble(C);

System.out.println("結果是："+D);
    }
}
```

- 變數命名不規範
- (1) 除數可能會 0，沒有做容錯判斷
- (2) 大量重複的 Double.parseDouble() 程式
- 判斷分支，這樣的寫法，表示每個條件都要做到判斷，等於做了三次無用功。

1.3 程式規範

「哦，說得沒錯，這個我以前聽老師說過，可是從來沒有在意過，我馬上改，改完再給你看看。」

```
try {
    Scanner sc = new Scanner(System.in);
    System.out.println("請輸入數字A：");
    double numberA = Double.parseDouble(sc.nextLine());
    System.out.println("請選擇運算子號(+、-、*、/)：");
    String strOperate = sc.nextLine();
    System.out.println("請輸入數字B：");
    double numberB = Double.parseDouble(sc.nextLine());
    double result = 0d;

    switch(strOperate){
        case "+":
```

```
            result = numberA + numberB;
            break;
        case "-":
            result = numberA - numberB;
            break;
        case "*":
            result = numberA * numberB;
            break;
        case "/":
            result = numberA / numberB;
            break;
    }

    System.out.println("結果是："+result);
}
catch(Exception e){
    System.out.println("您的輸入有錯："+e.toString());
}
```

大鳥：「吼吼，不錯，不錯，改得很快嘛？至少就目前程式來說，實現計算機是沒有問題了，但這樣寫出的程式是否合出題人的意思呢？」

小菜：「你的意思是物件導向？」

大鳥：「哈，小菜非小菜也！」

小菜：「說起來也挺好笑的。我第一次聽說物件導向，會以為是……是把臉朝向女朋友，表達……表達一種愛慕的意思。」

大鳥：「暈倒！」

1.4 物件導向程式設計

小菜：「我明白你的意思了。他說用任意一種物件導向語言實現，那意思就是要用物件導向的程式設計方法去實現，對嗎？OK，這個我學過，只不過當時我沒想到而已。」

大鳥：「所有程式設計初學者都會有這樣的問題，就是碰到問題就直覺地用電腦能夠理解的邏輯來描述和表達待解決的問題及具體的求解過程。這其實是用電腦的方式去思考，比如計算機這個程式，先要求輸入兩個數和運算子號，然後根據運算子號判斷選擇如何運算，得到結果，這本身沒有錯，但這樣的思維卻使得我們的程式只為滿足實現當前的需求，程式不容易維護，不容易擴充，更不容易重複使用。從而達不到高品質程式的要求。」

小菜：「鳥哥呀，我有點糊塗了，如何才能容易維護，容易擴充，又容易重複使用呢，能不能具體點？」

1.5 活字印刷，物件導向

大鳥：「這樣，我給你講個故事。你就明白了。」

「話說三國時期，曹操帶領百萬大軍攻打東吳，大軍在長江赤壁駐紮，軍船連成一片，眼看就要滅掉東吳，統一天下，曹操大悅，於是大宴眾文武，在酒席間，曹操詩性大發，不覺吟道：『喝酒唱歌，人生真爽。……』。眾文武齊呼：『丞相好詩！』於是一臣子速命印刷工匠刻版印刷，以便流傳天下。」

> 喝酒唱歌，人生真爽！
> ……
> ……

「樣張出來給曹操一看,曹操感覺不妥,說道:『喝與唱,此話過俗,應改為『對酒當歌』較好!』,於是此臣就命工匠重新來過。工匠眼看連夜刻版之工,徹底白費,心中叫苦不迭。只得照辦。」

「樣張再次出來請曹操過目,曹操細細一品,覺得還是不好,說:『人生真爽太過直接,應改問語才夠意境,因此應改為『對酒當歌,人生幾何?……』當臣轉告工匠之時,工匠暈倒……!」

「小菜你說,這裡面問題出在哪裡?」大鳥問道。

小菜說:「是不是因為三國時期活字印刷還未發明,所以要改字的時候,就必須要整個刻板全部重新刻。」

大鳥:「說得好!如果是有了活字印刷,則只需更改四個字就可,其餘工作都未白做。豈不妙哉。」

「第一，要改，只需更改要改之字，此為可維護；第二，這些字並非用完這次就無用，完全可以在後來的印刷中重複使用，此乃可重複使用；第三，此詩若要加字，只需另刻字加入即可，這是可擴充；第四，字的排列其實可能是豎排可能是橫排，此時只需將活字移動就可做到滿足排列需求，此是靈活性好。」

可維護　可擴充
好的程式
可重複使用　靈活性好

「而在活字印刷術出現之前，上面的四種特性都無法滿足，要修改，必須重刻，要加字，必須重刻，要重新排列，必須重刻，印完這本書後，此版已無任何可再利用價值。」

小菜：「是的，小時候，我一直奇怪，為何火藥、指南針、造紙術都是從無到有，從未知到發現的偉大發明，而活字印刷僅是從刻版印刷到活字印刷的一次技術上的進步，為何是評印刷術為四大發明之一呢？原來活字印刷的成功是這個原因。」

1.6　物件導向的好處

大鳥：「哈，這下你明白了？我以前也不懂，不過做了軟體開發幾年後，經歷了太多的類似曹操這樣的客戶要改變需求，更改最初想法的事件，才逐漸明白當中的道理。其實客觀地說，客戶的要求也並不過份，不就是改幾個字嗎，但面對已完成的程式碼，卻是需要幾乎重頭來過的尷

尬，這實在是痛苦不堪。說穿了，原因就是因為我們原先所寫的程式，不容易維護，靈活性差，不容易擴充，更談不上重複使用，因此面對需求變化，加班加點，對程式動大手術的那種無奈也就成了非常正常的事了。之後當我學習了物件導向的分析設計、程式設計思想，開始考慮透過封裝、繼承、多形把程式的耦合度降低，傳統印刷術的問題就在於所有的字都刻在同一版面上造成耦合度太高所致，開始用設計模式使得程式更加的靈活，容易修改，並且易於重複使用。體會到物件導向帶來的好處，那種感覺應該就如同是一中國酒鬼第一次喝到了茅台，西洋酒鬼第一次喝到了 XO 一樣，怎個爽字可形容呀。」

「是呀是呀，你說得沒錯，中國古代的四大發明，另三種應該都是科技的進步，偉大的創造或發現。而唯有活字印刷，實在是思想的成功，物件導向的勝利。」小菜也興奮起來：「你的意思是，面試公司出題的目的是要我寫出容易維護，容易擴充，又容易重複使用的計算機程式？那該如何做呀？」

1.7 複製 vs. 重複使用

大鳥：「比如說，我現在要求你再寫一個 Windows 的計算機，你現在的程式能不能重複使用呢？」

1.7 複製 vs. 重複使用

小菜：「那還不簡單，把程式複製過去不就行了嗎？改動又不大，不算麻煩。」

大鳥：「小菜看來還是小菜呀，有人說初級程式設計師的工作就是 Ctrl+C 和 Ctrl+V，這其實是非常不好的程式開發習慣，因為當你的程式中重複的程式多到一定程度，維護的時候，可能就是一場災難。越大的系統，這種方式帶來的問題越嚴重，程式設計有一原則，就是用盡可能的辦法去避免重複。想想看，你寫的這段程式，有哪些是和主控台無關的，而只是和計算機有關的？」

小菜：「你的意思是分一個類別出來？ 哦，對的，讓計算和顯示分開。」

1.8 業務的封裝

大鳥:「準確地說,就是讓業務邏輯與介面邏輯分開,讓它們之間的耦合度下降。只有分離開,才可以達到容易維護或擴充。」

小菜:「讓我來試試看。」

▍Operation 運算類別

```java
public class Operation {
    public static double getResult(double numberA, double numberB, String operate) {
        double result = 0d;
        switch (operate) {
            case "+":
                result = numberA + numberB;
                break;
            case "-":
                result = numberA - numberB;
                break;
            case "*":
                result = numberA * numberB;
                break;
            case "/":
                result = numberA / numberB;
                break;
            case "sqrt"
                result =
        }
        return result;
    }
}
```

用戶端 Test 的程式將以下紅色框的部分程式

```java
Scanner sc = new Scanner(System.in);

System.out.println("請輸入數字A:");
```

1-11

1.8 業務的封裝

```java
double numberA = Double.parseDouble(sc.nextLine());
System.out.println("請選擇運算子號(+、-、*、/)：");
String strOperate = sc.nextLine();
System.out.println("請輸入數字B：");
double numberB = Double.parseDouble(sc.nextLine());
double result = 0d;

switch (strOperate) {
  case "+":
      result = numberA + numberB;
      break;
  case "-":
      result = numberA - numberB;
      break;
  case "*":
      result = numberA * numberB;
      break;
  case "/":
      result = numberA / numberB;
      break;
}

System.out.println("結果是："+result);
```

改成了

```java
Scanner sc = new Scanner(System.in);

System.out.println("請輸入數字A：");
double numberA = Double.parseDouble(sc.nextLine());
System.out.println("請選擇運算子號(+、-、*、/)：");
String strOperate = sc.nextLine();
System.out.println("請輸入數字B：");
double numberB = Double.parseDouble(sc.nextLine());

double result = Operation.getResult(numberA,numberB,strOperate);

System.out.println("結果是："+result);
```

小菜：「鳥哥，我寫你看看！」

大鳥：「孺鳥可教也，寫得不錯，這樣就完全把業務和介面分離了。」

小菜心中暗罵：「你才是鳥呢。」口中説道：「如果你現在要我寫一個 Windows 應用程式的計算機，我就可以重複使用這個運算類別（Operation）了。」

大鳥：「不單是 Windows 程式，Web 版程式需要運算可以用它，手機 APP 需要用的行動系統的軟體需要運算也可以用它呀。」

小菜：「哈，物件導向不過如此。下回寫類似程式不怕了。」

大鳥：「別急，僅此而已，實在談不上完全物件導向，你只用了物件導向三大特性中的封裝，還有兩個沒用呢。」

小菜：「物件導向三大特性不就是封裝、繼承和多形嗎，這裡我用到的應該是封裝吧？」

大鳥：「對！物件導向程式設計的特點叫「封裝」：將程式的一些方法和執行步驟隱藏起來，只開放外部介面來存取。打比方説，我們根本不需要知道一輛車的引擎究竟執行原理，其實 99% 的駕駛員是不了解引擎工作原理的，但他們只要踩下油門，就可以發送指令讓引擎工作。那麼對駕駛員來説，引擎就是被封裝好的。」

小菜：「嗯！我的計算機程式有了封裝這還不夠嗎？我實在看不出，這麼小的程式如何用到繼承。至於多形，其實我一直也不太了解它到底有什

麼好處,如何使用它。」

大鳥:「慢慢來,要學的東西多著呢,你好好想想該如何應用物件導向的繼承和多形。」

1.9 緊耦合 vs. 鬆散耦合

第二天。

小菜問道:「你說計算機這樣的小程式還可以用到物件導向三大特性?繼承和多形怎麼可能用得上,我實在不能理解。」

大鳥:「小菜很有鑽研精神嘛,好,今天我讓你功力加深一級。你先要考慮一下,你昨天寫的這個程式,能否做到很靈活的可修改和擴充呢?」

小菜:「我已經把業務和介面分離了呀,這不是很靈活了嗎?」

大鳥:「那我問你,現在如果我希望增加一個指數運算,比如可以算 210=?,你如何改?」

小菜:「那只需要改 Operation 類別就行了,在 switch 中加一個分支就行了。」

```
switch (operate) {
    case "+":
        result = numberA + numberB;
        break;
    case "-":
        result = numberA - numberB;
        break;
    case "*":
        result = numberA * numberB;
        break;
    case "/":
        result = numberA / numberB;
        break;
```

```
case "pow":
    result= java.lang.Math.pow(numberA,numberB);
    break;
}
```

大鳥：「問題是你要加一個平方根運算，卻需要讓加減乘除的運算都得來參與編譯，如果你一不小心，把加法運算改成了減法，這豈不是大大的糟糕。舉例來說，如果現在公司要求你為公司的薪資管理系統做維護，原來只有技術人員（月薪），市場銷售人員（底薪＋抽成），經理（年薪＋股份）三種運算演算法，現在要增加兼職工作人員（時薪）的演算法，但按照你昨天的程式寫法，公司就必須要把包含原三種演算法的運算類別程式都給你，讓你修改，你如果心中小算盤一打，『公司給我的薪水這麼低，我真是鬱悶，這下有機會了』，於是你除了增加了兼職演算法以外，在技術人員（月薪）演算法中寫了一句

```
if (員工是小菜) {
    salary = salary * 1.1;
}
```

那就表示，你的月薪每月都會增加 10%（小心被抓去坐牢），本來是讓你加一個功能，卻使得原有的執行良好的功能程式產生了變化，這個風險太大了。你明白了嗎？」

小菜：「哦，你的意思是，我應該把加減乘除等運算分離，修改其中一個不影響另外的幾個，增加運算演算法也不影響其他程式，是這樣嗎？」

大鳥：「自己想去，如何用繼承和多形，你應該有感覺了。」

小菜：「哦！我明白了，要用繼承實現運算類別。OK，我馬上去寫。」

▌Operation 運算類別

```
public abstract class Operation {
    public double getResult(double numberA, double numberB){
```

1.9 緊耦合 vs. 鬆散耦合

```java
        return 0d;
    }
}
```

加減乘除類別

```java
public class Add extends Operation {
    public double getResult(double numberA, double numberB){
        return numberA + numberB;
    }
}

public class Sub extends Operation {
    public double getResult(double numberA, double numberB){
        return numberA - numberB;
    }
}

public class Mul extends Operation {
    public double getResult(double numberA, double numberB){
        return numberA * numberB;
    }
}

public class Div extends Operation {
    public double getResult(double numberA, double numberB){
        if (numberB == 0){
            System.out.println("除數不能為0");
            throw new ArithmeticException();
        }
        return numberA / numberB;
    }
}
```

小菜:「大鳥哥,我按照你說的方法寫出來了一部分,首先是一個運算抽象類別,它有一個方法 getResult(numberA,numberB),用於得到結果,然後我把加減乘除都寫成了運算類別的子類別,繼承它後,重寫了

getResult() 方法，這樣如果要修改任何一個演算法，就不需要提供其他演算法的程式了。但問題來了，我如何讓計算機知道我是希望用哪一個演算法呢？」

（作者註：以上程式讀者如果感覺閱讀吃力，說明您對繼承、多形、方法重寫等概念的理解尚不夠，建議先閱讀本書的第 0 章楔子部分，理解了這些基本概念後再繼續往下閱讀。）

1.10 簡單工廠模式

大鳥：「寫得很不錯嘛，大大超出我的想像了，你現在的問題其實就是如何去實例化物件的問題，哈，今天心情不錯，再教你一招『簡單工廠模式』，也就是說，到底要實例化誰，將來會不會增加實例化的物件，比如增加指數運算，這是很容易變化的地方，應該考慮用一個單獨的類別來做這個創造實例的過程，這就是工廠，來，我們看看這個類別如何寫。」

簡單運算工廠類別

```java
public class OperationFactory {

    public static Operation createOperate(String operate){
        Operation oper = null;
        switch (operate) {
            case "+":
                oper = new Add();
                break;
            case "-":
                oper = new Sub();
                break;
            case "*":
                oper = new Mul();
                break;
            case "/":
```

1.10 簡單工廠模式

```
            oper = new Div();
            break;
    }
    return oper;
    }
}
```

大鳥：「哈，看到了，這樣子，你只需要輸入運算子，工廠就實例化出合適的物件，透過多形，傳回父類別的方式實現了計算機的結果。」

用戶端程式

```
Operation oper = OperationFactory.createOperate(strOperate);
double result = oper.getResult(numberA,numberB);
```

大鳥：「哈，介面的實現就是這樣的程式，不管你是主控台程式，Windows 程式，Web 程式，手機 APP 程式，都可以用這段程式來實現計算機的功能，如果有一天我們需要更改加法運算，我們只需要改哪裡？」

小菜：「改 Add 類別 就可以了。」

大鳥：「那麼我們需要增加各種複雜運算，比如平方根，立方根，自然對數，正弦餘弦等，如何做？」

小菜：「只要增加對應的運算子類別就可以了呀。」

大鳥：「嗯？夠了嗎？」

小菜：「對了，還需要去修改運算類別工廠，在 switch 中增加分支。」

大鳥：「哈，那才對，那如果要修改介面呢？」

小菜：「那就去改介面呀，關運算什麼事呀。」

大鳥：「最後，我們來看看這幾個類別的結構圖。」

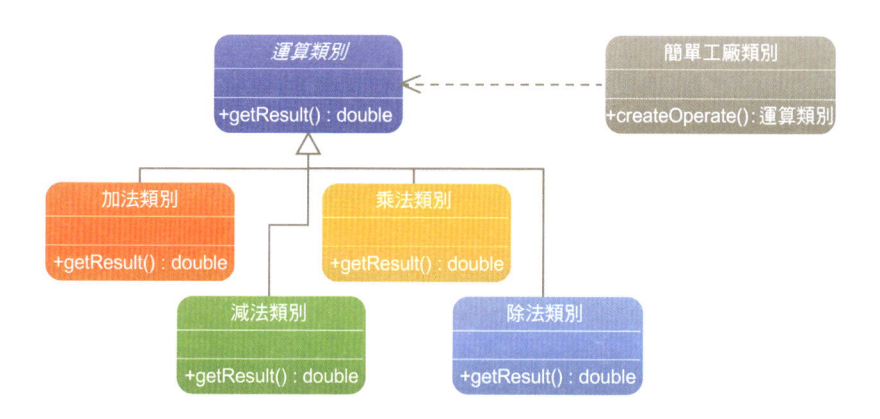

1.11 UML 類別圖

小菜:「對了,我時常在一些技術書中看到這些類別圖示,簡單的還看得懂,有些標記我很容易混淆。要不你給我講講吧。」

大鳥:「這個其實多看多用就熟悉了。我給你舉一個例子,來看這樣一幅圖,其中就包括了 UML 類別圖中的基本圖示法。」

UML 類別圖圖示範例

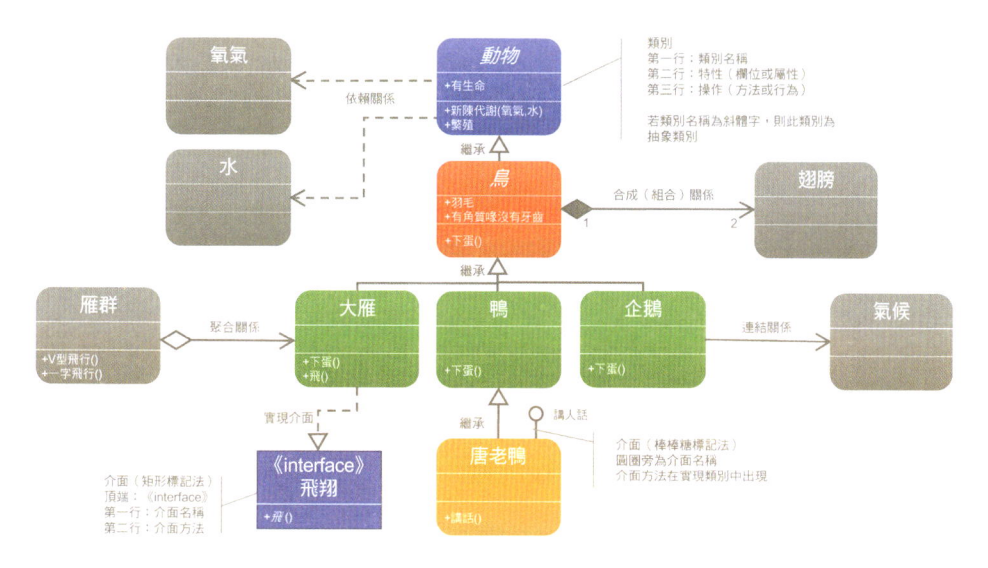

1.11 UML 類別圖

大鳥：「首先你看那個『動物』矩形框，它就代表一個類別（Class）。類別圖分三層，第一層顯示類別的名稱，如果是抽象類別，則就用斜體顯示。第二層是類別的特性，通常就是欄位和屬性。第三層是類別的操作，通常是方法或行為。注意前面的符號，'+' 表示 public，'-' 表示 private，'#' 表示 protected。」

```
abstract class Animal {

}
```

大鳥：「然後注意左下角的『飛翔』，它表示一個介面圖，與類別圖的區別主要是頂端有 <<interface>> 顯示。第一行是介面名稱，第二行是介面方法。介面還有另一種表示方法，俗稱棒棒糖標記法，比如圖中的唐老鴨類別就是實現了『講人話』的介面。」

小菜：「為什麼要是『講人話』？」

大鳥：「鴨子本來也有語言，只不過只有唐老鴨是能講人話的鴨子。」

小菜：「有道理。」

```
interface IFly {
    void fly();
}
```

```
interface ILanguage {
    void speak();
}
```

大鳥：「接下來就可講類別與類別，類別與介面之間的關係了。你可首先注意動物、鳥、鴨、唐老鴨之間關係符號。」

小菜：「明白了，它們都是繼承的關係，繼承關係用空心三角形＋實線來表示。」

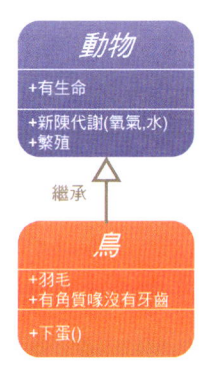

```
class Bird extends Animal {

}
```

大鳥：「我舉的幾種鳥中，大雁是最能飛的，我讓它實現了飛翔介面。實現介面用空心三角形＋虛線來表示。」

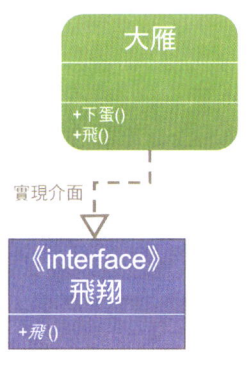

```
class WideGoose implements IFly {

}
```

1.11 UML 類別圖

大鳥:「你看企鵝和氣候兩個類別,企鵝是很特別的鳥,會游不會飛。更重要的是,它與氣候有很大的連結。我們不去討論為什麼北極沒有企鵝,為什麼它們要每年長途跋涉。總之,企鵝需要『知道』氣候的變化,需要『了解』氣候規律。當一個類別『知道』另一個類別時,可以用連結(association)。連結關係用實線箭頭來表示。」

```
class Penguin extends Bird {

    //在企鵝Penguin中,引用了氣候Climate物件
    private Climate climate;

}
```

大鳥:「我們再來看大雁與雁群這兩個類別,大雁是群居動物,每隻大雁都是屬於一個雁群,一個雁群可以有多隻大雁。所以它們之間就滿足聚合(Aggregation)關係。聚合表示一種弱的『擁有』關係,表現的是 A 物件可以包含 B 物件,但 B 物件不是 A 物件的一部分。聚合關係用空心的菱形 + 實線箭頭來表示。」

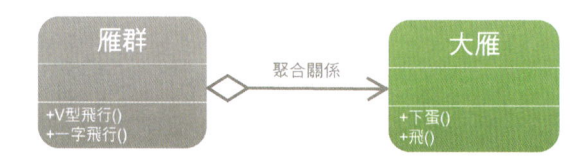

```
class WideGooseAggregate {

    //在雁群WideGooseAggregate類別中有大雁陣列物件arrayWideGoose
    private WideGoose[] arrayWideGoose;

}
```

大鳥:「合成（Composition，也有翻譯成『組合』的）是一種強的『擁有』關係，表現了嚴格的部分和整體的關係，部分和整體的生命週期一樣。在這裡鳥和其翅膀就是合成（組合）關係，因為它們是部分和整體的關係，並且翅膀和鳥的生命週期是相同的。合成關係用實心的菱形＋實線箭頭來表示。另外，你會注意到合成關係的連線兩端還有一個數字 '1' 和數字 '2'，這被稱為基數。表明這一端的類別可以有幾個實例，很顯然，一個鳥應該有兩隻翅膀。如果一個類別可能有無數個實例，則就用 'n' 來表示。連結關係、聚合關係也可以有基數的。」

```
class Bird {
    //在鳥Bird類別中宣告一個翅膀Wing物件wing
    private Wing wing;

    public Bird() {
        //初始化時，實例化翅膀Wing，它們之間同時生成
        wing = new Wing();
    }
}
```

大鳥:「動物幾大特徵，比如有新陳代謝，能繁殖。而動物要有生命力，需要氧氣、水以及食物等。也就是說，動物依賴於氧氣和水。他們之間是依賴關係（Dependency），用虛線箭頭來表示。」

1-23

1.11 UML 類別圖

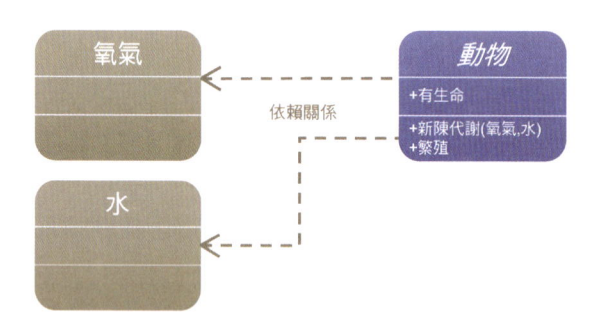

```
abstract class Animal {

    public Metabolism (Oxygen oxygen, Water water){

    }

}
```

小菜:「啊,看來 UML 類別圖也不算難呀。回想那天我面試題寫的程式,我終於明白我為什麼寫得不成功了,原來一個小小的計算機也可以寫出這麼精彩的程式,謝謝大鳥。」

大鳥:「吼吼,記住哦,程式設計是一門技術,更加是一門藝術,不能只滿足於寫完程式執行結果正確就完事,時常考慮如何讓程式更加簡練,更加容易維護,容易擴充和重複使用,只有這樣才可以真正得到提高。寫出優雅的程式真的是一種很爽的事情。UML 類別圖也不是一學就會的,需要有一個慢慢熟練的過程。所謂學無止境,其實這才是理解物件導向的開始呢。」

CHPATER

02

商場促銷 -- 策略模式

2.1 商場收銀軟體

時間：2月27日22點　　地點：大鳥房間　　人物：小菜、大鳥

「小菜，給你出個作業，做一個商場收銀軟體，營業員根據客戶所購買商品的單價和數量，向客戶收費。」

「就這個？沒問題呀。」小菜說，「用兩個文字標籤來輸入單價和數量，一個確定按鈕來算出每種商品的費用，用個串列方塊來記錄商品的清單，一個標籤來記錄總計，不就行了？！」

2.1 商場收銀軟體

商場收銀系統 v1.0 關鍵程式如下：

註：針對 *Java* 特性，本書用主控台程式代替表單程式，實現基本功能，表單程式只是增加一些按鈕點擊事件，主體程式類似，本書不提供表單程式講解

```java
double price = 0d;          //商品單價
int num = 0;                //商品購買數量
double totalPrices = 0d;    //當前商品合計費用
double total = 0d;          //總計所有商品費用

Scanner sc = new Scanner(System.in);

do {
    System.out.println("請輸入商品銷售模式 1.原價 2.八折 3.七折：");
    discount = Integer.parseInt(sc.nextLine());
    System.out.println("請輸入商品單價：");
    price = Double.parseDouble(sc.nextLine());
    System.out.println("請輸入商品數量：");
    num = Integer.parseInt(sc.nextLine());
    System.out.println();

    if (price>0 && num>0){

        //透過單價*數量獲得當前商品合計費用，
        //透過累加獲得總計費用
        totalPrices = price * num;
        total = total + totalPrices;

        System.out.println();
        System.out.println("單價："+ price + "元 數量："+ num +" 合計："
            + totalPrices +"元");
        System.out.println();
        System.out.println("總計："+ total+"元");
        System.out.println();
    }
}
while(price>0 && num>0);
```

「大鳥，」小菜叫道，「來看看，這不就是你要的收銀軟體嗎？我不到半小時就搞定了。」

「哈哈，很快嘛，」大鳥説著，看了看小菜的程式。接著説：「現在我要求商場對商品搞活動，所有的商品打八折。」

「那不就是在 totalPrices 後面乘以一個 0.8 嗎？」

「小子，難道商場活動結束，不打折了，你還要再改一遍程式碼，然後再用改後的程式去把所有機器全部安裝一次嗎？再説，還有可能因為周年慶，打五折的情況，你怎麼辦？」

小菜不好意思道：「啊，我想得是簡單了點。其實只要加一個下拉選擇框就可以解決你説的問題。」

大鳥微笑不語。

2.2 增加打折

商場收銀系統 v1.1 關鍵程式如下：

```
int discount = 0; //商品銷售模式 1.原價 2.八折 3.七折：
......
switch(discount){
  case 1:
    totalPrices = price * num;      //正常收費
    break;
  case 2:
```

2.2 增加打折

```
            totalPrices = price * num * 0.8; //打八折
            break;
        case 3:
            totalPrices = price * num * 0.7; //打七折
            break;
    }
    total = total + totalPrices;
```

「這下可以了，只要我事先把商場可能的打折都做成下拉選擇框的項，要變化的可能性就小多了。」小菜說道。

「這比剛才靈活性上是好多了，不過重複程式很多，比如 3 個分支要執行的敘述除了打折多少以外幾乎沒什麼不同，應該考慮重構一下。不過這還不是最主要的，現在我的需求又來了，商場的活動加大，需要有滿 300 返 100 的促銷演算法，你說怎麼辦？」

「滿 300 返 100，那要是 700 就要返 200 了？這個必須要寫函數了吧？」

「小菜呀，看來之前教你的白教了，這裡面看不出什麼名堂嗎？」

「哦！我想起來了，你的意思是簡單工廠模式是吧，對的對的，我可以先寫一個父類別，再繼承它實現多個打折和返利的子類別，利用多形，完成這個程式。」

「你打算寫幾個子類別？」

2-4

「根據需求呀，比如八折、七折、五折、滿 300 送 100、滿 200 送 50……要幾個寫幾個。」

「小菜又不動腦子了，有必要這樣嗎？如果我現在要三折，我要滿 300 送 80，你難道再去加子類別？你不想想看，這當中哪些是相同的，哪些是不同的？」

2.3 簡單工廠實現

「對的，這裡打折基本都是一樣的，只要有個初始化參數就可以了。滿幾送幾的，需要兩個參數才行，明白，現在看來不麻煩了。」

「物件導向的程式設計，並不是類別越多越好，類別的劃分是為了封裝，但分類的基礎是抽象，具有相同屬性和功能的物件的抽象集合才是類別。打一折和打九折只是形式的不同，抽象分析出來，所有的打折算法都是一樣的，所以打折算法應該是一個類別。空話已說了太多，寫出來才是真的懂。」

大約 1 個小時後，小菜交出了第三份的作業。

程式結構圖

```
                    CashSuper
                +acceptCash() : double
                         △
        ┌────────────────┼────────────────┐
   CashNormal        CashRebate
+acceptCash():double  +acceptCash():double
                                          
                    CashReturn
                +acceptCash():double

                    CashFactory
            +createCashAccept() : CashSuper
```

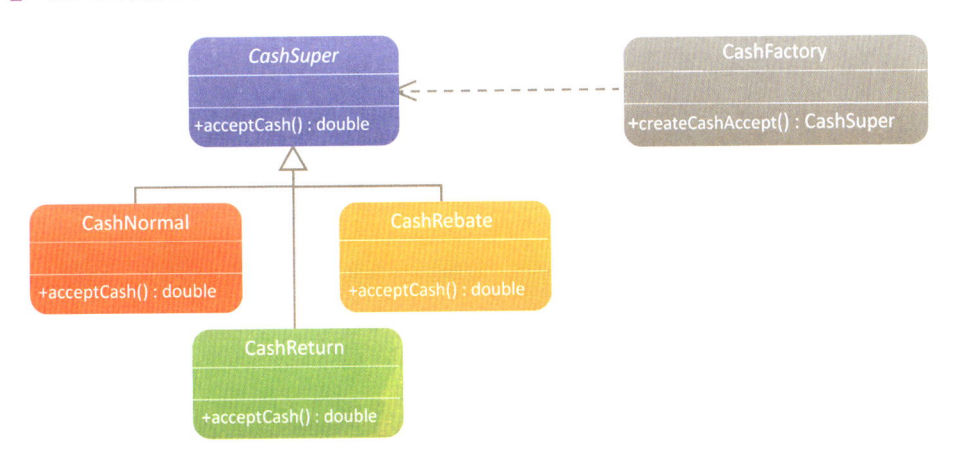

2.3 簡單工廠實現

```java
//收費抽象類別
public abstract class CashSuper {

    //收取費用的抽象方法,參數為單價和數量
    public abstract double acceptCash(double price,int num);

}


//正常收費
public class CashNormal extends CashSuper {

    //原價返回
    public double acceptCash(double price,int num){
        return price * num;
    }

}

//打折收費
public class CashRebate extends CashSuper {

    private double moneyRebate = 1d;
    //初始化時必需輸入折扣率。八折就輸入0.8
    public CashRebate(double moneyRebate){
        this.moneyRebate = moneyRebate;
    }

    //計算收費時需要在原價基礎上乘以折扣率
    public double acceptCash(double price,int num){
        return price * num * this.moneyRebate;
    }

}

//返利收費
public class CashReturn extends CashSuper {
```

商場促銷 -- 策略模式

```java
    private double moneyCondition = 0d;    //返利條件
    private double moneyReturn = 0d;       //返利值

//初始化時需要輸入返利條件和返利值。
//比如"滿300返100"，就是moneyCondition=300,
//moneyReturn=100
    public CashReturn(double moneyCondition,double moneyReturn
      ){
        this.moneyCondition = moneyCondition;
        this.moneyReturn = moneyReturn;
    }

    //計算收費時，當達到返利條件，就原價減去返利值
    public double acceptCash(double price,int num){
        double result = price * num;
        if (moneyCondition>0 && result >= moneyCondition){
            result = result - Math.floor(result / moneyCondition) * moneyReturn;
        return result;
    }
}

//收費工廠
public class CashFactory {

    public static CashSuper createCashAccept(int cashType){
        CashSuper cs = null;
        switch (cashType) {
            case 1:
                cs = new CashNormal();           //正常收費
                break;
            case 2:
                cs = new CashRebate(0.8d);       //打八折
                break;
            case 3:
                cs = new CashRebate(0.7d);       //打七折
                break;
            case 4:
```

2.3 簡單工廠實現

```
            cs = new CashReturn(300d,100d);  //滿300返100
            break;
    }
    return cs;
}
```

}

用戶端程式主要部分

```
//簡單工廠模式根據discount的數字選擇合適的收費類別生成實例
CashSuper csuper = CashFactory.createCashAccept(discount);
//透過多形,可以根據不同收費策略計算得到收費的結果
totalPrices = csuper.acceptCash(price,num);

total = total + totalPrices;
```

「大鳥,搞定,這次無論你要怎麼改,我都可以簡單處理就行了。」小菜自信滿滿地說。

「是嗎,我要是需要打五折和滿 500 送 200 的促銷活動,怎麼辦?」

「只要在現金工廠當中加兩個條件,就 OK 了。」

「現金工廠?!你當是生產鈔票呀。是收費物件生成工廠才準確。説得不錯,如果我現在需要增加一種商場促銷手段,滿 100 積分 10 點,以後積分到一定時候可以領取獎品如何做?」

「有了工廠,何難?加一個積分演算法,建構方法有兩個參數:條件和返點,讓它繼承 CashSuper,再到現金工廠,哦,不對,是收費物件生成工廠裡增加滿 100 積分 10 點的分支條件,再到介面稍加改動,就行了。」

「嗯,不錯。你對簡單工廠用得很熟練了嘛。」大鳥接著說:「簡單工廠模式雖然也能解決這個問題,但這個模式只是解決物件的建立問題,而且

由於工廠本身包括了所有的收費方式，商場是可能經常性地更改打折額度和返利額度，每次維護或擴充收費方式都要改動這個工廠，以致程式需重新編譯部署，這真的是很糟糕的處理方式，所以用它不是最好的辦法。面對演算法的時常變動，應該有更好的辦法。好好去研究一下其他的設計模式，你會找到答案的。」

小菜進入了沉思中……

2.4 策略模式

時間：2月28日19點　地點：大鳥房間　人物：小菜、大鳥

小菜次日來找大鳥，說：「我找到相關的設計模式了，應該是策略模式（Strategy）。策略模式定義了演算法家族，分別封裝起來，讓它們之間可以互相替換，此模式讓演算法的變化，不會影響到使用演算法的客戶。看來商場收銀系統應該考慮用策略模式？」

> 策略模式（Strategy）：它定義了演算法家族，分別封裝起來，讓它們之間可以互相替換，此模式讓演算法的變化，不會影響到使用演算法的客戶。

「你問我？你說呢？」大鳥笑道，「商場收銀時如何促銷，用打折還是返利，其實都是一些演算法，用工廠來生成演算法物件，這沒有錯，但演算法本身只是一種策略，最重要的是這些演算法是隨時都可能互相替換的，這就是變化點，而封裝變化點是我們物件導向的一種很重要的思維方式。我們來看看策略模式的結構圖和基本程式。」

2.4 策略模式

▌策略模式（Strategy）結構圖

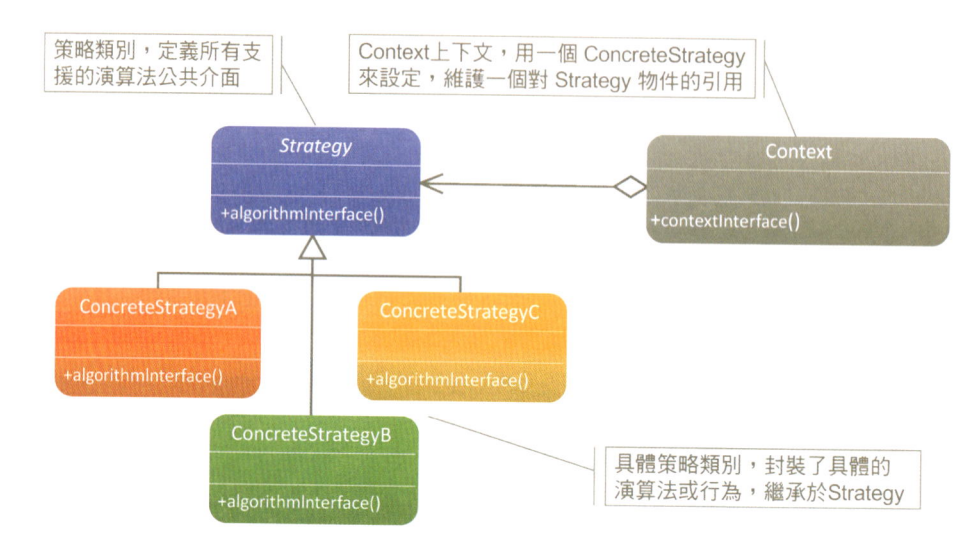

策略類別，定義所有支援的演算法公共介面

Context上下文，用一個 ConcreteStrategy 來設定，維護一個對 Strategy 物件的引用

```
         Strategy                              Context
   +algorithmInterface()                  +contextInterface()

   ConcreteStrategyA      ConcreteStrategyC
   +algorithmInterface()  +algorithmInterface()

         ConcreteStrategyB
         +algorithmInterface()
```

具體策略類別，封裝了具體的演算法或行為，繼承於Strategy

Strategy 類別，定義所有支援的演算法的公共介面。

```
//抽象演算法類別
abstract class Strategy{
    //演算法方法
    public abstract void algorithmInterface();

}
```

ConcreteStrategy，封裝了具體的演算法或行為，繼承於 Strategy。

```
//具體演算法A
class ConcreteStrategyA extends Strategy {
    //演算法A實現方法
    public void algorithmInterface() {
        System.out.println("演算法A實現");
    }
}

//具體演算法B
class ConcreteStrategyB extends Strategy {
    //演算法B實現方法
```

```java
    public void algorithmInterface() {
        System.out.println("演算法B實現");
    }
}

//具體演算法C
class ConcreteStrategyC extends Strategy {
    //演算法C實現方法
    public void algorithmInterface() {
        System.out.println("演算法C實現");
    }
}
```

Context，用一個 ConcreteStrategy 來設定，維護一個對 Strategy 物件的引用。

```java
//上下文
class Context {
    Strategy strategy;
    //初始化時，傳入具體的策略對象
    public Context(Strategy strategy) {
        this.strategy = strategy;
    }
    //上下文介面
    public void contextInterface() {
      //根據具體的策略物件，呼叫其演算法的方法
        strategy.algorithmInterface();
    }
}
```

用戶端程式

```java
    Context context;

    //由於產生實體不同的策略,所以最終在呼叫
    //context.contextInterface()時,所
    //獲得的結果就不盡相同
     context = new Context(new ConcreteStrategyA());
     context.contextInterface();
```

```
context = new Context(new ConcreteStrategyB());
context.contextInterface();

context = new Context(new ConcreteStrategyC());
context.contextInterface();
```

2.5 策略模式實現

「我明白了，」小菜說，「我昨天寫的 CashSuper 就是抽象策略，而正常收費 CashNormal、打折收費 CashRebate 和返利收費 CashReturn 就是三個具體策略，也就是策略模式中說的具體演算法，對吧？」

「是的，來，你模仿策略模式的基本程式，改寫一下你的程式。」

「其實不麻煩，原來寫的 CashSuper、CashNormal、CashRebate 和 CashReturn 都不用更改了，只要加一個 CashContext 類別，並改寫一下用戶端就行了。」

商場收銀系統 v1.2

程式結構圖

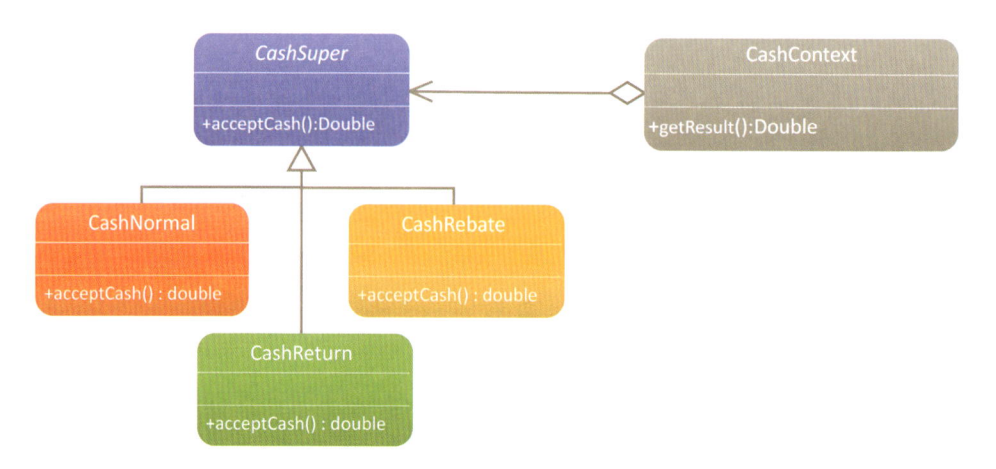

CashContext 類別

```java
public class CashContext {

    private CashSuper cs;    //宣告一個CashSuper物件

    //透過建構方法,傳入具體的收費策略
    public CashContext(CashSuper csuper){
        this.cs=csuper;
    }

    public double getResult(double price,int num){
        //根據收費策略的不同,獲得計算結果
        return this.cs.acceptCash(price,num);
    }

}
```

用戶端主要程式

```java
    CashContext cc=null;

    //根據使用者輸入,將對應的策略物件作為參數傳入CashContext對象中
    switch(discount){
        case 1:
            cc = new CashContext(new CashNormal());
            break;
        case 2:
            cc = new CashContext(new CashRebate(0.8d));
            break;
        case 3:
            cc = new CashContext(new CashRebate(0.7d));
            break;
        case 4:
            cc = new CashContext(new CashReturn(300d,100d));
            break;
    }

    //透過Context的getResult方法的呼叫,可以得到收取費用的結果
```

```
        //讓具體演算法與客戶進行了隔離
        totalPrices = cc.getResult(price,num);

        total = total + totalPrices;
```

「大鳥,程式是模仿著寫出來了。但我感覺這樣子做不又回到了原來的老路了嗎,在用戶端去判斷用哪一個演算法?」

「是的,但是你有沒有什麼好辦法,把這個判斷的過程從用戶端程式轉移走呢?」

「轉移?不明白,原來我用簡單工廠是可以轉移的,現在這樣子如何做到?」

「難道簡單工廠就一定要是一個單獨的類別嗎?難道不可以與策略模式的 Context 結合?」

「哦,我明白你的意思了。我試試看。」

2.6 策略與簡單工廠結合

▍改造後的 CashContext

```
public class CashContext {

    private CashSuper cs;    //宣告一個CashSuper物件

    //透過建構方法,傳入具體的收費策略
    public CashContext(int cashType){    ← 注意參數不再是物件而是收費模式編號
        switch(cashType){
            case 1:
                this.cs = new CashNormal();
                break;
            case 2:
                this.cs = new CashRebate(0.8d);
                break;
```

```
            case 3:
                this.cs = new CashRebate(0.7d);
                break;
            case 4:
                this.cs = new CashReturn(300d,100d);
                break;
        }
    }

    public double getResult(double price,int num){
        //根據收費策略的不同,獲得計算結果
        return this.cs.acceptCash(price,num);
    }
}
```

▍用戶端程式

```
    //根據使用者輸入,將對應的策略物件作為參數傳入CashContext對象中
    CashContext cc = new CashContext(discount);

    //透過Context的getResult方法的呼叫,可以得到收取費用的結果
    //讓具體演算法與客戶進行了隔離
    totalPrices = cc.getResult(price,num);

    total = total + totalPrices;
```

「嗯,原來簡單工廠模式並非只有建一個工廠類別的做法,還可以這樣子做。此時比剛才的模仿策略模式的寫法要清楚多了,用戶端程式簡單明瞭。」

「那和你寫的簡單工廠的用戶端程式比呢?觀察一下,找出它們的不同之處。」

```
    //簡單工廠模式的用法
    CashSuper csuper = CashFactory.createCashAccept(discount);
    totalPrices = csuper.acceptCash(price,num);

    //策略模式與簡單工廠結合的用法
```

```
CashContext cc = new CashContext(discount);
totalPrices = cc.getResult(price,num);
```

「你的意思是說，簡單工廠模式我需要讓用戶端認識兩個類別，CashSuper 和 CashFactory，而策略模式與簡單工廠結合的用法，用戶端就只需要認識一個類別 CashContext 就可以了。耦合更加降低。」

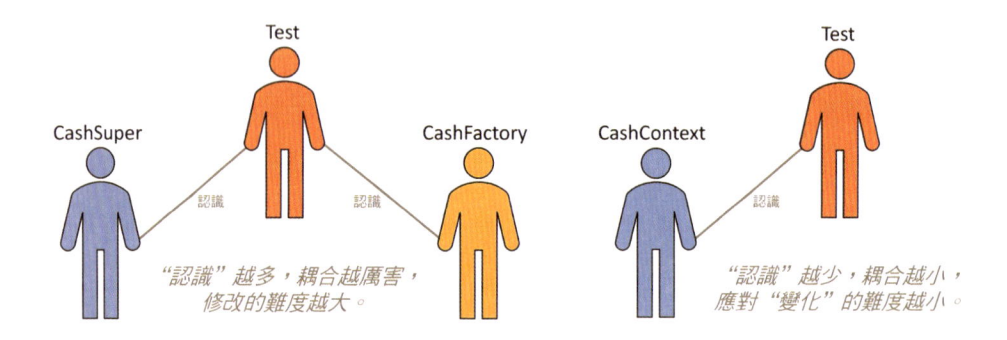

```
            Test                                Test
CashSuper        CashFactory      CashContext
         認識  認識                         認識

"認識"越多，耦合越厲害，           "認識"越少，耦合越小，
   修改的難度越大。                應對"變化"的難度越小。
```

「說得沒錯，我們在用戶端實例化的是 CashContext 的物件，呼叫的是 CashContext 的方法 GetResult，這使得具體的收費演算法徹底地與用戶端分離。連演算法的父類別 CashSuper 都不讓用戶端認識了。」

2.7 策略模式解析

「回過頭來反思一下策略模式，策略模式是一種定義一系列演算法的方法，從概念上來看，所有這些演算法完成的都是相同的工作，只是實現不同，它可以以相同的方式呼叫所有的演算法，減少了各種演算法類別與使用演算法類別之間的耦合。」大鳥複習道。

「策略模式還有些什麼優點？」小菜問道。

「策略模式的 Strategy 類別層次為 Context 定義了一系列的可供重用的演算法或行為。繼承有助析取出這些演算法中的公共功能。對於打折、返

利或其他的演算法,其實都是對實際商品收費的一種計算方式,透過繼承,可以得到它們的公共功能,你說這公共功能指什麼?」

「公共的功能就是獲得計算費用的結果 GetResult,這使得演算法間有了抽象的父類別 CashSuper。」

「對,很好。另外一個策略模式的優點是簡化了單元測試,因為每個演算法都有自己的類別,可以透過自己的介面單獨測試。」

「每個演算法可保證它沒有錯誤,修改其中任一個時也不會影響其他的演算法。這真的是非常好。」

「哈,小菜今天表現不錯,我所想的你都想到了。」大鳥表揚了小菜,「還有,在最開始程式設計時,你不得不在用戶端的程式中為了判斷用哪一個演算法計算而用了 switch 條件分支,這也是正常的。因為,當不同的行為堆砌在一個類別中時,就很難避免使用條件陳述式來選擇合適的行為。將這些行為封裝在一個個獨立的 Strategy 類別中,可以在使用這些行為的類別中消除條件陳述式。就商場收銀系統的例子而言,在用戶端的程式中就消除條件陳述式,避免了大量的判斷。這是非常重要的進展。你能用一句話來概況這個優點嗎?」大鳥複習後問道。

2.7 策略模式解析

「策略模式封裝了變化。」小菜快速而堅定的說。

「説得非常好,策略模式就是用來封裝演算法的,但在實踐中,我們發現可以用它來封裝幾乎任何類型的規則,只要在分析過程中聽到需要在不同時間應用不同的業務規則,就可以考慮使用策略模式處理這種變化的可能性」。

「但我感覺在基本的策略模式中,選擇所用具體實現的職責由用戶端物件承擔,並轉給策略模式的 Context 物件。這本身並沒有解除用戶端需要選擇判斷的壓力,而策略模式與簡單工廠模式結合後,選擇具體實現的職責也可以由 Context 來承擔,這就最大化地減輕了用戶端的職責。」

「是的,這已經比起初的策略模式好用了,不過,它依然不夠完美。」

「哦,還有什麼不足嗎?」

「因為在 CashContext 裡還是用到了 switch,也就是説,如果我們需要增加一種演算法,比如『滿 200 送 50』,你就必須要更改 CashContext 中的 switch 程式,這總還是讓人很不爽呀。」

「那你説怎麼辦,有需求就得改呀,任何需求的變更都是需要成本的。」

「但是成本的高低還是有差異的。高手和菜鳥的區別就是高手可以花同樣的代價獲得最大的收益或説做同樣的事花最小的代價。面對同樣的需求,當然是改動越小越好。」

「你的意思是説,還有更好的辦法?」

「當然。這個辦法就是用到了反射(Reflect)技術,不過今天就不講了,以後會再提它的。」

「反射真有這麼神奇?」小菜疑惑地望向了遠方。

> 註:在抽象工廠模式章節有對反射的講解

CHPATER

03

電子閱讀器 vs. 手機
-- 單一職責原則

3.1 閱讀幹嘛不直接用手機？

時間：2月28日18點　地點：小菜房間　人物：小菜、大鳥

大鳥進入小菜房間，見到小菜在看手機。問他在看什麼？

小菜：「我在看《三體》的電子書呢，這本科幻小說挺好看的。」

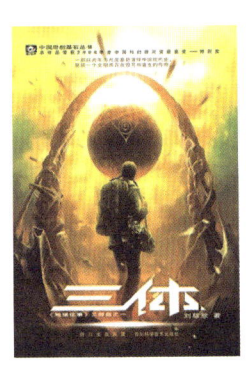

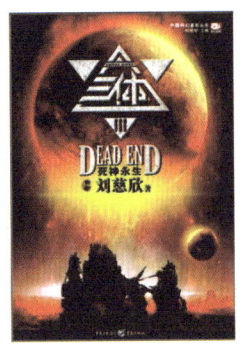

大鳥：「《三體》這麼好看？最近買了一個電子閱讀器，正好去購買電子書看看。」

小菜：「電子閱讀器？有必要用這種單獨裝置嗎？為什麼不直接在手機上看呢？」

大鳥：「嘿嘿，這個還真是不一樣。」

小菜：「你說不一定就不一樣，我先看書了。」

大鳥：「嗯！等我看完《三體》再和你聊。」

3.2 手機不純粹

時間：3月2日22點　　地點：小菜房間　　人物：小菜、大鳥

大鳥：「小菜，《三體》看完了沒？我剛看完《三體2：黑暗森林》部分，就想來找你聊聊了。羅輯厲害，黑暗森林法則竟然可以讓三體外星人功敗垂成。章北海也特別牛，如果不是他，人類的太空船早就全部被三體人消滅光了。」

小菜：「啊，這才幾天呀，你已經看了這麼多了。我《三體》的第一部還沒看完呢。」

大鳥：「哈哈，你用手機看電子書，我猜也猜得到，效率一定是較低的。」

小菜：「為什麼？」

大鳥：「因為手機不純粹。」

小菜：「不純粹？手機方便呀，我可以隨時隨地拿出手機看書，在家可以看，在公共汽車地鐵上可以看，吃飯的時候可以看，上廁所時還可以看。」

大鳥：「你說得沒錯，手機確實很方便。但是現在的手機就是一台小型智慧電腦。它不僅能打電話，還能聽音樂、看電影電視、與個人交流、與一群人群聊，可以隨時表達自己的情緒，開心時告訴別人、難過時告訴

別人、別人開心時送上祝福、別人倒楣時也可以嗑上瓜子看熱鬧。」

小菜:「呵呵,這叫吃瓜。但對閱讀書來說,手機不也是很好的工具嗎?」

3.3 電子閱讀器 vs. 手機

「理想的閱讀,不管是優秀的小說,還是專業的圖書,經過一段適應時間,可以進入一種沉浸狀態,達到「心流」的境界。在這樣的狀態下,我們彷彿在作者面前與他交流,聽他講故事、聽他表達思想,忘記了外界的環境、忘記了時間……」大鳥微微揚起頭,興奮地說著,「進入這樣的狀態,我們會非常專注,廢寢忘食,會擁有很大的充實感。」

「我好像很久沒有這樣的感覺了。」小菜略微失望地說。

「原因可能就在於你用手機在看書──閱讀。」大鳥望向小菜,說道,「智慧型手機功能太強了,而且它會不斷地接收外界的消息,有可能是朋友給你的留言,有可能某些突發的新聞,更有可能只是一些商業廣告和騷擾簡訊。你確實在閱讀,但同時,你也在不斷被打擾。雖然這樣的打擾並像來個電話那樣直接打斷你的閱讀,不是非常強烈,但你被不停的騷擾過程中,沉浸閱讀基本就不太可能了。有的打擾可能直接就吸引了你的注意力,甚至佔用了你的閱讀時間。比如你看書時來了筆八卦新聞,你完全有可能點過去追新聞而浪費了閱讀時間。」

「哦,原來是這樣。這麼說,電子閱讀器的確可以避免這一點,它除了閱讀什麼都幹不了。」

「電子閱讀器針對閱讀來製作的電子墨水螢幕,它最大的特點就是保護眼睛,可以長時間觀看不累。這也是強化沉浸閱讀體驗的設計之一。整體

▶ 3.4 單一職責原則

來說，電子閱讀器只針對閱讀來設計產品，做到了功能上的──純粹。而這也是我們物件導向程式設計的最重要原則之一──單一職責原則。」

3.4 單一職責原則

「設計模式中有一個非常重要的原則──單一職責。」

「哦，聽字面意思，單一職責原則，意思就是說，功能要單一？」

「哈，可以簡單地這麼理解，它的準確解釋是，就一個類別而言，應該僅有一個引起它變化的原因。我們在做程式設計的時候，很自然地就會給一個類別加各種各樣的功能，比如我們寫一個表單應用程式，一般都會生成一個 Form1 這樣的類別，於是我們就把各種各樣的程式，像某種商業運算的演算法呀，像資料庫存取的 SQL 敘述呀什麼的都寫到這樣的類別當中，這就表示，無論任何需求要來，你都需要更改這個表單類別，這其實是很糟糕的，維護麻煩，重複使用不可能，也缺乏靈活性。」

「是的，我寫程式一般剛開始就是把所有的方法直接寫在表單類別的程式當中的。」

> 單一職責原則（SRP），就一個類別而言，應該僅有一個引起它變化的原因。

3.5 方塊遊戲的設計

「我們再來舉些例子，比如就拿手機裡的俄羅斯方塊遊戲為例。要是讓你開發這個小遊戲，你如何考慮？」大鳥問道。

3-4

「我想想,首先它方塊下落動畫的原理是畫四個小方塊,擦掉,然後再在下一行畫四個方塊。不斷地繪出和擦掉就形成了動畫,所以應該要有畫和擦方塊的程式。然後左右鍵實現左移和右移,下鍵實現加速,上鍵實現旋轉,這其實都應該是函數,當然左右移動需要考慮碰撞的問題,下移需要考慮堆積和消層的問題。」

「OK,你也說了不少了。如果就用 Android 的方式開發,你打算怎麼開發呢?」

「那當然是先建立一個表單,然後加一個用於遊戲框的控制項,一個按鈕 Button 來控制『開始』,最後計時器控制用於分時動畫的程式設計。寫程式當然就是撰寫計時器事件來繪出和抹除方塊,並做出堆積和消層的判斷。再撰寫控制項的鍵盤事件,按了左箭頭則左移,右箭頭則右移等等。對了,還需要用到些 GDI+ 技術的方法來畫方塊和擦方塊。」

「你能不能就這些程式劃分一下類別呢?」

「分類?這裡好像關鍵在於各種事件程式如何寫,這裡有什麼類別可言呢?」

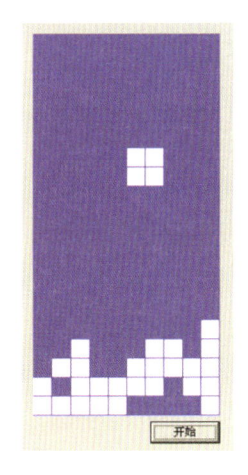

「看來你的過程開發已經根深蒂固了。你把所有導向的程式都寫在了表單 .java 這個類別裡,你覺得這合理嗎?」

「可能不合理,但我實在沒想出怎麼分離它。」

「舉例來說,如果現在還要你開發的是 3D 版的俄羅斯方塊,或是 Web 版或 Windows 表單版俄羅斯方塊程式,它們能執行 Java 語言撰寫的應用程式。那你現在這個程式有什麼可以重複使用的嗎?」

3-5

3.5 方塊遊戲的設計

「你都已經說了,不能使用,我當然就沒法使用了。Copy 過去,再針對程式做些改進吧。」

「但這當中,有些東西是始終沒變的。」

「你是說,下落、旋轉、碰撞判斷、移動、堆積這些遊戲邏輯吧?」

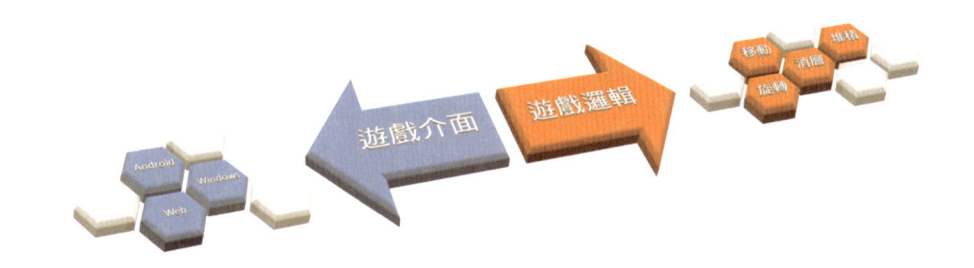

「說得沒錯,這些都是和遊戲有關的邏輯,和介面如何表示沒有什麼關係,為什麼要寫在一個類別裡面呢?如果一個類別承擔的職責過多,就等於把這些職責耦合在一起,一個職責的變化可能會削弱或抑制這個類別完成其他職責的能力。這種耦合會導致脆弱的設計,當變化發生時,設計會遭受到意想不到的破壞。事實上,你完全可以找出哪些是介面,哪些是遊戲邏輯,然後進行分離。」

「但我還是不明白,如何分離開。」

「你仔細想想看,方塊的可移動的遊戲區域,可以設計為一個二維整數陣列用來表示座標,寬 10,高 20,比如 'int[,] arraySquare=new int[10,20];',那麼整個方塊的移動其實就是陣列的下標變化,比如原方塊在

arraySquare [7,2] 上，則下移時變成 arraySquare [7,3]，如果下移同時還按了左鍵，則是 arraySquare [6,3]。每個陣列的值就是是否存在方塊的標識，存在為 1，不存在時預設為 0。這下你該明白，所謂的碰撞判斷，其實就是什麼？」

「我知道了，是否能左移，就是判斷 arraySquare [x,y] 中的 x–1 是否小於 0，否則就撞牆了。或 arraySquare [x–1,y] 是否等於 1，否則就說明左側有堆積的方塊。所謂堆積，不過是判斷 arraySquare [x,y+1] 是否等於 1 的過程，如果是，則將自己 arraySquare [x,y] 的值改 1。那麼消層，其實就是 arraySquare [x,y] 中迴圈 x 由 0 到 9，判斷 arraySquare [x,y] 是否都等於 1，是則此行資料清零，並將其上方的陣列值遍歷下移一位。」

「那你就應該明白了，所謂遊戲邏輯，不過就是陣列的每一項值變化的問題，下落、旋轉、碰撞判斷、移動、堆積、消層這些都是在做陣列具體項的值的變化。而介面表示邏輯，不過是根據陣列的資料進行繪出和抹除，或根據鍵盤命令呼叫陣列的對應方法進行改變。因此，至少應該考慮將此程式分為兩個類別，一個是遊戲邏輯的類別，一個是表單的類別。當有一天要改變介面，或換介面時，不過是表單類別的變化，和遊戲邏輯無關，以此達到重複使用的目的。」

> 3.6 電子閱讀器與手機的利弊

「這個聽起來容易,真正要做起來還是有難度的哦!」

「當然,軟體設計真正要做的許多內容,就是發現職責並把那些職責相互分離。其實要去判斷是否應該分離出類來,也不難,那就是如果你能夠想到多於一個的動機去改變一個類別,那麼這個類別就具有多於一個的職責,就應該考慮類別的職責分離。」

「的確是這樣,介面的變化是和遊戲本身沒有關係的,介面是容易變化的,而遊戲邏輯是不太容易變化的,將它們分離開有利於介面的改動。」

3.6 電子閱讀器與手機的利弊

「這下你知道你的手機為什麼不能讓我們進行沉浸式閱讀的原因了吧?」大鳥笑道。

「如果手機只用來接聽電話,電子閱讀器用來閱讀,職責的分離是可以把事情做得更好。不過這其實不是一回事哦,現在的智慧型手機承擔的職責多,並不等於就不可以做好,只不過產品的分工不同而已。」小菜分析說。

「整合當然是一種很好的思想。比如搜尋引擎最初的理想就是將一切的需求都整合到一個文字標籤裡提交,用乾淨的頁面來吸引使用者,導致網際網路的一場變革。但現在分類資訊、垂直搜索又開始流行,這卻是單一職責的思想表現。現在智慧型手機整合了拍照、音視訊播放、網際網路等很多功能,攜帶方便,隨時使用,也無需攜帶各種充電器,已經是非常好的產品。而電子閱讀器功能純粹,強化閱讀體驗,也是非常好的產品設計。」大鳥複習道,「不同的人會選擇不同的產品滿足自己的需要吧。對我們程式設計來說,要在類別的職責分離上多思考,做到單一職責,這樣你的程式才是真正的易維護、易擴充、易重複使用、靈活多樣。」

CHPATER
04

考研求職兩不誤
-- 開放 - 封閉原則

4.1 考研失敗

時間：3月5日20點　地點：小菜房間　人物：小菜、大鳥

「……多少次迎著冷眼與嘲笑，從沒有放棄過心中的理想，一 那恍惚，若有所失的感覺，不知不覺已變淡心裡愛（誰明白我）……」

小菜此時正關在房中坐在桌前發呆，喇叭中大聲地放著 Beyond 樂隊的《海闊天空》。此時有人敲門。打開一看，原來是大鳥。

4.1 考研失敗

大鳥：「小菜，怎麼聽這麼傷感的歌，聲音這麼大，我在隔壁都聽得清清楚楚。發生什麼事了？」

小菜：「今天所究所學生考試成績出來了，我的英文成績離分數線差兩分。之前的努力白費了。」

大鳥：「失敗也是正常的，考不上的人還是佔多數呀，想開些，找到好工作未必比讀研要差的。」

小菜：「為了考研，我沒有做任何求職的準備，所以我們班不少同學都找到工作了，我卻才剛開始，前段時間的面試也沒消息。」

大鳥：「哈，魚和熊掌豈能兼得，為一件事而放棄另一些機會，也是在情理之中的事。」

小菜：「説是這麼説，我卻感覺比較難受，我的同學，有幾個其實水準不比我強，他們都簽了 XX 大集團、XX 知名公司，而我現在一無所有，感覺很糟糕。要是當時我也花點時間在簡歷上，或許現在也不至於這麼不爽。」

大鳥：「你考研複習的時候，每天學習多長時間，有沒有休息的時候？」

小菜：「差不多十小時，其實效率並不高，有不少時候都睏得不行，趴在桌上睡覺去了。」

大鳥：「這就對了，你為什麼不利用休息的時間考慮一下自己的簡歷如何寫，關心一下有些什麼單位在應徵呢？這樣也就不至於現在這樣唉聲歎氣。」

小菜：「我感覺找工作會影響複習的精力，所以乾脆什麼都沒找，但其實每天都會有些同學求職應聘的消息傳到我耳朵裡，我也沒有安心複習。」

大鳥：「小菜呀，你其實就是沒有搞懂一個設計模式的原則。」

小菜：「哦，是什麼原則？」

大鳥:「在軟體設計模式中，這種不能修改，但可以擴充的思想也是最重要的一種設計原則，它就是開放 - 封閉原則 (The Open-Closeed Principle，OCP) 或叫開 - 閉原則。」

4.2 開放 - 封閉原則

小菜:「開放、封閉，具體怎麼解釋呢？」

> **開放 - 封閉原則**，是說軟體實體（類別、模組、函數等等）應該可以擴充，但是不可修改。

大鳥:「這個原則其實是有兩個特徵，一個是說『對於擴充是開放的（Open for extension）』，另一個是說『對於修改是封閉的（Closed for modification）』。」

大鳥:「我們在做任何系統的時候，都不要指望系統一開始時需求確定，就再也不會變化，這是不現實也不科學的想法，而既然需求是一定會變化的，那麼如何在面對需求的變化時，設計的軟體可以相對容易修改，不至於說，新需求一來，就要把整個程式推倒重來。怎樣的設計才能面

4.2 開放 - 封閉原則

對需求的改變卻可以保持相對穩定,從而使得系統可以在第一個版本以後不斷推出新的版本呢?」,開放 - 封閉給我們答案。」

小菜:「我明白了,你的意思是說,設計軟體要容易維護又不容易出問題的最好的辦法,就是多擴充,少修改?」

大鳥:「是的,比如說,我是公司老闆,我規定,九點上班,不允許遲到。但有幾個公司骨幹,老是遲到。如果你是老闆你怎麼做?」

小菜:「嚴格執行考勤制度,遲到扣錢。」

大鳥:「你倒是夠狠,但實際情況是,有的員工家離公司太遠,有的員工每天上午要送小孩子上學,交通一堵就不得不遲到了。」

小菜:「這個,讓他們有特殊原因的人打報告,然後允許他們遲到。」

大鳥:「哈,談何容易,別的不遲到的員工不答應了呀,憑什麼他能遲到,我就不能,大家都是工作,我上午也完全可以多睡會再來。」

小菜:「那怎麼辦?老是遲到的確也不好,但不讓遲到也不現實。家的遠近,交通是否堵塞也不是可以控制的。」

大鳥:「仔細想想,你會發現,其實遲到不是主要問題,每天保證 8 小時的工作量是老闆最需要的,甚至 8 小時工作時間也不是主要問題,業績目標的完成或超額完成才是最重要的指標,於是應該改變管理方式,比如彈性上班工作制,早到早下班,晚到晚下班,或每人每月允許三次遲到,遲到者當天下班補時間等等,對市場銷售人員可能就更加以業績為標準,工作時間不固定了——這其實就是對工作時間或業績成效的修改關閉,而對時間制度擴充的開放。」

小菜:「這就需要老闆自己很清楚最希望達到的目的是什麼,制定的制度才最合理有效。」

大鳥:「對的,用我們古人的理論來說,管理需要中庸之道。」

4.3 何時應對變化

小菜:「啊,有道理。所以,我們儘量應在設計時,考慮到需求的種種變化,把問題想得全了,就不會因為需求一來,手足無措。」

大鳥:「哪有那麼容易,如果什麼問題都考慮得到,那不就成了未卜先知,這是不可能的。需求時常會在你想不到的地方出現,讓你防不勝防。」

小菜:「那我們應該怎麼做?」

大鳥:「開放-封閉原則的意思就是說,你設計的時候,時刻要考慮,儘量讓這個類別是足夠好,寫好了就不要去修改了,如果新需求來,我們增加一些類別就完事了,原來的程式能不動則不動。」

小菜:「這可能做到嗎?我深表懷疑呀,怎麼可能寫完一個類別就再也不改了呢?」

大鳥:「你說得沒錯,絕對的對修改關閉是不可能的。無論模組是多麼的『封閉』,都會存在一些無法對之封閉的變化。既然不可能完全封閉,設計人員必須對於他設計的模組應該對哪種變化封閉做出選擇。他必須先猜測出最有可能發生的變化種類,然後建構抽象來隔離那些變化。」

小菜:「那還是需要猜測程式可能會發生的變化,猜對了,那是成功,猜錯了,那就完全走到另一面去了,把本該簡單的設計做得非常複雜,很不划算呀。而且事先猜測,這又是很難做到的。」

大鳥:「你說得沒錯,我們是很難預先猜測,但我們卻可以在發生小變化時,就及早去想辦法應對發生更大變化的可能。也就是說,等到變化發生時立即採取行動。正所謂,同一地方,摔第一跤不是你的錯,再次在此摔跤就是你的不對了。」

4.3 何時應對變化

大鳥：「在我們最初撰寫程式時，假設變化不會發生。當變化發生時，我們就建立抽象來隔離以後發生的同類變化。比如，我之前讓你寫的加法程式，你很快在一個 client 類別中就完成，此時變化還沒有發生。」

大鳥：「然後我讓你加一個減法功能，你發現，增加功能需要修改原來這個類別，這就違背了今天講到的『開放 - 封閉原則』，於是你就該考慮重構程式，增加一個抽象的運算類別，透過一些物件導向的手段，如繼承，多形等來隔離具體加法、減法與 client 耦合，需求依然可以滿足，還能應對變化。這時我又要你再加乘除法功能，你就不需要再去更改 client 以及加法減法的類別了，而是增加乘法和除法子類別就可。即面對需求，對程式的改動是透過增加新程式進行的，而非更改現有的程式。這就是『開放 - 封閉原則』的精神所在。」（範例程式見第 1 章）

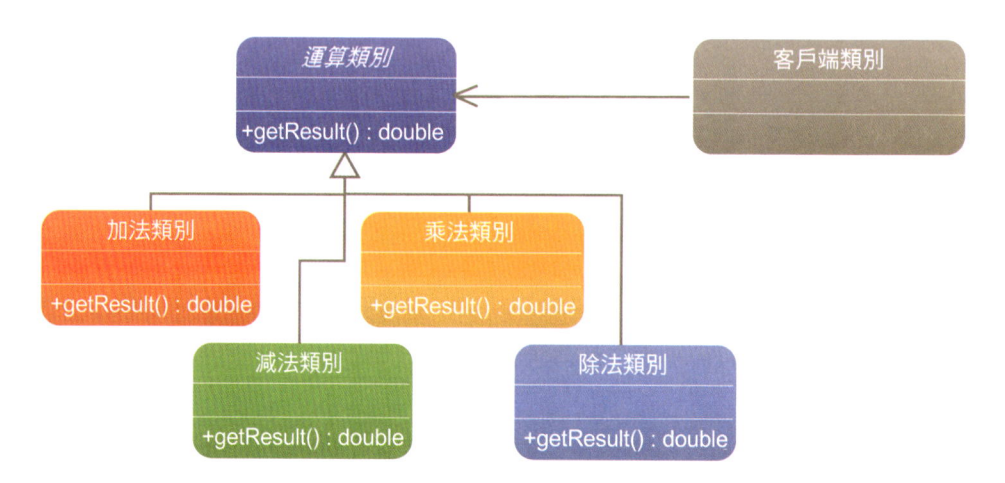

大鳥：「當然，並不是什麼時候應對變化都是容易的。我們希望的是在開發工作展開不久就知道可能發生的變化。查明可能發生的變化所等待的時間越長，要建立正確的抽象就越困難。」

小菜：「這個我能理解，如果加減運算都在很多地方應用了，再考慮抽象、考慮分離，就很困難。」

大鳥：「開放-封閉原則是物件導向設計的核心所在。遵循這個原則可以帶來物件導向技術所聲稱的巨大好處，也就是可維護、可擴充、可重複使用、靈活性好。開發人員應該僅對程式中呈現出頻繁變化的那些部分做出抽象，然而，對於應用程式中的每個部分都刻意地進行抽象同樣不是一個好主意。拒絕不成熟的抽象和抽象本身一樣重要。切記，切記。」

小菜：「哦，我還以為儘量地抽象是好事呢，看來過猶不及呀。」

4.4 兩手準備，並全力以赴

大鳥：「回過頭來說，你考研和求職這兩件事，考研是你的追求，希望考上所究所學生，可以更上一層樓，有更大的發展空間和機會。所以考研之前，學習計畫是不應該更改，雷打不動的。這就是對修改關閉。但你要知道，你幾個月來隻埋頭學習，就等於放棄了許多好公司來你們學校應徵的機會，這機會的失去是很不值得的。我就不信你一天到晚全在學習，那樣效果也不會好。所以你完全可以抽出一點時間，在不影響你複習的前提下，來寫寫自己的簡歷，來了解一些應徵大學生的公司的資訊，這不是很好的事嗎？既不影響你考研，又可以增大找到好工作的可能性。為考研萬一失敗後找工作做好了充分的準備。這就是對擴充開放，對修改關閉的意義。」

小菜：「是的，我就不信，我會比別人差！」

4.4 兩手準備，並全力以赴

大鳥笑了笑說：「我回房間去了，你也早些休息吧。」站起身走出了小菜的房門，此時 Beyond 的音樂再次響起，大鳥回頭，伸出右手向前擺了個「V」字，說了聲：「海闊天空，加油！」

「今天我寒夜裡看雪飄過，懷著冷卻了的心窩漂遠方，風雨裡追趕，霧裡分不清影蹤，天空海闊你與我可會變（誰沒在變），…………仍然自由自我，永遠高唱我歌，走遍千里！」（作者註：本故事和「開放-封閉原則」對應有些牽強，所以在此做一宣告。全力以赴當然是必需，兩手準備也是靈活處事的表現，希望讀者您能對痛苦關閉，對快樂開放。）

CHPATER 05

會修電腦不會修收音機？
-- 依賴倒轉原則

5.1 女孩請求修電腦

時間：3 月 12 日 19 點　地點：小菜大鳥住所的客廳　人物：小菜、大鳥、嬌嬌

小菜和大鳥吃完晚飯後，在一起聊天。

此時，突然聲音響起。

「死了都要愛，不淋漓盡致不痛快，感情多深只有這樣，才足夠表白。死了都要愛……」

原來是小菜的手機鈴聲，大鳥嚇了一次轉發，說道：「你小子，用這歌做鈴聲，嚇唬人啊！這要是在公司開大會時響起，你要被主管淋漓盡致愛死！MD，還在唱，快接！」

5.1 女孩請求修電腦

小菜很是鬱悶，拿起手機一看，一個女生來的電話，臉色由陰轉晴，馬上接通了手機：「喂！」

「小菜呀，我是嬌嬌，我電腦壞了，你快點幫幫我呀！」手機裡傳來急促的女孩聲音。

「哈，是你呀，你現在好嗎？最近怎麼不和我聊天了？」小菜慢條斯理地說道。

「快點幫幫我呀，電腦不能用了啊！」嬌嬌略帶哭腔地說。

「別急別急，怎麼個壞法？」

「每次打開QQ，一玩遊戲，機器就死了。出來藍底白字的一堆莫名其妙的英文，過一會就重新啟動了，再用QQ還是一樣。怎麼辦呀？」

「哦，明白了，當機當機，估計記憶體有問題，你的記憶體是多少GB的？」

「什麼記憶體多少GB，我聽不懂呀，你能過來幫我修一下嗎？」

「啊，你在金山，我在寶山，雖說在上海這兩地名都錢味兒十足，可兩山相隔萬重路呀！現在都晚上了，又是星期一，週六我去你那裡幫你修吧！」小菜無奈地說。

「要等五天那不行，你說什麼當機？怎麼個修法？」嬌嬌依然急不可待。

「當機多半是記憶體壞了，你要不打開主機殼看看，或許有兩個記憶體，可以拔一根試試，如果只有一根記憶體，那就沒戲了。」

「主機殼怎麼打開呢？」嬌嬌開始認真起來。

「這個，你找主機殼後面，四個角應該都有螺絲，卸掉靠左側邊上兩個應該就可以打開左邊蓋了。」小菜感覺有些費力，遠端手機遙控修電腦，這是頭一次。

「我好像看到了，要不先掛電話，我試試看，打開後再打給你。」

「哦，好的。」小菜正說著，只聽嬌嬌邊嘟囔著「老娘就不信收拾不了你這破電腦」邊掛掉了電話。

「呵！」小菜長出一口氣，「不懂記憶體為何物的美眉修電腦，強！」

「你小子，人家在困難時刻想得到你，說明心中有你，懂嗎？這是機會！」大鳥說道。

「這倒也是，這小美眉長得蠻漂亮的，我看過照片。就是脾氣大些，不知道有沒有男朋友了。」

「切，你幹嘛不對她說，『你可以找男友修呀』，真是沒腦子，要是有男友，就算男友不會修也要男友找人搞定，用得著找你求助呀，笨笨！」大鳥嘲笑道，「你快把你那該死的手機鈴聲換掉──死了都要愛，死了還愛個屁！」

「噢！知道了。」

5.2 電話遙控修電腦

十分鐘後。

「我在這裏等著你回來，等著你回來，看那桃花開。我在這裏等著你回來，等著你回來，把那花兒採……」小菜的手機鈴聲再次響起。

「菜花癡，你就不能找個好聽的歌呀。」大鳥氣著說道。

「好好好，我一會改，一會改。」小菜拿起手機，一副很聽話的樣子，嘴裡卻跟著哼「我在這裏等著你回來哎」，把手機放到耳邊。

「小菜，我打開主機殼了，快說下一步怎麼走！」嬌嬌仍然著急著說。

5.2 電話遙控修電腦

「你試著找找記憶體，大約是 10 公分長，2 公分寬，上有多個小長方形積體電路塊的長條，應該是直插著的。」小菜努力把記憶體的樣子描述得容易理解。

「我看到一個風扇，沒有呀，在哪裡？」嬌嬌說道，「哦，我找到了，是不是很薄，很短的小長條？咦，怎麼有兩根？」

「啊，太有兩根估計就能解決問題了，你先試著拔一根，然後開機試試看，如果還是當機，再插上，拔另一根試，應該總有一根可以保證不當機。」

「我怎麼撥不下來呢？」

「旁邊有卡子，你扳開再試。」

「嗯，這下你別掛，我這就重新啟動看看。」

五分鐘後。

「哈，沒有當機了啊，小菜，你太厲害了，我竟然可以修電腦了，要我怎麼感謝你呢！」嬌嬌興奮地說。

「做我女朋友，」小菜心裡這麼遐想著，口中卻謙虛地說：「不客氣，都是你聰明，敢自己獨自打開主機殼修電腦的女孩很少。你把換下的記憶體去電腦城換掉，就可以了。」

「我不懂的，要不週六你幫我換？週六我請你吃飯吧！」

「這怎麼好意思──你說在什麼時間在哪碰面？」小菜假客氣著，卻不願意放棄機會。

「週六下午 5 點在徐家匯太平洋數位門口吧。」

「好的，沒問題。」

「今天真的謝謝你，那就先 Bye-Bye 了！」

「嗯，拜拜！」

5.3 依賴倒轉原則

「小菜走桃花運了哦，」大鳥有些羨慕道，「那鈴聲看來有些效果，不過還是換掉，俗！」

「嘿嘿，你說也怪，修電腦，這在以前根本不可能的事，怎麼就可以透過電話就教會了，而且是真的修到可以用了呢。」

「你有沒有想過這裡的最大原因？」大鳥開始上課了。

「當機通常是記憶體本身有問題或記憶體與主機板不相容，主機板不容易換，但記憶體更換起來很容易。」

「如果是別的元件壞了，比如硬碟，顯示卡，光碟機等，是否也只需要更換就可以了？」

「是呀，確實很方便，只需要懂一點點電腦知識，就可以試著修電腦了。」

「想想這和我們程式設計有什麼聯繫？」

「你的意思又是──物件導向？」

「嗯，說說看，物件導向的四個好處？」

5.3 依賴倒轉原則

「這個我記得最牢了,就是活字印刷那個例子唄。是可維護、可擴充、可重複使用和靈活性好。哦,我知道了,可以把 PC 電腦理解成是大的軟體系統,任何元件如 CPU、記憶體、硬碟、顯示卡等都可以視為程式中封裝的類別或程式集,由於 PC 易抽換的方式,那麼不管哪一個出問題,都可以在不影響別的元件的前提下進行修改或替換。」

「PC 電腦裡叫易抽換,物件導向裡把這種關係叫什麼?」

「應該是叫強內聚、鬆散耦合吧。」

「對的,非常好,電腦裡的 CPU 全世界也就是那麼幾家生產的,大家都在用,但卻不知道 Intel、AMD 等公司是如何做出這個精密的小東西的。我們國家在晶片製造上也拼命努力向前,但與上面這些公司還有點差距,這就說明 CPU 的強內聚的確是強。但它又獨自成為了產品,在千千萬萬的電腦主機板上插上就可以使用,這是什麼原因?」大鳥又問。

「因為 CPU 的對外都是針腳式或觸點式等標準的介面。啊,我明白了,這就是介面的最大好處。CPU 只需要把介面定義好,內部再複雜我也不讓外界知道,而主機板只需要預留與 CPU 針腳的插槽就可以了。」

「很好，你已經在無意的談話間提到了物件導向的幾大設計原則，比如我們之前講過的單一職責原則，就剛才修電腦的事，顯然記憶體壞了，不應該成為更換 CPU 的理由，它們各自的職責是明確的。再比如開放 - 封閉原則，記憶體不夠只要插槽足夠就可以增加，硬碟不夠可以用行動硬碟等，PC 的介面是有限的，所以擴充有限，軟體系統設計得好，卻可以無限地擴充。這兩個原則我們之前都已經提過了。這裡需要重點講講一個新的原則，叫依賴倒轉原則，也有翻譯成依賴倒置原則的。」大鳥接著講道，「依賴倒轉原則，原話解釋是抽象不應該依賴細節，細節應該依賴於抽象，這話繞口，說穿了，就是要針對介面程式設計，不要對實現程式設計，無論主機板、CPU、記憶體、硬碟都是在針對介面設計的，如果針對實現來設計，記憶體就要對應到具體的某個品牌的主機板，那就會出現換記憶體需要把主機板也換了的尷尬。你想在小女孩面前表現也就不那麼容易了。所以說，PC 電腦硬體的發展，和物件導向思想發展是完全類似的。這也說明世間萬物都是遵循某種類似的規律，誰先把握了這些規律，誰就最早成為了強者。」

依賴倒轉原則
A. 高層模組不應該依賴低層模組。兩個都應該依賴抽象。
B. 抽象不應該依賴細節。細節應該依賴抽象。

「為什麼要叫倒轉呢？」小菜問道。

5.3 依賴倒轉原則

「這裡面是需要好好解釋一下，過程導向的開發時，為了使得常用程式可以重複使用，一般都會把這些常用程式寫成許許多多函數的程式庫，這樣我們在做新專案時，去呼叫這些低層的函數就可以了。比如我們做的專案大多要存取資料庫，所以我們就把存取資料庫的程式寫成了函數，每次做新專案時就去呼叫這些函數。這也就叫做高層模組依賴低層模組。」

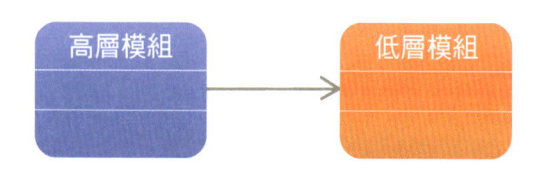

```
[高層模組] ———→ [低層模組]
```

「嗯，是這樣的，我以前都是這麼做的。這有什麼問題？」

「問題也就出在這裡，我們要做新專案時，發現業務邏輯的高層模組都是一樣的，但客戶卻希望使用不同的資料庫或儲存資訊方式，這時就出現麻煩了。我們希望能再次利用這些高層模組，但高層模組都是與低層的存取資料庫綁定在一起的，沒辦法重複使用這些高層模組，這就非常糟糕了。就像剛才說的，PC 裡如果 CPU、記憶體、硬碟都需要依賴具體的主機板，主機板一壞，所有的元件就都沒用了，這顯然不合理。反過來，如果記憶體壞了，也不應該造成其他元件不能用才對。而如果不管高層模組還是低層模組，它們都依賴於抽象，具體一點就是介面或抽象類別，只要介面是穩定的，那麼任何一個的更改都不用擔心其他受到影響，這就使得無論高層模組還是低層模組都可以很容易地被重複使用。這才是最好的辦法。」

「為什麼依賴了抽象的介面或抽象類別，就不怕更改呢？」小菜依然疑惑，「不好意思，我有些鑽牛角尖了。」

「沒有，沒有，在這裡弄不懂是很正常的，原因是我少講了一個設計原則，使得你產生了困惑，這個原則就是里氏代換原則。」

5.4 里氏代換原則

「里氏代換原則是 Barbara Liskov 女士在 1988 年發表的，具體的數學定義比較複雜，你可以查相關資料，它的白話翻譯就是一個軟體實體如果使用的是一個父類別的話，那麼一定適用於其子類別，而且它察覺不出父類別物件和子類別物件的區別。也就是說，在軟體裡面，把父類別都替換成它的子類別，程式的行為沒有變化，簡單地說，子類型必須能夠替換掉它們的父類型。」

> 里氏代換原則（LSP）：子類型必須能夠替換掉它們的父類型。[ASD]

「這好像是學繼承時就要理解的概念，子類別繼承了父類別，所以子類別可以以父類別的身份出現。」

「是的，我問你個問題，如果在物件導向設計時，一個是鳥類，一個是企鵝類別，如果鳥是可以飛的，企鵝不會飛，那麼企鵝是鳥嗎？企鵝可以繼承鳥這個類別嗎？」

「企鵝是一種特殊的鳥，儘管不能飛，但它也是鳥呀，當然可以繼承。」

「哈，你上當了，我說的是在物件導向設計時，那就表示什麼呢？子類別擁有父類別所有非 private 的行為和屬性。鳥會飛，而企鵝不會飛。儘管在生物學分類上，企鵝是一種鳥，但在程式設計世界裡，企鵝不能以父類別—— 鳥的身份出現，因為前提說所有鳥都能飛，而企鵝飛不了，所以，企鵝不能繼承鳥類。」

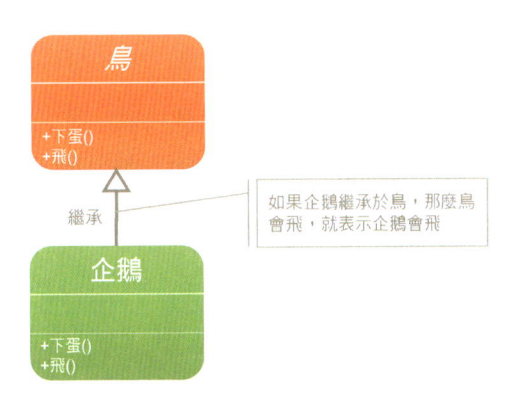

5.4 里氏代換原則

「哦，你的意思我明白了，我受了直覺的影響。小時候上課時老師一再強調，像鴕鳥、企鵝等不會飛的動物也是鳥類。所以上面的圖，如果要讓企鵝繼承鳥，那麼讓鳥有下蛋的方法可以，但有飛的方法就不對了。」

「也正因為有了這個原則，使得繼承重複使用成為了可能，只有當子類別可以替換掉父類別，軟體單位的功能不受到影響時，父類別才能真正被重複使用，而子類別也能夠在父類別的基礎上增加新的行為。比方說，貓是繼承動物類的，以動物的身份擁有吃喝、移動（跑、飛、游等）等行為，可當某一天，我們需要狗、牛、羊也擁有類似的行為，由於它們都是繼承於動物，所以除了更改實例化的地方，程式其他處不需要改變。」

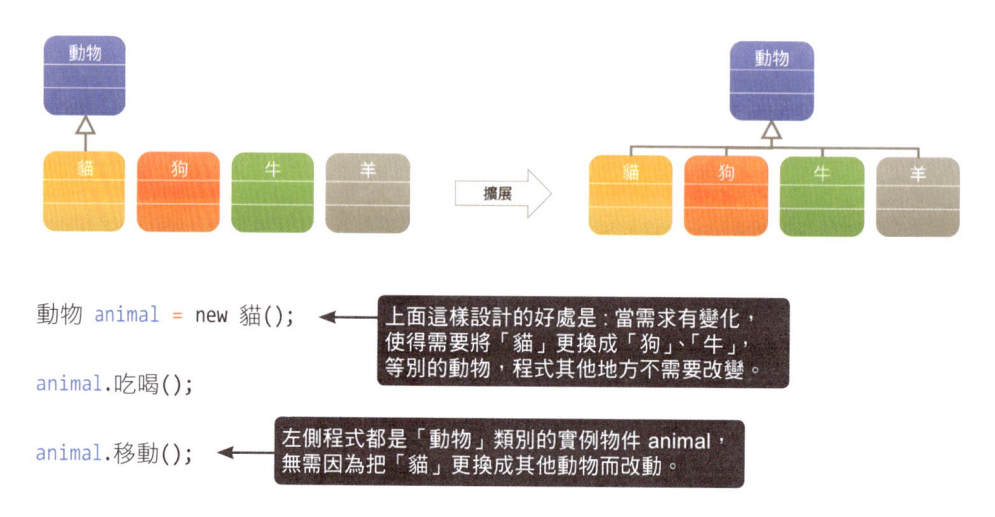

```
動物 animal = new 貓();

animal.吃喝();

animal.移動();
```

上面這樣設計的好處是：當需求有變化，使得需要將「貓」更換成「狗」、「牛」，等別的動物，程式其他地方不需要改變。

左側程式都是「動物」類別的實例物件 animal，無需因為把「貓」更換成其他動物而改動。

「我的感覺，由於有里氏代換原則，才使得開放 - 封閉成為了可能。」小菜說。

「這樣說是可以的，正是由於子類型的可替換性才使得使用父類別類型的模組在無需修改的情況下就可以擴充。不然還談什麼擴充開放，修改關閉呢。再回過頭來看依賴倒轉原則，高層模組不應該依賴低層模組，兩個都應該依賴抽象，對這句話你就會有更深入的理解了。」

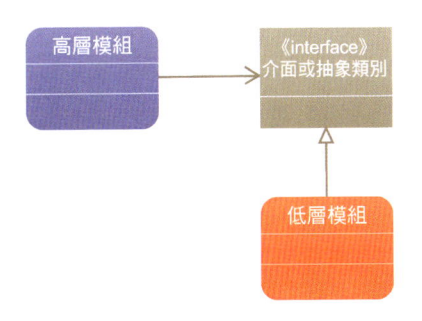

```
┌─────────┐         《interface》
│ 高層模組 │────────▶│介面或抽象類別│
└─────────┘         └─────────┘
                         △
                         │
                    ┌─────────┐
                    │ 低層模組 │
                    └─────────┘
```

「哦，我明白了，依賴倒轉其實就是誰也不要依靠誰，除了約定的介面，大家都可以靈活自如。還好，她沒有問我如何修收音機，收音機裡都是些電阻、三極體，電路板等等東東，全都焊接在一起，我可不會修的。」小菜慶倖道。

5.5 修收音機

「哈，小菜你這個比方打得好，」大鳥開心地說，「收音機就是典型的耦合過度，只要收音機出故障，不管是沒有聲音、不能調頻，還是有雜音，反正都很難修理，不懂的人根本沒法修，因為任何問題都可能牽涉其他元件，各個元件相互依賴，難以維護。非常複雜的 PC 電腦可以修，反而相對簡單的收音機不能修，這其實就說明了很大的問題。當然，電腦的所謂修也就是更換配件，CPU 或記憶體要是壞了，老百姓是沒法修的。現在在軟體世界裡，收音機式的強耦合開發還是太多了，比如前段時間某銀行出問題，需要伺服器停機大半天的排除修整，這要損失多少錢。如果完全物件導向的設計，或許問題的查詢和修改就容易得多。依賴倒轉其實可以說是物件導向設計的標識，用哪種語言來撰寫程式不重要，如果撰寫時考慮的都是如何針對抽象程式設計而非針對細節程式設計，即程式中所有的依賴關係都是終止於抽象類別或介面，那就是物件導向的設計，反之那就是過程化的設計了。」

5.5 修收音機

「是的是的,我聽說很多銀行目前還是純 C 語言的過程開發,非常不靈活,維護成本是很高昂導向的。」

「那也是沒辦法的,銀行系統哪是說換就換的,所以現在是大力鼓勵年輕人學設計模式,直接物件導向的設計和程式設計,大致上上講,這是國家大力發展生產力的很大保障呀。」

「大鳥真是高瞻遠矚呀,我對你的敬仰猶如滔滔江水,連綿不絕!」小菜怪笑道,「我去趟 WC」。

「浪奔,浪流,萬里江海點點星光耀,人間事,多紛擾,化作滾滾東逝波濤,有淚,有笑…………」

「小菜,電話。小子,怎麼又換成新上海灘的歌了,這歌好聽。」大鳥笑道,「剛才是死了都要愛,現在是為愛復仇而死。你怎麼找的歌都跟愛過不去呀。快點,電話,又是剛才那個叫嬌嬌的小女孩。」

「來了來了,尿都只尿了一半!」小菜心急地接起電話,「喂!」

「小菜呀,我家收音機壞了,你能不能教我修修呢!」

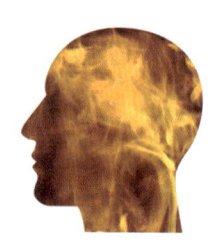

CHPATER 06

穿什麼有這麼重要？
-- 裝飾模式

6.1 穿什麼有這麼重要？

時間：3月16日20點　地點：大鳥房間　人物：小菜、大鳥

「大鳥，明天我要去見嬌嬌了，你說我穿什麼去比較好？」小菜問大鳥道。

「這個你也來問我，乾脆我代你去得了。」大鳥笑言。

「別開玩笑，我是誠心問你的。」

「哈哈，小菜呀，你別告訴我說四年大學你都沒和女生約過會？」

「唉！誰叫我念的是理工科大學呢，學校裡本來女生就少，所以這些稀有寶貝們，大一時早就被那些老手們主動出擊搞定了，我們這些戀愛方面的小菜哪還有什麼機會，一不小心就虛度了四年。」小菜突生傷感，歎氣搖頭，並小聲的唱了起來，「不是我不小心，只是真情難以尋覓，不是我存心故意，只因無法找到良機⋯⋯」

6.1 穿什麼有這麼重要？

「喂！」大鳥打斷了小菜，「差不多就行了，感慨得沒完沒了。說正事，你要問我什麼？」

「哦，你說我穿什麼去見嬌嬌比較好？」

「那要看你想給人家什麼印象？是比較年輕，還是比較幹練；是比較頹廢，還是要比較陽光；也有可能你想給人家一種極其難忘的印象，那穿法又大不一樣了！」

「你這話怎麼講？」

「年輕，不妨走點 Hip-Hop 路線，大 T 恤、垮褲、球鞋，典型的年輕人裝扮。」

「啊，這不是我喜歡的風格，我從來也沒這樣穿過。」

「那就換一種，所謂幹練，就是要有外商高級白領的樣，黑西裝、黑領帶、黑墨鏡、黑皮鞋……」

「你這叫白領？我看是黑社會。不行不行。」

「哈，來頹廢的，頹廢其實也是一種個性，可以吸引一些喜歡叛逆的女生。一般來說，其標識是：頭髮可養鳥、鬍子能生蟲、襯衣沒紐扣、香煙加狐臭。」

「這根本就是『骯髒』的代表嗎，開什麼玩笑。你剛才提到給人家難忘印象，是什麼樣的穿法？」

穿什麼有這麼重要？-- 裝飾模式　06

「哈，這當然是絕妙的招了，如果你照我說的去做，嬌嬌想忘都難。」

「快說快說，是什麼？」

「大紅色披風下一身藍色緊身衣，胸前一個大大的 'S'，表明你其實穿的是『小號』，還有最重要的是，一定要『內褲外穿』……」

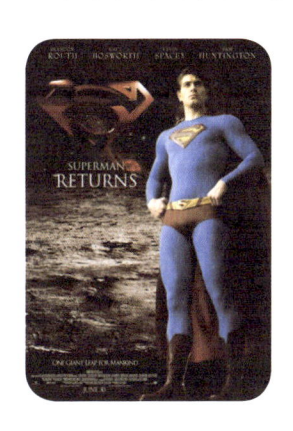

「喂，你拿我尋開心呀，那是『超人』的打扮呀，'S' 代表的也不是 'Small'，是 'Super' 的意思。」小菜再次打斷了大鳥，還是忍不住笑道，「我如果真的穿這樣的服裝去見女生，那可真是現場的人都終身難忘，而小菜我，社死現場，這輩子也不要見人了。」

「哈，你終於明白了！我其實想表達的意思就是，你完全可以隨便一些，平時穿什麼，明天還是穿什麼，男生嘛，只要乾淨一些就可以了，關鍵不在於你穿什麼，而在於你人怎麼樣。對自己都這麼沒信心，如何追求女孩子。」

「哦，我可能是多慮了一些。」小菜點頭道，「好，穿什麼我自己再想想。沒什麼事了，那我回房了。」

「等等，」大鳥叫住了他，「今天的模式還沒有開講呢，怎麼就跑了。」

「哦，我想著約會的事，把學習給忘了，今天學什麼模式？」

6.2 小菜扮靚第一版

「先不談模式,說說你剛才提到的穿衣問題。我現在要求你寫一個可以給人搭配不同的服飾的系統,比如類似 QQ、網路遊戲或討論區都有的 Avatar 系統。你怎麼開發?」

「你是說那種可以換各種各樣的衣服褲子的個人形象系統?」

「是的,現在你就簡單點,用主控台的程式,寫可以給人搭配嘻哈服或白領裝的程式。」

「哦,我試試看吧。」

半小時後,小菜的第一版程式出爐。

結構圖

人

+穿大T恤()
+穿垮褲()
+穿球鞋()
+穿西裝()
+打領帶()
+穿皮鞋()
+形象展示()

「Person」類別

```java
package code.CHPATER6.decorator1;

public class Person {

    private String name;
    public Person(String name) {
        this.name = name;
    }

    public void wearTShirts() {
        System.out.print(" 大T恤");
    }

    public void wearBigTrouser() {
        System.out.print(" 垮褲");
    }

    public void wearSneakers() {
        System.out.print(" 球鞋");
    }

    public void wearSuit() {
        System.out.print(" 西裝");
    }

    public void wearTie() {
        System.out.print(" 領帶");
    }

    public void wearLeatherShoes() {
        System.out.print(" 皮鞋");
    }

    public void show() {
        System.out.println("裝扮的"+name);
    }
}
```

6.2 小菜扮靚第一版

用戶端程式

```
Person xc = new Person("小菜");

System.out.println(" 第一種裝扮：");
xc.wearTShirts();
xc.wearBigTrouser();
xc.wearSneakers();
xc.show();

System.out.println(" 第二種裝扮：");
xc.wearSuit();
xc.wearTie();
xc.wearLeatherShoes();
xc.show();
```

結果顯示

```
第一種裝扮：
大T恤 垮褲 球鞋裝扮的小菜
第二種裝扮：
西裝 領帶 皮鞋裝扮的小菜
```

「哈，不錯，功能是實現了。現在的問題就是如果我需要增加『超人』的裝扮，你得如何做？」

「那就改改 'Person' 類別就行了，」小菜說完就反應過來，「哦，不對，這就違背了開放 - 封閉原則了。哈，我知道了，應該把這些服飾都寫成子類別就好了。我去改。」

大鳥抬起手伸出食指對小菜點了點，「你呀，剛學的這麼重要的原則，怎麼還會忘？」

6.3 小菜扮靚第二版

過了不到十分鐘,小菜的第二版程式出爐。

程式結構圖

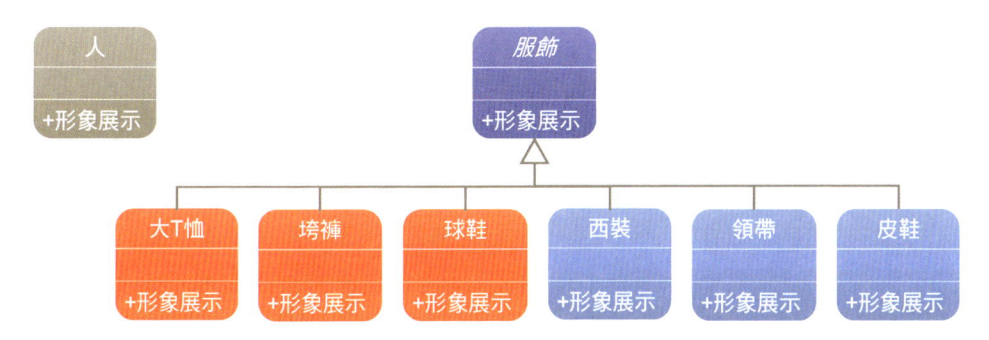

```
         人                        服飾
   +形象展示                   +形象展示
                                   △
        ┌──────┬──────┬──────┬──────┬──────┐
      大T恤   垮褲   球鞋   西裝   領帶   皮鞋
    +形象展示 +形象展示 +形象展示 +形象展示 +形象展示 +形象展示
```

Person 類別

```java
public class Person {

    private String name;
    public Person(String name) {
        this.name = name;
    }

    public void show() {
        System.out.println("裝扮的"+name);
    }
}
```

服飾抽象類別

```java
public abstract class Finery {

    public abstract void show();

}
```

6.3 小菜扮靚第二版

各種服飾子類別

```java
public class TShirts extends Finery {

    public void show(){
        System.out.print(" 大T恤");
    }

}


public class BigTrouser extends Finery {

    public void show(){
        System.out.print(" 垮褲");
    }

}
```

注意上面都是繼承 Finery 類別,其餘類別類似,省略。

用戶端程式

```java
        Person xc = new Person("小菜");

        System.out.println(" 第一種裝扮:");
        Finery dtx = new TShirts();
        Finery kk = new BigTrouser();
        Finery pqx = new Sneakers();

    dtx.show();
    kk.show();
    pqx.show();
    xc.show();

        System.out.println(" 第二種裝扮:");
        Finery xz = new Suit();
        Finery ld = new Tie();
```

```
        Finery px = new LeatherShoes();

    xz.show();
    ld.show();
    px.show();
    xc.show();
```

結果顯示同前例,略。

「這下你還能說我不物件導向嗎?如果要加超人裝扮,只要增加子類別就可以了。」

「哼,用了繼承,用了抽象類別就算是用好了物件導向了嗎?你現在的程式的確做到了『服飾』類別與『人』類別的分離,但其他問題還有存在的。」

「什麼問題呢?」

「你仔細看看這段程式。」

```
    dtx.show();
    kk.show();
    pqx.show();
    xc.show();
```

「這樣寫表示什麼?」大鳥問道。

「就是把『大T恤』、『垮褲』、『破球鞋』和『裝扮的小菜』一個詞一個詞的顯示出來呀。」

「說得好,我要的就是你這句話,這樣寫就好比:你光著身子,當著大家的面,先穿T恤,再穿褲子,再穿鞋,彷彿在跳穿衣舞。難道你穿衣服都是在眾目睽睽下穿的嗎?」

「你的意思是,應該在內部組裝完畢,然後再顯示出來?這好像是建造者模式呀。」

> 6.4 裝飾模式

「不是的，建造者模式要求建造的過程必須是穩定的，而現在我們這個例子，建造過程是不穩定的，比如完全可以內穿西裝，外套 T 恤，再加披風，打上領帶，皮鞋外再穿上破球鞋；當然也完全可以只穿條褲衩就算完成。換句話就是說，透過服飾組合出一個有個性的人完全可以有無數種方案，並非是固定的。」

「啊，你說得對，其實先後順序也是有講究的，如你所說，先穿內褲後穿外褲，這叫凡人，內褲穿到外褲外面，那就是超人了。」

「哈，很會舉一反三嘛，那你說該怎麼辦呢？」

「我們需要把所需的功能按正確的順序串聯起來進行控制，這好像很難辦哦。」

「不懂就學，其實也沒什麼稀罕的，這可以用一個非常有意思的設計模式來實現。」

6.4 裝飾模式

> 裝飾模式（Decorator），動態地給一個物件增加一些額外的職責，就增加功能來說，裝飾模式比生成子類別更為靈活。

「啊，裝飾這詞真好，無論衣服、鞋子、領帶、披風其實都可以視為對人的裝飾。」

「我們來看看它的結構。」

裝飾模式（Decorator）結構圖

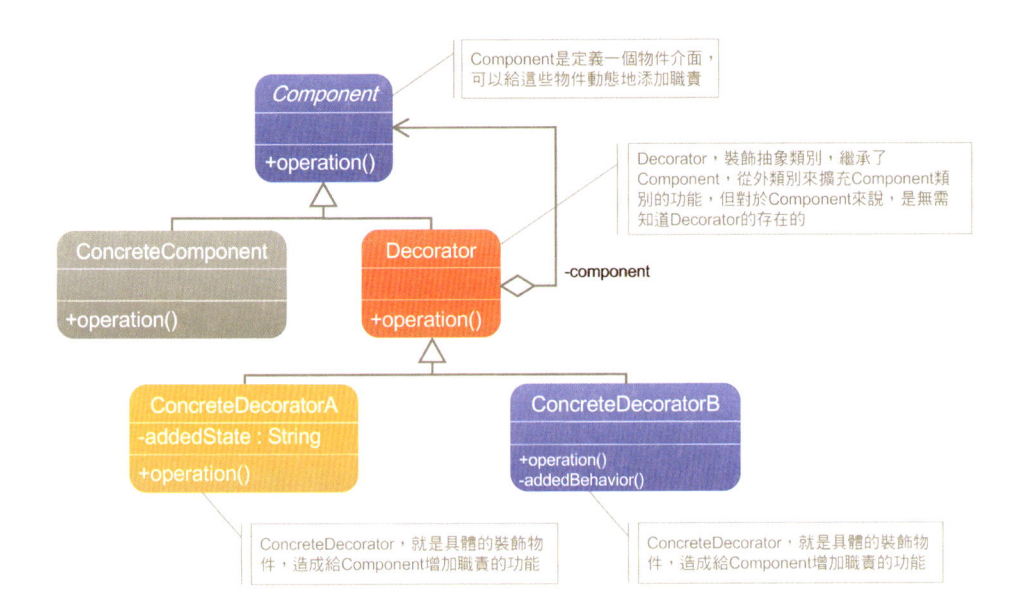

```
                    Component          Component是定義一個物件介面,
                    +operation()       可以給這些物件動態地添加職責

                                       Decorator,裝飾抽象類別,繼承了
                                       Component,從外類別來擴充Component類
                                       別的功能,但對於Component來說,是無需
                                       知道Decorator的存在的
      ConcreteComponent    Decorator        -component
      +operation()         +operation()

          ConcreteDecoratorA       ConcreteDecoratorB
          -addedState : String     +operation()
          +operation()             -addedBehavior()

     ConcreteDecorator,就是具體的裝飾物     ConcreteDecorator,就是具體的裝飾物
     件,造成給Component增加職責的功能       件,造成給Component增加職責的功能
```

「Component 是定義一個物件介面，可以給這些物件動態地增加職責。ConcreteComponent 是定義了一個具體的物件，也可以給這個物件增加一些職責。Decorator，裝飾抽象類別，繼承了 Component，從外類別來擴充 Component 類別的功能，但對 Component 來說，是無需知道 Decorator 的存在的。至於 ConcreteDecorator 就是具體的裝飾物件，造成給 Component 增加職責的功能。」

「來看看基本的程式實現。」

```
//Component類別
abstract class Component {
    public abstract void Operation();
}


//ConcreteComponent類別
class ConcreteComponent extends Component {
```

6.4 裝飾模式

```java
    public void Operation() {
        System.out.println("具體物件的實際操作");
    }

}


//Decorator類別
abstract class Decorator extends Component {
    
    protected Component component;
    
    //裝飾一個Component物件
    public void SetComponent(Component component) {
        this.component = component;
    }
    
    //重寫Operation(),實際呼叫component的Operation方法
    public void Operation() {
        if (component != null) {
            component.Operation();
        }
    }
}


//ConcreteDecoratorA類別
class ConcreteDecoratorA extends Decorator {
    
    private String addedState;//本類別獨有子段,以區別於ConcreteDecoratorB類別
    
    public void Operation() {
        super.Operation();//首先運行了原有Component的Operation()
        
        this.addedState = "具體裝飾物件A的獨有操作";//再執行本類別獨有功能
        System.out.println(this.addedState);
        
    }
}
```

```java
//ConcreteDecoratorB類別
class ConcreteDecoratorB extends Decorator {

    public void Operation() {
        super.Operation();//首先運行了原有Component的Operation()
        this.AddedBehavior();//再執行本類別獨有功能
    }

    //本類別獨有方法，以區別於ConcreteDecoratorA類別
    private void AddedBehavior() {
        System.out.println("具體裝飾物件B的獨有操作");
    }
}

    ConcreteComponent c = new ConcreteComponent();
    ConcreteDecoratorA d1 = new ConcreteDecoratorA();
    ConcreteDecoratorB d2 = new ConcreteDecoratorB();

    d1.SetComponent(c);      //首先用d1來包裝c
    d2.SetComponent(d1);     //再用有來包裝d1
    d2.Operation();          //最終執行d2的Operation()
```

「我明白了，原來裝飾模式是利用 SetComponent 來對物件進行包裝的。這樣每個裝飾物件的實現就和如何使用這個物件分離開了，每個裝飾物件只關心自己的功能，不需要關心如何被增加到物件鏈當中。用剛才的例子來說就是，我們完全可以先穿外褲，再穿內褲，而不一定要先內後外。」

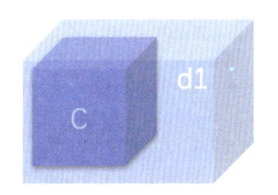

「既然你明白了，還不快些把剛才的例子改成裝飾模式的程式？」大鳥提醒道。

「我還有個問題，剛才我寫的那個例子中『人』類別是 Component 還是 ConcreteComponent 呢？」

「哈，學習模式要善於變通，如果只有一個 ConcreteComponent 類別而沒有抽象的 Component 類別，那麼 Decorator 類別可以是 ConcreteComponent 的子類別。同樣道理，如果只有一個 ConcreteDecorator 類別，那麼就沒有必要建立一個單獨的 Decorator 類別，而可以把 Decorator 和 ConcreteDecorator 的責任合併成一個類別。」

「啊，原來如此。在這裡我們就沒有必要有 Component 類別了，直接讓服飾類別 Decorator 繼承人類 ConcreteComponent 就可。」

6.5 小菜扮靚第三版

二十分鐘後，小菜第三版程式出爐。

▎程式結構圖

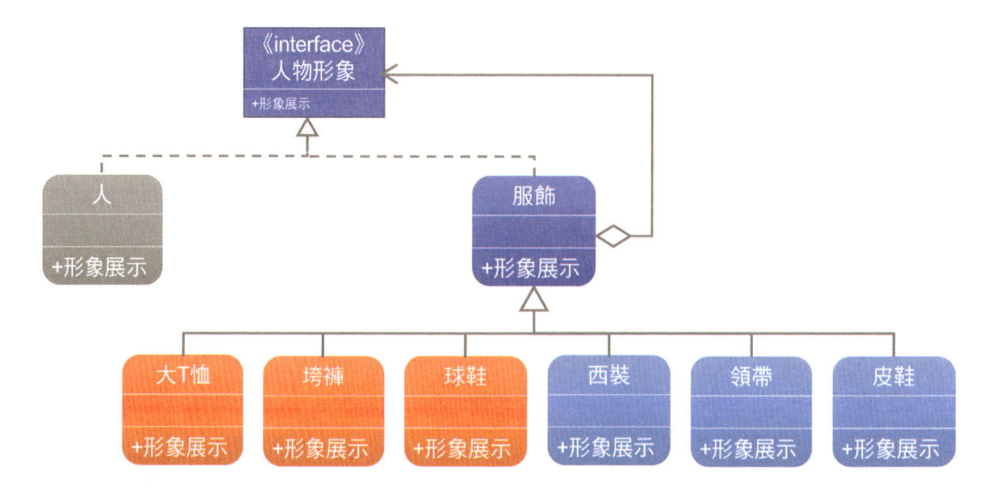

▌「ICharacter」介面（Component）

```java
//人物形象介面
public interface ICharacter {

    public void show();
}
```

▌「Person」類別（ConcreteComponent）

```java
//具體人類別
public class Person implements ICharacter {

    private String name;
    public Person(String name) {
        this.name = name;
    }

    public void show() {
        System.out.println("裝扮的"+name);
    }
}
```

▌Finery 類別（Decorator）

```java
//服飾類別
public class Finery implements ICharacter {

    protected ICharacter component;

    public void decorate(ICharacter component) {
        this.component=component;
    }

    public void show() {
        if (this.component != null){
            this.component.show();
        }
    }
}
```

6-15

6.5 小菜扮靚第三版

具體服飾類別（ConcreteDecorator）

```java
public class TShirts extends Finery {

    public void show(){

        System.out.print(" 大T恤");

        super.show();

    }
}
```

其餘類別類似，省略。

用戶端程式

```java
Person xc = new Person("小菜");

System.out.println(" 第一種裝扮：");

Sneakers pqx = new Sneakers();        //生成球鞋實例
pqx.decorate(xc);                     //球鞋裝飾小菜

BigTrouser kk = new BigTrouser();     //生成垮褲實例
kk.decorate(pqx);                     //垮褲裝飾"有球鞋裝飾的小菜"

TShirts dtx = new TShirts();          //生成T恤實例
dtx.decorate(kk);                     //T恤裝飾"有垮褲球鞋裝飾的小菜"

dtx.show();                           //執行形象展示

System.out.println(" 第二種裝扮：");

LeatherShoes px = new LeatherShoes(); //生成皮鞋實例
px.decorate(xc);                      //皮鞋裝飾小菜

Tie ld = new Tie();                   //生成領帶實例
```

```
        ld.decorate(px);                    //領帶裝飾"有皮鞋裝飾的小菜"

        Suit xz = new Suit();               //生成西裝實例
        xz.decorate(ld);                    //西裝裝飾"有領帶皮鞋裝飾的小菜"

        xz.show();                          //執行形象展示
```

結果顯示

第一種裝扮：
大T恤 垮褲 球鞋裝扮的小菜
第二種裝扮：
西裝 領帶 皮鞋裝扮的小菜

「如果我換一種裝飾方式，比如說，增加草帽裝扮，再重新組合一下服飾，應該如何做？」大鳥問道。

「那就增加一個草帽子類別，再修改一下裝飾方案就好了。」小菜開始寫程式。

```
public class Strawhat extends Finery {

    public void show(){
        System.out.print(" 草帽");
        super.show();
    }

}
```

```
        System.out.println(" 第三種裝扮：");

        Sneakers pqx2 = new Sneakers();     //生成球鞋實例
        pqx2.decorate(xc);                  //球鞋裝飾小菜

        LeatherShoes px2 = new LeatherShoes();  //生成皮鞋實例
        px2.decorate(pqx2);                 //皮鞋裝飾"有球鞋裝飾的小菜"

        BigTrouser kk2 = new BigTrouser();  //生成垮褲實例
```

6.6 商場收銀程式再升級

```
kk2.decorate(px2);              //垮褲裝飾"有皮鞋球鞋裝飾的小菜"

Tie ld2 = new Tie();            //生成領帶實例
ld2.decorate(kk2);              //領帶裝飾"有垮褲皮鞋球鞋裝飾的小菜"

Strawhat cm2 = new Strawhat();  //生成草帽實例
cm2.decorate(ld2);              //草帽裝飾"有領帶垮褲皮鞋球鞋裝飾的小菜"

cm2.show();                     //執行形象展示
```

結果就會顯示

第三種裝扮：
草帽 領帶 垮褲 皮鞋 球鞋裝扮的小菜

「哈，戴著草帽、光著膀子、打著領帶、下身垮褲、左腳皮鞋、右腳球鞋的極具個性的小菜就展現在我們面前了。」

「你這傢伙，又開始拿我尋開心。我要這樣子，比扮超人還要丟人。」小菜不滿地抱怨道，「我在想，上一次說的策略模式，使用了商場收銀軟體，是否存在使用裝飾模式的情況。」

「好問題。事實上是有機會用的。比如說，我們商場 10 周年慶，要加大力度反應客戶，所有商品，在總價打 8 折的基礎上，再滿 300 返 100，當然這只是一種銷售方案，還可以是打 7 折，再滿 200 送 50，或滿 300 返 50，再打 7 折，也就是說，可以多種促銷方案組合起來使用。我們的要求是最終實現的程式，影響面越小越好，也就是原來的程式能利用就要利用，改動儘量的小一些。你可以考慮一下如何做？」

6.6 商場收銀程式再升級

小菜：「我想想。我完全可以寫個複雜的演算法，先打 8 折，再滿 300 返 100，演算法可以是下面這樣。」

穿什麼有這麼重要？-- 裝飾模式

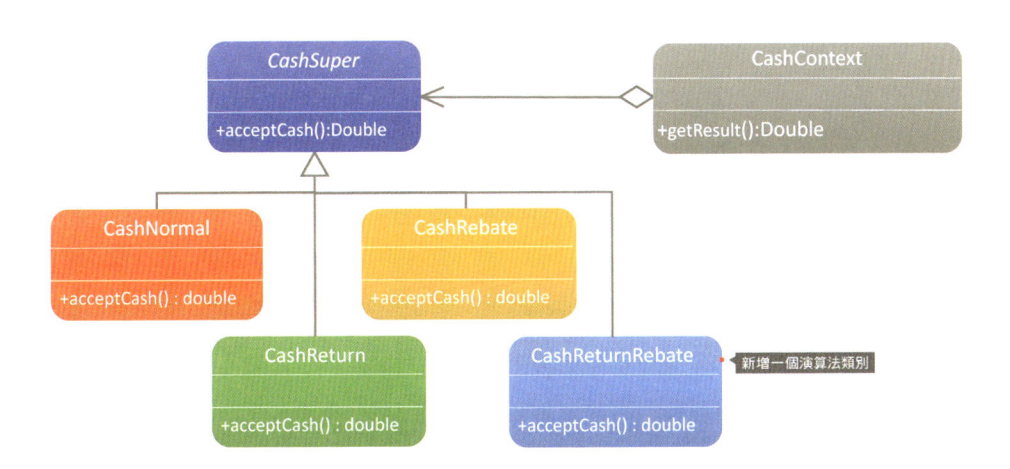

```
                    CashSuper                          CashContext
              +acceptCash():Double                  +getResult():Double

      CashNormal          CashRebate
  +acceptCash() : double   +acceptCash() : double

        CashReturn            CashReturnRebate      ← 新增一個演算法類別
  +acceptCash() : double   +acceptCash() : double
```

增加一個先折扣再返利的演算法子類別，初始化需要三個參數，並在計算時，先打折，再返利計算。

```java
public class CashReturnRebate extends CashSuper {

    private double moneyRebate = 1d;
    private double moneyCondition = 0d; //返利條件
    private double moneyReturn = 0d;    //返利值

    //先折扣，再返利。初始化時需要折扣參數，再輸入返利條件和返利值。
    //比如"先8折，再滿300返100"，就是moneyRebate=0.8,moneyCondition=300,
    //moneyReturn=100
    public CashReturnRebate(double moneyRebate,double moneyCondition,
        double moneyReturn){
        this.moneyRebate = moneyRebate;
        this.moneyCondition = moneyCondition;
        this.moneyReturn = moneyReturn;
    }

    //先折扣，再返利
    public double acceptCash(double price,int num){
        double result = price * num * this.moneyRebate;
        if (moneyCondition>0 && result >= moneyCondition)
            result = result - Math.floor(result / moneyCondition) * moneyReturn;
        return result;
    }
}
```

6.6 商場收銀程式再升級

修改 CashContext 類別,增加一個先打 8 折再滿 300 返 100 的演算法實例物件。

```java
public class CashContext {

    private CashSuper cs;    //宣告一個CashSuper物件

    //透過建構方法,傳入具體的收費策略
    public CashContext(int cashType){
        switch(cashType){
            case 1:
                this.cs = new CashNormal();
                break;
            case 2:
                this.cs = new CashRebate(0.8d);
                break;
            case 3:
                this.cs = new CashRebate(0.7d);
                break;
            case 4:
                this.cs = new CashReturn(300d,100d);
                break;
            case 5:
                this.cs = new CashReturnRebate(0.8d,300d,100d);
                break;
        }
    }

    public double getResult(double price,int num){
        //根據收費策略的不同,獲得計算結果
        return this.cs.acceptCash(price,num);
    }
}
```

大鳥:「你這確實是達到了增加一種組合演算法的功能實現,但你有沒有發現,新類別 CashReturnRebate 有原來的兩個類別:CashReturn 和 CashRebate 有大量重複的程式?」

小菜:「是呀,我等於是把兩個程式合併又寫了一遍。」

大鳥：「另外，如果我現在希望增加一個先滿300返100，再打折扣的演算法，你如何修改呢？再寫一個新類別嗎？如果我們再增加購買送積分、購買抽獎、購買送小禮品等演算法，並且有了各種各樣的先後組合，你打算怎麼處理呢？」

小菜：「我……這個……」

大鳥：「哈哈，好好想想吧。裝飾模式或許能幫到你。」

小菜：「我懂你意思了。看來我前面沒有真的理解裝飾模式。我再來試試。」

6.7 簡單工廠＋策略＋裝飾模式實現

小菜：「無需增加 CashReturnRebate 類別，依然是 CashNormal、CashReturn、CashRebate 三種基本演算法子類別。增加一個介面 ISale，用作裝飾模式裡的 Component。」

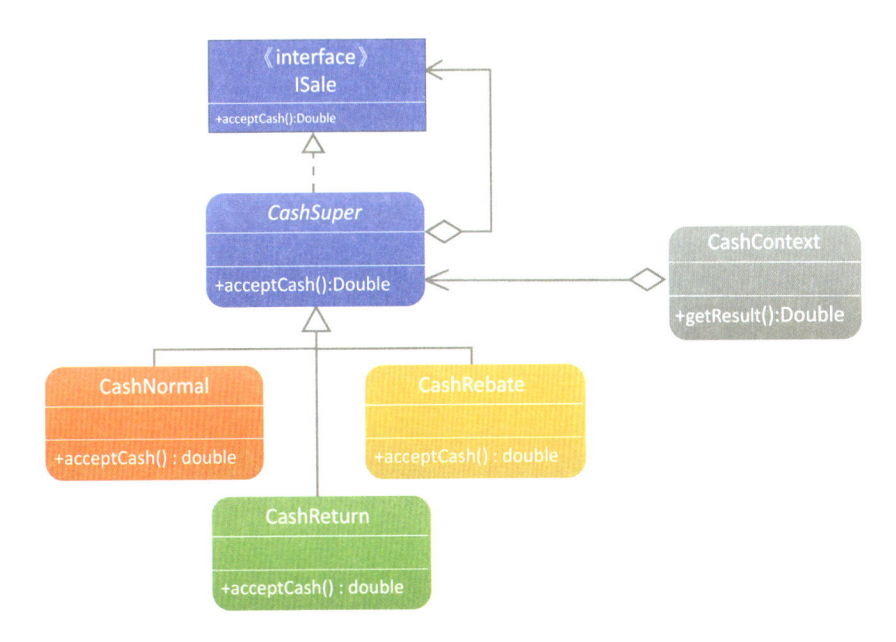

6.7 簡單工廠 + 策略 + 裝飾模式實現

大鳥：「你這樣是可以實現同樣的功能，但與裝飾模式比較起來，並不完美。仔細對比觀察一下，還有什麼東西沒有？」

小菜：「哦！我發現了，ConcreteComponent 類別不存在。那它應該是什麼呢？」

大鳥：「裝飾模式有一個重要的優點，把類別中的裝飾功能從類別中搬移去除，這樣可以簡化原有的類別。我們現在的三個演算法類別，有沒有最基礎的呢？」

小菜：「CashNormal 是最基礎的。哦！我知道了，是把它作為 ConcreteComponent。我馬上重構一下。」

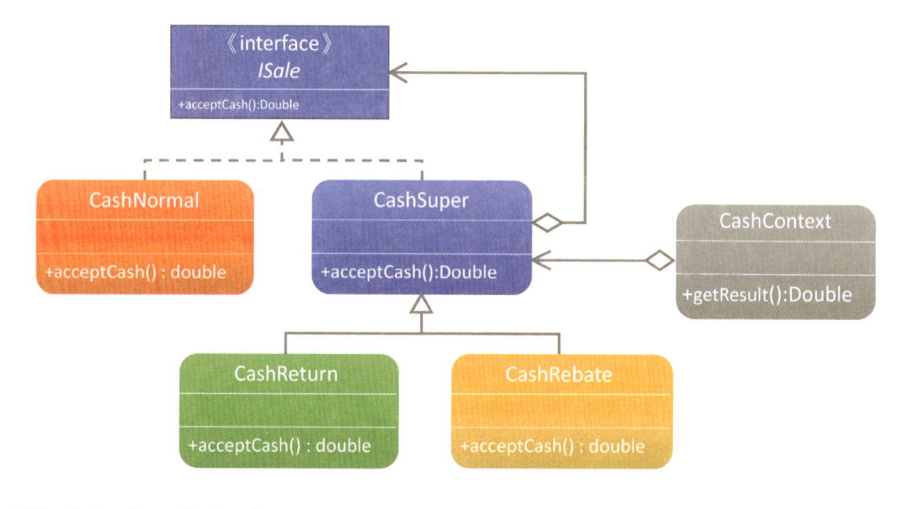

```
public interface ISale {

    public double acceptCash(double price, int num);

}
```

CashSuper 原來是抽象類別，改成普通類別，但實現 ISale 介面。

```
public class CashSuper implements ISale {

    protected ISale component;
```

6-22

```java
    //裝飾對象
    public void decorate(ISale component) {
        this.component=component;
    }

    public double acceptCash(double price,int num){

        var result = 0d;
        if (this.component != null){
            //若裝飾物件存在,則執行裝飾的演算法運算
            result = this.component.acceptCash(price,num);
        }
        return result;
    }
}
```

CashNormal,相當於 ConcreteComponent,是最基本的功能實現,也就是單價 * 數量的原價演算法。

```java
public class CashNormal implements ISale {
    //正常收費,原價返回
    public double acceptCash(double price,int num){
        return price * num;
    }
}
```

另外兩個 CashSuper 的子類別演算法,都在計算後,再增加一個 super.acceptCash(result,1) 傳回。

```java
public class CashRebate extends CashSuper {

    private double moneyRebate = 1d;
    //打折收費。初始化時必需輸入折扣率。八折就輸入0.8
    public CashRebate(double moneyRebate){
        this.moneyRebate = moneyRebate;
    }

    //計算收費時需要在原價基礎上乘以折扣率
```

6-23

6.7 簡單工廠 + 策略 + 裝飾模式實現

```java
    public double acceptCash(double price,int num){
        double result = price * num * this.moneyRebate;
        return super.acceptCash(result,1);
    }

}


public class CashReturn extends CashSuper {

    private double moneyCondition = 0d;   //返利條件
    private double moneyReturn = 0d;      //返利值

    //返利收費。初始化時需要輸入返利條件和返利值。
    //比如"滿300返100"，就是moneyCondition=300,moneyReturn=100
    public CashReturn(double moneyCondition,double moneyReturn){
        this.moneyCondition = moneyCondition;
        this.moneyReturn = moneyReturn;
    }

    //計算收費時，當達到返利條件，就原價減去返利值
    public double acceptCash(double price,int num){
        double result = price * num;
        if (moneyCondition>0 && result >= moneyCondition)
            result = result - Math.floor(result / moneyCondition) * moneyReturn;
        return super.acceptCash(result,1);
    }

}
```

重點在 CashContext 類別，因為牽涉到了組合演算法，所以用裝飾模式的方式進行包裝，這裡需要注意包裝的順序，先打折後滿多少返多少，與先滿多少返多少，再打折會得到完全不同的結果。

```java
public class CashContext {

    private ISale cs;    //宣告一個ISale介面物件

    //透過建構方法，傳入具體的收費策略
```

```java
public CashContext(int cashType){
    switch(cashType){
        case 1:
            this.cs = new CashNormal();
            break;
        case 2:
            this.cs = new CashRebate(0.8d);
            break;
        case 3:
            this.cs = new CashRebate(0.7d);
            break;
        case 4:
            this.cs = new CashReturn(300d,100d);
            break;
        case 5:
            //先打8折,再滿300返100
            CashNormal cn = new CashNormal();
            CashReturn cr1 = new CashReturn(300d,100d);
            CashRebate cr2 = new CashRebate(0.8d);

            cr1.decorate(cn);     //用滿300返100演算法包裝基本的原價演算法
            cr2.decorate(cr1);    //打8折算法裝飾滿300返100演算法
            this.cs = cr2;        //將包裝好的演算法組合引用傳遞給cs物件
            break;
        case 6:
            //先滿200返50,再打7折
            CashNormal cn2 = new CashNormal();
            CashRebate cr3 = new CashRebate(0.7d);
            CashReturn cr4 = new CashReturn(200d,50d);
            cr3.decorate(cn2);    //用打7折算法包裝基本的原價演算法
            cr4.decorate(cr3);    //滿200返50演算法裝飾打7折算法
            this.cs = cr4;        //將包裝好的演算法組合引用傳遞給cs物件
            break;
    }
}

public double getResult(double price,int num){
    //根據收費策略的不同,獲得計算結果
```

6.7 簡單工廠＋策略＋裝飾模式實現

```
        return this.cs.acceptCash(price,num);
    }
}
```

▎用戶端演算法不變

▎執行結果以下

```
請輸入商品折扣模式：
5
請輸入商品單價：
1000
請輸入商品數量：
1

單價：1000.0元 數量：1 合計：600.0元
```

單位 1000 元，數量為 1 的商品，原需支付 1000 元，如果選擇先 8 折再滿 300 送 100 演算法的話，就是 1000*0.8=800 元，滿足兩個 300 元，返 200 元，最終結果是客戶只需支付 600 元。

```
請輸入商品折扣模式：
6
請輸入商品單價：
500
請輸入商品數量：
4

單價：500.0元 數量：4 合計：1050.0元
```

單位 500 元，數量為 4 的商品，原需支付 1000 元，如果選擇先滿 200 送 50 再 7 折演算法的話，就是 2000 中有 10 個 200，送 10*50=500 元，所以 2000-500=1500 元，再打 7 折，1500*0.7，最終結果是客戶只需支付 1050 元。

大鳥：「非常棒！你完全實現了三個模式結合後的程式。現在的程式比剛才的想法好在哪裡？」

小菜：「嗯！我也覺得很興奮。現在無論如何組合演算法，哪怕是先打折再返現，再打折再返現，我都只需要更改 CashContext 類別就可以了。目前程式確實做到了開放封閉。設計模式真是好！」

6.8 裝飾模式複習

「來來來，複習一下，你感覺裝飾模式如何？」

「我覺得裝飾模式是為已有功能動態地增加更多功能的一種方式。但到底什麼時候用它呢？」

「答得很好，問的問題更加好。你起初的設計中，當系統需要新功能的時候，是向舊的類別中增加新的程式。這些新加的程式通常裝飾了原有類別的核心職責或主要行為，比如用西裝或嘻哈服來裝飾小菜，但這種做法的問題在於，它們在主類別中加入了新的欄位，新的方法和新的邏輯，從而增加了主類別的複雜度，就像你起初的那個『人』類別，而這些新加入的東西僅是為了滿足一些隻在某種特定情況下才會執行的特殊行為的需要。而裝飾模式卻提供了一個非常好的解決方案，它把每個要裝飾的功能放在單獨的類別中，並讓這個類別包裝它所要裝飾的物件，因此，當需要執行特殊行為時，客戶程式就可以在執行時期根據需要有選擇地、按順序地使用裝飾功能包裝物件了。所以就出現了上面那個例子的情況，我可以透過裝飾，讓你全副武裝到牙齒，也可以讓你只掛一絲到內褲。」

6-27

6.8 裝飾模式複習

「就像你所說的，裝飾模式的優點是，把類別中的裝飾功能從類別中搬移去除，這樣可以簡化原有的類別。像前面的原價演算法就是最基礎的類別，而打折或返現，都算是裝飾演算法了。」

「是的，這樣做更大的好處就是有效地把類別的核心職責和裝飾功能區分開了。而且可以去除相關類別中重複的裝飾邏輯。我們不必去重複的撰寫類似打折後再返現，或返現後再打折的程式，對裝飾模式來說，只是多幾種組合而已。」

「這個模式真不錯，我以後要記著常使用它。」

「你可要當心哦，裝飾模式的裝飾順序很重要哦，比如加密資料和過濾詞彙都可以是資料持久化前的裝飾功能，但若先加密了資料再用過濾功能就會出問題了，最理想的情況，是保證裝飾類別之間彼此獨立，這樣它們就可以以任意的順序進行組合了。」

「是呀，穿上西裝再套上 T 恤實在不是什麼好穿法。」

「明天想好了要穿什麼去見女生了嗎？」大鳥突然問道。

「有了裝飾模式，我還用得著擔心我的穿著。再說，我信奉的是《天下無賊》中劉德華說的一句經典台詞：『開好車就是好人嗎？』，小菜我魅力無限，不需裝飾。」

大鳥驚奇地望著小菜，無法理解地說了句：「學完模式，判若兩人，你夠弓虽！」

CHPATER

07

為別人做嫁衣
-- 代理模式

7.1 為別人做嫁衣！

時間：3月17日19點　地點：小菜大鳥住所的客廳　人物：小菜、大鳥

「小菜，今天見這個叫嬌嬌的美女見得如何呀？」大鳥一回家來就問小菜。

「唉！別提了，人家是有男朋友的。」小菜無精打采地答道。

「有男朋友了啊，這倒是我沒料到，那為什麼還找你幫忙修電腦？」

「她男友叫戴勵，在北京讀大學呢，他們高中就開始談戀愛了。」小菜說，「而且她還告訴了我一件比較有趣的事。」

「哦，是什麼？」

「是這樣的，我們在吃飯的時候，我就問她，怎麼不找男友幫修電腦。她說男友在北京讀書，所以沒辦法幫助修。我心裡一想，『你在上海怎麼男友會在北京』，正想問他們是怎麼認識的，她卻接著問我想不想知道他男

7.1 為別人做嫁衣！

友追她的事。我其實一點都不關心他男友的事，但礙於情面，我還是不得不跟著她開始了美好的回憶。」

「又不是你談戀愛，說得這麼肉麻，還『美好的回憶』。她回憶什麼了？」

「當時她是這麼說的：『那是在我高中二年級時的一天下午……』」

時間：五年前一天下午放學時　地點：嬌嬌所在中學高中二年級教室　人物：嬌嬌、戴勵、卓賈易

「嬌嬌同學，這是有人送你的禮物。」一個男生手拿著一個芭比娃娃送到她的面前。

「戴勵同學，這是什麼意思？」嬌嬌望著同班的這個男生，感覺很奇怪。

「是這樣的，我的好朋友，隔壁三班的卓賈易同學，請我代他送你這個禮物的。」戴勵有些臉紅。

「為什麼要送我禮物，我不認識他呀。」

「他說……他說……他說想和你交個朋友。」戴勵臉更紅了，右手抓後腦勺，說話吞吞吐吐。

「不用這樣，我不需要禮物的。」嬌嬌顯然想拒絕。

「別別別,他是我最好的朋友,他請我代他送禮物給你,也是下了很大決心的,你看在我之前時常幫你輔導數學習題的面子上,就接受一下吧。」戴勵有些著急。

「那好,今天我對解析幾何的橢圓那裡還是不太懂,你再給我講講。」嬌嬌提出條件後接過禮物。

「沒問題,我們到教室去講吧。」戴勵鬆了口氣。

……

幾天後

「嬌嬌,這是卓賈易送你的花。」

……

「嬌嬌,這是卓賈易送你的巧克力。」

「我不要他送的東西了,我也不想和他交朋友。我願意……我願意和你做朋友!」嬌嬌終於忍不住了,直接表白。

「啊?這……我……」戴勵有點發猜,沒想到對面的女孩這麼直接,但緩過神來後心中暗暗竊喜,臉上露出了羞澀的笑容。

「呆子!」嬌嬌微笑地罵道。

戴勵用手抓了抓頭髮說,「其實……我也喜歡你。不過……不過,那我該如何向卓賈易交待呢?」

……

從此戴勵和嬌嬌開始戀愛了。畢業後,戴勵考上了北京 XX 大學,而嬌嬌讀了上海的大專。

時間:3 月 17 日 19 點 30 分　地點:小菜大鳥住所的客廳　人物:小菜、大鳥

> 7.2 沒有代理的程式

「喂，醒醒，還在陶醉呀。這個戴勵根本就是一個大騙子，哪有什麼卓賈易，這是他自己想見女生找的藉口。」大鳥不屑一顧。

「我當時也是這麼想的，但她說是真的有這個人，後來那個卓賈易氣死了，差點和戴勵翻臉。」小菜肯定地說。

「那就不能怪戴勵了，卓賈易就是為別人在做嫁衣，所以自己苦惱也是活該，誰叫他不自己主動，找人代理談戀愛，神經病呀。」

「是呀，都怪他自己，為別人做嫁衣的滋味不好受哦。」

「這裡又可以談到一個設計模式了。」

「你不說我也知道是哪一個，代理模式對吧？」

「哈，說得沒錯。小菜真是越來越聰明。」

「去去去，口是心非的東西，代理模式又是怎麼講的？」

「你先試著寫如果卓賈易直接追嬌嬌，應該如何做？」

7.2　沒有代理的程式

十分鐘後，小菜寫出了第一份程式。

▌結構圖

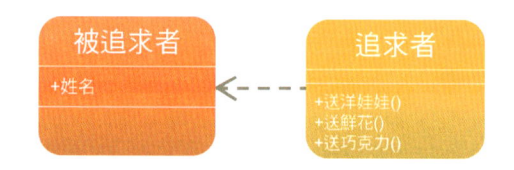

```
//追求者類別
class Pursuit {
```

7-4

```java
    private SchoolGirl mm;
    public Pursuit(SchoolGirl mm){
        this.mm = mm;
    }

    public void giveDolls(){
        System.out.println(this.mm.getName() + ",你好！送你洋娃娃。");
    }

    public void giveFlowers(){
        System.out.println(this.mm.getName() + ",你好！送你鮮花。");
    }

    public void giveChocolate(){
        System.out.println(this.mm.getName() + ",你好！送你巧克力。");
    }
}

//被追求者類別
class SchoolGirl {
    private String name;
    public String getName(){
        return this.name;
    }

    public void setName(String value){
        this.name = value;
    }
}
```

用戶端呼叫程式以下

```java
    SchoolGirl girlLjj = new SchoolGirl();
    girlLjj.setName("李嬌嬌");

    Pursuit boyZjy = new Pursuit(girlLjj);
    boyZjy.giveDolls();
    boyZjy.giveFlowers();
    boyZjy.giveChocolate();
```

> 問題是被追求者與追求者雙方並不認識

▶ 7.3 只有代理的程式

「小菜，嬌嬌並不認識卓賈易，這樣寫不就等於他們之間互相認識，並且是卓賈易親自送東西給嬌嬌了嗎？」

「是呀，這如何處理？」

「咦，你忘了戴勵了？」

「哈，對的對的，戴勵就是代理呀。」

7.3 只有代理的程式

十分鐘後。

結構圖

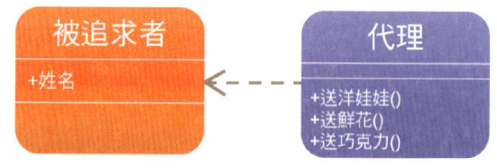

```java
//代理類別
class Proxy {
    private SchoolGirl mm;
    public Proxy(SchoolGirl mm){
        this.mm = mm;
    }

    public void giveDolls(){
        System.out.println(this.mm.getName() + ",你好！送你洋娃娃。");
    }

    public void giveFlowers(){
        System.out.println(this.mm.getName() + ",你好！送你鮮花。");
    }

    public void giveChocolate(){
        System.out.println(this.mm.getName() + ",你好！送你巧克力。");
```

        }
}

▌用戶端程式

```
SchoolGirl girlLjj = new SchoolGirl();
girlLjj.setName("李嬌嬌");

Proxy boyDl = new Proxy(girlLjj);
boyDl.giveDolls();
boyDl.giveFlowers();
boyDl.giveChocolate();
```

「小菜，你又犯錯了。」

「這又有什麼問題，為什麼出錯的總是我。」小菜非常不爽。

「你把『Pursuit（追求者）』換成了『Proxy（代理）』，把『卓賈易』換成了『戴勵』。這就使得這個禮物變成是戴勵送的，而你剛才還肯定地說，『卓賈易』這個人是存在的，禮物是他買的，你這怎麼能正確呢？」

「哦，我明白了，我這樣寫把『Pursuit（追求者）』給忽略了，事實上應該是『Pursuit（追求者）』透過『Proxy（代理）』送給『SchoolGirl（被追求者）』禮物，這才是合理的。那我應該怎麼辦呢？」

「不難呀，你仔細觀察一下，『Pursuit（追求者）』和『Proxy（代理）』有沒有相似的地方？」

「他們應該都有送禮物的三個方法，只不過『Proxy（代理）』送的禮物是『Pursuit（追求者）』買的，實質是『Pursuit（追求者）』送的。」

「很好，既然兩者都有相同的方法，那就表示他們都怎麼樣？」

「哦，你的意思是他們都實現了同樣的介面？我想，我可以寫出程式來了。」

「小菜開竅了。」

7.4 符合實際的程式

十分鐘後。小菜第三份程式。

結構圖

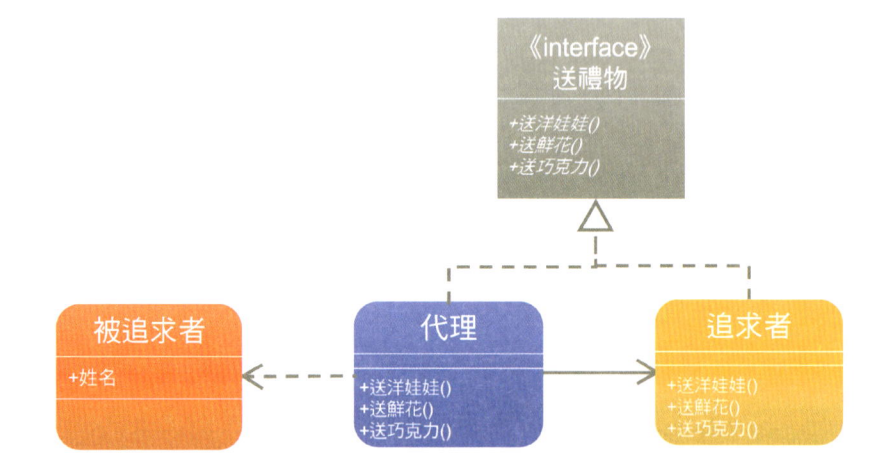

```
//送禮物介面
interface IGiveGift{
    void giveDolls();
    void giveFlowers();
    void giveChocolate();
}
```

追求者類別只是增加了實現送禮物的介面一處改動

```
//追求者類別
class Pursuit implements IGiveGift {

    private SchoolGirl mm;
    public Pursuit(SchoolGirl mm){
        this.mm = mm;
    }

    public void giveDolls(){
```

```java
        System.out.println(this.mm.getName() + ",你好！送你洋娃娃。");
    }

    public void giveFlowers(){
        System.out.println(this.mm.getName() + ",你好！送你鮮花。");
    }

    public void giveChocolate(){
        System.out.println(this.mm.getName() + ",你好！送你巧克力。");
    }
}
```

代理類別，是唯一既認識追求者，又認識被追求者的類別，在初始化的過程，建立了追求者與被追求者的連結，並在實現自己的介面方法時，呼叫了追求者的名稱相同方法。

```java
//代理類別
class Proxy implements IGiveGift{

    private Pursuit gg;                    //認識追求者

    public Proxy(SchoolGirl mm){           //也認識被追求者
        this.gg = new Pursuit(mm);         //代理初始化的過程，實際是追求者初始化的過程
    }

    public void giveDolls(){               //代理在送禮物
        this.gg.giveDolls();               //實質是追求者在送禮物
    }

    public void giveFlowers(){
        this.gg.giveFlowers();
    }

    public void giveChocolate(){
        this.gg.giveChocolate();
    }
}
```

> 7.5 代理模式

用戶端如下,沒有變化。但代理在被用戶端呼叫自己的介面方法時,本質是呼叫了追求者名稱相同方法。

```
SchoolGirl girlLjj = new SchoolGirl();
girlLjj.setName("李嬌嬌");

Proxy boyDl = new Proxy(girlLjj);
boyDl.giveDolls();
boyDl.giveFlowers();
boyDl.giveChocolate();
```

「這下嬌嬌不認識追求她的人,但卻可以透過代理人得到禮物。效果其實是達到了。」

「這就是代理模式。我們來看看 GoF 對代理模式是如何描述的。」

7.5 代理模式

> **代理模式(Proxy)**,為其他物件提供一種代理以控制對這個物件的存取。

代理模式(Proxy)結構圖

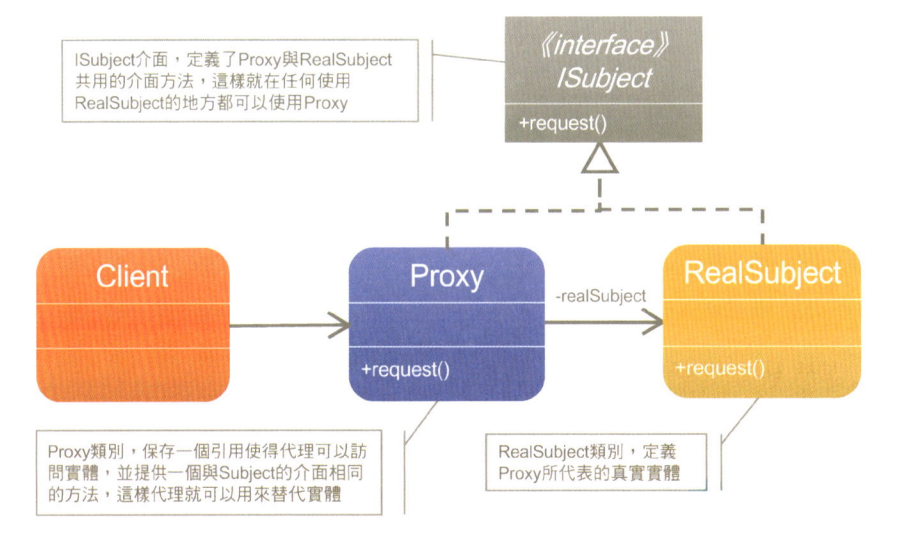

ISubject介面,定義了Proxy與RealSubject共用的介面方法,這樣就在任何使用RealSubject的地方都可以使用Proxy

《interface》
ISubject
+request()

Client → Proxy -realSubject→ RealSubject
+request()   +request()

Proxy類別,保存一個引用使得代理可以訪問實體,並提供一個與Subject的介面相同的方法,這樣代理就可以用來替代實體

RealSubject類別,定義Proxy所代表的真實實體

7-10

ISubject 類別

定義了 RealSubject 和 Proxy 的共用介面，這樣就在任何使用 RealSubject 的地方都可以使用 Proxy。

```java
//ISubject介面
interface ISubject{
   void request();
}
```

RealSubject 類別

定義 Proxy 所代表的真實實體。

```java
//RealSubject類別
class RealSubject implements ISubject {

   public void request(){
      System.out.println("真實的請求。");
   }
}
```

Proxy 類別

儲存一個引用使得代理可以存取實體，並提供一個與 Subject 的介面相同的方法，這樣代理就可以用來替代實體。

```java
//Proxy類別
class Proxy implements ISubject{

   private RealSubject rs;

   public Proxy(){
      this.rs = new RealSubject();
   }

   public void request(){
      this.rs.request();
   }
}
```

用戶端程式

```
Proxy proxy = new Proxy();
proxy.request();
```

7.6 代理模式應用

「那代理模式都用在一些什麼場合呢？」小菜問道。

「一般來說分為幾種，第一，遠端代理，也就是為一個物件在不同的位址空間提供局部代表。這樣可以隱藏一個物件存在於不同位址空間的事實。」

「有沒有什麼例子？」

「哈，其實你是一定用過的，WebService 在 Java 中的應用是怎麼做的？」

「哦，我明白什麼叫遠端代理了，當我在專案中加入一個 WebService，此時會在專案中生成一個 wsdl 檔案和一些相關檔案，其實它們就是代理，這就使得用戶端程式呼叫代理就可以解決遠端存取的問題。原來這就是代理模式的應用呀。」

「第二種應用是虛擬代理，是根據需要建立銷耗很大的物件。透過它來存放實例化需要很長時間的真實物件。這樣就可以達到性能的最最佳化，比如說你打開一個很大的 HTML 網頁時，裡面可能有很多的文字和圖片，但你還是可以很快打開它，此時你所看到的是所有的文字，但圖片卻是一張一張地下載後才能看到。那些未打開的圖片框，就是透過虛擬代理來替代了真實的圖片，此時代理儲存了真實圖片的路徑和尺寸。」

「哦，原來瀏覽器當中是用代理模式來最佳化下載的。」

「第三種應用是安全代理，用來控制真實物件存取時的許可權。一般用於物件應該有不同的存取權限的時候。第四種是智慧指引，是指當呼叫

真實的物件時，代理處理另外一些事。如計算真實物件的引用次數，這樣當該物件沒有引用時，可以自動釋放它；或當第一次引用一個持久物件時，將它載入記憶體；或在存取一個實際物件前，檢查是否已經鎖定它，以確保其他物件不能改變它。它們都是透過代理在存取一個物件時附加一些內務處理。」

「啊，原來代理可以做這麼多的事情，我還以為它是一個很不常用的模式呢。」

「代理模式其實就是在存取物件時引入一定程度的間接性，因為這種間接性，可以附加多種用途。」

「哦，明白。說穿了，代理就是真實物件的代表。」

7.7 秀才讓小六代其求婚

「看會兒電視，好幾天沒看《武林外傳》了。」大鳥打開了電視，此時武林外傳正在播放第 22 集。

當播放到最後部分時，劇中，郭芙蓉對呂秀才惡狠狠地說：「呂秀才，是你讓小六向我求婚的吧？」

「造物弄人！」呂秀才慘慘地答道，「這只是一個玩笑。」

7.7 秀才讓小六代其求婚

「哦！……玩笑！」郭芙蓉冷笑地說，「我殺了你！」

秀才速奔出去，郭芙蓉口中叫著「你給我站住！」跟著跑了出去……

小菜和大鳥看到這裡，轉頭相互看著對方，小菜說：「呂秀才讓燕小六代其向郭芙蓉求婚，這不就是……」，兩人異口同聲的說：「代－理－模－式！」

CHPATER

08

工廠製造細節無須知
-- 工廠方法模式

8.1 需要了解工廠製造細節嗎？

時間：3月19日22點　地點：小菜大鳥住所的客廳　人物：小菜、大鳥

小菜來找大鳥，説：「簡單工廠模式真是很好用呀，我最近好幾處程式都用到了該模式。」

「哦！」大鳥淡淡地説道，「簡單工廠只是最基本的建立實例相關的設計模式。但真實情況，有更多複雜的情況需要處理。簡單工廠生成實例的類別，知道了太多的細節，這就導致這個類別很容易出現難維護、靈活性差問題，讓人感覺到了不好的味道。」

「知道很多細節不太好嗎？」

「現實中，我們要想過好生活，是不太需要也不太可能知道所有細節的。比如説，我們知道豬長什麼樣子，也知道紅燒肉很好吃，但一頭豬是透過怎麼樣的過程變成紅燒肉呢？養殖、運輸、屠宰、銷售過程的批發、零售，還有飯店或家裡的烹飪過程，對我們來説，都是不需要去了解

的。我們去飯店吃飯，只要點了紅燒肉，過一會兒它就被送出來了，好吃就行了，你說對不對？」

「將來如果能生產出這樣一台機器，送進去是豬，出來就是紅燒肉，那就好了。」

「嘿嘿！這樣的機器我不知道是否生產得出來。不過，整個過程也算是一種封裝吧。在我們程式中，確實存在封裝實例建立過程的模式──工廠方法模式，這個模式可以讓建立實例的過程封裝到工廠類別中，避免耦合。它與簡單工廠模式是一個套系統的，你可以去研究一下。」

8.2 簡單工廠模式實現

「大鳥！我研究了工廠方法模式，但還是不太理解它和簡單工廠的區別，感覺還不如簡單工廠方便，為什麼要用這個模式，到底這個模式的精髓在哪裡？」

「那你先把簡單工廠模式和工廠方法模式的典型實現說給我聽聽。」

「哦，簡單工廠模式實現是這樣的：首先簡單工廠模式，若以我寫的計算機為例，結構圖如下。」

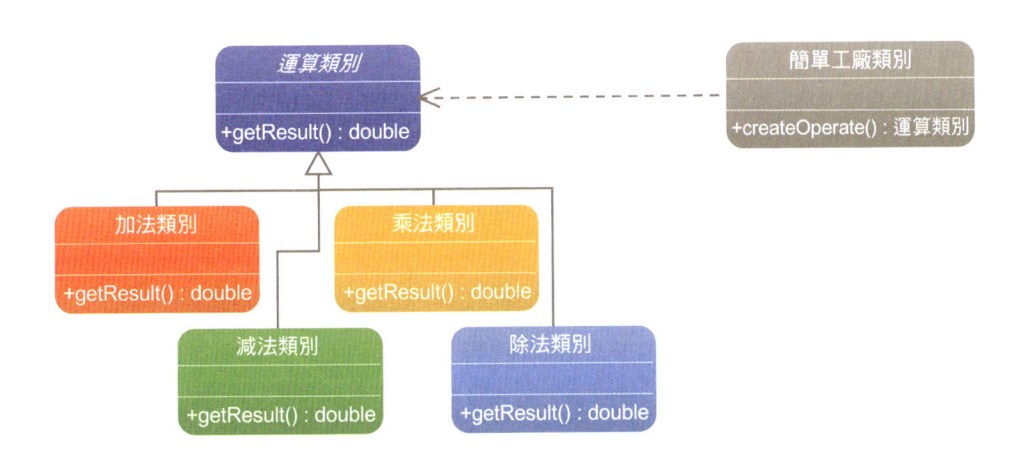

工廠製造細節無須知 -- 工廠方法模式 08

```
                    運算類別
                +getResult() : double
                                                    簡單工廠類別
                                                +createOperate() : 運算類別

   加法類別          乘法類別
+getResult() : double   +getResult() : double

        減法類別          除法類別
     +getResult() : double   +getResult() : double
```

「工廠類別是這樣寫的。」

```java
public class OperationFactory {

    public static Operation createOperate(String operate){
        Operation oper = null;
        switch (operate) {
            case "+":
                oper = new Add();
                break;
            case "-":
                oper = new Sub();
                break;
            case "*":
                oper = new Mul();
                break;
            case "/":
                oper = new Div();
                break;
        }
        return oper;
    }
}
```

▶ 8.3 工廠方法模式實現

「用戶端的應用。」

```
Operation oper = OperationFactory.createOperate(strOperate);
double result = oper.getResult(numberA,numberB);
```

8.3 工廠方法模式實現

「那麼如果是換成工廠方法模式來寫這個計算機,你能寫嗎?」

「當然是可以,就是因為我寫出來了,才感覺好像工廠方法沒什麼好處!計算機的工廠方法模式實現的結構圖是這樣的。」

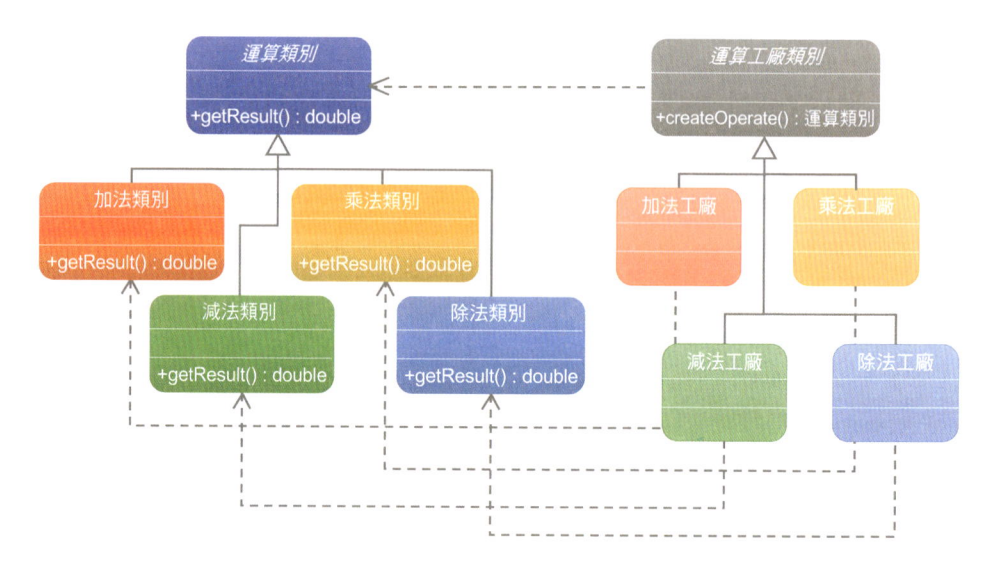

「先建構一個工廠介面。」

```
public interface IFactory {

    public Operation createOperation();

}
```

8-4

「然後加減乘除各建一個具體工廠去實現這個介面。」

```java
//加法工廠
public class AddFactory implements IFactory {

    public Operation createOperation(){
        return new Add();
    }

}


//減法工廠
public class SubFactory implements IFactory {

    public Operation createOperation(){
        return new Sub();
    }

}


//乘法工廠
public class MulFactory implements IFactory {

    public Operation createOperation(){
        return new Mul();
    }

}


//除法工廠
public class DivFactory implements IFactory {

    public Operation createOperation(){
        return new Div();
    }

}
```

「在 OperationFactory 類別中,可以是這樣的。」

```java
public class OperationFactory {

    public static Operation createOperate(String operate){
        Operation oper = null;
        IFactory factory = null;
        switch (operate) {
            case "+":
                factory = new AddFactory();
                break;
            case "-":
                factory = new SubFactory();
                break;
            case "*":
                factory = new MulFactory();
                break;
            case "/":
                factory = new DivFactory();
                break;
        }
        oper = factory.createOperation();

        return oper;
    }

}
```

「對呀,寫得很好。」大鳥說,「工廠方法模式就是這樣寫的,你有什麼問題?」

8.4 簡單工廠 vs. 工廠方法

「怪就怪在這裡呀,以前我們不是說過,如果我現在需要增加其他運算,比如求 x 的 n 次方(x^n),或求 a 為底數 b 的對數($\log_a b$),這些功能的增

加,在簡單工廠裡,我是先去加求 x 的 n 次方的指數運算類別,然後去更改 OperationFactory 類別,當中加 'Case' 敘述來做判斷。現在用了工廠方法,加指數運算類別沒問題,去改 OperationFactory 類別的分支也沒問題,但又增加了一個指數工廠類別,這不等於不但沒有減化難度,反而增加類別,把複雜性增加了嗎?為什麼要這樣?」

「問得好。簡單工廠模式的最大優點在於工廠類別中包含了必要的邏輯判斷,根據用戶端的選擇條件動態實例化相關的類別,對用戶端來說,去除了與具體產品的依賴。就像你的計算機,讓用戶端不用管該用哪個類別的實例,只需要把 '+' 給工廠,工廠自動就舉出了對應的實例,用戶端只要去做運算就可以了,不同的實例會實現不同的運算。但問題也就在這裡,如你所說,如果要加一個『求 x 的 n 次方(x^n)』的功能,我們需要給 OperationFactory 類別的方法里加 'Case' 的分支條件。目前來看,這個 OperationFactory 類別,承載了太多功能,這可不是好辦法。這就等於說,我們不但對擴充開放了,對修改也開放了,這樣就違背了什麼原則?」

「哦,是的,違背的是開放 - 封閉原則。」

「對,也就是說,我們加減乘除運算的部分已經相當成熟了,但是因為增加新的功能,就要去改已經很成熟的類別程式,這就好比很多雞蛋放在了一個籃子裡,這是很危險。」

「那麼工廠方法模式,就可以解決這個問題嗎?我感覺我本來是 4 個運算類別,一個工廠類別,共 5 個類別,現在多出了 4 個運算工廠類別和 1 個工廠介面,問題依然沒有解決。」

「哈哈,那是因為你沒有真的理解工廠方法。舉一個例子,我們公司本來只有一家工廠,生產四種不同的產品。後來發展得特別好,需要增加新的兩種產品放在另一個地方開設新的工廠。新的工廠不應該影響原有工廠的正常執行,你說怎麼辦?」

8.4 簡單工廠 vs. 工廠方法

「新工廠建在別的地方，應該不影響原有的工廠運作，最多就是建好後，總公司那裡再增加一些協調管理部門就好了。」

「說得非常好。就程式設計來說，我們應該儘量將長的程式排程切割成小段，再將每一小段『封裝』起來，減少每段程式之間的耦合，這樣風險就分散了，需要修改或擴充的難度就降低了。加減乘除四個類別算是一個工廠的產品，不妨叫它們「基礎運算工廠」類別，現在增加指數、對數運算類別，如果算是另一種工廠的兩種產品，不妨稱它為「高級運算工廠」類別，你覺得有必要去影響原有的基礎運算工廠運作嗎？」

「哦！我明白你的意思了。並不是要去建立加法工廠、減法工廠這樣的類別，而是將加減乘除用一個基礎工廠來建立，現在增加了新的產品，又不想影響原有的工廠程式，於是就擴充一個新的工廠來處理。我馬上改。」

「下面是原有的工廠結構，加減乘除運算已經非常穩定，儘量不要去改變它們。」

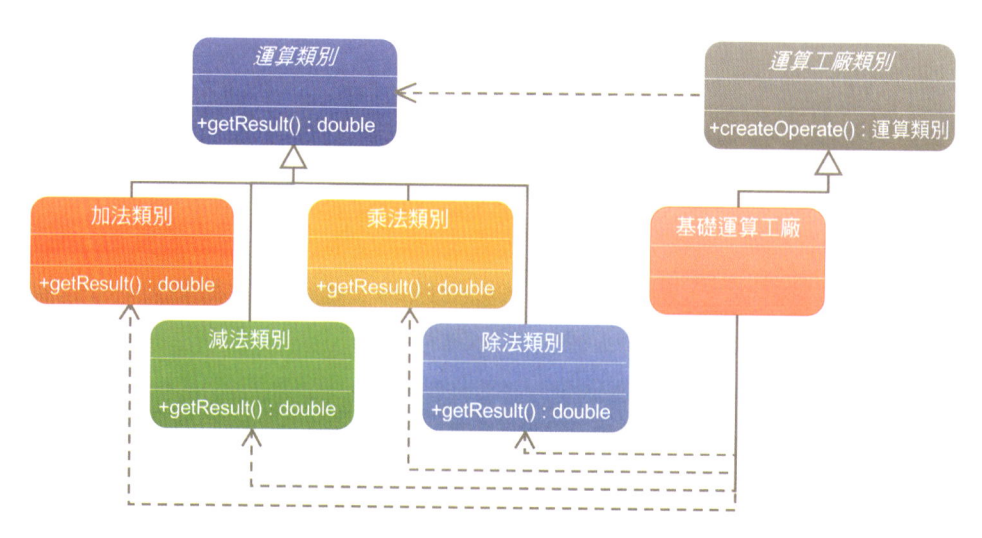

「增加了一種新的工廠和兩種新的運算類別（以後可以擴充更多的高級運算，比如正餘弦、正餘切等），不要影響原有的程式和運作。」

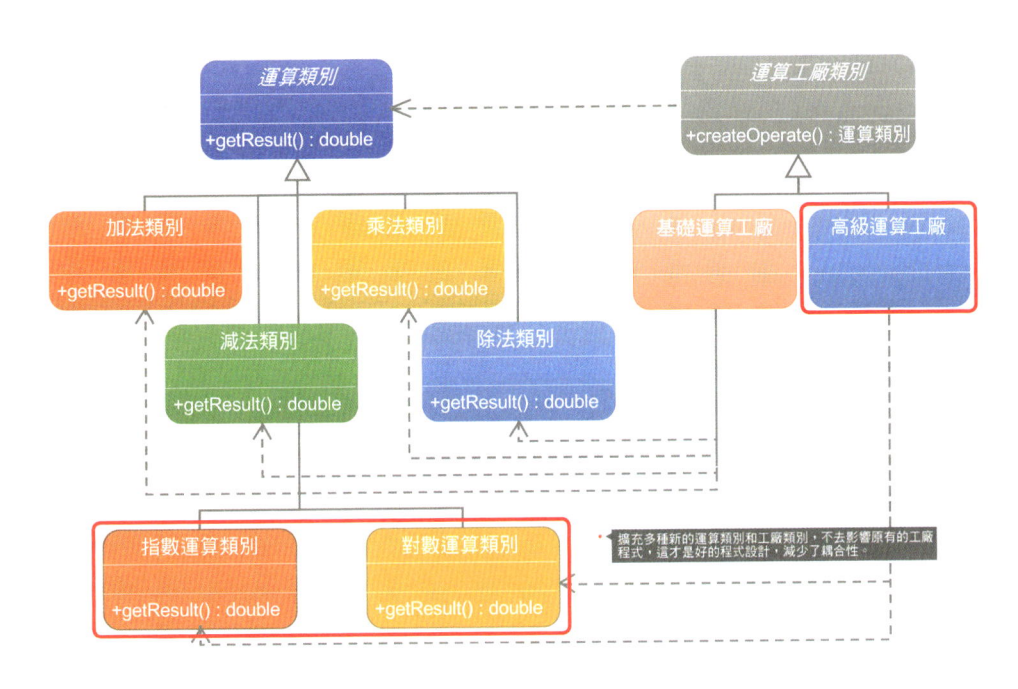

工廠製造細節無須知 -- 工廠方法模式　08

```
                    運算類別                              運算工廠類別
              +getResult() : double              +createOperate() : 運算類別

      加法類別          乘法類別                  基礎運算工廠    高級運算工廠
  +getResult() : double  +getResult() : double

          減法類別          除法類別
      +getResult() : double  +getResult() : double

      指數運算類別      對數運算類別              擴充多種新的運算類別和工廠類別，不去影響原有的工廠
  +getResult() : double  +getResult() : double      程式，這才是好的程式設計，減少了耦合性。
```

「增加兩個運算類別。」

```java
//指數運算類別，求numberA的numberB次方
public class Pow extends Operation {

    public double getResult(double numberA, double numberB){
        //此處缺兩參數的有效性檢測
        return Math.pow(numberA,numberB);
    }

}

//對數運算類別，求以numberA為底的numberB的對數
public class Log extends Operation {

    public double getResult(double numberA, double numberB){
        //此處缺兩參數的有效性檢測
        return Math.log(numberB)/Math.log(numberA);
    }

}
```

8-9

8.4 簡單工廠 vs. 工廠方法

「工廠介面不變。」

```java
public interface IFactory {

    public Operation createOperation();

}
```

「基礎運算工廠類別，此類別已經比較成熟穩定，實現後應該封裝合格，不建議輕易修改。」

```java
//基礎運算工廠
public class FactoryBasic implements IFactory {

    public Operation createOperation(String operType){
        Operation oper = null;
        switch (operType) {
            case "+":
                oper = new Add();
                break;
            case "-":
                oper = new Sub();
                break;
            case "*":
                oper = new Mul();
                break;
            case "/":
                oper = new Div();
                break;
        }
        return oper;
    }
}
```

「高級運算工廠類別，也許還有擴充產品的可能。」

```java
//高級運算工廠
public class FactoryAdvanced implements IFactory {
```

```java
    public Operation createOperation(String operType){
        Operation oper = null;
        switch (operType) {
            case "pow":
                oper = new Pow();//指數運算類別實例
                break;
            case "log":
                oper = new Log();//對數運算類別實例
                break;

            //此處可擴充其他高級運算類別的實例化，但修改
            //當前工廠類別不會影響到基礎運算工廠類別

        }

        return oper;
    }
}
```

「左側新的 OperationFactory 類別與右側原來的 OperationFactory 類別對比。」

```java
public class OperationFactory {

    public static Operation createOperate(String operate){
        Operation oper = null;
        IFactory factory = null;
        switch (operate) {
            case "+":
            case "-":
            case "*":
            case "/":
                //基礎運算工廠實例
                factory=new FactoryBasic();
                break;
            case "pow":
            case "log":
                //高級運算工廠實例
```

8-11

8.4 簡單工廠 vs. 工廠方法

```
                factory=new FactoryAdvanced();
                break;
        }
        //利用多態返回實際的運算類別實例
        oper = factory.createOperation(operate);
        return oper;
    }
}

public class OperationFactory {

    public static Operation createOperate(String operate){
        Operation oper = null;
        switch (operType) {
            case "+":
                oper = new Add();
                break;
            case "-":
                oper = new Sub();
                break;
            case "*":
                oper = new Mul();
                break;
            case "/":
                oper = new Div();
                break;
        }
        return oper;
    }
}
```

「你或許會發現，新的 OperationFactory 類別已經不存在運算子類別實例化的程式了。也就是說，在這個程式裡，全部是介面與具體工廠類別，並不存在具體的實現，與原來的 OperationFactory 類別對比，實例化的過程延遲到了工廠子類別中。」大鳥說道，「不過新的 OperationFactory 類別依然存在『壞味道』，當增加新的運算子類別時，它本身也是需要更改的，這個先放在一邊，以後可以解決。」

8-12

工廠製造細節無須知 -- 工廠方法模式　08

「Perfect！我明白了。這就是前面提到的針對介面程式設計，不要對實現程式設計吧。」

「是的。我們來看工廠方法的定義。注意關鍵字──延遲到子類別。」

> **工廠方法模式**（Factory Method），定義一個用於創建物件的介面，讓子類別決定產生實體哪一個類別。工廠方法使一個類別的產生實體延遲到其子類別。

▎工廠方法模式（Factory Method）結構圖

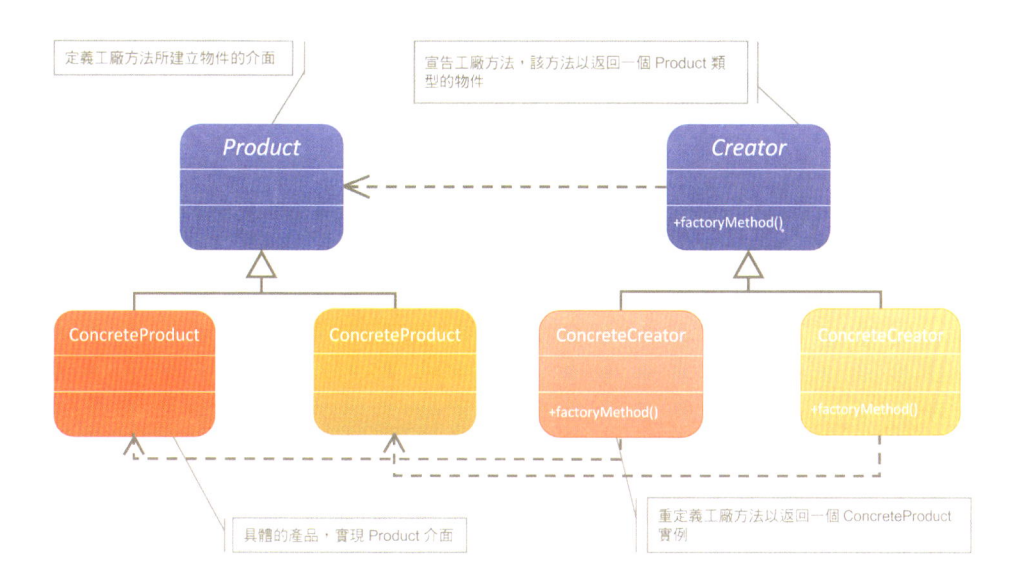

```
定義工廠方法所建立物件的介面          宣告工廠方法，該方法以返回一個 Product 類
                                    型的物件

          Product                           Creator
                                         +factoryMethod()

  ConcreteProduct   ConcreteProduct   ConcreteCreator    ConcreteCreator
                                      +factoryMethod()   +factoryMethod()

  具體的產品，實現 Product 介面      重定義工廠方法以返回一個 ConcreteProduct
                                    實例
```

「我們講過，既然這個工廠類別與分支耦合，那麼我就對它下手，根據依賴倒轉原則，我們把工廠類別抽象出一個介面，這個介面只有一個方法，就是建立抽象產品的工廠方法。然後，所有的要生產具體類別的工廠，就去實現這個介面，這樣，一個簡單工廠模式的工廠類別，變成了一個工廠抽象介面具體生成物件的工廠。每個工廠可以有多個不同產品，而工廠之間，又是相對隔離封裝狀態。這樣過去已經比較完整的工廠和產

品系統，就不需要再去改動它們，而另外需要變更的程式，完全可以透過擴充來變化，這就完全符合了開放 - 封閉原則的精神。」

「哦，工廠方法從這個角度講，的確要比簡單工廠模式來得強。」

「嚴格來說，是一種升級。當只有一個工廠時，就是簡單工作模式，當有多個工廠時，就是工廠方法模式。類似由一維進化成了二維，更強大了。」

8.5 商場收銀程式再再升級

大鳥：「還記得我們前面不斷改進過的商場收銀程式嗎？最後一版是增加了裝飾模式。」

小菜：「我記得記得。後面已經改得非常漂亮了，能適應各種變化。」

大鳥：「那你看看下面這段程式有最佳化的空間嗎？」

```
private ISale cs;    //宣告一個ISale介面物件

//透過建構方法，傳入具體的收費策略
public CashContext(int cashType){
    switch(cashType){
        case 1:
            this.cs = new CashNormal();
            break;
        case 2:
            this.cs = new CashRebate(0.8d);
            break;
        case 3:
            this.cs = new CashRebate(0.7d);
            break;
        case 4:
            this.cs = new CashReturn(300d,100d);
            break;
```

```
        case 5:
            //先打8折,再滿300返100
            CashNormal cn = new CashNormal();
            CashReturn cr1 = new CashReturn(300d,100d);
            CashRebate cr2 = new CashRebate(0.8d);
            cr1.decorate(cn);     //用滿300返100演算法包裝基本的原價演算法
            cr2.decorate(cr1);    //打8折算法裝飾滿300返100演算法
            this.cs = cr2;        //將包裝好的演算法組合引用傳遞給cs物件
            break;
        case 6:
            //先滿200返50,再打7折
            CashNormal cn2 = new CashNormal();
            CashRebate cr3 = new CashRebate(0.7d);
            CashReturn cr4 = new CashReturn(200d,50d);
            cr3.decorate(cn2);    //用打7折算法包裝基本的原價演算法
            cr4.decorate(cr3);    //滿200返50演算法裝飾打7折算法
            this.cs = cr4;        //將包裝好的演算法組合引用傳遞給cs物件
            break;
    }
}
```

小菜：「以前不覺得，現在發現確實是太多的 new 實例了，尤其是 5 和 6，裝飾模式的使用，在這個 CashContext 類別中，顯得特別的複雜。」

大鳥：「是的，那麼學完了工廠方法模式，你有沒有改進的想法？」

小菜：「我想想。你的意思是建立幾個工廠類別來處理這些 new?」

大鳥：「問題是，你打算建立幾個工廠類別呢？」

小菜：「從上面的程式來看，我感覺至少應該有原價銷售類別、打折類別、滿減返利類別、先打折再滿減類別和先滿減再打折類別，一共五個工廠類別。」

大鳥：「嘗試抽象一下，能不能合併一部分呢？」

小菜：「我想想。好像原價類別，可以想像成打折的參數為 1 的打折類別。但打折與滿減返利好像合併不了。」

> 8.6 簡單工廠＋策略＋裝飾＋工廠方法

大鳥：「它倆是合併不了，但先打折後滿減類別能不能涵蓋它們倆？」

小菜：「我懂了。如果有『先打折後滿減類別』存在，那它應該有三個初始化參數：折扣值、滿減條件、滿減返利值，那麼打折類別，其實就是滿減返利值條件為 0 的情況，另外滿減類別，就相當於折扣參數為 1 的情況。」

大鳥：「非常好！所以最終只會抽象成幾個工廠類別？」

小菜：「那就只需要『先打折再滿減』和『先滿減再打折』兩個工廠類別了。」

大鳥：「趕緊去實現一下吧。」

8.6 簡單工廠＋策略＋裝飾＋工廠方法

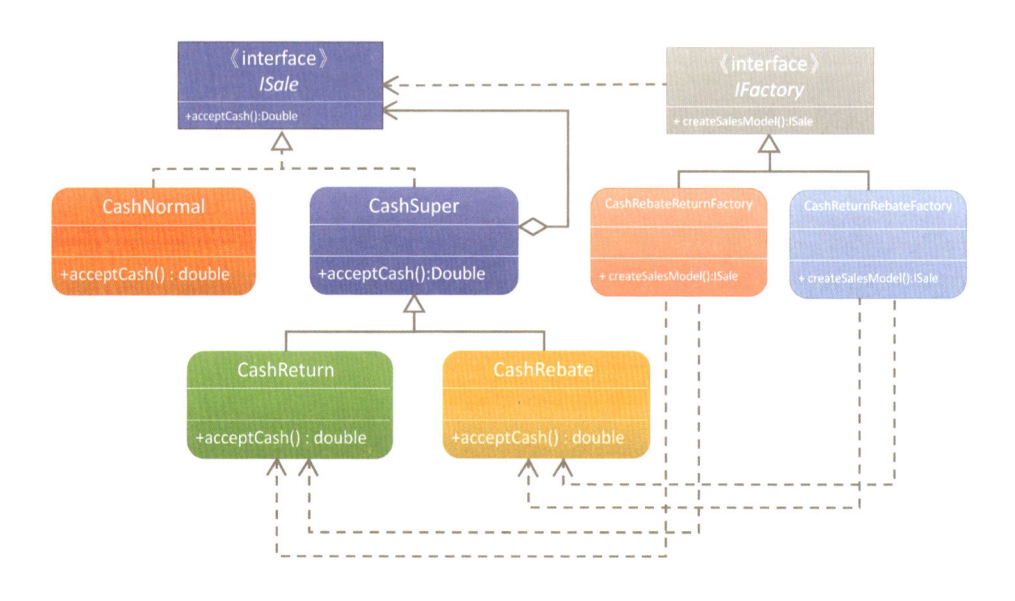

小菜：「我的實現方法，首先原有的 ISale、CashSuper、CashNormal、CashReturn、CashRebate 等類別都不變。」

「增加 IFactory 介面」

```
public interface IFactory {

    public ISale createSalesModel(); //建立銷售模式

}
```

「增加實現 IFactory 介面的兩個類別，『先打折再滿減』類別和『先滿減再打折』類別，其中紅框部分程式裝飾模式的實現。」

```
//先打折再滿減類別
public class CashRebateReturnFactory implements IFactory {

    private double moneyRebate = 1d;
    private double moneyCondition = 0d;
    private double moneyReturn = 0d;

    public CashRebateReturnFactory(double moneyRebate,double moneyCondition,
      double moneyReturn){
      this.moneyRebate=moneyRebate;
      this.moneyCondition=moneyCondition;
      this.moneyReturn=moneyReturn;
    }

    //先打x折,再滿m返n
    public ISale createSalesModel(){

        CashNormal cn = new CashNormal();
        CashReturn cr1 = new CashReturn(this.moneyCondition,this.moneyReturn);
        CashRebate cr2 = new CashRebate(this.moneyRebate);

        cr1.decorate(cn);     //用滿m返n演算法包裝基本的原價演算法
        cr2.decorate(cr1);    //打x折算法裝飾滿m返n演算法
        return cr2;           //將包裝好的演算法組合返回
    }
}
```

8-17

8.6 簡單工廠＋策略＋裝飾＋工廠方法

```java
//先滿減再打折類別
public class CashReturnRebateFactory implements IFactory {

    private double moneyRebate = 1d;
    private double moneyCondition = 0d;
    private double moneyReturn = 0d;

    public CashReturnRebateFactory(double moneyRebate,double moneyCondition,
      double moneyReturn){
      this.moneyRebate=moneyRebate;
      this.moneyCondition=moneyCondition;
      this.moneyReturn=moneyReturn;
    }

    //先滿m返n,再打x折
    public ISale createSalesModel(){

        CashNormal cn2 = new CashNormal();
        CashRebate cr3 = new CashRebate(this.moneyRebate);
        CashReturn cr4 = new CashReturn(this.moneyCondition,this.moneyReturn);

        cr3.decorate(cn2);   //用打x折算法包裝基本的原價演算法
        cr4.decorate(cr3);   //滿m返n演算法裝飾打x折算法
        return cr4;          //將包裝好的演算法組合返回
    }
}
```

「有了上面的這些準備後，CashContext 類別就簡單多了，它針對的是 ISale 介面、IFactory 介面程式設計，然後兩個工廠類別，對於各個打折滿減演算法 CashSuper、CashNormal、CashReturn、CashRebate 等具體類別一無所知。實現了鬆散耦合的目的。」

```java
public class CashContext {
    private ISale cs;    //宣告一個ISale介面物件
    //透過建構方法，傳入具體的收費策略
    public CashContext(int cashType){
        IFactory fs=null;
        switch(cashType) {
```

```
        case 1://原價
            fs = new CashRebateReturnFactory(1d,0d,0d);
            break;
        case 2://打8折
            fs = new CashRebateReturnFactory(0.8d,0d,0d);
            break;
        case 3://打7折
            fs = new CashRebateReturnFactory(0.7d,0d,0d);
            break;
        case 4://滿300返100
            fs = new CashRebateReturnFactory(1,300d,100d);
            break;
        case 5://先打8折,再滿300返100
            fs = new CashRebateReturnFactory(0.8d,300d,100d);
            break;
        case 6://先滿200返50,再打7折
            fs = new CashReturnRebateFactory(0.7d,200d,50d);
            break;
    }
    this.cs = fs.createSalesModel();
}

public double getResult(double price,int num){
    //根據收費策略的不同,獲得計算結果
    return this.cs.acceptCash(price,num);
}
}
```

大鳥向小菜豎起了大拇指。

小菜:「我感覺工廠方法克服了簡單工廠違背開放 - 封閉原則的缺點,又保持了封裝物件建立過程的優點。」

大鳥:「説得好,它們都是集中封裝了物件的建立,使得要更換物件時,不需要做大的改動就可實現,降低了客戶程式與產品物件的耦合。工廠方法模式是簡單工廠模式的進一步抽象和推廣。由於使用了多形性,工廠方法模式保持了簡單工廠模式的優點,而且克服了它的缺點。就像生

活中，凡是在基層工作過的人都知道，具體事情做得越多，越容易犯錯誤。相反，如果做官做得高了，說出的話就會比較抽象、籠統，很多時候犯錯誤的可能性反而就越來越小了。」

小菜：「工廠方法模式是不是本質就是對獲取物件過程的抽象？」

大鳥：「說得非常對，就是這樣。工廠方法的好處有這麼幾筆：第一，對於複雜的參數的建構物件，可以很好的對外層遮罩程式的複雜性，注意是指建立新實例的建構物件。比如說我們用了『先打折再滿減』類別工廠，其實就遮罩了裝飾模式的一部分程式，讓 CashContext 不再需要了解裝飾的過程。第二，很好的解耦能力。這點剛才你也說了，這就是針對介面在程式設計。當我們要修改具體實現層的程式時，上層程式完全不了解實現層的情況，因此並不會影響到上層程式的呼叫，這就達到了解耦的目的。」

小菜：「對了。你說這還不是最佳的做法？那應該如何做呢？還有就是這樣還是沒有避免修改用戶端的程式呀？」

大鳥：「哈，之前我就提到過，利用『反射』可以解決避免分支判斷的問題。不過今天還是不急，等以後再談。」

小菜：「好的好的。你餓了嗎？我們要不去擼串吃點夜宵？」

大鳥：「走！去吃封裝羊肉去。」

CHPATER

09

簡歷複印 -- 原型模式

9.1 誇張的簡歷

時間：3月23日21點　地點：小菜房間　人物：小菜、大鳥

「小菜，在忙什麼呢？」大鳥回家來看到小菜在整理一堆材料。

「明天要去參加一個供需見面會，所以在準備簡歷呢。」

9.1 誇張的簡歷

「怎麼這麼多，可能發得出去嗎？」大鳥很驚訝於小菜的簡歷有很厚的一疊。

「沒辦法呀，聽其他同學說，如果簡歷上什麼也沒有，對我們這種畢業生來說，更加不會被重視了。所以凡是能寫的，我都寫了，明天能多投一些就多投一些，以量取勝。另外一些準備發信件給一些報紙上登廣告的企業。」

「哦，我看看。」大鳥拿起了小菜的簡歷，「啊，不會吧，你連小學在哪讀、得了什麼獎都寫上去了？那幹嘛不把幼稚園在哪讀也寫上去。」

「嘿嘿！」

「Java 精通、C++ 精通、Python 精通、C# 精通、MySQL 精通、Oracle 精通，搞沒搞錯，你這些東西都精通？」

「其實只是學過一些，有什麼辦法呢，要是不寫，人家就以為你什麼都不懂，我寫得誇張一點，可以多吸引吸引眼球吧。」

「胡鬧呀，要是我是應徵的，一個稍微懂點常識的人，一看這種簡歷，更加不會去理會。這根本就是瞎扯嘛。」

「那你說我怎麼辦？我只是一個還沒畢業的學生，哪來什麼經驗或工作經歷，我能寫什麼？」

「哈，說得也是，對你們要求高其實也是不切實際。那你有沒有準備求職信呢？」

「求職信？沒考慮過，哪有空呀。再說，就寫些空話、廢話，只會浪費紙張。」

「你以為你現在不是在浪費紙張？你可知道，當年的我們，是如何寫簡歷的嗎？」

「不知道，難道都是手寫？」

「當然，我們當年有不少同學都是手寫簡歷和求職信，這手抄式的簡歷其實效果不差的，只是比較麻煩。有一次，我寫入了一份簡歷在人才市場上轉悠，身上也沒帶什麼錢，複印就不可能了，於是在談一家公司時，人家想留下我的簡歷，我卻強力要求要回來，只留了個電話。」

「啊，還有你這樣求職的？估計後來沒戲了。」

「錯，後來這家公司還真給我打電話了。回想起來，那時候對自己手寫的簡歷很珍惜，人家公司也很重視，收到都會認真地看並答覆，哪像現在。」大鳥感慨道，「印簡歷就像印草紙一樣，發簡歷更像是發廣告。我聽說有些公司竟然在見面會結束時以拿不了為由，扔掉所收簡歷就走的事情，求職者要是看到豈不氣暈呀。不過話說回來，像你這樣自己都不重視的簡歷發出去，人家公司不在意也在情理之中了。」

「大鳥不會是希望我也手抄那麼幾十份簡歷吧？」

「哈，那當然沒必要。畢竟時代不同了。現在程式設計師寫簡歷都知道複印，在程式設計的時候，就不是那麼多人懂得應用了。」

「哪裡呀，程式設計師別的不一定行，Ctrl+C 到 Ctrl+V 實在是太溜了，複製程式誰還不懂呀。」

「對程式設計來說，簡單的複製貼上極有可能造成重複程式的災難。我所說的意思你根本還沒聽懂。那就以剛才的例子，我出個需求你寫寫看，要求有一個簡歷類別，必須要有姓名，可以設定性別和年齡，可以設定工作經歷。最終我需要寫三份簡歷。」

「好的，我寫寫看。」

9.2 簡歷程式初步實現

二十分鐘後，小菜舉出了一個版本。

```java
//簡歷類別
class Resume {
    private String name;
    private String sex;
    private String age;
    private String timeArea;
    private String company;

    public Resume(String name){
        this.name=name;
    }

    //設置個人資訊
    public void setPersonalInfo(String sex,String age){
        this.sex=sex;
        this.age=age;
    }

    //設置工作經歷
    public void setWorkExperience(String timeArea,String company){
        this.timeArea=timeArea;
        this.company=company;
    }

    //展示簡歷
    public void display(){
        System.out.println(this.name +" "+this.sex +" "+this.age);
        System.out.println("工作經歷 "+this.timeArea +" "+this.company);
    }
}
```

用戶端呼叫程式

```java
        Resume resume1 = new Resume("大鳥");
```

```
resume1.setPersonalInfo("男","29");
resume1.setWorkExperience("1998-2000","XX公司");

Resume resume2 = new Resume("大鳥");
resume2.setPersonalInfo("男","29");
resume2.setWorkExperience("1998-2000","XX公司");

Resume resume3 = new Resume("大鳥");
resume3.setPersonalInfo("男","29");
resume3.setWorkExperience("1998-2000","XX公司");

resume1.display();
resume2.display();
resume3.display();
```

結果顯示

「很好,這其實就是當年我手寫簡歷的時代的程式。三份簡歷需要三次實例化。你覺得這樣的用戶端程式是不是很麻煩,如果要二十份,你就需要二十次實例化。」

9.2 簡歷程式初步實現

「是呀,而且如果我寫錯了一個字,比如 98 年改成 99 年,那就要改二十次。」

「你為什麼不這樣寫呢?」

```
Resume resume1 = new Resume("大鳥");
resume1.setPersonalInfo("男","29");
resume1.setWorkExperience("1998-2000","XX公司");

Resume resume2 = resume1;

Resume resume3 = resume1;

resume1.display();
resume2.display();
resume3.display();
```

「哈,這其實是傳引用,而非傳值,這樣做就如同是在 resume2 紙張和 resume3 紙張上寫著簡歷在 resume1 處一樣,沒有實際的內容的。」

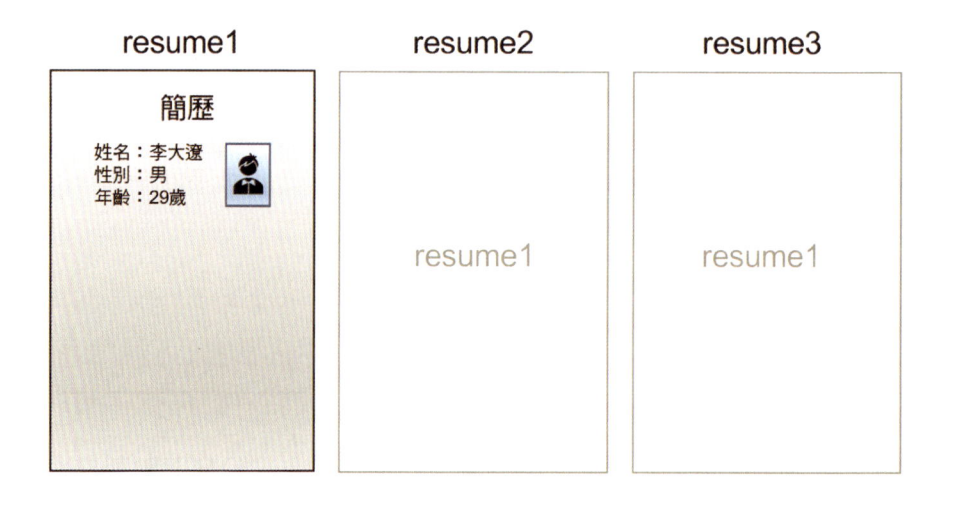

「不錯,不錯,小菜的基本功還是很紮實的。那你覺得有什麼辦法?」

「我好像聽說過有 Clone 複製這樣的方法,但怎麼做不知道了。」

9.3 原型模式

「哈,就是它了。講它前,要先提一個設計模式。」

> **原型模式**(Prototype),用原型實例指定創建物件的種類,並且透過拷貝這些原型創建新的物件。

▌原型模式(Prototype)結構圖

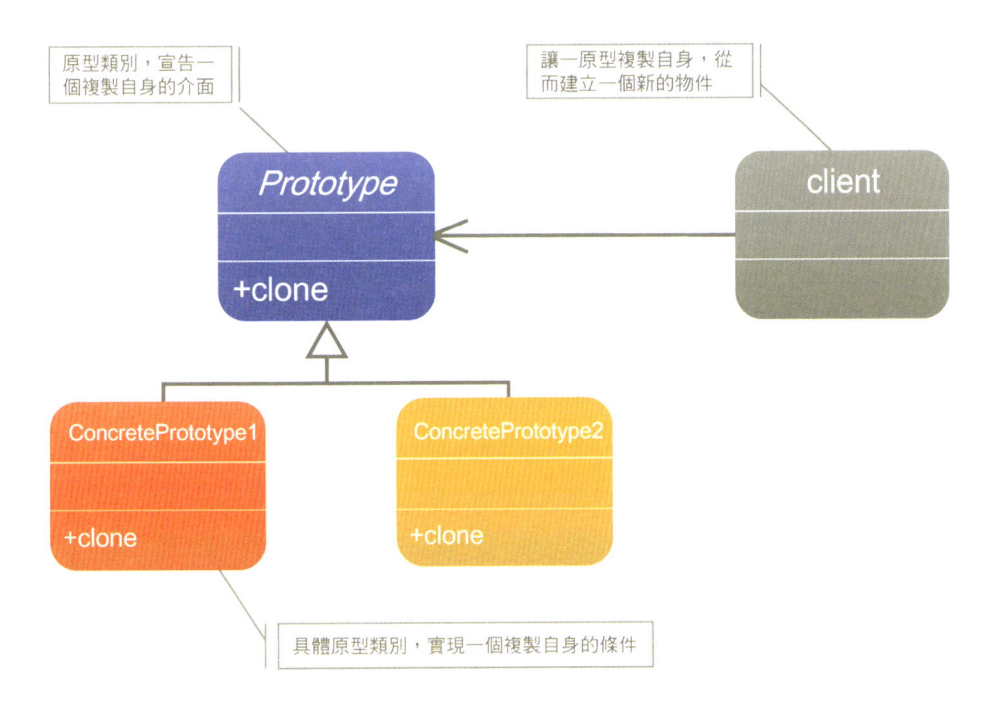

```
原型類別,宣告一                    讓一原型複製自身,從
個複製自身的介面                    而建立一個新的物件

            ┌──────────────┐                    ┌──────────────┐
            │  Prototype   │◁───────────────────│    client    │
            ├──────────────┤                    ├──────────────┤
            │  +clone      │                    │              │
            └──────┬───────┘                    └──────────────┘
                   △
         ┌─────────┴─────────┐
   ┌─────────────┐     ┌─────────────┐
   │ConcretePrototype1│  │ConcretePrototype2│
   ├─────────────┤     ├─────────────┤
   │  +clone     │     │  +clone     │
   └─────────────┘     └─────────────┘

        具體原型類別,實現一個複製自身的條件
```

「原型模式其實就是從一個物件再建立另外一個可訂製的物件,而且不需知道任何建立的細節。我們來看看基本的原型模式程式。」

```java
//原型類別
abstract class Prototype implements Cloneable {
    private String id;

    public Prototype(String id){
```

9.3 原型模式

```java
        this.id=id;
    }

    public String getID(){
        return this.id;
    }

    //原型模式的關鍵就是有這樣一個clone方法
    public Object clone(){
        Object object = null;
        try {
            object = super.clone();
        }
        catch(CloneNotSupportedException exception){
            System.err.println("Clone異常。");
        }
        return object;
    }
}

//具體原型類別
class ConcretePrototype extends Prototype{

    public ConcretePrototype(String id){
        super(id);
    }
}
```

用戶端程式

```java
        ConcretePrototype p1 = new ConcretePrototype("編號123456");
        System.out.println("原ID:"+ p1.getID());

        ConcretePrototype c1 = (ConcretePrototype)p1.clone();
        System.out.println("克隆ID:"+ c1.getID());
```

「哦，這樣就可以不用實例化 ConcretePrototype 了，直接複製就行了？」小菜問道。

「說得沒錯，就是這樣的。但對於 Java 而言，那個原型抽象類別 Prototype 是用不著的，因為複製實在是太常用了，所以 Java 提供了 Cloneable 介面，其中就是唯一的方法 clone()，這樣你就只需要實現這個介面就可以完成原型模式了。現在明白了？去改我們的「簡歷原型」程式吧。」

「OK，這東西看起來不難呀。」

9.4 簡歷的原型實現

半小時後，小菜的第二版本程式。

▌程式結構圖

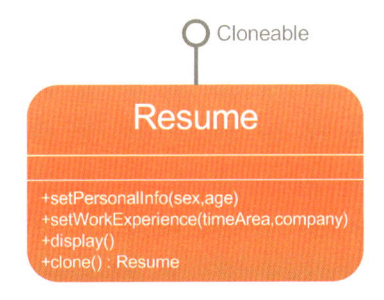

```
//簡歷類別
class Resume implements Cloneable {

    private String name;
    private String sex;
    private String age;
    private String timeArea;
    private String company;

    public Resume(String name){
        this.name = name;
    }
```

9.4 簡歷的原型實現

……//省略了一部分程式

```java
//實現了clone介面方法
public Resume clone(){
    Resume object = null;
    try {
        object = (Resume)super.clone();    // 此處用來複製物件
    }
    catch(CloneNotSupportedException exception){
        System.err.println("Clone異常。");
    }
    return object;
}
```

用戶端呼叫程式

```java
Resume resume1 = new Resume("大鳥");
resume1.setPersonalInfo("男","29");
resume1.setWorkExperience("1998-2000","XX公司");

Resume resume2 = resume1.clone();
resume2.setWorkExperience("2000-2003","YY集團");

Resume resume3 = resume1.clone();    // 只要呼叫 clone 方法就可以實現新簡歷的生成
resume3.setPersonalInfo("男","24");   // 可以修改新簡歷的細節

resume1.display();
resume2.display();
resume3.display();
```

結果顯示

```
大鳥 男 29
工作經歷 1998-2000 XX公司
大鳥 男 29
工作經歷 2000-2003 YY集團
大鳥 男 24
工作經歷 1998-2000 XX公司
```

「怎麼樣，大鳥，這樣一來，用戶端的程式就清爽很多了，而且你要是想改某份簡歷，只需要對這份簡歷做一定的修改就可以了，不會影響到其他簡歷，相同的部分就不用再重複了。不過不知道這樣子對性能是不是有大的提高呢？」

「當然是大大提高，你想呀，每 NEW 一次，都需要執行一次建構函數，如果建構函數的執行時間很長，那麼多次的執行這個初始化操作就實在是太低效了。一般在初始化的資訊不發生變化的情況下，複製是最好的辦法。這既隱藏了物件建立的細節，又對性能是大大的提高，何樂而不為呢？」

「的確，我開始也沒感覺到它的好，聽你這麼一說，感覺這樣做的好處還真不少，它等於是不用重新初始化物件，而是動態地獲得物件執行時期的狀態。這個模式真的很不錯。」

9.5　淺複製與深複製

「別高興得太早，如果我現在要改需求，你就又頭疼了。你現在『簡歷』物件裡的資料都是 String 型的，而 String 是一種擁有數值型態特點的特殊參考類型，super.clone() 方法是這樣，如果欄位是數值型態的，則對該欄位執行逐位元複製，如果欄位是參考類型，則複製引用但不複製引用的物件；因此，原始物件及其複本引用同一物件。什麼意思呢，就是說如果你的『簡歷』類別當中有物件引用，那麼引用的物件資料是不會被複製過來的。」

「沒太聽懂，為什麼不能一同複製過來呢？」

「舉個例子你就明白了，你現在的『簡歷』類別當中有一個『設定工作經歷』的方法，在現實設計當中，一般會再有一個『工作經歷』類別，當中有『時間區間』和『公司名稱』等屬性，『簡歷』類別直接呼叫這個物件即可。你按照我說的再寫寫看。」

9.5 淺複製與深複製

「好的，我試試。」

半小時後，小菜的第三個版本。

程式結構圖

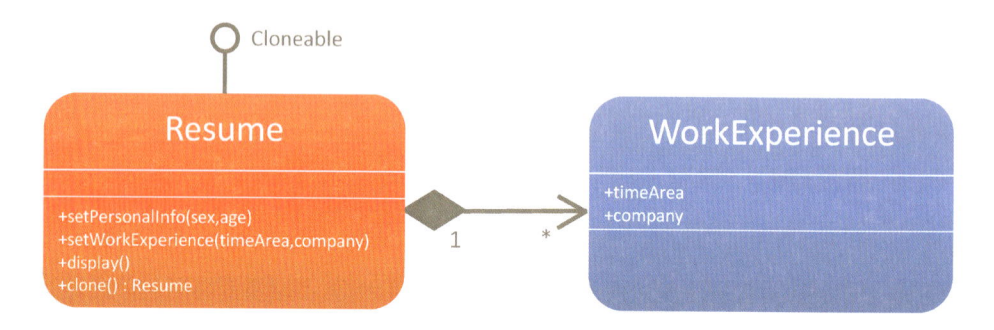

```
                    ○ Cloneable
                    |
    ┌───────────────────────┐        ┌───────────────────────┐
    │        Resume         │        │    WorkExperience     │
    ├───────────────────────┤   1  * ├───────────────────────┤
    │ +setPersonalInfo(sex,age)      │ +timeArea             │
    │ +setWorkExperience(timeArea,company) │ +company         │
    │ +display()            │◆──────▶│                       │
    │ +clone() : Resume     │        │                       │
    └───────────────────────┘        └───────────────────────┘
```

```
//工作經歷類別
class WorkExperience {

    //工作時間範圍
    private String timeArea;
    public String getTimeArea(){
        return this.timeArea;
    }
    public void setTimeArea(String value){
        this.timeArea=value;
    }

    //所在公司
    private String company;
    public String getCompany(){
        return this.company;
    }
    public void setCompany(String value){
        this.company=value;
    }
}
```

```java
//簡歷類別
class Resume implements Cloneable {
   private String name;
   private String sex;
   private String age;
   private WorkExperience work;          //宣告一個工作經歷的物件
   public Resume(String name){
      this.name = name;
      this.work = new WorkExperience();   //對這個工作經歷物件產生實體
   }
   //設置個人資訊
   public void setPersonalInfo(String sex,String age){
      this.sex=sex;
      this.age=age;
   }
   //設置工作經歷
   public void setWorkExperience(String timeArea,String company){
      this.work.setTimeArea(timeArea);      //給工作經歷實例的時間範圍賦值
      this.work.setCompany(company);        //給工作經歷實例的公司賦值
   }
   //展示簡歷
   public void display(){
      System.out.println(this.name +" "+this.sex +" "+this.age);
      System.out.println("工作經歷 "+this.work.getTimeArea() +" "
         +this.work.getCompany());
   }
   public Resume clone(){
      Resume object = null;
      try {
         object = (Resume)super.clone();
      }
      catch(CloneNotSupportedException exception){
         System.err.println("Clone異常。");
      }
      return object;
   }
}
```

9.5 淺複製與深複製

用戶端呼叫程式

```
Resume resume1 = new Resume("大鳥");
resume1.setPersonalInfo("男","29");
resume1.setWorkExperience("1998-2000","XX公司");

Resume resume2 = resume1.clone();
resume2.setWorkExperience("2000-2003","YY集團");

Resume resume3 = resume1.clone();
resume3.setPersonalInfo("男","24");
resume3.setWorkExperience("2003-2006","ZZ公司");

resume1.display();
resume2.display();
resume3.display();
```

> 我們給每個簡歷資料不一樣，希望的結果是顯示也不一樣。

結果顯示

實際結果與期望結果並不符合，前兩次的工作經歷資料被最後一次資料給覆蓋了。

```
大鳥 男 29
工作經歷 1998-2000 XX公司
大鳥 男 29
工作經歷 2000-2003 YY集團
大鳥 男 24
工作經歷 1998-2000 XX公司
```
期望結果

```
大鳥 男 29
工作經歷 2003-2006 ZZ公司
大鳥 男 29
工作經歷 2003-2006 ZZ公司
大鳥 男 24
工作經歷 2003-2006 ZZ公司
```
結果

「透過寫程式，並且去查了一下 Java 關於 Cloneable 的幫助，我大概知道你的意思了，由於它是淺表複製，所以對於數值型態，沒什麼問題，對參考類型，就只是複製了引用，對引用的物件還是指向了原來的物件，所以就會出現我給 resume1、resume2、resume3 三個引用設定『工作經歷』，但卻同時看到三個引用都是最後一次設定，因為三個引用都指向了同一個物件。」

「你寫的和說的都很好，就是這個原因，這叫做『淺複製』，被複製物件的所有變數都含有與原來的物件相同的值，而所有的對其他物件的引用都仍然指向原來的物件。但我們可能更需要這種需求，把要複製的物件所引用的物件都複製一遍。比如剛才的例子，我們希望是 resume1、resume2、resume3 三個引用的物件是不同的，複製時就一變二,二變三，此時，我們就叫這種方式為『深複製』，深複製把引用物件的變數指向複製過的新物件，而非原有的被引用的物件。」

「那如果『簡歷』物件引用了『工作經歷』，『工作經歷』再引用『公司』，『公司』再引用『職務』……這樣一個引用一個，很多層，怎麼辦？」

「這的確是個很難回答的問題，深複製要深入到多少層，需要事先就考慮好，而且要當心出現迴圈引用的問題，需要小心處理，這裡比較複雜，可以慢慢研究。就現在這個例子，問題應該不大，深入到第一層就可以了。」

「那應該如何改，我沒方向了。」

「好，來看我的。」

9.6　簡歷的深複製實現

程式結構圖

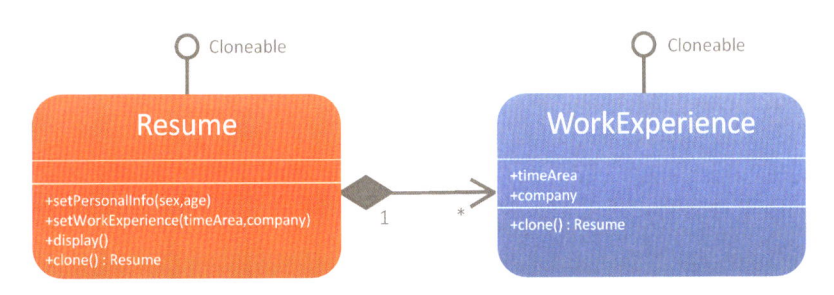

9.6 簡歷的深複製實現

```java
//工作經歷類別
class WorkExperience implements Cloneable {
    //工作時間範圍
    private String timeArea;
    public String getTimeArea(){
        return this.timeArea;
    }
    public void setTimeArea(String value){
        this.timeArea=value;
    }

    //所在公司
    private String company;
    public String getCompany(){
        return this.company;
    }
    public void setCompany(String value){
        this.company=value;
    }

    public WorkExperience clone(){
        WorkExperience object = null;
        try {
            object = (WorkExperience)super.clone();
        }
        catch(CloneNotSupportedException exception){
            System.err.println("Clone異常。");
        }
        return object;
    }
}

//簡歷類別
class Resume implements Cloneable {
    private String name;
    private String sex;
    private String age;
```

9-16

簡歷複印 -- 原型模式 09

```java
    private WorkExperience work;
    public Resume(String name){
        this.name = name;
        this.work = new WorkExperience();
    }
    //設置個人資訊
    public void setPersonalInfo(String sex,String age){
        this.sex=sex;
        this.age=age;
    }
    //設置工作經歷
    public void setWorkExperience(String timeArea,String company){
        this.work.setTimeArea(timeArea);//給工作經歷實例的時間範圍賦值
        this.work.setCompany(company);   //給工作經歷實例的公司賦值
    }
    //展示簡歷
    public void display(){
        System.out.println(this.name +" "+this.sex +" "+this.age);
        System.out.println("工作經歷 "+this.work.getTimeArea() +" "
            +this.work.getCompany());
    }
    public Resume clone(){
        Resume object = null;
        try {
            object = (Resume)super.clone();
            object.work = this.work.clone();   // 對拷貝物件裡的引用也進行複製，即達到了深複製的目的
        }
        catch(CloneNotSupportedException exception){
            System.err.println("Clone異常。");
        }
        return object;
    }
}
```

同之前的用戶端程式一樣，實際結果達到了期望結果

「哈，原來深複製是這個意思，我明白了。」

9-17

9.7 複製簡歷 vs. 手寫求職信

「哈,這樣說來,我大量地複製我的簡歷,當然是原型模式的最佳表現,你的手抄時代已經結束了。」小菜得意地說。

「我倒反而認為,與其簡歷寫得如何如何,不如認認真真地研究一下你要應聘的企業,比如看看他們的網站和對職務的要求,然後寫一封比較中肯實在的求職信來得好。加上你字還寫得不錯,手寫的求職信,更加與眾不同。」

「那多累呀,也寫不了多少。」

「唉!高科技害人呀,儘管列印、複印是方便很多,所有的面試者都這樣做。但也正因為此,應徵方的重視程度也就同樣低很多。如果你是手寫的求職信,那就會有鶴立雞群的效果,畢竟這樣的簡歷或求職信太少了。」

「你說得也有道理。不過一封封地寫出來感覺還是很麻煩呀?」

「如果是寫程式,我當然會鼓勵你去應用原型模式簡化程式,最佳化設計。但對於求職,你是願意你的簡歷和求職信倍受重視呢還是願意和所有的畢業生一樣千篇一律毫無新意地碰運氣?」

「哈,行,聽大鳥的總是沒錯的。那我得好好想想求職信如何寫?」小菜開始拿起了筆,邊寫邊念叨著,「親愛的主管,冒號⋯⋯」

CHPATER 10

考題抄錯會做也白搭
-- 範本方法模式

10.1 選擇題不會做，猜吧！

時間：3月27日19點　地點：小菜大鳥住所的客廳　人物：小菜、大鳥

「小菜，今天面試的情況如何？」大鳥剛下班，回來就敲開了小菜的房門。

「唉！」小菜歎了口氣，「書到用時方恨少呀，英文太爛，沒辦法。」

「是和你用英文對話還是讓你做英文題目了？」

「要是英文對話，我可能馬上就跟他們說拜拜了。是做程式設計的英文題，因為平時英文文章看得少，所以好多單字都是似曾相識，總之猜不出意思，造成我不得不瞎猜。還好都是選擇題，一百道題猜起來也不算太困難。」

「小菜又在指望運氣了。做完後他們怎麼說？」

10.1 選擇題不會做，猜吧！

「還不是一樣，說有意向會很快與我聯繫。所有的公司都這樣，其實一百道選擇題，馬上就可以算出結果來的，又何必要我多跑一趟呢。」

「題目難不難？」

「其實題目還好，如果看得懂的話，應該大多是知道的，都是些程式設計的基礎。主要是單字記不住，所以就沒把握。」

「我記得六七年前，那時候很流行微軟的 MCSE 和 MCSD 的認證考試。於是就出現了許多的教育訓練機構，他們弄到了微軟的考試題庫，舉出保證透過，不通過不收費的承諾。大學生們為了能找到好工作，都去參加這個教育訓練。我聽說有個哥們，不是電腦專業的，對軟體開發也算基本不懂，但他英文特好，於是他參加了這個教育訓練後，短短一個多月，靠著背答案，他竟然把 MCSD 的證書考出來了。一個幾乎不會開發的人卻考出了世界最大軟體公司的開發技術認證，你感覺如何？」

「說明中國學生很聰明。嘿嘿！」小菜笑道，「其實在美國，這個認證是很有權威性的，只是中國的學生太會考試了。這帶來的後果就是毀了這個證書，不管哪家公司招到這個不會開發的人都會有上當的感覺，於是對微軟證書徹底失望。」

「是呀，這其實就是標準化考試的弊端。不過標準化考試好處也不少，那就是比較客觀，不管世界的哪個地方，大家做同類型的題目，得分超過一定數，就判定達到一定的能力，不會因為評卷人的主觀判斷而影響結果。像學測的作文，由於是主觀題，其實就很難說得清是好還是不好。或許不同的人給分差距是會非常大的。」

「是的，我相信魯迅參加學測，作文一定不會得高分的。『我家門前有兩棵樹，一棵是棗樹，另一棵也是棗樹』。我要是寫類似的敘述，一定是完了。」

考題抄錯會做也白搭 -- 範本方法模式 ⑩

「哈,大師的作品當然不能在學測這個場合去評判,學測當中寫另類作文等於找死。」大鳥感慨地說,「我回想我小時候,數學老師的隨堂測驗,都是在黑板上抄題目,要我們先抄題目,然後再做答案,我那時候眼睛已經開始不所以有時沒看清楚就會把題目抄錯,比如數字 3 我看成了 8,7 看成了 1,那就表示我做得再好,也不會正確了。慘呀,沒考好,回家父母還說我考試成績差是不認真學習,還專門找藉口。」

「看來大鳥的往事不堪回首呀。」

「唉!往事不要再提——你分析一下原因在哪裡?」

「題目抄錯了,那就不是考試題目了,而考試試卷最大的好處就是,大家都是一樣的題目,特別是標準化的考試,比如全是選擇或判斷的題目,那就最大化地限制了答題者的發揮,大家都是 ABCD 或打勾打叉,非對即錯的結果。」

「說得好,這其實就是一個典型的設計模式。不過為了講解這個模式,你先把抄題目的程式寫給我看看。」

「好的。」

10-3

10.2 重複 = 易錯 + 難改

二十分鐘後,小菜的第一份作業。

考卷 張三

1. 楊過得到,後來給了郭靖,煉成倚天劍、屠龍刀的玄鐵可能是[B].
   A. 球磨鑄鐵
   B. 馬口鐵
   C. 高速合金鋼
   D. 碳素纖維

2. 楊過、程英、陸無雙剷除了情花,造成[A].
   A. 使這種植物不再害人
   B. 使一種珍稀物種滅絕
   C. 破壞了那個生物圈的生態平衡
   D. 造成該地區沙漠化

3. 藍鳳凰致使華山師徒、桃穀六仙嘔吐不止,如果你是大夫,會給他們開什麼藥[C].
   A. 阿司匹林
   B. 牛黃解毒片
   C. 氟呱酸
   D. 讓他們喝大量的生牛奶
   E. 以上全不對

考卷 李四

1. 楊過得到,後來給了郭靖,煉成倚天劍、屠龍刀的玄鐵可能是[D].
   A. 球磨鑄鐵
   B. 馬口鐵
   C. 高速合金鋼
   D. 碳素纖維

2. 楊過、程英、陸無雙剷除了情花,造成[B].
   A. 使這種植物不再害人
   B. 使一種珍稀物種滅絕
   C. 破壞了那個生物圈的生態平衡
   D. 造成該地區沙漠化

3. 藍鳳凰致使華山師徒、桃穀六仙嘔吐不止,如果你是大夫,會給他們開什麼藥[A].
   A. 阿司匹林
   B. 牛黃解毒片
   C. 氟呱酸
   D. 讓他們喝大量的生牛奶
   E. 以上全不對

▌程式結構圖

TestPaperA
+testQuestion1()
+testQuestion2()
+testQuestion3()

TestPaperB
+testQuestion1()
+testQuestion2()
+testQuestion3()

```
//學生甲抄的試卷
class TestPaperA {
    //試題1
    public void testQuestion1() {
        System.out.println(" 楊過得到,後來給了郭靖,煉成倚天劍、屠龍刀的玄鐵可能
            是[ ] "+ a.球磨鑄鐵 b.馬口鐵 c.高速合金鋼 d.碳素纖維 ");
```

```java
        System.out.println("答案：b");
    }
    //試題2
    public void testQuestion2() {
        System.out.println(" 楊過、程英、陸無雙剷除了情花，造成[ ] "+
            "a.使這種植物不再害人 b.使一種珍稀物種滅絕 c.破壞了那個生物圈的生態
            平衡 d.造成該地區沙漠化   ");
        System.out.println("答案：a");
    }
    //試題3
    public void testQuestion3() {
        System.out.println(" 藍鳳凰致使華山師徒、桃谷六仙嘔吐不止,如果你是大夫,
            會給他們開什麼藥[ ] "+"a.阿司匹林 b.牛黃解毒片 c.氟呱酸 d.讓他們喝
            大量的生牛奶 e.以上全不對   ");
        System.out.println("答案：c");
    }
}

//學生乙抄的試卷
class TestPaperB {
    //試題1
    public void testQuestion1() {
        System.out.println(" 楊過得到，後來給了郭靖，煉成倚天劍、屠龍刀的玄鐵可能
            是[ ] "+" a.球磨鑄鐵 b.馬口鐵 c.高速合金鋼 d.碳素纖維 ");
        System.out.println("答案：d");
    }
    //試題2
    public void testQuestion2() {
        System.out.println(" 楊過、程英、陸無雙剷除了情花，造成[ ] "+"a.使這種植
            物不再害人 b.使一種珍稀物種滅絕 c.破壞了那個生物圈的生態平衡 d.造成
            該地區沙漠化   ");
        System.out.println("答案：b");
    }
    //試題3
    public void testQuestion3() {
        System.out.println(" 藍鳳凰致使華山師徒、桃谷六仙嘔吐不止,如果你是大夫,
            會給他們開什麼藥[ ] "+"a.阿司匹林 b.牛黃解毒片 c.氟呱酸 d.讓他們喝大
            量的生牛奶 e.以上全不對   ");
```

```
        System.out.println("答案:a");
    }
}
```

用戶端程式

```
System.out.println("學生甲抄的試卷:");
TestPaperA studentA = new TestPaperA();
studentA.testQuestion1();
studentA.testQuestion2();
studentA.testQuestion3();

System.out.println("學生乙抄的試卷:");
TestPaperB studentB = new TestPaperB();
studentB.testQuestion1();
studentB.testQuestion2();
studentB.testQuestion3();
```

10.3 提煉程式

「大鳥,我自己都感覺到了,學生甲和學生乙兩個抄試卷類別非常類似,除了答案不同,沒什麼不一樣,這樣寫又容易錯,又難以維護。」

「說得對,如果老師突然要改題目,那兩個人就都需要改程式,如果某人抄錯了,那真是糟糕之極。那你說怎麼辦?」

「老師出一份試卷,列印多份,讓學生填寫答案就可以了。在這裡應該就是把試題和答案分享,抽象出一個父類別,讓兩個子類別繼承於它,公共的試題程式寫到父類別當中,就可以了。」

「好的,寫寫看。」

十分鐘後,小菜的第二份作業。

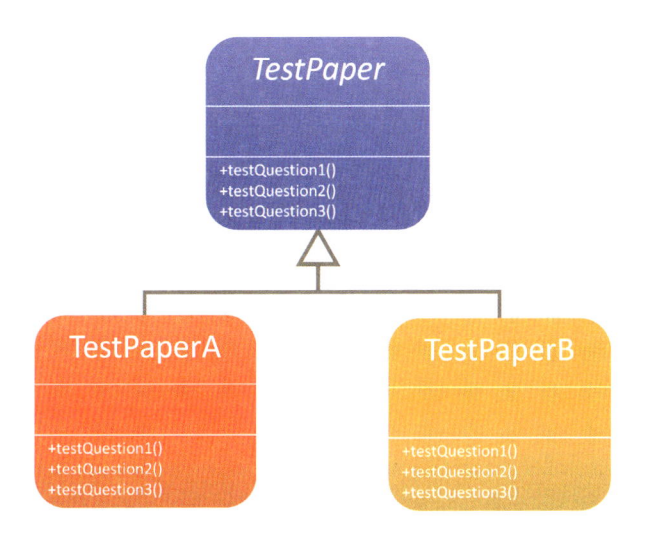

考題抄錯會做也白搭 -- 範本方法模式 ⑩

```
                    TestPaper
              +testQuestion1()
              +testQuestion2()
              +testQuestion3()
                  ↑
        ┌─────────┴─────────┐
   TestPaperA           TestPaperB
  +testQuestion1()    +testQuestion1()
  +testQuestion2()    +testQuestion2()
  +testQuestion3()    +testQuestion3()
```

▍試卷父類別程式

```java
//金庸小說考題試卷
class TestPaper {
    //試題1
    public void testQuestion1() {
        System.out.println(" 楊過得到，後來給了郭靖，煉成倚天劍、屠龍刀的玄鐵可能
            是[ ] "+" a.球磨鑄鐵 b.馬口鐵 c.高速合金鋼 d.碳素纖維 ");
    }
    //試題2
    public void testQuestion2() {
        System.out.println(" 楊過、程英、陸無雙剷除了情花，造成[ ] "+
            "a.使這種植物不再害人 b.使一種珍稀物種滅絕 c.破壞了那個生物圈的生態
            平衡 d.造成該地區沙漠化　");
    }
    //試題3
    public void testQuestion3() {
        System.out.println(" 藍鳳凰致使華山師徒、桃谷六仙嘔吐不止,如果你是大夫，
            會給他們開什麼藥[ ] "+"a.阿司匹林 b.牛黃解毒片 c.氟呱酸 d.讓他們喝大
            量的生牛奶 e.以上全不對    ");
    }
}
```

10-7

10.3 提煉程式

▌學生子類別程式

```java
//學生甲答的試卷
class TestPaperA extends TestPaper {
    //試題1
    public void testQuestion1() {
        super.testQuestion1();
        System.out.println("答案：b");
    }
    //試題2
    public void testQuestion2() {
        super.testQuestion2();
        System.out.println("答案：a");
    }
    //試題3
    public void testQuestion3() {
        super.testQuestion3();
        System.out.println("答案：c");
    }
}

//學生乙答的試卷
class TestPaperB extends TestPaper {
    //試題1
    public void testQuestion1() {
        super.testQuestion1();
        System.out.println("答案：d");
    }
    //試題2
    public void testQuestion2() {
        super.testQuestion2();
        System.out.println("答案：b");
    }
    //試題3
    public void testQuestion3() {
        super.testQuestion3();
        System.out.println("答案：a");
    }
}
```

用戶端程式完全相同，略。

「大鳥，這下子類別就非常簡單了，只要填寫答案就可以了。」

「這還只是初步的泛化，你仔細看看，兩個學生的類別裡面，還有沒有類似的程式。」

「啊，感覺相同的東西還是有的，比如都有 'super. testQuestion1 ()'，還有 'System.out.println (" 答案 :")'，我感覺除了選項的 abcd，其他都是重複的。」

「說得好，我們既然用了繼承，並且肯定這個繼承有意義，就應該要成為子類別的範本，所有重複的程式都應該要上升到父類別去，而非讓每個子類別都去重複。」

「那應該怎麼做呢？我想不出來了。」小菜繳械投降。

「哈，範本方法登場了，當我們要完成在某一細節層次一致的過程或一系列步驟，但其個別步驟在更詳細的層次上的實現可能不同時，我們通常考慮用範本方法模式來處理。現在來研究研究我們最初的試題方法。」

```
//試題1
public void testQuestion1() {
    System.out.println(" 楊過得到，後來給了郭靖，煉成倚天劍、屠龍刀的玄鐵可能
        是[ ] "+" a.球磨鑄鐵 b.馬口鐵 c.高速合金鋼 d.碳素纖維 ");
    System.out.println("答案：b );
}
```

只有這裡不同的學生會有不同的結果，其他全部都是一樣的

於是我們就改動這裡，增加一個的抽象方法。

```
//金庸小說考題試卷
abstract class TestPaper {

    //試題1
    public void testQuestion1() {
        System.out.println(" 楊過得到，後來給了郭靖，煉成倚天劍、屠龍刀的玄鐵可能
            是[ ] "+" a.球磨鑄鐵 b.馬口鐵 c.高速合金鋼 d.碳素纖維 ");
```

10.3 提煉程式

```java
        System.out.println("答案:"+this.answer1());
    }
    protected abstract String answer1();
```

> 改成呼叫抽象方法 answer1
> 此方法的目的就是給繼承的子類別重寫,因為這裡每個人的答案都是不同的。

```java
    //試題2
    public void testQuestion2() {
        System.out.println(" 楊過、程英、陸無雙剷除了情花,造成[ ] "+
            "a.使這種植物不再害人 b.使一種珍稀物種滅絕 c.破壞了那個生物圈的生態
            平衡 d.造成該地區沙漠化   ");
        System.out.println("答案:"+this.answer2());
    }
    protected abstract String answer2();

    //試題3
    public void testQuestion3() {
        System.out.println(" 藍鳳凰致使華山師徒、桃谷六仙嘔吐不止,如果你是大夫,
            會給他們開什麼藥[ ] "+"a.阿司匹林 b.牛黃解毒片 c.氟呱酸 d.讓他們喝大
            量的生牛奶 e.以上全不對    ");
        System.out.println("答案:"+this.answer3());
    }
    protected abstract String answer3();
}
```

「然後子類別就非常簡單了,重寫虛方法後,把答案填上,其他什麼都不用管。因為父類別建立了所有重複的範本。」

```java
//學生甲答的試卷
class TestPaperA extends TestPaper {
    //試題1
    protected String answer1() {
        return "b";
    }
    //試題2
    protected String answer2() {
        return "a";
    }
    //試題3
    protected String answer3() {
```

```java
        return "c";
    }
}

//學生乙答的試卷
class TestPaperB extends TestPaper {
    //試題1
    protected String answer1() {
        return "d";
    }
    //試題2
    protected String answer2() {
        return "b";
    }
    //試題3
    protected String answer3() {
        return "a";
    }
}
```

程式結構圖

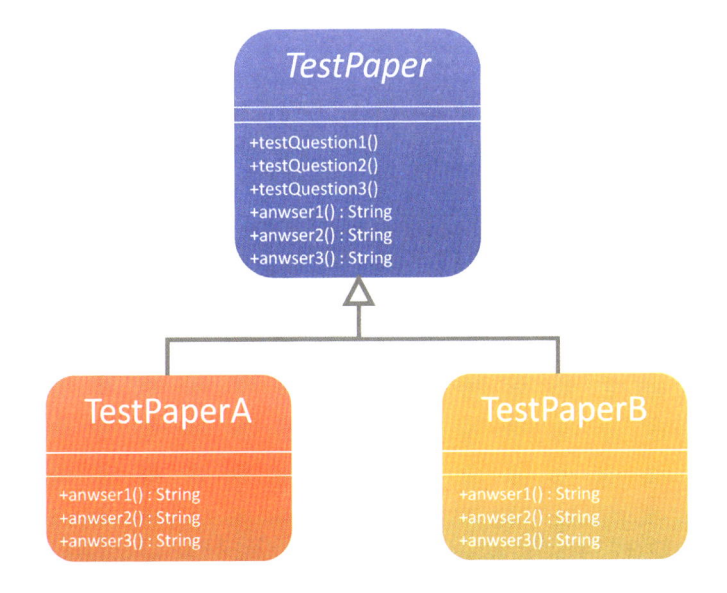

```
                    TestPaper
            +testQuestion1()
            +testQuestion2()
            +testQuestion3()
            +anwser1() : String
            +anwser2() : String
            +anwser3() : String
                    △
          ┌─────────┴─────────┐
    TestPaperA            TestPaperB
  +anwser1() : String   +anwser1() : String
  +anwser2() : String   +anwser2() : String
  +anwser3() : String   +anwser3() : String
```

10.3 提煉程式

「用戶端程式需要改動一個小地方,即本來是子類別變數的宣告,改成了父類別,這樣就可以利用多形性實現程式的重複使用了。」

```
System.out.println("學生甲抄的試卷:");
TestPaper studentA = new TestPaperA();
studentA.testQuestion1();
studentA.testQuestion2();
studentA.testQuestion3();

System.out.println("學生乙抄的試卷:");
TestPaper studentB = new TestPaperB();
studentB.testQuestion1();
studentB.testQuestion2();
studentB.testQuestion3();
```

> 將子類別變數的宣告改成父類別,利用了多形性,實現了程式的重複使用。

「此時要有更多的學生來答試卷,只不過是在試卷的範本上填寫選擇題的選項答案,這是每個人的試卷唯一的不同。」大鳥説道。

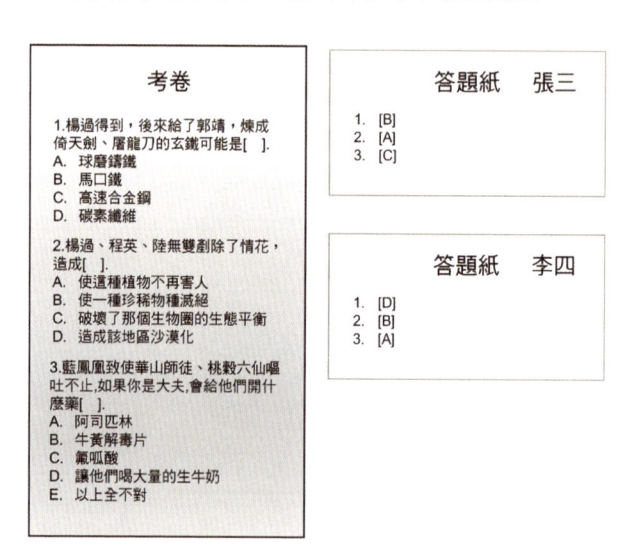

考卷

1.楊過得到,後來給了郭靖,煉成倚天劍、屠龍刀的玄鐵可能是[ ].
 A. 球磨鑄鐵
 B. 馬口鐵
 C. 高速合金鋼
 D. 碳素纖維

2.楊過、程英、陸無雙剷除了情花,造成[ ].
 A. 使這種植物不再害人
 B. 使一種珍稀物種滅絕
 C. 破壞了那個生物圈的生態平衡
 D. 造成該地區沙漠化

3.藍鳳凰致使華山師徒、桃穀六仙嘔吐不止,如果你是大夫,會給他們開什麼藥[ ].
 A. 阿司匹林
 B. 牛黃解毒片
 C. 氟呱酸
 D. 讓他們喝大量的生牛奶
 E. 以上全不對

答題紙　張三
1. [B]
2. [A]
3. [C]

答題紙　李四
1. [D]
2. [B]
3. [A]

「大鳥太絕對了,還有姓名是不相同的吧。」

「哈,小菜説得對,除了題目答案,每個人的姓名也是不相同的。但這樣的做法的的確確是對試卷的最大重複使用。」

10.4 範本方法模式

「而這其實就是典型的範本方法模式。」

> **範本方法模式**，定義一個操作中的演算法的骨架，而將一些步驟延遲到子類別中。範本方法使得子類別可以不改變一個演算法的結構即可重定義該演算法的某些特定步驟。

▌範本方法模式（TemplateMethod）結構圖

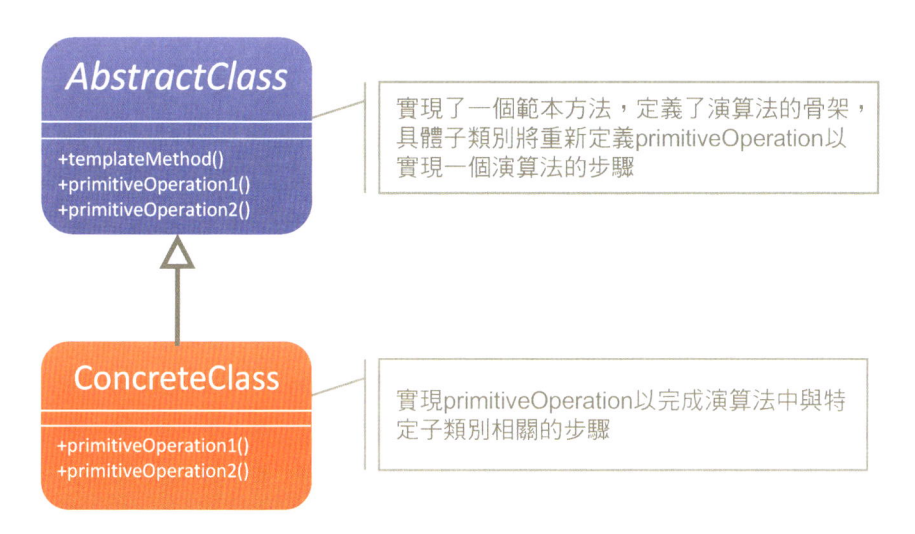

```
AbstractClass
+templateMethod()
+primitiveOperation1()
+primitiveOperation2()
```
實現了一個範本方法，定義了演算法的骨架，具體子類別將重新定義primitiveOperation以實現一個演算法的步驟

```
ConcreteClass
+primitiveOperation1()
+primitiveOperation2()
```
實現primitiveOperation以完成演算法中與特定子類別相關的步驟

AbstractClass 是抽象類別，其實也就是一抽象範本，定義並實現了一個範本方法。這個範本方法一般是一個具體方法，它舉出了一個頂級邏輯的骨架，而邏輯的組成步驟在對應的抽象操作中，延後到子類別實現。頂級邏輯也有可能呼叫一些具體方法。

```
//範本方法抽象類別
abstract class AbstractClass {
    //範本方法
```

10.4 範本方法模式

```java
public void templateMethod() {

    //寫一些可以被子類別共用的程式

    this.primitiveOperation1();
    this.primitiveOperation2();
}
```

> 範本方法，舉出了邏輯的骨架，而邏輯的組成是一些對應的抽象操作，它們都延後到子類別實現。

```java
    //子類別個性的行為，放到子類別去實現
    public abstract void primitiveOperation1();
    //子類別個性的行為，放到子類別去實現
    public abstract void primitiveOperation2();
}
```

ConcreteClass，實現父類別所定義的或多個抽象方法。每一個 AbstractClass 都可以有任意多個 ConcreteClass 與之對應，而每一個 ConcreteClass 都可以舉出這些抽象方法（也就是頂級邏輯的組成步驟）的不同實現，從而使得頂級邏輯的實現各不相同。

```java
//範本方法具體類別A
class ConcreteClassA extends AbstractClass {
    public void primitiveOperation1(){
        System.out.println("具體類別A方法1實現");
    }
    public void primitiveOperation2(){
        System.out.println("具體類別A方法2實現");
    }
}

//範本方法具體類別B
class ConcreteClassB extends AbstractClass {
    public void primitiveOperation1(){
        System.out.println("具體類別B方法1實現");
    }
    public void primitiveOperation2(){
        System.out.println("具體類別B方法2實現");
    }
}
```

10.5　範本方法模式特點

「大鳥，是不是可以這麼説，範本方法模式是透過把不變行為搬移到超類別，去除子類別中的重複程式來表現它的優勢。」

「對的，範本方法模式就是提供了一個很好的程式重複使用平台。因為有時候，我們會遇到由一系列步驟組成的過程需要執行。這個過程從高層次上看是相同的，但有些步驟的實現可能不同。這時候，我們通常就應該要考慮用範本方法模式了。」

「你的意思也就是説，碰到這個情況，當不變的和可變的行為在方法的子類別實現中混合在一起的時候，不變的行為就會在子類別中重複出現。我們透過範本方法模式把這些行為搬移到單一的地方，這樣就幫助子類別擺脱重複的不變行為的糾纏。」

「複習得好。看來這省心的事你總是學得最快。」

「哪裡哪裡，這還不是大鳥教得好呀。」小菜也不忘謙虛兩句，「不過老實講，這範本方法實在不算難，我早就用過了，只不過以前不知道這也算是一個設計模式。」

「是呀，範本方法模式是很常用的模式，對繼承和多形玩得好的人幾乎都會在繼承系統中多多少少用到它。比如在 Java 類別庫的設計中，通常都會利用範本方法模式提取類別庫中的公共行為到抽象類別中。」

10.6　主觀題，看你怎麼猜

此時，小菜手機響了。

「請問是蔡遙先生嗎？」手機那邊一女士的聲音。

「我是，請問您是？」小菜不認識這手機號。

10.6 主觀題，看你怎麼猜

「我是您今天面試的 XX 公司的人事經理。您今天在我們公司做的面試題，我們公司開發部非常滿意，希望您能明天再到我們公司複試。」

「複試？還做選擇題？」小菜有點心虛。

「哦，不是的，複試會是一些主觀程式設計的題目，應該不是大問題的。位址您也知道，明天上午 10 點到，明天見。拜拜……嘟……嘟……」

「喂！喂！喂！」小菜喂了幾聲，知道對方已掛了電話，不得不放下手機，對大鳥說道，「大鳥，剛才還說選擇題好，容易猜，這下不好使了，人家要複試，還是做題，而且是主觀程式設計題，要實實在在寫程式了，不能靠猜選擇題猜了。」

「哈，看來範本方法玩不起來了。你就見招拆招，不就是做題嗎，拿出我教你的『伎倆』，好好表現。」

「嗯，主觀題，難道我就不能猜了？等我的好消息吧。」

CHPATER 11

無熟人難辦事？
-- 迪米特法則

11.1 第一天上班

時間：4 月 2 日 19 點　　地點：小菜大鳥住所的客廳　　人物：小菜、大鳥

「回來啦！怎麼樣？第一天上班感受多吧。」大鳥關心地問道。

「感受真是多哦！！！」小菜一臉的不屑。

「怎麼了？受委屈了嗎？説説看怎麼回事。」

「委屈談不上，就感覺公司氣氛不是很好。我一大早就到他們公司，正好我的主管出去辦事了。人事處的小楊讓我填了表後，就帶我到 IT 部領取電腦，她向我介紹了一個叫『小張』的同事認識，説我跟他辦領取電腦的手續就可以了。小張還蠻客氣，正打算要裝電腦的時候，來了個電話，叫他馬上去一個客戶那裡處理 PC 故障，他説要我等等，回來幫我弄。我坐了一上午，都沒有見他回來，但我發現 IT 部其實還有兩個人，他們都在電腦前，一個刷手機，一個好像在看新聞。我去問人事處的小楊，可不可以請其他人幫我辦理領取手續，她説她現在也在忙，讓我自己去找一下 IT 部的小李，他或許有空。我又傳回 IT 部辦公室，請小李幫忙，

小李忙著回了兩筆微信後才接過我領取電腦的單子，看到上面寫著『張凡芒』負責電腦領取安裝工作，於是說這個事是小張負責的，他不管，叫我還是等小張回來再說吧。我就這樣又像皮球一樣被踢到桌邊繼續等待，還好我帶著一本《重構》在看，不然真要鬱悶死。小張快到下班的時候才回來，開始幫我裝系統，加域，設定密碼等，其實也就 Ghost 恢復再設定一下，差不多半小時就弄好了。」小菜感歎地說道，「就這樣，我這人生一個最重要的第一次就這麼度過了。」

「哈哈，就業、結婚、生子，人生三大事，你這第一件大事的開頭是夠鬱悶的。」大鳥同情道，「不過現實社會就是這樣的，他們又不認識你，不給你面子，也是很正常的。上班可不是上學，複雜著呢。罷了，罷了，誰叫你運氣不好，你的主管在公司，事情就會好辦多了。」

11.2 無熟人難辦事

「不過，這家公司讓你感覺不好原因在於管理上存在一些問題。」大鳥接著說，「這倒是讓我想起來我們設計模式的原則，你的這個經歷完全可以表現這個原則觀點。」

「哦，是什麼原則？」小菜的情緒被調動了起來,「你怎麼什麼事都可以和軟體設計模式搭界呢？」

「大鳥我顯然不是吹出來的……」大鳥洋洋得意道。

「嘖嘖，行了行了，大鳥你強！！！不是吹的，是天生的！快點說說，什麼原則？」小菜對大鳥的吹鳥腔調頗為不滿，希望快些進入正題。

「你到了公司，透過人事處小楊，認識了IT部小張，這時，你已認識了兩個人。但因沒人介紹你並不認識IT部小李。而既然小張小李都屬於IT部，本應該都可以給你裝系統配帳號的，但卻因小張有事，而你又不認識小李，而造成你的人生第一次大大損失，你說我分析得對吧？」

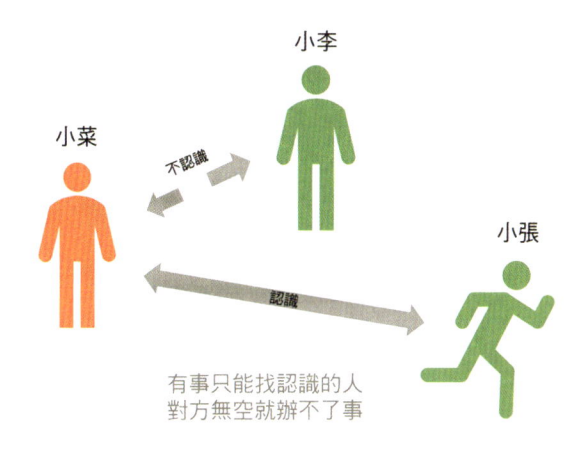

有事只能找認識的人
對方無空就辦不了事

「你這都是廢話，都是我告訴你的事情，哪有什麼分析。」小菜失望道。

「如果你同時認識小張和小李，那麼任何一人有空都可以幫你搞定了，你說對吧？」

「還是廢話。」

「這就說明，你得把人際關係搞好，所謂『無熟人難辦事』，如果你在IT部『有人』，不就萬事不愁了嗎？」大鳥一臉壞笑。

11.2 無熟人難辦事

「大鳥,你到底想說什麼?我要是有關係,對公司所有人都熟悉,還用得著你說呀。」

「小菜,瞧你急的,其實我想說的是,如果 IT 部有一個主管,負責分配任務,不管任何需要 IT 部配合的工作都讓主管安排,不就沒有問題了嗎?」大鳥開始正經起來。

「你的意思是說,如果小楊找到的是 IT 部的主管,那麼就算小張沒空,還可以透過主管安排小李去做,是嗎?」

「對頭(四川方言發音)。」大鳥笑著鼓勵道。

「我明白了,關鍵在於公司裡可能沒有 IT 主管,他們都是找到誰,就請誰去工作,如果都熟悉,有事可以協調著辦,如果不熟悉,那麼就會出現我碰到的情況了,有人忙死,有人閒著,而我在等待。」

「沒有管理,單靠人際關係協調是很難辦成事的。如果公司 IT 部就一個小張,那什麼問題也沒有,只不過效率低些。後來再來個小李,那工作是叫誰去做呢?外人又不知道他們兩人誰忙誰閒的,於是抱怨、推諉、批評就隨風而至。要是三個人在 IT 部還沒有管理人員,則更加麻煩了。正所謂一個和尚挑水吃,兩個和尚抬水吃,三個和尚沒水吃。」

「看來哪怕兩個人,也應該有管理才好。我知道你的意思了,不過這是管理問題,和設計模式有關係嗎?」

「急什麼,還沒講完呢?就算有 IT 主管,如果主管正好不在辦公室怎麼辦呢?公司幾十號人用電腦,時時刻刻都有可能出故障,電話過來找主管,人不在,難道就不解決問題了?」

「這個,看來需要規章制度,不管主管在不在,誰有空先去處理,過後匯報給主管,再來進行工作協調。」小菜也學著分析起來。

「是呀,就像有人在路上被車撞了,送到醫院,難道還要問清楚有沒有錢才給治療嗎,『人命大於天』呀。同樣的,在現在的高科技企業,特別是

軟體公司，『電腦命大於天』，開發人員薪水平均算下來每天是按數千計的，耽誤一天半天，實在是公司的大損失呀──所以你想過應該怎麼辦沒有？」

「我覺得，不管認不認識 IT 部的人，我只要電話或親自找到 IT 部，他們都應該想辦法幫我解決問題。」

「好，說得沒錯，那你打電話時，怎麼說呢？是說『經理在嗎？……小張在嗎？……』，還是『IT 部是吧，我是小菜，電腦已壞，再不修理，軟體歇菜。』」

「哼，你這傢伙，就會拿我開心！當然是問 IT 部要比問具體某個人來得更好！」

「這樣子一來，不管公司任何人，找 IT 部就可以了，無論認不認識人，反正他們會想辦法找人來解決。」

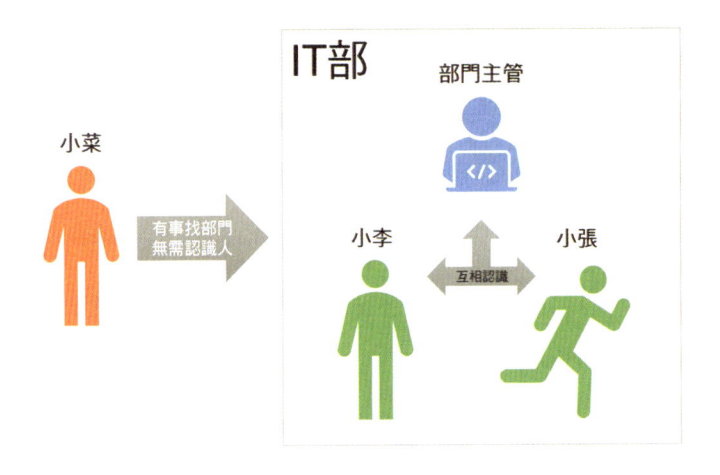

「哦，我明白了，我真的明白了。你的意思是說，IT 部代表是抽象類別或介面，小張小李代表是具體類別，之前你在分析會修電腦不會修收音機裡講的依賴倒轉原則，即面向介面程式設計，不要面向實現程式設計就是這個意思？」小菜突然有頓悟的感覺，興奮異常。

11.3 迪米特法則

「當然，這個原則也是滿足的，不過我今天想講的是一個設計原則：『迪米特法則（LoD）』也叫最少知識原則。[J&DP]」

> **迪米特法則（LoD）**，如果兩個類別不必彼此直接通訊，那麼這兩個類別就不應當發生直接的相互作用。如果其中一個類別需要呼叫另一個類別的某一個方法的話，可以透過第三者轉發這個呼叫。

「迪米特法則首先強調的前提是在類別的結構設計上，每一個類別都應當儘量降低成員的存取權限 [J&DP]，也就是說，一個類別包裝好自己的 private 狀態，不需要讓別的類別知道的欄位或行為就不要公開。」

「哦，是的，需要公開的欄位，通常就用屬性來表現了。這不是封裝的思想嗎？」

「當然，物件導向的設計原則和物件導向的三大特性本就不是矛盾的。迪米特法則其根本思想，是強調了類別之間的鬆散耦合。就拿你今天碰到的這件事來做例子，你第一天去公司，怎麼會認識 IT 部的人呢，如果公司有很好的管理，那麼應該是人事的小楊打個電話到 IT 部，告訴主管安排人給小菜你裝電腦，就算開始是小張負責，他臨時有急事，主管也可以再安排小李來處理。同樣道理，我們在程式設計時，類別之間的耦合越弱，越有利於重複使用，一個處在弱耦合的類別被修改，不會對有關係的類別造成波及。也就是說，資訊的隱藏促進了軟體的重複使用。」

「明白，由於 IT 部是抽象的，哪怕裡面的人都離職換了新人，我的電腦出問題也還可以找 IT 部解決，而不需要認識其中的同事，純靠關係幫忙了。就算需要認識，我也只要認識 IT 部的主管就可以了，由他來安排工作。」

「小菜動機不純嘛！你不會是希望那個沒幫你做事的小李快些被炒魷魚吧？哈！」大鳥瞧著小菜笑道。

「去！！！我是那樣的人嘛？」小菜笑罵道。

CHPATER

12

牛市股票還會虧錢？
-- 面板模式

12.1 牛市股票還會虧錢？

時間：4月9日19點　　地點：小菜大鳥住所的客廳　　人物：小菜、大鳥

「大鳥，你炒股票嗎？」小菜問道。

「炒過，那是好幾年前了，可惜碰到熊市，虧得一塌糊塗。」大鳥坦誠地回答，「你怎麼會問起股票來了？」

「我們公司的人現在都在炒股票，其實大部人都不太懂，就是因為現在股市行情很火，於是都在跟風呢！」

「那他們做得如何？」

「有一個好像還可以，賺了不少錢，具體不太清楚，但另外幾個人都是剛入市的，什

12.1 牛市股票還會虧錢？

麼都不懂，特別是一個叫顧韻梅的同事，她說得蠻搞笑的，『今天看好了一隻快漲停的股票，買進去，第二天馬上就跌了。明天再去換另一只好的股票，幾天都不漲，等一賣出，馬上就漲停。』於是乎，在大好的牛市行情裡，她卻連連虧損，天天在我們面前抱怨呀。」

「哈，典型的新股民特徵嘛。其實不會炒股票的話，買一只好股票放在那裡所謂的『捂股』是最好的做股票策略了。」

「自己的錢買了股票，天天都在變化，誰能不關心，特別是剛開始，都希望能漲漲漲。儘管不現實，不過賺錢的人還是有的是。不過一打開股票軟體，一千多檔股票，紅紅綠綠，又是指數大盤，又是個股 K 線指標，一下說基本面如何如何重要，一下又說什麼有題材才可以賺大錢，頭暈眼花，迷茫困惑呀。」

「小菜是不是也在做股票了？剛才提到的顧韻梅的經歷，不會是說你自己的吧？」大鳥笑言道。

「哈，是真人真事，不是我。不過我也有點動心，但不知道如何炒，所以最近也下了一個軟體，並小研究了一下。發現很複雜呀。」

「就算是你，也沒什麼不好意思的。其實股民，特別是新股民在沒有足夠了解證券知識的情況下去做股票，是很容易虧錢的。畢竟，需要學習的知識實在太多了，不具備這些知識就很難做好，再有就是心態也非常重要，剛開始接觸股票的人一般都盼漲怕跌，於是心態很不穩定，這反而做不好股票。聽說現在心理醫生問病人的第一句話就是，『你炒股票嗎？』」

「要是有懂行的人幫幫忙就好了。」

「哈，基金就是你的幫手呀。它將投資者分散的資金集中起來，交由專業的經理人進行管理，投資於股票、債券、外匯等領域，而基金投資的收益歸持有投資者所有，管理機構收取一定比例的託管管理費用。想想看，這樣做有什麼好處？」

「我感覺，由於基金會買幾十支好的股票，不會因為某個股票的大跌而影響收益，儘管每個人的錢不多，但大家放在一起，反而容易達到好的投資效果。」

「說得不錯，那如果是你自己做股票，為什麼風險反而大了？」

「因為我需要了解股票的各種資訊，需要預測它的未來，還要買入和賣出的時機合適，這其實是很難做到的。專業的基金經理人相對專業，所以就不容易像散戶那麼盲目。」

「儘管我們在談股票，我還是想問問你，投資者買股票，做不好的原因和軟體開發當中的什麼類似？而投資者買基金，基金經理人用這些錢去做投資，然後大家獲利，這其實又表現了什麼？」

「我知道了，你的意思是說，由於許多投資者對許多股票的聯繫太多，反而不利於操作，這在軟體中是不是就稱為耦合性過高。而有了基金以後，變成許多使用者只和基金打交道，關心基金的上漲和下跌就可以了，而實際上的操作卻是基金經理人在與上千支股票和其他投資產品打交道。」

「小菜越來越不簡單了嘛，這段話說得非常好，由於投資者要面對這麼多的股票，又不專業，所以很難做好，但要投資者買一支好的基金，這應該是不難的。更直接點說，如果你連投資基金都不能賺到錢，那說明投資股票就更加難賺到錢。投資的目的還不是為了賺錢，那幹嘛不穩妥一些呢？這裡其實提到了一個在物件導向開發當中用得非常多的設計模式──面板模式，又叫門面模式。不過為了講清楚它，你先試著把股民炒股票的程式寫寫看。」

「這有何難。」

12.2 股民炒股程式

小菜寫出股民投資的炒股版。

▌ 程式結構圖

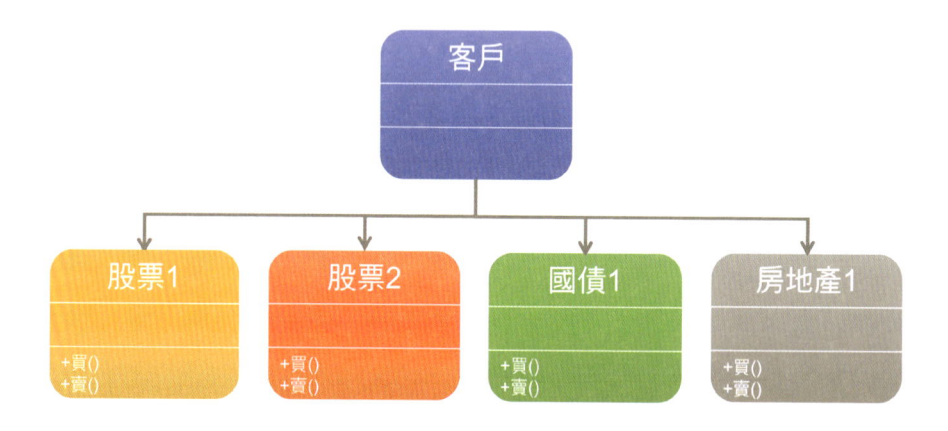

▌ 具體股票、國債、房產類別

```
//股票1
class Stock1{
    //賣股票
    public void sell(){
        System.out.println("股票1賣出");
    }
    //買股票
    public void buy(){
        System.out.println("股票1買入");
    }
}
//股票2
class Stock2{
    //賣股票
    public void sell(){
```

```java
        System.out.println("股票2賣出");
    }
    //買股票
    public void buy(){
        System.out.println("股票2買入");
    }
}

//國債1
class NationalDebt1{
    //賣國債
    public void sell(){
        System.out.println("國債1賣出");
    }
    //買國債
    public void buy(){
        System.out.println("國債1買入");
    }
}
//房地產1
class Realty1{
    //賣房地產
    public void sell(){
        System.out.println("房地產1賣出");
    }
    //買房地產
    public void buy(){
        System.out.println("房地產1買入");
    }
}
```

▎用戶端呼叫

```java
        Stock1 stock1 = new Stock1();
        Stock2 stock2 = new Stock2();
        NationalDebt1 nd1 = new NationalDebt1();
        Realty1 rt1 = new Realty1();
```

▶ 12.3 投資基金程式

```
stock1.buy();
stock2.buy();
nd1.buy();
rt1.buy();

stock1.sell();
stock2.sell();
nd1.sell();
rt1.sell();
```

← 使用者需要了解股票、國債、房產情況，需要參與這些項目的具體買和賣。耦合性很高。

12.3 投資基金程式

「很好，如果我們現在增加基金類別，將如何做？」

「那就應該是這個樣子了。」

小菜寫出股民投資的基金版。

▌程式結構圖

```
              ┌─────────┐
              │  客戶   │
              └────┬────┘
                   ↓
              ┌─────────┐
              │  基金   │
              │ +購買() │
              │ +贖回() │
              └────┬────┘
      ┌────────┬───┴────┬────────┐
      ↓        ↓        ↓        ↓
  ┌──────┐ ┌──────┐ ┌──────┐ ┌──────┐
  │股票1 │ │股票2 │ │國債1 │ │房地產1│
  │+買() │ │+買() │ │+買() │ │+買() │
  │+賣() │ │+賣() │ │+賣() │ │+賣() │
  └──────┘ └──────┘ └──────┘ └──────┘
```

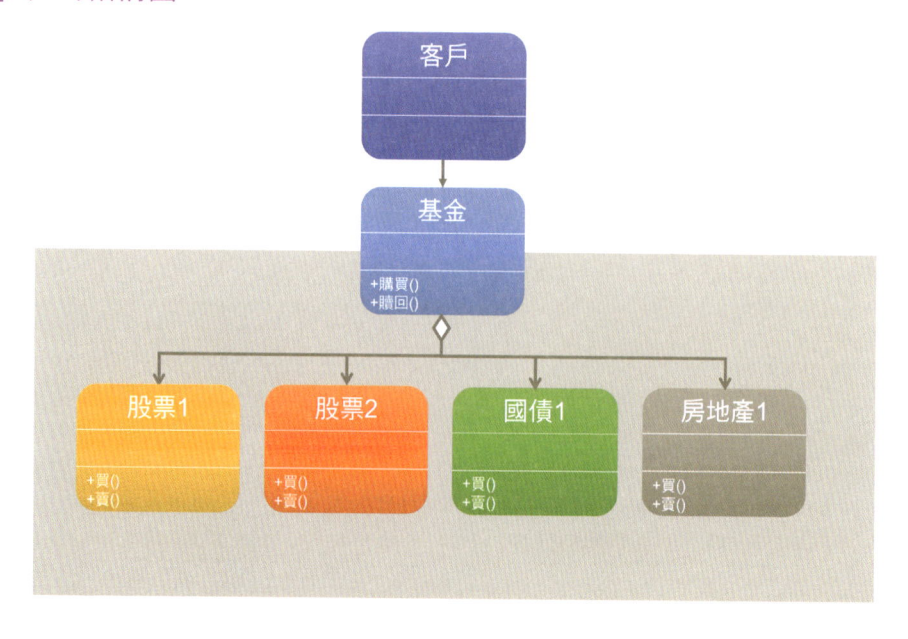

12-6

基金類別以下

```
//基金類別
class Fund{
    Stock1 stock1;
    Stock2 stock2;
    NationalDebt1 nd1;
    Realty1 rt1;
    public Fund(){
        stock1 = new Stock1();
        stock2 = new Stock2();
        nd1 = new NationalDebt1();
        rt1 = new Realty1();
    }

    public void buyFund(){
        stock1.buy();
        stock2.buy();
        nd1.buy();
        rt1.buy();
    }

    public void sellFund(){
        stock1.sell();
        stock2.sell();
        nd1.sell();
        rt1.sell();
    }

    //基金很多買入賣出操作，持倉比例等，
    //無需提前告知客戶
}
```

> 基金類別，它需要了解所有的股票或其他投資方式的方法或屬性，進行組合，以備外界呼叫。

用戶端以下

```
Fund fund1 = new Fund();
//基金購買
fund1.buyFund();
```

> 客戶可以並不了解股票、國債、房地產等投資資訊，甚至可以對它們一無所知。
> 買了基金後就做自己的工作過自己的生活，一段時間後再贖回就可以了。理財交給專業的人打理，更加穩妥和保險。

▶ 12.4 面板模式

```
//基金贖回
fund1.sellFund();
```

「很好很好,你這樣的寫法,基本就是面板模式的基本程式結構了。現在我們來看看什麼叫面板模式吧。」

12.4 面板模式

面板模式(Facade),為子系統中的一組介面提供一個一致的介面,此模式定義了一個高層介面,這個介面使得這一子系統更加容易使用。

▌面板模式(Facade)結構圖

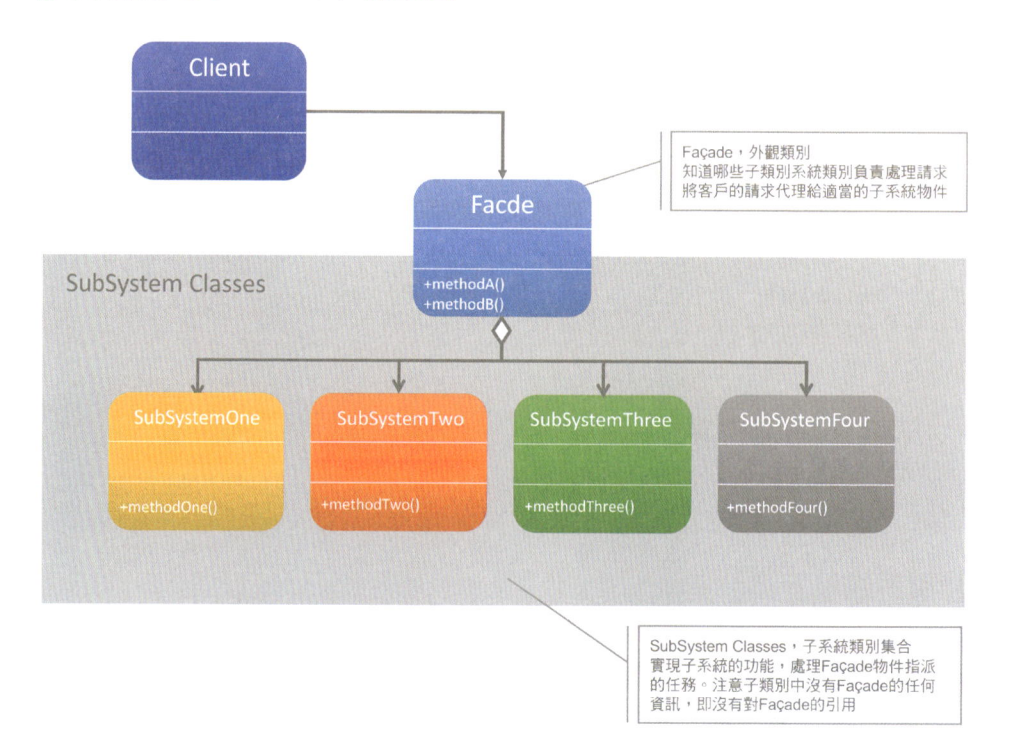

```
Client
  │
  ▼
Facde                    Façade,外觀類別
+methodA()               知道哪些子類別系統類別負責處理請求
+methodB()               將客戶的請求代理給適當的子系統物件

SubSystem Classes
  ├──────────┬──────────┬──────────┐
  ▼          ▼          ▼          ▼
SubSystemOne SubSystemTwo SubSystemThree SubSystemFour
+methodOne() +methodTwo() +methodThree() +methodFour()
```

SubSystem Classes,子系統類別集合實現子系統的功能,處理Façade物件指派的任務。注意類別中沒有Façade的任何資訊,即沒有對Façade的引用

12-8

四個子系統的類別

```java
//子系統1
class SubSystemOne{
    public void methodOne(){
        System.out.println("子系統方法一");
    }
}
//子系統2
class SubSystemTwo{
    public void methodTwo(){
        System.out.println("子系統方法二");
    }
}
//子系統3
class SubSystemThree{
    public void methodThree(){
        System.out.println("子系統方法三");
    }
}
//子系統4
class SubSystemFour{
    public void methodFour(){
        System.out.println("子系統方法四");
    }
}
```

外觀類別

```java
//外觀類別
//它需要瞭解所有的子系統的方法或屬性,進行組合,以備外界呼叫
class Facade{
    SubSystemOne one;
    SubSystemTwo two;
    SubSystemThree three;
    SubSystemFour four;

    public Facade(){
```

```
        one = new SubSystemOne();
        two = new SubSystemTwo();
        three = new SubSystemThree();
        four = new SubSystemFour();
    }

    public void methodA(){
        one.methodOne();
        two.methodTwo();
        three.methodThree();
        four.methodFour();
    }

    public void methodB(){
        two.methodTwo();
        three.methodThree();
    }
}
```

用戶端呼叫

```
Facade facade = new Facade();

facade.methodA();
facade.methodB();
```

← 由於 Facade 的作用，用戶端可以根本不知三個子系統類別的存在

「對於物件導向有一定基礎的朋友，即使沒有聽說過面板模式，也完全有可能在很多時候使用它，因為它完美地表現了依賴倒轉原則和迪米特法則的思想，所以是非常常用的模式之一。」

12.5 何時使用面板模式

「那面板模式在什麼時候使用最好呢？」小菜問道。

「這要分三個階段來說，首先，在設計初期階段，應該要有意識的將不同的兩個層分離，比如經典的三層架構，就需要考慮在資料存取層和業務邏輯層、業務邏輯層和展現層的層與層之間建立外觀 Facade，這樣可以為複雜的子系統提供一個簡單的介面，使得耦合大大降低。其次，在開發階段，子系統往往因為不斷的重構演化而變得越來越複雜，大多數的模式使用時也都會產生很多很小的類別，這本是好事，但也給外部呼叫它們的使用者程式帶來了使用上的困難，增加外觀 Facade 可以提供一個簡單的介面，減少它們之間的依賴。第三，在維護一個遺留的大型系統時，可能這個系統已經非常難以維護和擴充了，但因為它包含非常重要的功能，新的需求開發必須要依賴於它。此時用面板模式 Facade 也是非常合適的。你可以為新系統開發一個外觀 Facade 類別，來提供設計粗糙或高度複雜的遺留程式的比較清晰簡單的介面，讓新系統與 Facade 物件互動，Facade 與遺留程式互動所有複雜的工作。[R2P]」

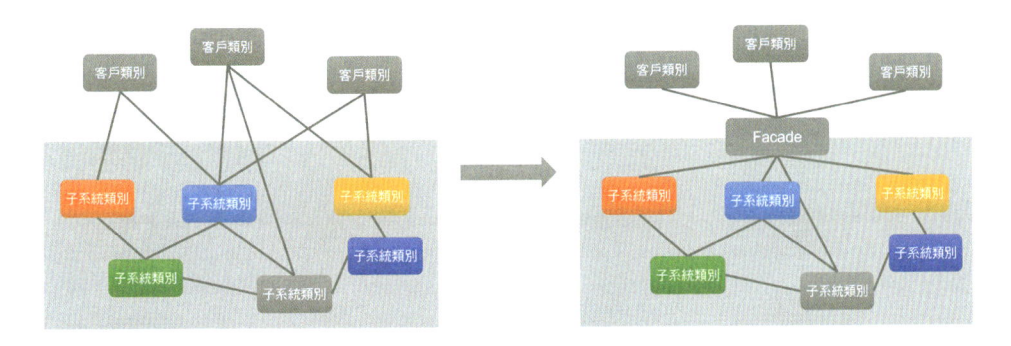

「嗯，對的，對於複雜難以維護的老系統，直接去改或去擴充都可能產生很多問題，分兩個小組，一個開發 Facade 與老系統的互動，另一個只要了解 Facade 的介面，直接開發新系統呼叫這些介面即可，確實可以減少很多不必要的麻煩。」

「OK，我明白了，明天把股票賣了，改去買基金。」小菜感覺找到了方向。

12.5 何時使用面板模式

「不不不,你首先應該要是好好學習。基金也有很多種,選擇不好,也會虧錢的。整體來説,如果你沒有學習就購買了股票或基金,並且賺錢了,千萬別開心太早,這只不過是中了彩券一樣完全是運氣。運氣,那只能讓你賺上一兩次錢或避免逃過一兩次劫,後面,靠運氣怎麼賺來的,就怎麼虧出去,甚至虧得更加多。只有你真正的有了自己的投資系統或框架,能夠經過實踐驗證有效,並且還可能需要不斷修正,這才能真正獲得超額的收益。」大鳥微笑地看著小菜,「哈,小菜呀小菜,話説回來,該不是你自己炒股票虧錢了吧?」

「嘿嘿,」小菜臉通紅,「我當然也是參與了一點點。誰叫你不教我面板模式,害得我好容易攢了點錢卻白白虧了不少。」

「啊,賴我呀?」大鳥一臉無辜。

CHPATER

13

好菜每回味不同
-- 建造者模式

13.1 炒麵沒放鹽

時間：4月9日22點　地點：小菜大鳥住所的客廳　人物：小菜、大鳥

「小菜，講了半天，肚子餓得厲害，走，去吃夜宵去。」大鳥摸著肚子說道。

「你請客？！」

「我教了你這麼多，你也不打算報答一下，還要我請客？搞沒搞錯。」

「啊，說得也是，這樣，我請客，你埋單，嘻嘻！」小菜傻笑道，「我身上沒帶錢。」

「你這個菜窮酸，行了，我來埋單吧。」大鳥等不及了，拿起外套就往外走。

「等等我，我把電腦關一下⋯⋯」

13.1 炒麵沒放鹽

時間：4月9日 22：30　　地點：社區外大排檔　　人物：小菜、大鳥

社區門口大排檔前。

「老闆，來兩份炒飯。」大鳥對大排檔的老闆說。

「大鳥太小氣，就請吃炒飯呀，」小菜埋怨道，「我要吃炒麵。」

「再說廢話，你請客了哦！」大鳥瞪了小菜一眼，接著對老闆說，「那就一份炒飯一份炒麵吧。」

十分鐘後。

「這炒飯炒得什麼玩意，味道不夠，雞蛋那麼少，估計只放了半個。」大鳥吃得很不爽，抱怨道。

「炒麵好好吃哦，真香。」小菜故意嘟囔著，把麵吸得嗦嗦直響。

「讓我嘗嘗，」大鳥強拉過小菜的碟子，吃了一口，「好像味道是不錯，你小子運氣好。老闆，再給我來盤炒麵！」

五分鐘後。

「炒麵來一了一，客官，請慢用。」老闆彷彿古時的小二一般來了一句。

「啊，老闆，這炒麵沒放鹽……」大鳥叫道。

……

好菜每回味不同 -- 建造者模式

時間：4月9日 23：15　　地點：回社區的路上　　人物：小菜、大鳥

在回去的路上，大鳥感慨道：「小菜，你知道為什麼麥當勞、肯德基這些不過百年的洋速食能在有千年飲食文化的中國發展得這麼好嗎？」

「他們比較規範，味道好吃，而且還不出錯，不會出現像你今天這樣，蛋炒飯不好吃，炒麵乾脆不放鹽的情況。」

「你說得沒錯，麥當勞、肯德基的漢堡，不管在哪家店裡吃，什麼時間去吃，至少在中國，味道基本都是一樣的。而我們國家，比如那道『魚香肉絲』，幾乎是所有大小中餐飯店都有的一道菜，但卻可以吃出上萬種口味來，這是為什麼？」

「廚師不一樣呀，每個人做法不同的。」

「是的，因為廚師不同，他們學習廚藝方法不同，有人是專業出身，有人是師傅帶徒弟，有人是照書下料，還有人是自我原創，哈，這樣你說同樣的菜名『魚香肉絲』，味道會一樣嗎？」

「還不只是這些，同一個廚師，不同時間燒出來同樣的菜也不一樣的，鹽多鹽少，炒的火候時間的長短，都是不一樣的。」

「說得好，那你仔細想想，麥當勞、肯德基比我們很多中式速食成功的原因是什麼？」

13.1 炒麵沒放鹽

「就感覺他們比較規範，具體原因也説不上來。」

「為什麼你的炒麵好吃，而我再要的炒麵卻沒有放鹽？這好吃不好吃由誰決定？」

「當然是燒菜的人，他感覺好，就是一盤好麵，要是心情不好，或粗心大意，就是一盤垃圾。」小菜肯定地説。

「哈，説得沒錯，今天我就吃了兩盤垃圾，其實這裡面最關鍵的就在於我們是吃得爽還是吃得難受都要依賴於廚師。你再想想我們設計模式的原則？」

「啊，你的意思是依賴倒轉原則？抽象不應該依賴細節，細節應該依賴於抽象，由於我們要吃的菜都依賴於廚師這樣的細節，所以我們就很被動。」

「:) 好，那再想想，老麥老肯他們的產品，味道是由什麼決定的？」

「我知道，那是由他們的工作流程決定的，由於他們制定了非常規範的工作流程，原料放多少，加熱幾分鐘，都有嚴格規定，估計放多少鹽都是用克來計量的。而這個工作流程是在所有的門店都必須要遵照執行的，所以我們吃到的東西不管在哪在什麼時候味道都一樣。這裡我們要吃的食物都依賴工作流程。不過工作流程好像還是細節呀。」

「對，工作流程也是細節，我們去速食店消費，我們用不用關心他們的工作流程？當然是不用，我們更關心的是是否好吃。你想如果老肯發現雞翅烤得有些焦，他們會調整具體的工作流程中的燒烤時間，如果新加一種漢堡，做法都相同，只是配料不相同，工作流程是不變的，只是加了一種具體產品而已，這裡工作流程怎麼樣？」

「對，這裡工作流程可以是一種抽象的流程，具體放什麼配料、烤多長時間等細節依賴於這個抽象。」

13.2 建造小人一

「給你出個題目,看看你能不能真正體會到流程的抽象。我的要求是你用程式畫一個小人,這在遊戲程式裡非常常見,現在簡單一點,要求是小人要有頭、身體、兩手、兩腳就可以了。」

「廢話,人還會有多手多腳呀,那不成了蜈蚣或螃蟹。這程式不難呀,我回去就寫給你看。」

時間:4月9日 23:30　地點:小菜大鳥住所的客廳　人物:小菜、大鳥

「大鳥,程式寫出來了,我建立一視窗 JFrame,在上面畫了一小人,簡單了點,但功能實現了。」

```java
import java.awt.Graphics;
import javax.swing.JFrame;

class Test extends JFrame {

    public Test() {
        setSize(400, 400);
        setDefaultCloseOperation(EXIT_ON_CLOSE);
        setLocationRelativeTo(null);
    }

    public void paint(Graphics g) {

        //瘦小人
        g.drawOval(150, 120, 30, 30);     //頭
        g.drawRect(160, 150, 10, 50);     //身體
        g.drawLine(160, 150, 140, 200);   //左手
        g.drawLine(170, 150, 190, 200);   //右手
        g.drawLine(160, 200, 145, 250);   //左腳
        g.drawLine(170, 200, 185, 250);   //右腳
    }
```

13-5

> 13.3 建造小人二

```java
    public static void main(String[] args) {
        new Test().setVisible(true);
    }
}
```

「寫得很快,那麼我現在要你再畫一個身體比較胖的小人呢。」

「那不難呀,我馬上做好。」

```java
    //胖小人
    g.drawOval(250, 120, 30, 30);    //頭
    g.drawOval(245, 150, 40, 50);    //身體
    g.drawLine(250, 150, 230, 200); //左手
    g.drawLine(280, 150, 300, 200); //右手
    g.drawLine(260, 200, 245, 250); //左腳
```

「啊,等等,我少畫了一條腿。」

```java
    g.drawLine(270, 200, 285, 250); //右腳
```

「哈,這就和我們剛才去吃炒麵一樣,老闆忘記了放鹽,讓本是非常美味的夜宵變得無趣。如果是讓你開發一個遊戲程式,裡面的健全人物卻少了一條腿,那怎麼能行?」

「是呀,畫人的時候,頭身手腳是必不可少的,不管什麼人物,開發時是不能少的。」

「你現在的程式全寫在 Test.java 的裡,我要是需要在別的地方用這些畫小人的程式怎麼辦?」

13.3　建造小人二

「嘿,你的意思是分離,這不難辦,我建兩個類別,一個是瘦人的類別,一個是胖人的類別,不管誰都可以呼叫它了。」

```
//瘦小人建造者
class PersonThinBuilder {
    private Graphics g;

    public PersonThinBuilder(Graphics g){
        this.g=g;
    }

    public void build(){
        g.drawOval(150, 120, 30, 30);    //頭
        g.drawRect(160, 150, 10, 50);    //身體
        g.drawLine(160, 150, 140, 200);  //左手
        g.drawLine(170, 150, 190, 200);  //右手
        g.drawLine(160, 200, 145, 250);  //左腳
        g.drawLine(170, 200, 185, 250);  //右腳
    }
}
```

「胖人的類別也是相似的。然後我在用戶端裡就只需這樣寫就可以了。」

```
public void paint(Graphics g) {

    //初始化瘦小人建造者類別
    PersonThinBuilder gThin = new PersonThinBuilder(g);
    gThin.build();//畫瘦小人

    //初始化胖小人建造者類別
    PersonFatBuilder gFat = new PersonFatBuilder(g);
    gFat.build();//畫胖小人
}
```

「你這樣寫的確達到了可以重複使用這兩個畫小人程式的目的。」大鳥說，「但炒麵忘記放鹽的問題依然沒有解決。比如我現在需要你加一個高個的小人，你會不會因為程式設計不注意，又讓他缺胳膊少腿呢？」

「是呀，最好的辦法是規定，凡是建造小人，都必須要有頭和身體，以及兩手兩腳。」

13-7

13.4 建造者模式

「你仔細分析會發現，這裡建造小人的『過程』是穩定的，都需要頭身手腳，而具體建造的『細節』是不同的，有胖有瘦有高有矮。但對於使用者來講，我才不管這些，我只想告訴你，我需要一個胖小人來遊戲，於是你就建造一個給我就行了。如果你需要將一個複雜物件的建構與它的表示分離，使得同樣的建構過程可以建立不同的表示的意圖時，我們需要應用於一個設計模式，『建造者（Builder）模式』，又叫生成器模式。建造者模式可以將一個產品的內部表面與產品的生成過程分割開來，從而可以使一個建造過程生成具有不同的內部表面的產品物件。如果我們用了建造者模式，那麼使用者就只需指定需要建造的類型就可以得到它們，而具體建造的過程和細節就不需知道了。」

> 建造者模式（Builder），將一個複雜物件的建構與它的表示分離，使得同樣的建構過程可以創建不同的表示。

「那怎麼用建造者模式呢？」

「一步一步來，首先我們要畫小人，都需要畫什麼？」

「頭、身體、左手、右手、左腳、右腳。」

「對的，所以我們先定義一個抽象的建造人的類別，來把這個過程給穩定住，不讓任何人遺忘當中的任何一步。」

```
//抽象的建造者類別
abstract class PersonBuilder {
    protected Graphics g;

    public PersonBuilder(Graphics g){
        this.g = g;
    }
```

```
    public abstract void buildHead();          //頭
    public abstract void buildBody();          //身體
    public abstract void buildArmLeft();       //左手
    public abstract void buildArmRight();      //右手
    public abstract void buildLegLeft();       //左腳
    public abstract void buildLegRight();      //右腳
}
```

「然後，我們需要建造一個瘦的小人，則讓這個瘦子類別去繼承這個抽象類別，那就必須去重寫這些抽象方法了。否則編譯器也不讓你通過。」

```
//瘦小人建造者
class PersonThinBuilder extends PersonBuilder {

    public PersonThinBuilder(Graphics g){
        super(g);
    }

    public void buildHead(){
        g.drawOval(150, 120, 30, 30);   //頭
    }
    public void buildBody(){
        g.drawRect(160, 150, 10, 50);   //身體
    }
    public void buildArmLeft(){
        g.drawLine(160, 150, 140, 200); //左手
    }
    public void buildArmRight(){
        g.drawLine(170, 150, 190, 200); //右手
    }
    public void buildLegLeft(){
        g.drawLine(160, 200, 145, 250); //左腳
    }
    public void buildLegRight(){
        g.drawLine(170, 200, 185, 250); //右腳
    }
}
```

> 如果遺漏實現任意一個父類別的抽象方法，會導致編譯時報未覆蓋 PersonBuilder 中的抽象方法 buildLegRight() 的錯

13.4 建造者模式

「當然，胖人或高個子其實都是用類似的程式去實現這個類別就可以了。」

「這樣子，我在用戶端要呼叫時，還是需要知道頭身手腳這些方法呀？沒有解決問題。」小菜不解地問。

「別急，我們還缺建造者模式中一個很重要的類別，指揮者（Director），用它來控制建造過程，也用它來隔離使用者與建造過程的連結。」

```
//指揮者
class PersonDirector{

    private PersonBuilder pb;
    //初始化時指定需要建造什麼樣的小人
    public PersonDirector(PersonBuilder pb){
        this.pb=pb;
    }

    //根據使用者的需要建造小人
    public void CreatePerson(){
        pb.buildHead();      //頭
        pb.buildBody();      //身體
        pb.buildArmLeft();   //左手
        pb.buildArmRight();  //右手
        pb.buildLegLeft();   //左腳
        pb.buildLegRight();  //右腳
    }
}
```

「你看到沒有，PersonDirector 類別的目的就是根據使用者的選擇來一步一步建造小人，而建造的過程在指揮者這裡完成了，使用者就不需要知道了，而且，由於這個過程每一步都是一定要做的，那就不會讓少畫了一隻手，少畫一條腿的問題出現了。」

「程式結構圖如下。」

好菜每回味不同 -- 建造者模式 ⑬

```
                    PersonBuilder
                    +buildHead()
                    +buildBody()
PersonDirector      +buildArmLeft()
                    +buildArmRight()
+createPerson       +buildLegLeft()
                    +buildLegRight()

        ↑                       ↑
PersonThinBuilder          PersonFatBuilder
+buildHead()               +buildHead()
+buildBody()               +buildBody()
+buildArmLeft()            +buildArmLeft()
+buildArmRight()           +buildArmRight()
+buildLegLeft()            +buildLegLeft()
+buildLegRight()           +buildLegRight()
```

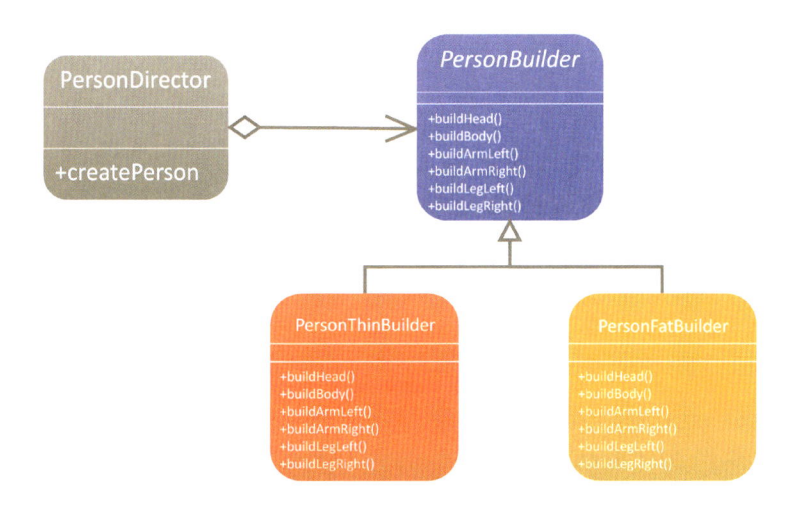

「哈，我明白了，那用戶端的程式我來寫吧。應該也不難實現了。」

```java
class Test extends JFrame {

    public Test() {
        setSize(400, 400);
        setDefaultCloseOperation(EXIT_ON_CLOSE);
        setLocationRelativeTo(null);
    }

    public void paint(Graphics g) {

        PersonBuilder gThin = new PersonThinBuilder(g);
        PersonDirector pdThin = new PersonDirector(gThin);
        pdThin.CreatePerson();

        PersonBuilder gFat = new PersonFatBuilder(g);
        PersonDirector pdFat = new PersonDirector(gFat);
        pdFat.CreatePerson();

    }

    public static void main(String[] args) {
        new Test().setVisible(true);
    }
}
```

13-11

「試想一下，我如果需要增加一個高個子和矮個子的小人，我們應該怎麼做？」

「加兩個類別，一個高個子類別和一個矮個子類別，讓它們都去繼承PersonBuilder，然後用戶端呼叫就可以了。但我有個問題，如果我需要細化一些，比如人的五官，手的上臂、前臂和手掌，大腿小腿這些，怎麼辦呢？」

「問得好，這就需要權衡，如果這些細節是每個具體的小人都需要建構的，那就應該要加進去，反之，就沒必要。其實建造者模式是逐步建造產品的，所以建造者的 Builder 類別裡的那些建造方法必須要足夠普遍，以便為各種類型的具體建造者建構。」

13.5 建造者模式解析

「來，我們看看建造者模式的結構。」

建造者模式（Builder）結構圖

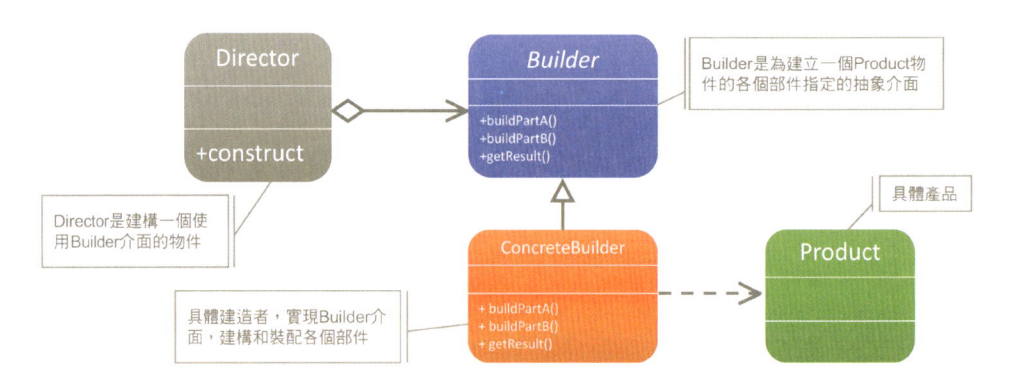

「現在你看這張圖就不會感覺陌生了。來複習一下，Builder 是什麼？」

「是一個建造小人各個部分的抽象類別。」

「概括地說，是為建立一個 Product 物件的各個元件指定的抽象介面。ConcreteBuilder 是什麼呢？」

「具體的小人建造者，具體實現如何畫出小人的頭身手腳各個部分。」

「對的，它是具體建造者，實現 Builder 介面，建構和裝配各個元件。Product 當然就是那些具體的小人，產品角色了，Director 是什麼？」

「指揮者，用來根據使用者的需求建構小人物件。」

「嗯，它是建構一個使用 Builder 介面的物件。」

「那都是什麼時候需要使用建造者模式呢？」

「它主要用於建立一些複雜的物件，這些物件內部子物件的建造順序通常是穩定的，但每個子物件本身的建構通常面臨著複雜的變化。」

「哦，是不是建造者模式的好處就是使得建造程式與表示程式分離，由於建造者隱藏了該產品是如何組裝的，所以若需要改變一個產品的內部表示，只需要再定義一個具體的建造者就可以了。」

「來來來，我們來試著把建造者模式的基本程式推演一下，以便有一個更宏觀的認識。」

13.6 建造者模式基本程式

Product 類別──產品類別，由多個元件組成。

```
//產品類別
class Product{
    ArrayList<String> parts = new ArrayList<String>();

    //添加新的產品元件
    public void add(String part){
        parts.add(part);
    }
```

13.6 建造者模式基本程式

```java
    //列舉所有產品元件
    public void show(){
        for(String part : parts){
            System.out.println(part);
        }
    }
}
```

Builder 類別──抽象建造者類別，確定產品由兩個元件 PartA 和 PartB 組成，並宣告一個得到產品建造後結果的方法 GetResult。

```java
//抽象的建造者類別
abstract class Builder {
    public abstract void buildPartA();      //建造元件A
    public abstract void buildPartB();      //建造元件B
    public abstract Product getResult();    //得到產品
}
```

ConcreteBuilder1 類別──具體建造者類別。

```java
//具體建造者1
class ConcreteBuilder1 extends Builder {
    private Product product = new Product();

    public void buildPartA(){
        product.add("元件A");
    }
    public void buildPartB(){
        product.add("元件B");
    }
    public Product getResult(){
        return product;
    }
}
```

ConcreteBuilder2 類別──具體建造者類別。

```java
//具體建造者2
class ConcreteBuilder2 extends Builder {
    private Product product = new Product();
```

```
    public void buildPartA(){
        product.add("元件X");
    }
    public void buildPartB(){
        product.add("元件Y");
    }
    public Product getResult(){
        return product;
    }
}
```

Director 類別──指揮者類別。

```
//指揮者
class Director{
    public void construct(Builder builder){
        builder.buildPartA();
        builder.buildPartB();
    }
}
```

用戶端程式，客戶不需知道具體的建造過程。

```
        Director director = new Director();
        Builder b1 = new ConcreteBuilder1();
        Builder b2 = new ConcreteBuilder2();

        //指揮者用ConcreteBuilder1的方法來建造產品
        director.construct(b1); //建立的是產品A和產品B
        Product p1 = b1.getResult();
        p1.show();

        //指揮者用ConcreteBuilder2的方法來建造產品
        director.construct(b2); //建立的是產品X和產品Y
        Product p2 = b2.getResult();
        p2.show();
```

「所以說，建造者模式是在當建立複雜物件的演算法應該獨立於該物件的組成部分以及它們的裝配方式時適用的模式。」

13.6 建造者模式基本程式

「如果今天大排檔做炒麵的老闆知道建造者模式,他就明白,鹽是一定要放的,不然,編譯就通不過。」

「什麼呀,不然,錢就賺不到了,而且還大大喪失我們對他廚藝的信任。看來,各行各業都應該要懂模式呀。」

CHPATER 14

老闆回來？我不知道
-- 觀察者模式

14.1 老闆回來？我不知道！

時間：4月12日21點 地點：小菜大鳥住所的客廳　人物：小菜、大鳥

小菜對大鳥說：「今天白天真的笑死人了，我們一同事在上班期間看股票行情，被老闆當場看到，老闆很生氣，後果很嚴重呀。」

「最近股市這麼火，也應該可以理解的，你們老闆說不定也炒股。」

「其實最近專案計畫排得緊，是比較忙的。而最近的股市又特別的火，所以很多人都在偷偷地透過網頁看行情。老闆時常會出門辦事，於是大家就可以輕鬆一些，看看行情，幾個人聊聊買賣股票的心得什麼的，但是一不小心，老闆就會回來，讓老闆看到工作當中做這些總是不太好，你猜他們想到怎麼辦？」

「只能小心點，那能怎麼辦？」

「我們公司總機是一個小美眉，她的名字叫童子喆，因為平時同事們買個飲料或零食什麼的，都拿一份孝敬於她，所以關係比較好，現在他們就

14.1 老闆回來？我不知道！

請小子喆幫忙，如果老闆出門後回來，就一定要打個電話進來，大家也好馬上各就各位，這樣就不會被老闆發現問題了。」

「哈，好主意，老闆被人臥了底，這下你們那些人就不怕被發現了。」

「是呀，只要老闆進門，子喆撥個電話給同事中的，所有人就都知道老闆回來了。這種做法屢試不爽。」

「那怎麼還會有今天被發現的事？」

「今天是這樣的，老闆出門後，大家開始個個都打開股票行情查看軟體，然後還聚在一起討論著『大盤現在如何』，『你的股票拋了沒有』等事。這時老闆回來後，並沒有直接走進去，而是對子喆交待了幾句，可能是要她列印些東西，並叫她跟老闆去拿材料，這樣子喆就根本沒有任何時間去打電話了。」

「哈，這下完了。」

「是呀，老闆帶著子喆走進了辦公室的時候，辦公室一下子從熱鬧轉向了安靜，好幾個同事本是聚在一起聊天的，趕快不說話了，回到自己的座位上，最可憐的是那個背對大門的同事——魏關姹，他顯然不知道老闆回來了，竟然還叫了一句『我的股票漲停了哦。』，聲音很大，就當他興奮

的轉過身想表達一下激動的心情時，卻看到了老闆憤怒的面孔和其他同事同情的眼神。」

「幸運卻又倒楣的人，誰叫他沒看到老闆來呢。」

「但我們老闆很快恢復了笑容，平靜地說道：『魏關姹，恭喜發財呀，你是不是考慮請我們大家吃飯哦。』魏關姹面紅耳赤地說，『老闆，實在對不起！以後不會了。』『以後工作時還是好好工作吧。大家都繼續工作吧。』老闆沒再說什麼，就去忙事情去了。」

「啊，就這樣結束了？我還當他會拿魏關姹做典型，好好批評一頓呢。不過回過頭來想想看，你們老闆其實很厲害，這比直接批評來得更有效，大家都是明白人，給個面子或許都能下得了台，如果真的當面批評，或許魏關姹就幹不下去了。」

「是的，生氣卻不發作，很牛。」

14.2 雙向耦合的程式

「你說的這件事的情形，是一個典型的觀察者模式。」大鳥說，「你不妨把其間發生的事寫成程式看看。」

「哦，好的，我想想看。」小菜開始在紙上畫起來。

半分鐘後，小菜給了大鳥程式。

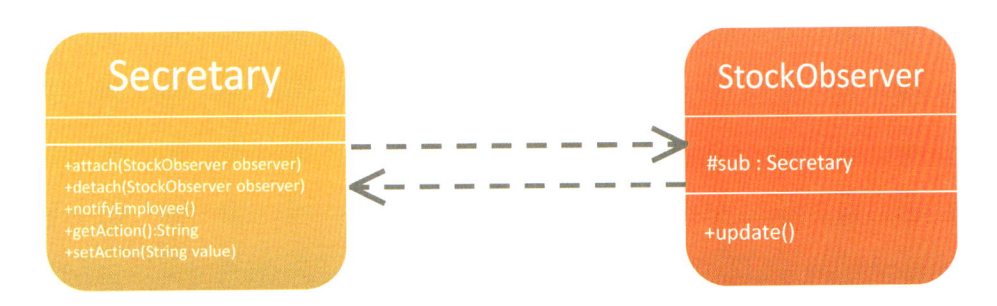

Secretary
+attach(StockObserver observer)
+detach(StockObserver observer)
+notifyEmployee()
+getAction():String
+setAction(String value)

StockObserver
#sub : Secretary

+update()

14-3

14.2 雙向耦合的程式

```java
//總機秘書類別
class Secretary{
    protected String name;
    public Secretary(String name){
        this.name = name;
    }

    //同事列表
    private ArrayList<StockObserver> list = new ArrayList<StockObserver>();
    private String action;

    //增加同事（有幾個同事需要總機通知，就增加幾個物件）
    public void attach(StockObserver observer){
        list.add(observer);
    }

    //通知
    public void notifyEmployee(){
        //待老闆來了，就給所有登記過的同事發通知
        for(StockObserver item : list){
            item.update();
        }
    }

    //得到狀態
    public String getAction(){
        return this.action;
    }
    //設置狀態（就是設置具體通知的話）
    public void setAction(String value){
        this.action = value;
    }
}

//看股票同事類別
class StockObserver{
    private String name;
```

14-4

```java
    private Secretary sub;
    public StockObserver(String name,Secretary sub){
        this.name = name;
        this.sub = sub;
    }

    public void update(){
        System.out.println(this.sub.name+"："+this.sub.getAction()+"！"
            +this.name+"，請關閉股票行情，趕緊工作。");
    }
}
```

用戶端程式

```java
    //總機小姐童子喆
    Secretary secretary1 = new Secretary("童子喆");
    //看股票的同事
    StockObserver employee1 = new StockObserver("魏關妮",secretary1);
    StockObserver employee2 = new StockObserver("易管查",secretary1);

    //總機登記下兩伴同事
    secretary1.attach(employee1);
    secretary1.attach(employee2);

    //當發現老闆回來了時
    secretary1.setAction("老闆回來了");
    //通知兩個同事
    secretary1.notifyEmployee();
```

執行結果

童子喆：老闆回來了！魏關妮，請關閉股票行情，趕緊工作。
童子喆：老闆回來了！易管查，請關閉股票行情，趕緊工作。

「寫得不錯，把整個事情都包括了。現在的問題是，你有沒有發現，這個『總機秘書』類別和這個『看股票者』類別之間怎麼樣？」

「嗯，你是不是指互相耦合？我寫的時候就感覺到了，總機秘書類別要增加觀察者，觀察者類別需要總機秘書的狀態。」

「對呀，你想想看，如果觀察者當中還有人是想看 NBA 的網上直播（由於時差關係，美國 NBA 籃球比賽通常都是在台灣時間的上午開始），你的『總機秘書』類別程式怎麼辦？」

「那就得改動了。」

「你都發現這個問題了，你說該怎麼辦？想想我們的設計原則？」

「我就知道，你又要提醒我了。首先開放 - 封閉原則，修改原有程式就說明設計不夠好。其次是依賴倒轉原則，我們應該讓程式都依賴抽象，而非相互依賴。OK，我去改改，應該不難的。」

14.3 解耦實踐一

半小時後，小菜舉出了第二版。

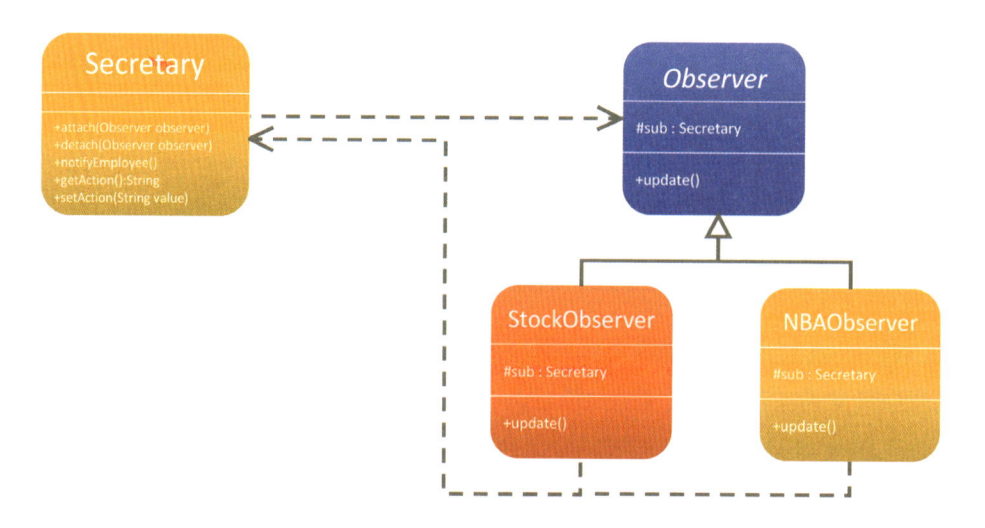

增加了抽象的觀察者

```java
//抽象觀察者
abstract class Observer{
    protected String name;
    protected Secretary sub;
    public Observer(String name,Secretary sub){
        this.name = name;
        this.sub = sub;
    }
    public abstract void update();
}
```

增加了兩個具體觀察者

```java
//看股票同事類別
class StockObserver extends Observer{
    public StockObserver(String name,Secretary sub){
        super(name,sub);
    }

    public void update(){
        System.out.println(super.sub.name+":"+super.sub.getAction()+"!"
            +super.name+",請關閉股票行情,趕緊工作。");
    }
}

//看NBA同事類別
class NBAObserver extends Observer{
    public NBAObserver(String name,Secretary sub){
        super(name,sub);
    }

    public void update(){
        System.out.println(super.sub.name+":"+super.sub.getAction()+"!"
            +super.name+",請關閉NBA直播,趕緊工作。");
    }
}
```

14-7

14.3 解耦實踐一

「這裡讓兩個觀察者去繼承『抽象觀察者』，對於『update（更新）』的方法做重寫入操作。」

「下面是總機秘書類別的撰寫，把所有的與具體觀察者耦合的地方都改成了『抽象觀察者』。」

```java
//總機類別
class Secretary{
    protected String name;
    public Secretary(String name){
        this.name = name;
    }
    //同事列表
    private ArrayList<Observer> list = new ArrayList<Observer>();
    //針對抽象的Observer程式設計
    private String action;

    //增加同事（有幾個同事需要總機通知，就增加幾個物件）
    public void attach(Observer observer){
        list.add(observer);
    }
    //減少同事
    public void detach(Observer observer){
        list.remove(observer);
    }
    //通知
    public void notifyEmployee(){
        //待老闆來了，就給所有登記過的同事發通知
        for(Observer item : list){
            item.update();
        }
    }
    //得到總機狀態
    public String getAction(){
        return this.action;
    }
    //設置總機狀態（就是設置具體通知的話）
    public void setAction(String value){
```

```
        this.action = value;
    }
}
```

用戶端程式同前面一樣。

「小菜,你這樣寫只完成一半呀。」

「為什麼,我不是已經增加了一個『抽象觀察者』了嗎?」

「你小子,考慮問題為什麼就不能全面點呢,你仔細看看,在具體觀察者中,有沒有與具體的類別耦合的?」

「嗯?這裡有什麼?哦!我明白了,你的意思是『總機秘書』是一個具體的類別,也應該抽象出來。」

「對呀,你想想看,你們公司最後一次,你們的老闆回來,總機秘書來不及電話了,於是通知大家的任務變成誰來做?」

「是老闆,對的,其實老闆也好,總機秘書也好,都是具體的通知者,這裡觀察者也不應該依賴具體的實現,而是一個抽象的通知者。」

「另外,就算是你們的總機秘書,如果某一個同事和她有矛盾,她生氣了,於是不再通知這位同事,此時,她是否應該把這個物件從她加入的觀察者列表中刪除?」

「這個容易,呼叫 'detach' 方法將其減去就可以了。」

「好的,再去寫寫看。」

14.4 解耦實踐二

又過了半小時後,小菜舉出了第三版。

14.4 解耦實踐二

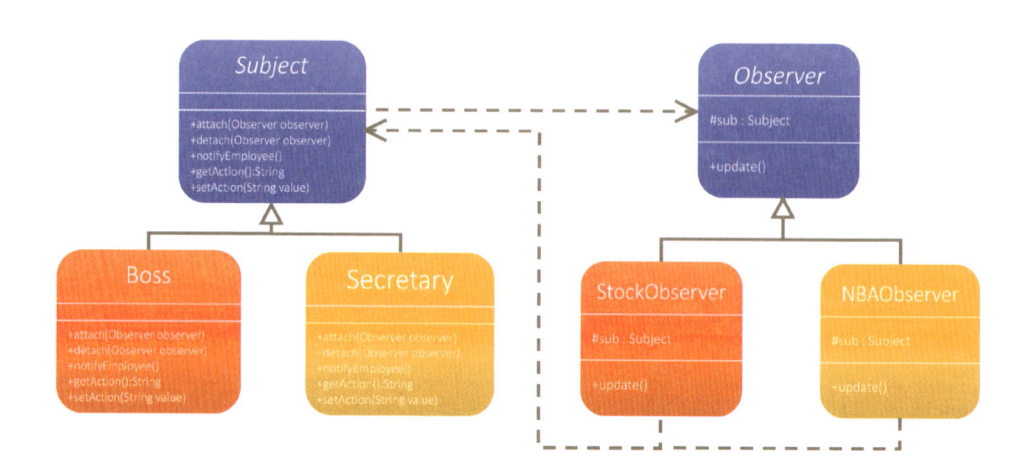

增加了抽象通知者,可以是介面,也可以是抽象類別

```java
//通知者介面
abstract class Subject{
    protected String name;
    public Subject(String name){
        this.name = name;
    }
    //同事列表
    private ArrayList<Observer> list = new ArrayList<Observer>();
    //針對抽象的Observer程式設計
    private String action;
    //增加同事(有幾個同事需要秘書通知,就增加幾個物件)
    public void attach(Observer observer){
        list.add(observer);
    }
    //減少同事
    public void detach(Observer observer){
        list.remove(observer);
    }
    //通知
    public void notifyEmployee(){
        //給所有登記過的同事發通知
        for(Observer item : list){
            item.update();
```

```
        }
    }
    //得到狀態
    public String getAction(){
        return this.action;
    }
    //設置狀態 (就是設置具體通知的話)
    public void setAction(String value){
        this.action = value;
    }
}
```

具體的通知者類別可能是總機秘書，也可能是老闆，它們也許有各自的一些方法，但對通知者來說，它們是一樣的，所以它們都去繼承這個抽象類別 Subject。

```
//老闆
class Boss extends Subject{
    public Boss(String name){
        super(name);
    }

    //擁有自己的方法和屬性
}

//總機類別
class Secretary extends Subject{
    public Secretary(String name){
        super(name);
    }

    //擁有自己的方法和屬性
}
```

對於具體的觀察者，需更改的地方就是把與『總機秘書』耦合的地方都改成針對抽象通知者。

14-11

14.4 解耦實踐二

```java
//抽象觀察者
abstract class Observer{
    protected String name;
    protected Subject sub;
    public Observer(String name,Subject sub){
        this.name = name;
        this.sub = sub;
    }
    public abstract void update();
}
```

> 原來是 Secretary，現在是抽象類別 Subject

```java
//看股票同事類別
class StockObserver extends Observer{
    public StockObserver(String name,Subject sub){
        super(name,sub);
    }

    public void update(){
        System.out.println(super.sub.name+" : "+super.sub.getAction()+" ！"
            +super.name+"，請關閉股票行情，趕緊工作。");
    }
}

//看NBA同事類別
class NBAObserver extends Observer{
    public NBAObserver(String name,Subject sub){
        super(name,sub);
    }

    public void update(){
        System.out.println(super.sub.name+" : "+super.sub.getAction()+" ！"
            +super.name+"，請關閉NBA直播，趕緊工作。");
    }
}
```

老闆回來？我不知道 -- 觀察者模式 ⑭

▌用戶端程式

```
//老板胡漢三
Subject boss1 = new Boss("胡漢三");

//看股票的同事
Observer employee1 = new StockObserver("魏關姹",boss1);
Observer employee2 = new StockObserver("易管查",boss1);
//看NBA的同事
Observer employee3 = new NBAObserver("蘭秋霡",boss1);

//老闆登記下三個同事
boss1.attach(employee1);
boss1.attach(employee2);
boss1.attach(employee3);

boss1.detach(employee1);  //魏關姹其實沒有被通知到，所有減去

//老闆回來
boss1.setAction("我胡漢三回來了");
//通知兩個同事
boss1.notifyEmployee();
```

▌執行結果

> 胡漢三：我胡漢三回來了！易管查，請關閉股票行情，趕緊工作。
> 胡漢三：我胡漢三回來了！蘭秋霡，請關閉NBA直播，趕緊工作。

「由於『魏關姹』沒有被通知到，所以他被當場『抓獲』，下場很慘。」小菜說道，「現在我做到了兩者都不耦合了。」

「寫得好。你已經把觀察者模式的精華都寫出來了，現在我們來看看什麼叫觀察者模式。」

14-13

14.5 觀察者模式

觀察者模式又叫做發佈 - 訂閱（Publish/Subscribe）模式。

> 觀察者模式定義了一種一對多的依賴關係，讓多個觀察者物件同時監聽某一個主題物件。這個主題物件在狀態發生變化時，會通知所有觀察者物件，使它們能夠自動更新自己。

觀察者模式（Observer）結構圖

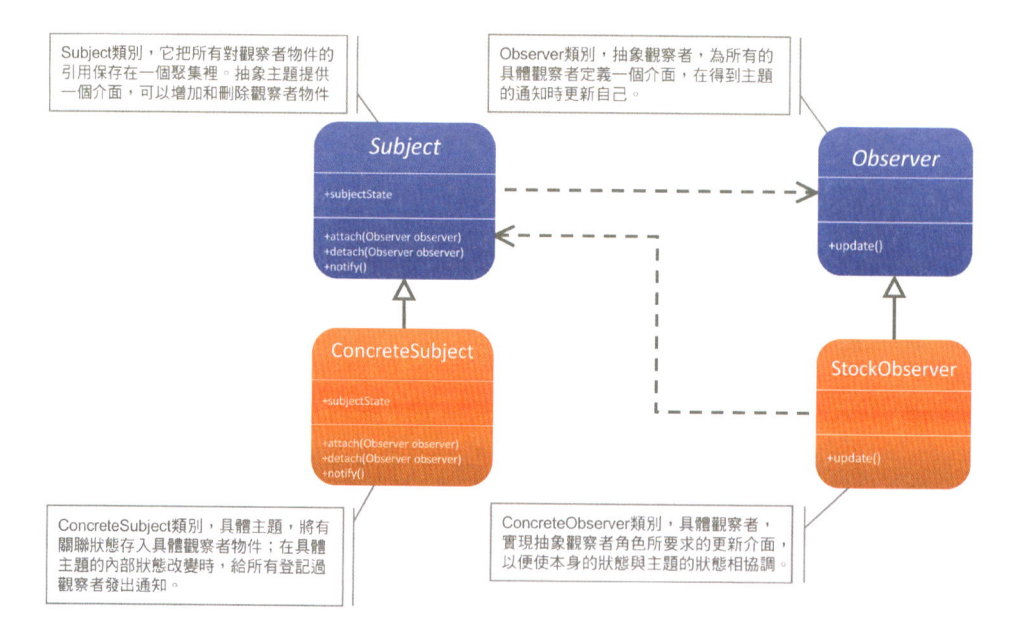

Subject類別，它把所有對觀察者物件的引用保存在一個聚集裡。抽象主題提供一個介面，可以增加和刪除觀察者物件。

Observer類別，抽象觀察者，為所有的具體觀察者定義一個介面，在得到主題的通知時更新自己。

Subject
+subjectState
+attach(Observer observer)
+detach(Observer observer)
+notify()

Observer
+update()

ConcreteSubject
+subjectState
+attach(Observer observer)
+detach(Observer observer)
+notify()

StockObserver
+update()

ConcreteSubject類別，具體主題，將有關聯狀態存入具體觀察者物件；在具體主題的內部狀態改變時，給所有登記過觀察者發出通知。

ConcreteObserver類別，具體觀察者，實現抽象觀察者角色所要求的更新介面，以便使本身的狀態與主題的狀態相協調。

Subject 類別

可翻譯為主題或抽象通知者，一般用一個抽象類別或一個介面實現。它把所有對觀察者物件的引用儲存在一個聚集裡，每個主題都可以有任何數量的觀察者。抽象主題提供一個介面，可以增加和刪除觀察者物件。

```java
//通知者抽象類別
abstract class Subject{
    private ArrayList<Observer> list = new ArrayList<Observer>();
    //針對抽象的Observer程式設計

    //增加觀察者
    public void attach(Observer observer){
        list.add(observer);
    }
    //減少觀察者
    public void detach(Observer observer){
        list.remove(observer);
    }
    //通知觀察者
    public void notifyObserver(){
        for(Observer item : list){
            item.update();
        }
    }
    protected String subjectState;
    public String getSubjectState(){
        return this.subjectState;
    }
    public void setSubjectState(String value){
        this.subjectState = value;
    }
}
```

Observer 類別

抽象觀察者，為所有的具體觀察者定義一個介面，在得到主題的通知時更新自己。這個介面叫做更新介面。抽象觀察者一般用一個抽象類別或一個介面實現。更新介面通常包含一個 update() 方法，這個方法叫做更新方法。

```java
//抽象觀察者
abstract class Observer{
```

14-15

14.5 觀察者模式

```java
    public abstract void update();
}
```

ConcreteSubject 類別

叫做具體主題或具體通知者,將有關狀態存入具體觀察者物件;在具體主題的內部狀態改變時,給所有登記過的觀察者發出通知。具體主題角色通常用一個具體子類別實現。

```java
//具體通知者
class ConcreteSubject extends Subject{
    //具體通知者的方法
}
```

ConcreteObserver 類別

具體觀察者,實現抽象觀察者角色所要求的更新介面,以便使本身的狀態與主題的狀態相協調。具體觀察者角色可以儲存一個指向具體主題物件的引用。具體觀察者角色通常用一個具體子類別實現。

```java
//具體觀察者類別
class ConcreteObserver extends Observer{
    private String name;
    private Subject sub;
    public ConcreteObserver(String name,Subject sub){
        this.name = name;
        this.sub = sub;
    }
    public void update(){
        System.out.println("觀察者"+this.name+"的新狀態是"
            +this.sub.getSubjectState());
    }
}
```

用戶端程式

```java
        Subject subject = new ConcreteSubject();
        subject.attach(new ConcreteObserver("NameX",subject));
```

```
subject.attach(new ConcreteObserver("NameY",subject));
subject.attach(new ConcreteObserver("NameZ",subject));
subject.setSubjectState("ABC");

subject.notifyObserver();
```

結果顯示

觀察者NameX的新狀態是ABC
觀察者NameY的新狀態是ABC
觀察者NameZ的新狀態是ABC

14.6 觀察者模式特點

「用觀察者模式的動機是什麼呢?」小菜問道。

「問得好,將一個系統分割成一系列相互協作的類別有一個很不好的副作用,那就是需要維護相關物件間的一致性。我們不希望為了維持一致性而使各類緊密耦合,這樣會給維護、擴充和重用都帶來不便。而觀察者模式的關鍵物件是主題 Subject 和觀察者 Observer,一個 Subject 可以有任意數目的依賴它的 Observer,一旦 Subject 的狀態發生了改變,所有的 Observer 都可以得到通知。Subject 發出通知時並不需要知道誰是它的觀察者,也就是說,具體觀察者是誰,它根本不需要知道。而任何一個具體觀察者不知道也不需要知道其他觀察者的存在。」

「什麼時候考慮使用觀察者模式呢?」

「你說什麼時候應該使用?」大鳥反問道。

「當一個物件的改變需要同時改變其他物件的時候。」

「補充一下,而且它不知道具體有多少物件有待改變時,應該考慮使用觀察者模式。還有嗎?」

14-17

14.6 觀察者模式特點

「我感覺當一個抽象模型有兩個方面,其中一方面依賴於另一方面,這時用觀察者模式可以將這兩者封裝在獨立的物件中使它們各自獨立地改變和重複使用。」

「非常好,總的來講,觀察者模式所做的工作其實就是在解除耦合。讓耦合的雙方都依賴於抽象,而非依賴於具體。從而使得各自的變化都不會影響另一邊的變化。」

「啊,這實在是依賴倒轉原則的最佳表現呀。」小菜感慨道。

「我問你,在抽象觀察者時,你的程式裡用的是抽象類別,為什麼不用介面?」

「因為我覺得兩個具體觀察者,看股票觀察者和看 NBA 觀察者類別是相似的,所以用了抽象類別,這樣可以共用一些程式,用介面只是方法上的實現,沒什麼太大意義。」

「那麼抽象觀察者可不可以用介面來定義?」

「用介面?我不知道,應該沒必要吧。」

「哈,那是因為你不知道觀察者模式的應用都是怎麼樣的。現實程式設計中,具體的觀察者完全有可能是風馬牛不相及的類別,但它們都需要根據通知者的通知來做出 update() 的操作,所以讓它們都實現下面這樣的介面就可以實現這個想法了。」

```
interface Observer{
    public void update();
}
```

「嘿,大鳥說得好,這時用介面比較好。」小菜傻笑問道,「那具體怎麼使用呢?」

14.7 Java 內建介面實現

「事實上，Java 已經為觀察者模式準備好了相關的介面和抽象類別了。」大鳥說道，「觀察者介面 java.util.Observer 和通知者類別 java.util. Observable。有了這些 Java 內建程式的支持，你只需要擴充或繼承 Observable，並告訴它什麼時候應該通知觀察者，就 OK 了，剩下的事 Java 會幫你做。jdk 中的原生程式你可以自己去查看，我們來看用它們來實現剛才的程式結構。」

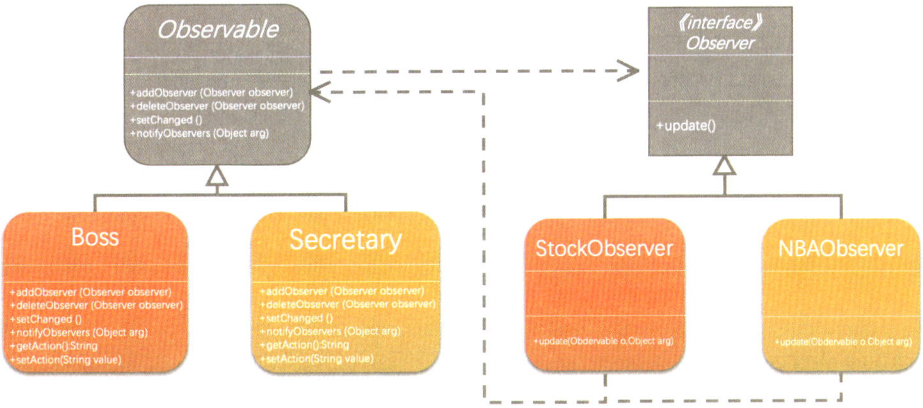

「由於已經有了 Observable 實現的各種方法，比如加觀察者 (addObserver)、減觀察者 (deleteObserver)、通知觀察者 (notifyObservers) 等。所以 Boss 類別繼承了 Observable，已經無需再實現這些程式了。Boss 繼承 Observable 類別，當 addObserver 增加一些觀察者後，它在 setAction 裡是這樣工作的：呼叫 setChanged 方法，標記狀態已經改變，然後呼叫 notifyObservers 方法來通知觀察者。」

```
//老闆
class Boss extends Observable{
    protected String name;
    private String action;
```

14.7 Java 內建介面實現

```java
    public Boss(String name){
        this.name = name;
    }
```
← 無需增加觀察者和減少觀察者程式，也少了通知觀察者的程式。

```java
    //得到狀態
    public String getAction(){
        return this.action;
    }
    //設置狀態（就是設置具體通知的話）
    public void setAction(String value){
        this.action = value;

        super.setChanged();         //改變通知者的狀態

        super.notifyObservers();    //呼叫父類別Observable方法，通知所有觀察者
    }
}
```

「StockObserver 實現了 jdk 中的 Observer 介面，但 update 有兩個固定參數，其中 Observable 物件可以讓觀察者知道是哪個主題通知它的。NBAObserver 與此類類似，就不寫了。看程式。」

```java
//看股票同事類別
class StockObserver implements Observer{

    protected String name;
    public StockObserver(String name){
        this.name = name;
    }

    public void update(Observable o, Object arg){ //兩個參數是原生介面要求的參數

        Boss b=(Boss)o; //需要拆箱將Observable物件轉成Boss

        System.out.println(b.name+"："+b.getAction()+"！"+this.name
            +"，請關閉股票行情，趕緊工作。");
    }
}
```

14-20

老闆回來？我不知道 -- 觀察者模式 ⑭

「用戶端程式如下。」

```java
//老板胡漢三
Boss boss1 = new Boss("胡漢三");

//看股票的同事
Observer employee1 = new StockObserver("魏關姹");
Observer employee2 = new StockObserver("易管查");
Observer employee3 = new NBAObserver("蘭秋冪");

//老闆登記下三個同事
boss1.addObserver(employee1);      //增加觀察者
boss1.addObserver(employee2);
boss1.addObserver(employee3);

boss1.deleteObserver(employee1); //魏關姹其實沒有被通知到,所有減去觀察者

//老闆回來
boss1.setAction("我胡漢三回來了");
```

「與小菜你原來的寫法差不多，addObserver 與 attach，deleteObserver 與 detach 都是同一個意思。」

小菜：「這樣看來，程式省下了很多了。」

大鳥：「你有發現問題嗎？比如如果增加總機秘書類別，會不會有問題。」

小菜：「在 StockObserver 類別中，竟然出現了 Boss，具體類別中耦合了具體類別了，這就沒有針對介面程式設計了。」

```java
//看股票同事類別
class StockObserver implements Observer{

    protected String name;
    public StockObserver(String name){
        this.name = name;
    }

    public void update(Observable o, Object arg){ //兩個參數是原生介面要求的參數
```

14-21

14.7 Java 內建介面實現

```
        Boss b=(Boss)o;    //需要拆箱將Observable物件轉成Boss

        System.out.println(b.name+"："+b.getAction()+"！"+this.name
            +"，請關閉股票行情，趕緊工作。");
    }
}
```

大鳥：「所以我們可以像下面這樣改。」

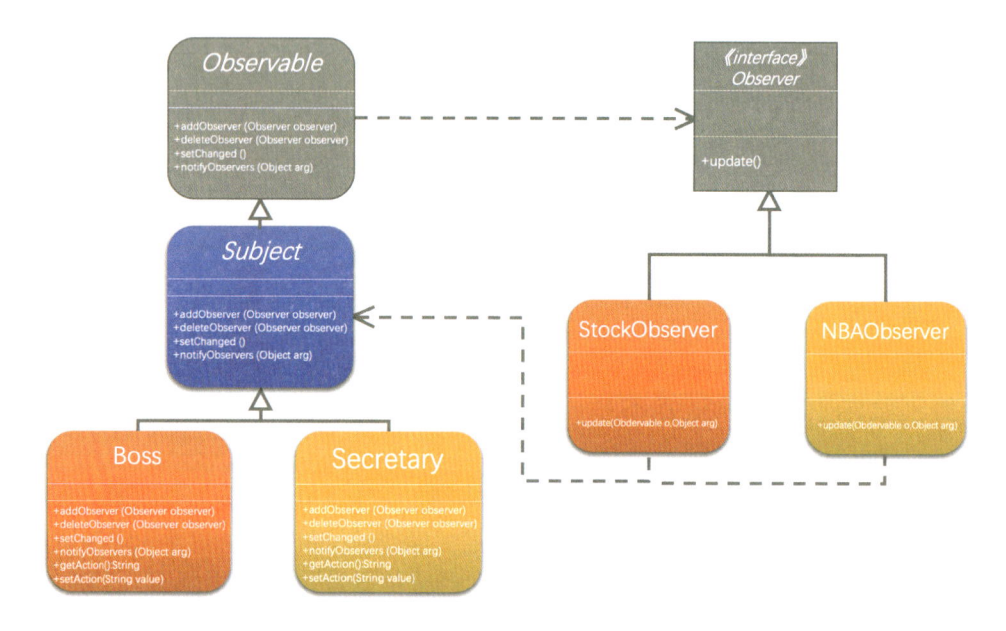

```
Observable
+addObserver (Observer observer)
+deleteObserver (Observer observer)
+setChanged ()
+notifyObservers (Object arg)
```

```
《interface》
Observer
+update()
```

```
Subject
+addObserver (Observer observer)
+deleteObserver (Observer observer)
+setChanged ()
+notifyObservers (Object arg)
```

```
Boss
+addObserver (Observer observer)
+deleteObserver (Observer observer)
+setChanged ()
+notifyObservers (Object arg)
+getAction():String
+setAction(String value)
```

```
Secretary
+addObserver (Observer observer)
+deleteObserver (Observer observer)
+setChanged ()
+notifyObservers (Object arg)
+getAction():String
+setAction(String value)
```

```
StockObserver
+update(Observable o,Object arg)
```

```
NBAObserver
+update(Observable o,Object arg)
```

大鳥：「上面這樣的設計，可以充分重複使用 Java 內建類別和介面，達到針對介面程式設計的目的，又保證了我們的程式不會因為緊耦合而不能重複使用的問題。」

```java
//Subject
class Subject extends Observable{
    protected String name;
    private String action;

    public Subject(String name){
        this.name = name;
    }
```

老闆回來？我不知道 -- 觀察者模式 14

```java
    //得到狀態
    public String getAction(){
        return this.action;
    }
    //設置狀態（就是設置具體通知的話）
    public void setAction(String value){
        this.action = value;
        setChanged();
        notifyObservers();
    }
}

//老闆
class Boss extends Subject{
    public Boss(String name){
        super(name);
    }
}
```

此時 StockObserver 並不知道 Boss 的存在，而只是知道 Subject，達到了我們鬆散耦合的目的。

```java
//看股票同事類別
class StockObserver implements Observer{
    protected String name;
    public StockObserver(String name){
        this.name = name;
    }

    public void update(Observable o, Object arg){

        Subject b=(Subject)o;

        System.out.println(b.name+"："+b.getAction()+"！"+this.name
            +"，請關閉股票行情，趕緊工作。");
    }
}
```

14-23

大鳥：「事實上，這裡 Java 內建的 Observable 是一個類別，這樣設計是有問題的。一個類別，就只能繼承它，但我們自己的類別可能本身就需要繼承其他抽象類別，這就產生了麻煩。Java 不支持多重繼承，這就嚴重限制了 Observable 的重複使用潛力。所以，當你這段程式用 javac 編譯時，會舉出提示：**警告**：*[deprecation] java.util* 中的 *Observable* **已過時**。系統其實是建議你不要重複使用這樣的方法。所以真實程式設計中，我們也要考慮怎麼取捨，如何修改的問題。」

14.8 觀察者模式的應用

小菜問道：「那在現實中，觀察者模式主要用在哪裡呢？」

大鳥微笑著說道：「舉個例子。我們所用的幾乎所有的應用軟體，內部表單相互通訊就都是利用觀察者模式的原理在工作的。比如，使用 Word 時，當你點擊右上角的『樣式面板』之前的時候，整個介面是下面這樣的。」

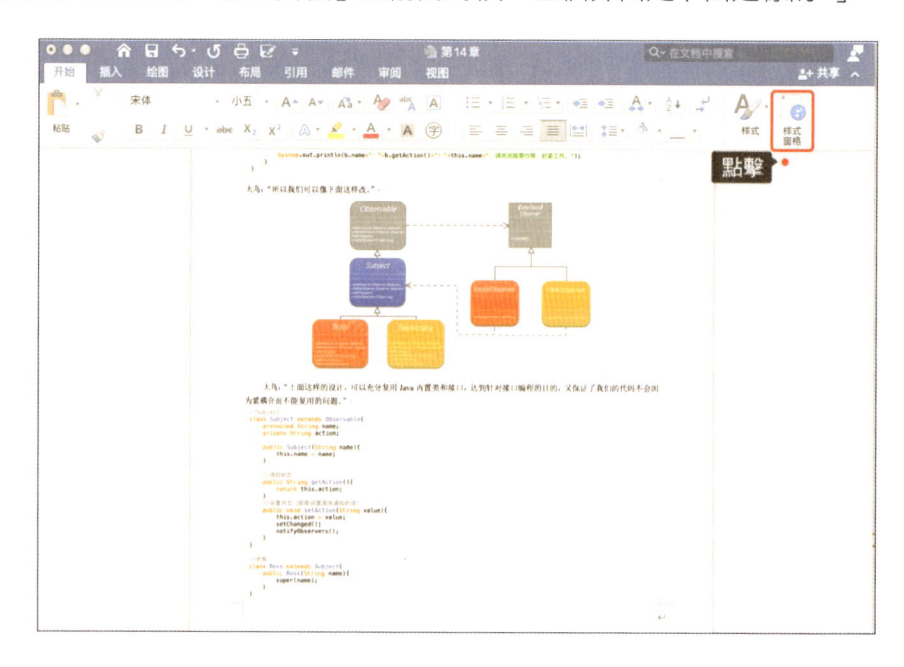

「當『樣式面板』之後，右側會彈出一個樣式編輯的表單。也就是說，一個開關按鈕給一個樣式編輯表單的觀察者發了通知，讓它顯示出來。」

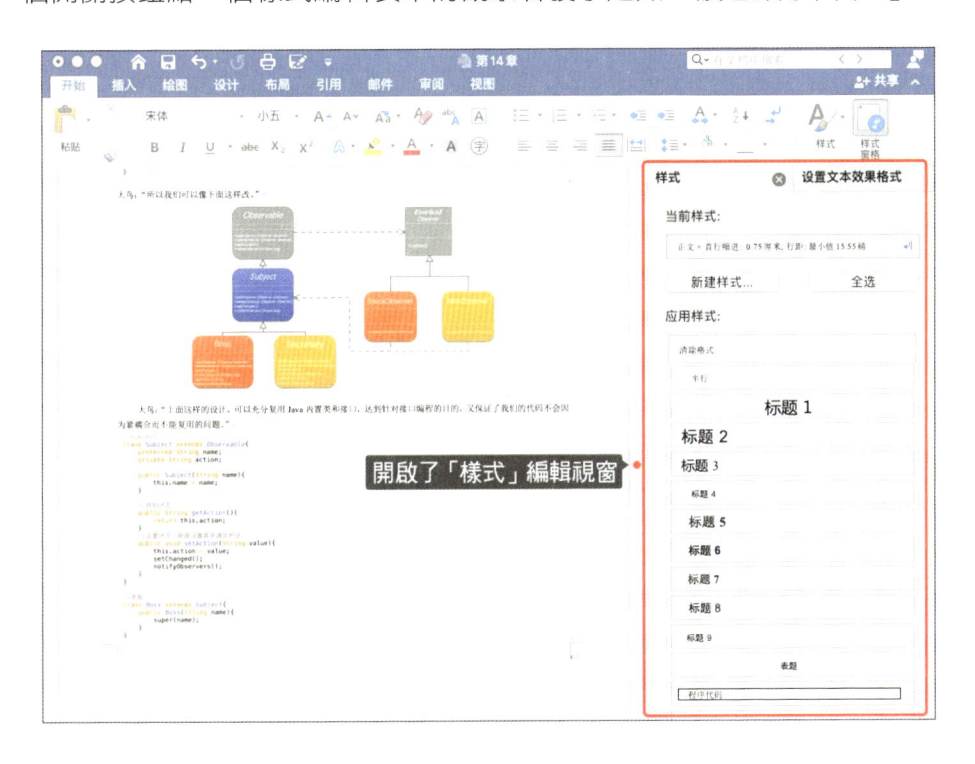

「所有的控制項，事實上都是有實現 'Observer' 的介面（實際程式設計比較複雜，這裡不展開），它們都是在等通知中，點擊某個開關按鈕後，就向這些控制項──觀察者發了通知，於是產生了表單上的變化。這其實就是觀察者模式的實際應用。具體細節可以去了解 Android 或 Swing 程式設計。」

14.9 石守吉失手機後

突然小菜的手機響了。

「小菜，我是石守吉，昨天我手機丟了，沒辦法，只得重買一個。原來的那個號也沒法辦回來，還好我記得你的手機，所以用這個新號打給你了。你能不能把我們班級同學的號碼抄一份發郵件給我？」

「哦，這個好辦，不過班級這麼多人，我要是抄起來，也容易錯。而且，如果現在同學有急事要找你，不就找不到了嗎？我們這樣辦吧……用觀察者模式。」

「你說什麼？我聽不懂呀。什麼觀察者模式？」

「哈，其實就是我在這裡給我們班級所有同學群發一筆簡訊，通知他們，你石守吉已換新號，請大家更新號碼，有事可即時與石守吉聯繫。」

「好辦法，你可記得一定要給李小姐、張小姐、王小姐發哦。」

「你小子，首先想著的就是女生。放心，我才不管誰呢，凡是在我手機裡存的班級同學，我都會循環遍歷一遍，群發給他們的。」

「小菜怎麼張口閉口都是術語呀，好的，你就循環遍歷一下吧。這事就委託給你了，謝謝哦！」

CHPATER

15

就不能不換 DB 嗎？
-- 抽象工廠模式

15.1 就不能不換 DB 嗎？

時間：4月17日23點　地點：小菜大鳥住所的客廳　人物：小菜、大鳥

「這麼晚才回來，都11點了。」大鳥看著剛推門而入的小菜問道。

「唉！沒辦法呀，工作忙。」小菜歎氣說道。

「怎麼會這麼忙，加班有點過頭了呀。」

「都是換資料庫惹的禍唄。」

「怎麼了？」

15.1 就不能不換 DB 嗎？

「我們團隊前段時間用 .Net 的 C# 來開發好好一個專案，是給一家企業做的電子商務網站，是用 SQL Server 作為資料庫的，應該說上線後除了開始有些小問題，基本都還可以。而後，公司接到另外一家公司類似需求的專案，但這家公司想省錢，租用了一個空間，只能用 Access，不能用 SQL Server，於是就要求我今天改造原來那個專案的程式。」

「小菜會 C# 語言了？」

「C# 與 Java 差不多，這不是重點，但換資料庫遠遠沒有我想的那麼簡單。」

「哈哈，你的麻煩來了。」

「是呀，那是相當的麻煩。但開始我覺得很簡單呀，因為 SQL Server 和 Access 在 ADO.NET 上的使用是不同的，在 SQL Server 上用的是 System.Data.SqlClient 命名空間下的 SqlConnection、SqlCommand、SqlParameter、SqlDataReader、SqlDataAdapter，而 Access 則要用 System.Data.OleDb 命名空間下的對應物件，我以為只要做一個全體替換就可以了，哪知道，替換後，錯誤百出。」

註：以上為 .Net 框架上的術語，不了解並不影響閱讀，只要知道資料庫之間呼叫程式相差很大即可。

「那是一定的，兩者有不少不同的地方。你都找到了些什麼問題？」

「實在是多呀。在插入資料時 Access 必須要 insert into 而 SQL Server 可以不用 into 的；SQL Server 中的 GetDate() 在 Access 中沒有，需要改成 Now()；SQL Server 中有字串函數 Substring，而 Access 中根本不能用，我找了很久才知道，可以用 Mid，這好像是 VB 中的函數。」

「小菜還真犯了不少錯呀，insert into 這是標準語法，你幹嘛不加 into，這是自找的麻煩。」

「這些問題也就罷了，最氣人的是程式的登入程式，老是顯示出錯，我怎麼也找不到出了什麼問題，搞了幾個小時。最後才知道，原來 Access 對一些關鍵字，例如 password 是不能作為資料庫的欄位的，如果密碼的欄位名稱是 password，SQL Server 中什麼問題都沒有，執行正常，在 Access 中就是顯示出錯，而且報得讓人莫名其妙。」

「『關鍵字』應該要用 '[' 和 ']' 包起來，不然當然是容易出錯的。」

「就這樣，今天加班到這時候才回來。」

「以後你還有的是班要加了。」

「為什麼？」

「只要網站要維護，比如修改或增加一些功能，你就得改兩個專案，至少在資料庫中做改動，對應的程式碼都要改，甚至和資料庫不相干的程式也要改，你既然有兩個不同的版本，兩倍的工作量也是必然的。」

「是呀，如果哪一天要用 Mysql 或 Oracle 資料庫，估計我要改動的地方更多了。」

「那是當然，Mysql、Oracle 的 SQL 語法與 SQL Server 的差別更大。你的改動將是空前的。」

「大鳥只會誇張，哪有這麼嚴重，大不了再加兩天班就什麼都搞定了。」

「哼」，大鳥笑著搖了搖頭，很不屑一顧，「菜鳥程式設計師碰到問題，只會用時間來擺平，所以即使整天加班，老闆也不想給菜鳥加薪水，原因就在於此。」

「你什麼意思嘛！」小菜氣道，「我是菜鳥我怕誰。」接著又拉了拉大鳥，「那你說怎麼搞定才是好呢？」

「知道求我啦，」大鳥端起架子，「教你可以，這一周的碗你洗。」

「行，」小菜很爽快地答應道，「在家洗碗也比加班熬夜強。」

15.2 最基本的資料存取程式

「你先寫一段你原來的資料存取的做法給我看看。」

「那就用『新增使用者』和『得到使用者』為例吧。」

使用者類別

假設只有 ID 和 Name 兩個欄位，其餘省略。

```java
//用戶類別
public class User {

    //用戶ID
    private int _id;
    public int getId(){
        return this._id;
    }
    public void setId(int value){
        this._id=value;
    }

    //用戶姓名
    private String _name;
    public String getName(){
        return this._name;
    }
    public void setName(String value){
        this._name=value;
    }
}
```

SqlserverUser 類別

用於操作 User 表，假設只有「新增使用者」和「得到使用者」方法，其餘方法以及具體的 SQL 敘述省略。

```java
public class SqlserverUser {
    //新增一個用戶
    public void insert(User user){
        System.out.println("在SQL Server中給User表增加一筆記錄");
    }

    //獲取一個使用者資訊
    public User getUser(int id){
        System.out.println("在SQL Server中根據使用者ID得到User表一筆記錄");
        return null;
    }
}
```

用戶端程式

```java
    User user = new User();

    SqlserverUser su = new SqlserverUser();      ← 與 Sqlserver 耦合

    su.insert(user);     //新增一個用戶
    su.getUser(1);       //得到使用者ID為1的使用者資訊
```

「我最開始就是這樣寫的，非常簡單。」

「這裡之所以不能換資料庫，原因就在於 SqlserverUser su = new SqlserverUser() 使得 su 這個物件被框死在 SQL Server 上了。你可能會說，是因為取名叫 SqlserverUser，但即使沒有 Sqlserver 名稱，它本質上也是在使用 Sqlserver 的 sql 語行程式碼，確實存在耦合的。如果這裡是靈活的，專業點的說法，是多形的，那麼在執行 'su.insert(user);' 和 'su.getUser(1);' 時就不用考慮是在用 SQL Server 還是在用 Access。」

> 15.3 用了工廠方法模式的資料存取程式

「我明白你意思了，你是希望我用『工廠方法模式』來封裝 new Sqlserver User() 所造成的變化？」

「小菜到了半夜，還是很清醒嘛，不錯不錯。」大鳥表揚道，「工廠方法模式是定義一個用於建立物件的介面，讓子類別決定實例化哪一個類別。」接著說，「來試試看吧。」

「好。」

15.3 用了工廠方法模式的資料存取程式

小菜很快舉出了工廠方法實現的程式。

程式結構圖

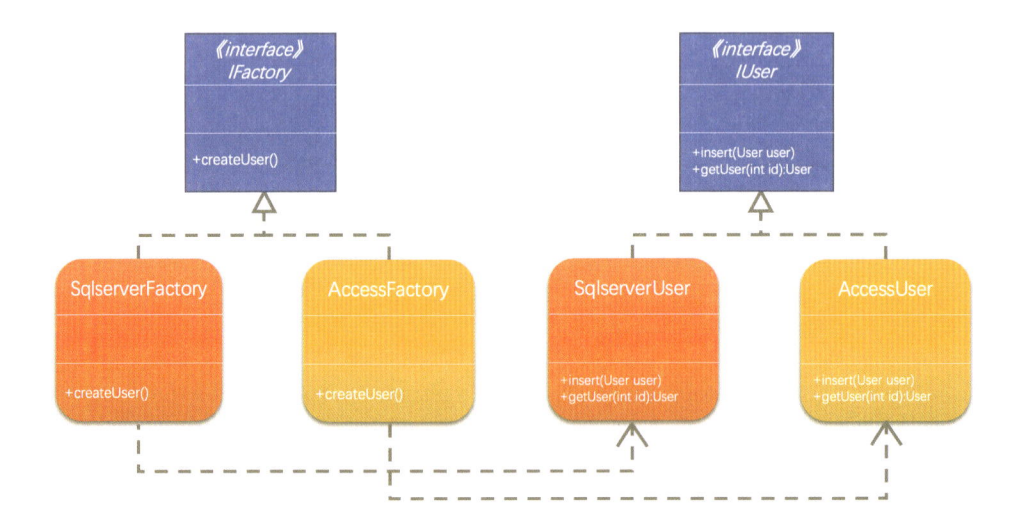

```
                《interface》                          《interface》
                 IFactory                              IUser
                +createUser()                         +insert(User user)
                                                      +getUser(int id):User
                     △                                     △
        ┌────────────┴────────────┐            ┌────────────┴────────────┐
  SqlserverFactory           AccessFactory      SqlserverUser            AccessUser
  +createUser()              +createUser()      +insert(User user)       +insert(User user)
                                                +getUser(int id):User    +getUser(int id):User
```

15-6

IUser 介面

用於用戶端存取,解除與具體資料庫存取的耦合。

```java
//使用者類別介面
public interface IUser {

    public void insert(User user);

    public User getUser(int id);
}
```

SqlserverUser 類別

用於存取 SQL Server 的 User。

```java
public class SqlserverUser implements IUser {

    //新增一個用戶
    public void insert(User user){
        System.out.println("在SQL Server中給User表增加一筆記錄");
    }

    //獲取一個使用者資訊
    public User getUser(int id){
        System.out.println("在SQL Server中根據使用者ID得到User表一筆記錄");
        return null;
    }

}
```

AccessUser 類別

用於存取 Access 的 User。

```java
public class AccessUser implements IUser {

    //新增一個用戶
    public void insert(User user){
```

15.3 用了工廠方法模式的資料存取程式

```java
        System.out.println("在Access中給User表增加一筆記錄");
    }

    //獲取一個使用者資訊
    public User getUser(int id){
        System.out.println("在Access中根據使用者ID得到User表一筆記錄");
        return null;
    }

}
```

IFactory 介面

定義一個建立存取 User 表物件的抽象的工廠介面。

```java
//工廠介面
public interface IFactory {

    public IUser createUser();

}
```

SqlServerFactory 類別

實現 IFactory 介面,實例化 SqlserverUser。

```java
//Sqlserver工廠
public class SqlserverFactory implements IFactory {

    public IUser createUser(){
        return new SqlserverUser();
    }

}
```

AccessFactory 類別

實現 IFactory 介面,實例化 AccessUser。

就不能不換 DB 嗎？-- 抽象工廠模式

```java
//Access工廠
public class AccessFactory implements IFactory {

    public IUser createUser(){
        return new AccessUser();
    }

}
```

用戶端程式

```java
User user = new User();

IFactory factory = new SqlserverFactory();

IUser iu = factory.createUser();

iu.insert(user);    //新增一個用戶
iu.getUser(1);      //得到使用者ID為1的使用者資訊
```

> 若要更改成 Access 資料庫，只需要將本句改成
> IFactory factory = new AccessFactory(); 即可

「大鳥，來看看這樣寫對不對？」

「非常好。現在如果要換資料庫，只需要把 new SqlServerFactory() 改成 new AccessFactory()，此時由於多形的關係，使得宣告 IUser 介面的物件 iu 事先根本不知道是在存取哪個資料庫，卻可以在執行時期極佳地完成工作，這就是所謂的業務邏輯與資料存取的解耦。」

「但是，大鳥，這樣寫，程式裡還是有指明 'new SqlServerFactory()' 呀，我要改的地方，依然很多。」

「這個先不急，待會再說，問題沒有完全解決，你的資料庫裡不可能只有一個 User 表，很可能有其他表，比如增加部門表（Department 表），此時怎麼辦呢？」

```java
//部門類別
public class Department {
```

15-9

```
    //部門ID
    private int _id;
    public int getId(){
        return this._id;
    }
    public void setId(int value){
        this._id=value;
    }

    //部門名稱
    private String _name;
    public String getName(){
        return this._name;
    }
    public void setName(String value){
        this._name=value;
    }
}
```

「啊,我覺得那要增加好多類別了,我來試試看。」

「多寫些類別有什麼關係,只要能增加靈活性,以後就不用加班了。小菜好好加油。」

15.4 用了抽象工廠模式的資料存取程式

小菜再次修改程式,增加了關於部門表的處理。

程式結構圖

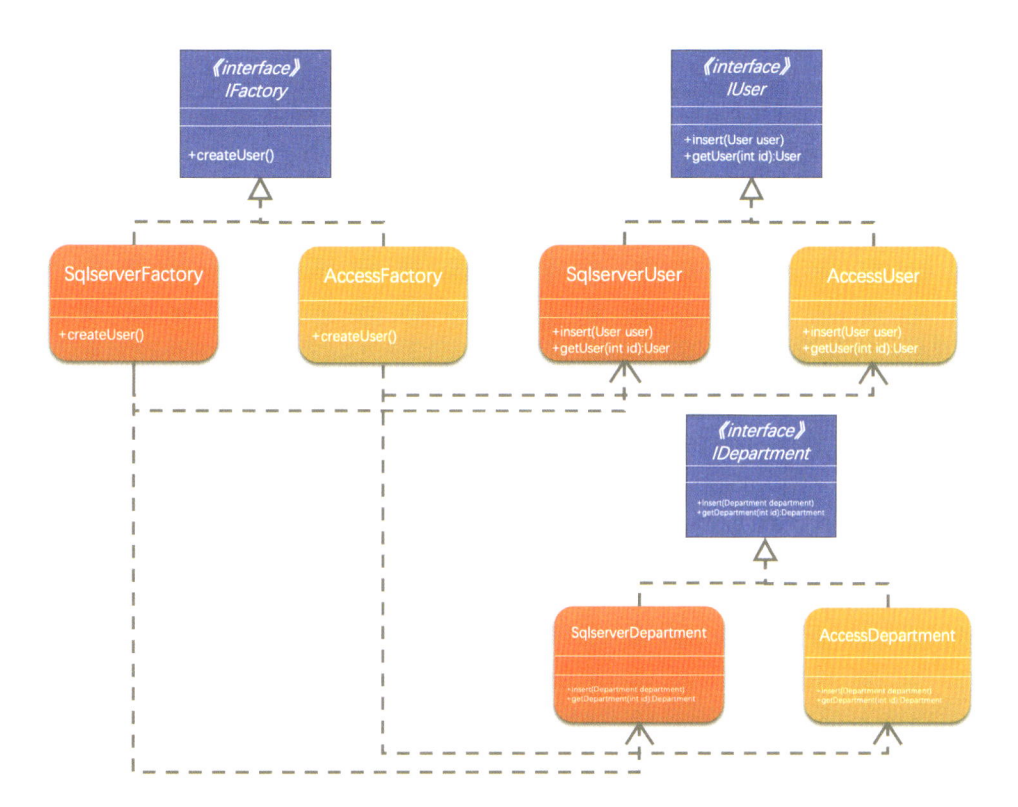

IDepartment 介面

用於用戶端存取,解除與具體資料庫存取的耦合。

```
//部門類別介面
public interface IDepartment {

    public void insert(Department department);

    public Department getDepartment(int id);
}
```

15.4 用了抽象工廠模式的資料存取程式

SqlserverDepartment 類別

用於存取 SQL Server 的 Department。

```java
public class SqlserverDepartment implements IDepartment {

    //新增一個部門
    public void insert(Department department){
        System.out.println("在SQL Server中給Department表增加一筆記錄");
    }

    //獲取一個部門資訊
    public Department getDepartment(int id){
        System.out.println("在SQL Server中根據部門ID得到Department表一筆記錄");
        return null;
    }
```

AccessDepartment 類別

用於存取 Access 的 Department。

```java
public class AccessDepartment implements IDepartment {

    //新增一個部門
    public void insert(Department department){
        System.out.println("在Access中給Department表增加一筆記錄");
    }

    //獲取一個部門資訊
    public Department getDepartment(int id){
        System.out.println("在Access中根據部門ID得到Department表一筆記錄");
        return null;
    }
}
```

IFactory 介面

定義一個建立存取 Department 表物件的抽象的工廠介面。

```java
//工廠介面
```

就不能不換 DB 嗎？-- 抽象工廠模式

```
public interface IFactory {

    public IUser createUser();

    public IDepartment createDepartment();   ← 增加的介面方法

}
```

▌SqlServerFactory 類別

實現 IFactory 介面，實例化 SqlserverUser 和 SqlserverDepartment。

```
//Sqlserver工廠
public class SqlserverFactory implements IFactory {

    public IUser createUser(){
        return new SqlserverUser();
    }

    public IDepartment createDepartment(){
        return new SqlserverDepartment();
    }
}
```

▌AccessFactory 類別

實現 IFactory 介面，實例化 AccessUser 和 Access Department。

```
//Access工廠
public class AccessFactory implements IFactory {

    public IUser createUser(){
        return new AccessUser();
    }

    public IDepartment createDepartment(){
        return new AccessDepartment();
    }
}
```

15-13

15.4 用了抽象工廠模式的資料存取程式

用戶端程式

```
User user = new User();
Department department = new Department();

IFactory factory = new SqlserverFactory();   ← 只需確定實例化哪一個資料庫存
//IFactory factory = new AccessFactory();       取物件給 factory

IUser iu = factory.createUser();   ← 則此時已與具體的資料庫存取解除了依賴
iu.insert(user);         //新增一個用戶
iu.getUser(1);           //得到使用者ID為1的使用者資訊

IDepartment idept = factory.createDepartment();   ← 則此時已與具體的資料庫
idept.insert(department);      //新增一個部門            存取解除了依賴
idept.getDepartment(2);        //得到部門ID為2的使用者資訊
```

結果顯示

```
在SQL Server中給User表增加一筆記錄
在SQL Server中根據使用者ID得到User表一筆記錄
在SQL Server中給Department表增加一筆記錄
在SQL Server中根據部門ID得到Department表一筆記錄
```

「大鳥，這樣就可以做到，只需更改 IFactory factory = new SqlServerFactory() 為 IFactory factory = new AccessFactory()，就實現了資料庫存取的切換了。」

「很好，實際上，在不知不覺間，你已經透過需求的不斷演化，重構出了一個非常重要的設計模式。」

「剛才不就是工廠方法模式嗎？」

「只有一個 User 類別和 User 操作類別的時候，是只需要工廠方法模式的，但現在顯然你資料庫中有很多的表，而 SQL Server 與 Access 又是兩大不同的分類，所以解決這種牽涉到多個產品系列的問題，有一個專門的工廠模式叫抽象工廠模式。」

15.5 抽象工廠模式

抽象工廠模式（Abstract Factory），提供一個創建一系列相關或相互依賴物件的介面，而無需指定它們具體的類別。

▌抽象工廠模式（Abstract Factory）結構圖

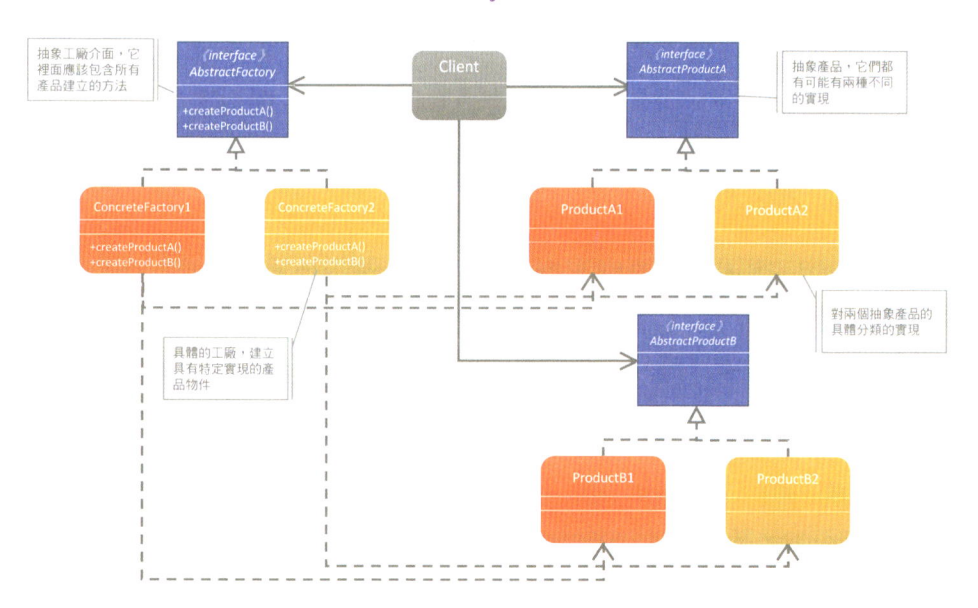

```
抽象工廠介面，它           〈interface〉                          〈interface〉         抽象產品，它們都
裡面應該包含所有         AbstractFactory          Client         AbstractProductA      有可能有兩種不同
產品建立的方法          +createProductA()                                               的實現
                       +createProductB()

   ConcreteFactory1      ConcreteFactory2              ProductA1        ProductA2
   +createProductA()     +createProductA()
   +createProductB()     +createProductB()
                                                      〈interface〉                    對兩個抽象產品的
                                                     AbstractProductB                 具體分類的實現
        具體的工廠，建立
        具有特定實現的產
        品物件
                                                      ProductB1        ProductB2
```

「AbstractProductA 和 AbstractProductB 是兩個抽象產品，之所以為抽象，是因為它們都有可能有兩種不同的實現，就剛才的例子來說就是 User 和 Department，而 ProductA1、ProductA2 和 ProductB1、ProductB2 就是對兩個抽象產品的具體分類的實現，比如 ProductA1 可以視為是 SqlserverUser，而 ProductB1 是 SqlserverDepartment。」

「這麼說，IFactory 是一個抽象工廠介面，它裡面應該包含所有的產品建立的抽象方法。而 ConcreteFactory1 和 ConcreteFactory2 就是具體的工廠了。就像 SqlserverFactory 和 AccessFactory 一樣。」

「理解得非常正確。通常是在執行時期刻再建立一個 ConcreteFactory 類別的實例，這個具體的工廠再建立具有特定實現的產品物件，也就是說，為建立不同的產品物件，用戶端應使用不同的具體工廠。」

15.6 抽象工廠模式的優點與缺點

「這樣做的好處是什麼呢？」

「最大的好處便是易於交換產品系列，由於具體工廠類別，例如 IFactory factory = new AccessFactory()，在一個應用中只需要在初始化的時候出現一次，這就使得改變一個應用的具體工廠變得非常容易，它只需要改變具體工廠即可使用不同的產品設定。我們的設計不能去防止需求的更改，那麼我們的理想便是讓改動變得最小，現在如果你要更改資料庫存取，我們只需要更改具體工廠就可以做到。第二大好處是，它讓具體的建立實例過程與用戶端分離，用戶端是透過它們的抽象介面操縱實例，產品的具體類別名稱也被具體工廠的實現分離，不會出現在客戶程式中。事實上，你剛才寫的例子，用戶端所認識的只有 IUser 和 IDepartment，至於它是用 SQL Server 來實現還是 Access 來實現就不知道了。」

「啊，我感覺這個模式把開放 - 封閉原則，依賴倒轉原則發揮到極致了。」小菜說。

「沒這麼誇張，應該說就是這些設計原則的良好運用。抽象工廠模式也有缺點。你想得出來嗎？」

「想不出來，我覺得它已經很好用了，哪有什麼缺點。」

「是個模式都是會有缺點的，都有不適用的時候，要辨證地看待問題哦。抽象工廠模式可以很方便地切換兩個資料庫存取的程式，但是如果你的需求來自增加功能，比如我們現在要增加專案表 Project，你需要改動哪些地方？」

「啊，那就至少要增加三個類別，IProject、SqlserverProject、Access Project，還需要更改 IFactory、SqlserverFactory 和 AccessFactory 才可以完全實現。啊，要改三個類別，這太糟糕了。」

「是的，這非常糟糕。」

「還有就是剛才問你的，我的用戶端程式類別顯然不會是只有一個，有很多地方都在使用 IUser 或 IDepartment，而這樣的設計，其實在每一個類別的開始都需要宣告 IFactory factory = new SqlserverFactory()，如果我有 100 個呼叫資料庫存取的類別，是不是就要更改 100 次 IFactory factory = new AccessFactory() 這樣的程式才行？這不能解決我要更改資料庫存取時，改動一處就完全更改的要求呀！」

「改就改囉，公司花這麼多錢養你幹嘛？不就是要你努力工作嗎。100 個改動，不算難的，加個班，什麼都搞定了。」大鳥一臉壞笑地説道。

「不可能，你講過，程式設計是門藝術，這樣大量的改動，顯然是非常醜陋的做法。一定有更好的辦法。」小菜非常肯定地答道，「我來想想辦法改進一下這個抽象工廠。」

「好，小夥子，有立場，有想法，不向醜陋程式低頭，那就等你的好消息。」大鳥點頭肯定。

15.7 用簡單工廠來改進抽象工廠

十分鐘後，小菜舉出了一個改進方案。去除 IFactory、SqlserverFactory 和 AccessFactory 三個工廠類別，取而代之的是 DataAccess 類別，用一個簡單工廠模式來實現。

15.7 用簡單工廠來改進抽象工廠

程式結構圖

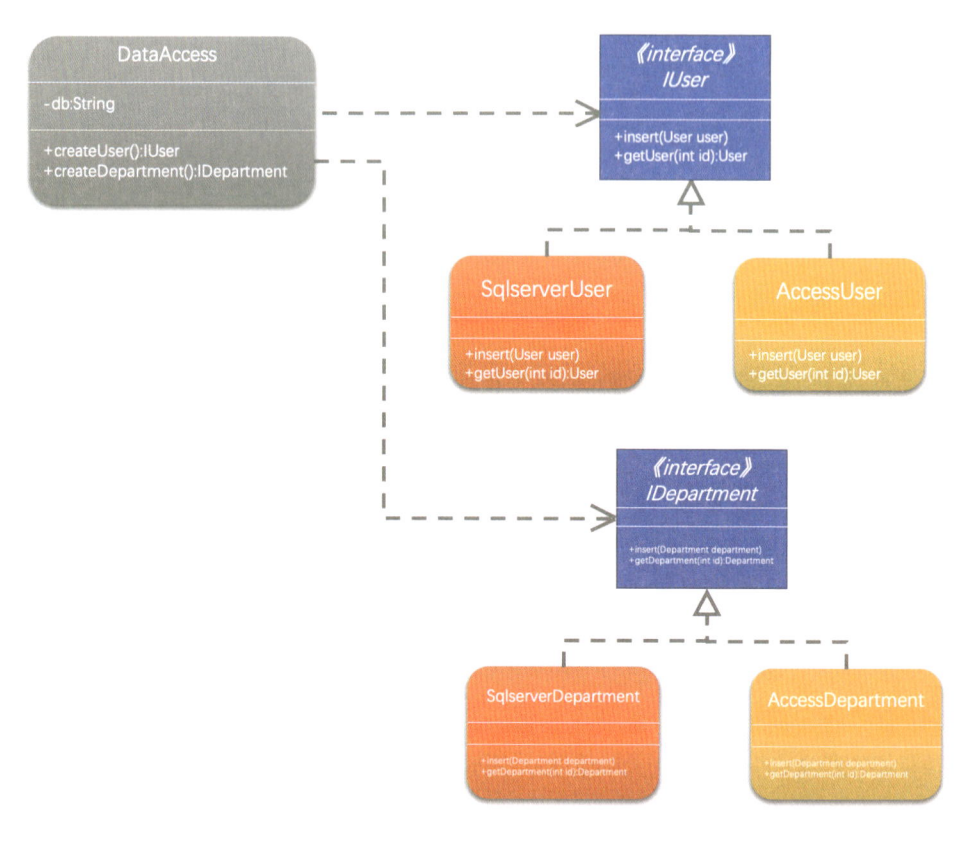

```
         DataAccess                           《interface》
    -db:String                                   IUser
    +createUser():IUser                   +insert(User user)
    +createDepartment():IDepartment       +getUser(int id):User

              SqlserverUser              AccessUser
         +insert(User user)          +insert(User user)
         +getUser(int id):User       +getUser(int id):User

                                          《interface》
                                           IDepartment
                                      +insert(Department department)
                                      +getDepartment(int id):Department

              SqlserverDepartment        AccessDepartment
         +insert(Department department)  +insert(Department department)
         +getDepartment(int id):Department +getDepartment(int id):Department
```

```java
public class DataAccess {

    private static String db = "Sqlserver";   //資料庫名稱，可替換成Access
                                              // 可替換資料庫

    //建立使用者物件工廠
    public static IUser createUser(){
        IUser result = null;
        switch(db){
            case "Sqlserver":
                result = new SqlserverUser();   // 由於 db 的事先設定，所以此處可
                break;                          // 以根據選擇實例化出對應的物件
```

15-18

```
        case "Access":
            result = new AccessUser();
            break;
    }
    return result;
}

//建立部門物件工廠
public static IDepartment createDepartment(){
    IDepartment result = null;
    switch(db){
        case "Sqlserver":
            result = new SqlserverDepartment();
            break;
        case "Access":
            result = new AccessDepartment();
            break;
    }
    return result;
}
```
← 由於 db 的事先設定，所以此處可以根據選擇實例化出對應的物件

用戶端程式

```
User user = new User();
Department department = new Department();
IUser iu = DataAccess.createUser();
iu.insert(user);     //新增一個用戶
iu.getUser(1);       //得到使用者ID為1的使用者資訊


IDepartment idept = DataAccess.createDepartment();
idept.insert(department); //新增一個部門
idept.getDepartment(2);   //得到部門ID為2的使用者資訊
```
← 直接得到實際的資料庫存取實例，而不存在任何依賴

← 直接得到實際的資料庫存取實例，而不存在任何依賴

「大鳥，來看看我的設計，我覺得這裡與其用那麼多工廠類別，不如直接用一個簡單工廠來實現，我拋棄了 IFactory、SqlserverFactory 和

15-19

AccessFactory 三個工廠類別，取而代之的是 DataAccess 類別，由於事先設定了 db 的值（Sqlserver 或 Access），所以簡單工廠的方法都不需要輸入參數，這樣在用戶端就只需要 DataAccess.createUser() 和 DataAccess.createDepartment() 來生成具體的資料庫存取類別實例，用戶端沒有出現任何一個 SQL Server 或 Access 的字樣，達到了解耦的目的。」

「哈，小菜，厲害厲害，你的改進確實是比之前的程式要更進一步了，用戶端已經不再受改動資料庫存取的影響了。可以打 95 分。」大鳥拍了拍小菜，鼓勵地說，「為什麼不能得滿分，原因是如果我需要增加 Oracle 資料庫存取，本來抽象工廠只增加一個 OracleFactory 工廠類別就可以了，現在就比較麻煩了。」

「是的，沒辦法，這樣就需要在 DataAccess 類別中每個方法的 switch 中加 case 了。」

15.8 用反射 + 抽象工廠的資料存取程式

「我們要考慮的就是可不可以不在程式裡寫明『如果是 Sqlserver 就去實例化 SQL Server 資料庫相關類別，如果是 Access 就去實例化 Access 相關類別』這樣的敘述，而是根據字串 db 的值去某個地方找應該要實例化的類別是哪一個。這樣，我們的 switch 就可以對它說再見了。」

「聽不太懂哦，什麼叫『去某個地方找應該要實例化的類別是哪一個』？」小菜糊塗地問。

「我要說的就是一種程式設計方式：依賴注入（Dependency Injection），從字面上不太好理解，我們也不去管它。關鍵在於如何去用這種方法來解決我們的 switch 問題。本來依賴注入是需要專門的 IoC 容器提供，比

如 Spring，顯然當前這個程式不需要這麼麻煩，你只需要再了解一個簡單的 Java 技術『反射』就可以了。」

「大鳥，你一下子說出又是『依賴注入』又是『反射』這些莫名其妙的名詞，很暈。」小菜有些想睡，「我就想知道，如何向 switch 說 bye-bye！至於那些什麼概念我不想了解。」

「心急討不了好媳婦！你急什麼？」大鳥嘲笑道，「反射技術看起來很玄乎，其實實際用起來不算難。它的格式是

```
Object result = Class.forName("套件名稱.類別名稱").getDeclaredConstructor().
        newInstance();
```

這樣使用反射來幫我們克服抽象工廠模式的先天不足了。」

「具體怎麼做呢？快說快說。」小菜有些著急。

「有了反射，我們獲得實例可以用下面兩種寫法。」

```
//常規的寫法
IUser result = new SqlserverUser();

//反射的寫法
IUser result = (IUser)Class.forName("code.CHPATER15.abstractfactory5.SqlserverUser")
        .getDeclaredConstructor().newInstance();
```

「實例化的效果是一樣的，但這兩種方法的區別在哪裡？」大鳥問道。

「常規方法是寫明了要實例化 SqlserverUser 物件。反射的寫法，其實也是指明了要實例化 SqlserverUser 物件呀。」

「常規方法你可以靈活更換為 AccessUser 嗎？」

「不可以，這都是事先編譯好的程式。」

「那你看看，在反射中 'Class.forName("code.CHPATER15.abstractfactory5.SqlserverUser").getDeclaredConstructor().newInstance();'，可以靈活更換 'SqlserverUser' 為 'AccessUser' 嗎？」

15-21

15.8 用反射 + 抽象工廠的資料存取程式

「還不是一樣，寫死在程式⋯⋯⋯⋯等等，哦！！！我明白了。」小菜一下子頓悟過來，興奮起來。「因為這裡是字串，可以用變數來處理，也就可以根據需要更換。哦，My God！太妙了！」

```
//反射的寫法
IUser result = (IUser)Class.forName("code.CHPATER15.abstractfactory5.SqlserverUser")
        .getDeclaredConstructor().newInstance();
```

隨時可以更換這個字串為 Access、MySql、Oracle 等其它資料庫

「哈哈，我以前對你講四大發明之活字印刷時，曾說過『體會到物件導向帶來的好處，那種感覺應該就如同是一中國酒鬼第一次喝到了茅台，西洋酒鬼第一次喝到了 XO 一樣，怎個爽字可形容呀』，你有沒有這種感覺了？」

「嗯，我一下子知道這裡的差別主要在原來的實例化是寫死在程式裡的，而現在用了反射就可以利用字串來實例化物件，而變數是可以更換的。」小菜說道。

「寫死在程式裡，太難聽了。準確地說，是將程式由編譯時轉為執行時期。由於 'Class.forName(" 套件名稱.類別名稱 ").getDeclaredConstructor().newInstance();' 中的字串是可以寫成變數的，而變數的值到底是 Sqlserver，還是 Access，完全可以由事先的那個 db 變數來決定。所以就去除了 switch 判斷的麻煩。」

DataAccess 類別，用反射技術，取代 IFactory、SqlserverFactory 和 AccessFactory。

```
import java.lang.reflect.InvocationTargetException;
public class DataAccess {
    private static String assemblyName = "code.CHPATER15.abstractfactory5.";
    private static String db ="Sqlserver";//資料庫名稱，可替換成Access

    //建立使用者物件工廠
    public static IUser createUser() {
```

```
        return (IUser)getInstance(assemblyName + db + "User");
    }
    //建立部門物件工廠
    public static IDepartment createDepartment(){
        return (IDepartment)getInstance(assemblyName + db + "Department");
    }
    private static Object getInstance(String className){
        Object result = null;
        try{
            result = Class.forName(className).getDeclaredConstructor().newInstance();
        }
        catch (InvocationTargetException e) {
            e.printStackTrace();
        }
        catch (NoSuchMethodException e) {
            e.printStackTrace();
        }
        catch (InstantiationException e) {
            e.printStackTrace();
        }
        catch (IllegalAccessException e) {
            e.printStackTrace();
        }
        catch (ClassNotFoundException e) {
            e.printStackTrace();
        }
        return result;
    }
}
```

> 根據 db 的不同，生成不同的類別實例物件，使得更加靈活應變

「現在如果我們增加了 Oracle 資料存取，相關的類別的增加是不可避免的，這點無論我們用任何辦法都解決不了，不過這叫擴充，開放 - 封閉原則性告訴我們，對於擴充，我們開放。但對於修改，我們應該要儘量關閉，就目前而言，我們只需要更改 private static String db = "Sqlserver"; 為 private static String db = "Oracle"; 也就表示」

> 15.9 用反射 + 設定檔實現資料存取程式

```
result = (IUser)getInstance("code.CHPATER15.abstractfactory5."+"Sqlserver"+"User")

result = (IUser)getInstance("code.CHPATER15.abstractfactory5."+"Oracle"+"User")
```

「這樣的結果就是 DataAccess.createUser() 本來得到的是 SqlserverUser 的實例，而現在變成了 OracleUser 的實例了。」

「那麼如果我們需要增加 Project 產品時，如何做呢？」

「只需要增加三個與 Project 相關的類別，再修改 DataAccesss，在其中增加一個 public static IProject createProject() 方法就可以了。」

「怎麼樣，程式設計的藝術感是不是出來了？」

「哈，比以前，這程式是漂亮多了。但是，總感覺還是有點缺憾，因為在更換資料庫存取時，我還是需要去改程式（改 db 這個字串的值）重編譯，如果可以不改程式，那才是真正地符合開放 - 封閉原則。」

15.9 用反射 + 設定檔實現資料存取程式

「小菜很追求完美嘛！我們還可以利用設定檔來解決更改 DataAccess 的問題的。」

「哦，對的，對的，我可以讀取檔案來給 DB 字串給予值，在設定檔中寫明是 Sqlserver 還是 Access，這樣就連 DataAccess 類別也不用更改了。」

增加一個 db.properties 檔案。內容如下。

```
db = Sqlserver
```

再更改 DataAccess 類別, 增加與讀取檔案內容相關的套件。

15-24

就不能不換 DB 嗎？-- 抽象工廠模式 15

```java
//與讀檔內容相關的套件
import java.io.BufferedReader;
import java.io.FileReader;
import java.io.IOException;
import java.util.Properties;

public class DataAccess {

    private static String assemblyName = "code.CHPATER15.abstractfactory6.";

    public static String getDb() {
        String result="";
        try{
            Properties properties = new Properties();
            //編譯後，請將db.properties檔複製到要編譯的class目錄中，並確保下面
            //path路徑與實際db.properties檔路徑一致。否則會報No such file or
            //directory錯誤
            String path=System.getProperty("user.dir")
                +"/code/CHPATER15/abstractfactory6/db.properties";
            System.out.println("path:"+path);
            BufferedReader bufferedReader = new BufferedReader(new
                FileReader(path));
            properties.load(bufferedReader);
            result = properties.getProperty("db");
        }
        catch(IOException e){
            e.printStackTrace();
        }
        return result;
    }
```

這個函數目的就是讀取 db.properties 設定檔中 db 的內容

```java
    //建立使用者物件工廠
    public static IUser createUser() {
        String db=getDb();
        return (IUser)getInstance(assemblyName + db + "User");
    }
}
```

呼叫這個函數，就把資料庫的具體名稱獲得了。

15-25

> 15.10 商場收銀程式再再再升級

「將來要更換資料庫,根本無需重新編譯任何程式,只需要更改設定檔就好了。這下基本可以算是滿分了,現在我們應用了反射 + 抽象工廠模式解決了資料庫存取時的可維護、可擴充的問題。」

db = Sqlserver

↓

db = Access

「從這個角度上說,所有在用簡單工廠的地方,都可以考慮用反射技術來去除 switch 或 if,解除分支判斷帶來的耦合。」

「說得沒錯,switch 或 if 是程式裡的好東西,但在應對變化上,卻顯得老態龍鍾。反射技術的確可以極佳地解決它們難以應對變化,難以維護和擴充的詬病。」

15.10 商場收銀程式再再再升級

「小菜,還記得我們在策略模式、裝飾模式、工廠方法模式都學習過的商場收銀程式嗎?」

「我記得,當時做了很多次的重構升級,感覺程式的可維護、可擴充能力都提高很多很多。」

「今天我們學習了反射,你想想看,那個程式,還有重構的可能性嗎?」

「呃!我想想看。原來的 CashContext 是有一個長長的 switch,這是可以用反射來解決的。」

```
public class CashContext {
    private ISale cs;    //宣告一個ISale介面物件
    //透過建構方法,傳入具體的收費策略
    public CashContext(int cashType){
        IFactory fs=null;
```

```
    switch(cashType) {
        case 1://原價
            fs = new CashRebateReturnFactory(1d,0d,0d);
            break;
        case 2://打8折
            fs = new CashRebateReturnFactory(0.8d,0d,0d);
            break;
        case 3://打7折
            fs = new CashRebateReturnFactory(0.7d,0d,0d);
            break;
        case 4://滿300返100
            fs = new CashRebateReturnFactory(1,300d,100d);
            break;
        case 5://先打8折,再滿300返100
            fs = new CashRebateReturnFactory(0.8d,300d,100d);
            break;
        case 6://先滿200返50,再打7折
            fs = new CashReturnRebateFactory(0.7d,200d,50d);
            break;
    }
        this.cs = fs.createSalesModel();
    }

    public double getResult(double price,int num){
        //根據收費策略的不同,獲得計算結果
        return this.cs.acceptCash(price,num);
    }
}
```

小菜經過一定時間的思考,對程式改進以下。

首先要製作一個可以很容易修改文字設定檔 data.properties,將它放在編譯的 .clsss 同一目錄下。

```
strategy1=CashRebateReturnFactory,1d,0d,0d
strategy2=CashRebateReturnFactory,0.8d,0d,0d
strategy3=CashRebateReturnFactory,0.7d,0d,0d
strategy4=CashRebateReturnFactory,1d,300d,100d
strategy5=CashRebateReturnFactory,0.8d,300d,100d
strategy6=CashRebateReturnFactory,0.7d,200d,50d
```

▶ 15.10 商場收銀程式再再再升級

修改 CashContext 類別

先修改建構方法,此時已經沒有了長長的 switch,直接是讀取檔案設定即可。

```java
import java.lang.reflect.InvocationTargetException;
//與讀檔內容相關的套件
import java.io.BufferedReader;          ◀── 新增的內容
import java.io.FileReader;
import java.io.IOException;
import java.util.Properties;
```

```java
public class CashContext {

    private static String assemblyName = "code.CHPATER15.abstractfactory7.";
                                                            // 根據參數獲得對應的設定資訊
    private ISale cs;     //宣告一個ISale介面物件

    //透過建構方法,傳入具體的收費策略
    public CashContext(int cashType){

        String[] config = getConfig(cashType).split(",");

        IFactory fs=getInstance(config[0],
                            Double.parseDouble(config[1]),
                            Double.parseDouble(config[2]),
                            Double.parseDouble(config[3]));
                                        // 根據設定資訊獲得對應的銷售
                                        // 策略物件實例
        this.cs = fs.createSalesModel();
    }
```

增加兩個函數,一個用來讀取設定檔,一個透過反射生成實例

```java
    //透過檔得到銷售策略的設定檔
    private String getConfig(int number) {
        String result="";
        try{
            Properties properties = new Properties();
            String path=System.getProperty("user.dir")
```

15-28

```java
                +"/code/CHPATER15/abstractfactory7/data.properties";
        System.out.println("path:"+path);
        BufferedReader bufferedReader = new BufferedReader(new
            FileReader(path));
        properties.load(bufferedReader);
        result = properties.getProperty("strategy"+number);
    }
    catch(IOException e){
        e.printStackTrace();
    }
    return result;
}

//根據設定檔獲得相關的物件實例
private IFactory getInstance(String className,double a,double b,double c){
    IFactory result = null;
    try{
        result = (IFactory)Class.forName(assemblyName+className)
                            .getDeclaredConstructor(new Class[]{double.
                            class,double.class,double.class})
                            .newInstance(new Object[]{a,b,c});
    }
    catch (InvocationTargetException e) {
        e.printStackTrace();
    }
    catch (NoSuchMethodException e) {
        e.printStackTrace();
    }
    catch (InstantiationException e) {
        e.printStackTrace();
    }
    catch (IllegalAccessException e) {
        e.printStackTrace();
    }
    catch (ClassNotFoundException e) {
        e.printStackTrace();
    }
    return result;
}
```

小菜：「此時，我們如果需要更改銷售策略，不再需要去修改程式了，只需要去改 data.properties 檔案即可。我們的每個程式都儘量做到了『向修改關閉，向擴充開放』。」

大鳥：「贊！」

15.11 無癡迷，不成功

「設計模式真的很神奇哦，如果早先是這樣設計的話，我今天就用不著加班加點了。」

「都快 1 點了，你還要不要睡覺呢？」

「啊，今天都加了一晚上的班，但學起設計模式來，我把時間都給忘記了，什麼勞累都沒了。」

「這就說明你是做程式設計師的料，一個程式設計師如果從來沒有熬夜寫程式的經歷，不能算是一個好程式設計師，因為他沒有癡迷過，所以他不會有大成就。」

「是的，無癡迷，不成功。我一定會成為優秀的程式設計師。我堅信。」小菜非常自信地說道。

CHPATER

16

無盡加班何時休
-- 狀態模式

16.1 加班，又是加班！

時間：4 月 19 日 23 點 地點：小菜大鳥住所的客廳　人物：小菜、大鳥

「小菜，你們的加班沒完沒了了？」大鳥為晚上十點才到家的小菜打開了房門。

「唉！沒辦法，公司的專案很急，所以要求要加班。」

「有這麼急嗎？這星期四天來你都在加班，有加班費嗎？難道週末也要繼續？」

「哪來什麼加班費，週末估計是逃不了了。」小菜顯然很疲憊，「經理把每個人每天的工作都排得滿滿的，說做完就可以回家，但是沒有任何一個人可以在下班前完成的，基本都得加班，這就等於是自願加班。我走時還有哥們在加班呢。」

「再急也不能這樣呀，長時間加班，又沒有加班費，士氣更加低落，效率大打折扣。」

16.1 加班，又是加班！

「可不是咋地！上午剛上班的時候，效率很高，可以寫不少程式，到了中午，午飯一吃完，就想睡，可能是最近太累了，但還不敢休息，因為沒有人趴著睡覺的，都說專案急，要抓緊。所以我就這麼迷迷糊糊的，到了下午三點多才略微精神點，本想著今天任務還算可以，希望能早點完成，爭取不要再加班了。哪知快下班時才發現有一個功能是我理解有誤，其實比想像的要複雜得多。唉！苦呀，又多花了三個多鐘頭，九點多才從公司出來。」

「哈，那你自己也有問題，對工作量的判斷有偏差。在公司還可以透過加班來補償，要是在學測考場上，哪可能加時間，做不完直接就是玩完。」

「你說這老闆對加班是如何想的呢？難道真的認為加班可以解決問題？我感覺這樣趕進度，對程式品質沒任何好處。」

「老闆的想法當然是和員工不一樣了。員工加班，實際上分為幾種，第一，極有可能是員工為了下班能多上會網，聊聊天，打打電動，或是為了學習點新東西，所以這其實根本就不能算是加班，只能算下班時坐在辦公座位上，第二種，可能這個員工能力相對差，技術或業務能力不過關，或動作慢，效率低，那當然應該要加班，而且老闆也不會打算給這種菜鳥補償。」

「大鳥，諷刺我呀。」小菜有些不滿。

「我又沒說是指你，除非你真的覺得自己能力差、效率低，是菜鳥。」

「不過也不得不承認，我現在經驗不足確實在效率上是會受些影響的，公司裡的一些骨灰級程式設計師，也不覺得水準特別厲害，但是總是能在下班前後就完成當天任務，而且錯誤很少。」

「慢慢來，程式設計水準也不是幾天就可以升上去的。雖然今天你很累了，但是透過加班這件事，你也可以學到設計模式。」

「哦，聽到設計模式，我就不感覺累了。來，說說看。」

「你剛才曾講到，上午狀態好，中午想睡覺，下午漸恢復，加班苦煎熬。其實是一種狀態的變化，不同的時間，會有不同的狀態。你現在用程式來實現一下。」

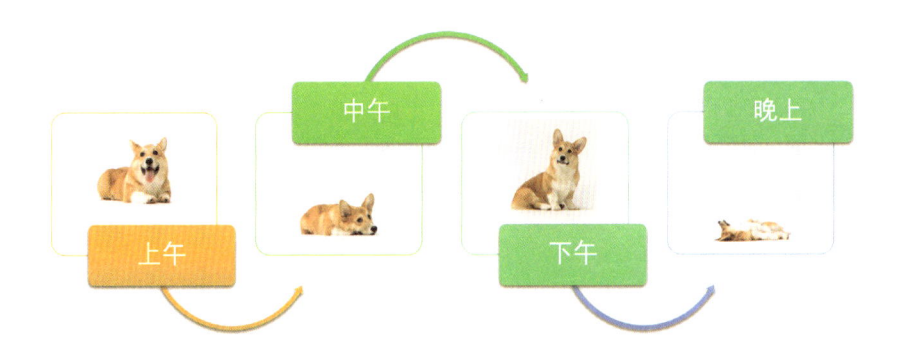

「其實就是根據時間的不同，做出判斷來實現，是吧？這不是大問題。」

16.2　工作狀態 - 函數版

半小時後，小菜的第一版程式。

```java
static int hour = 0;
static boolean workFinished = false; //工作是否完成的標記

public static void writeProgram()          {
    if (hour < 12)
```

16-3

16.2 工作狀態 - 函數版

```java
            System.out.println("當前時間："+hour+"點 上午工作，精神百倍");
        else if (hour < 13)
            System.out.println("當前時間："+hour+"點 餓了，午飯；犯睏，午休。");
        else if (hour < 17)
            System.out.println("當前時間："+hour+"點 下午狀態還不錯，繼續努力");
        else {
            if (workFinished)
                System.out.println("當前時間："+hour+"點 下班回家了");
            else {
                if (hour < 21)
                    System.out.println("當前時間："+hour+"點 加班哦，疲累之極");
                else
                    System.out.println("當前時間："+hour+"點 不行了，睡著了。");
            }
        }
    }
```

主程式

```java
hour = 9;
writeProgram();
hour = 10;
writeProgram();
hour = 12;
writeProgram();
hour = 13;
writeProgram();
hour = 14;
writeProgram();
hour = 17;

//workFinished = true;   //任務完成，下班
workFinished = false;    //任務未完成，繼續加班

writeProgram();
hour = 19;
writeProgram();
hour = 22;
writeProgram();
```

「小菜,都學了這麼長時間的物件導向開發,你怎麼還在寫過程導向的程式呀?」

「啊,我習慣性思維了,你意思是說要分一個類別出來。」

「這是起碼的物件導向思維呀,至少應該有個「工作」類別,你的『寫程式』方法是類別方法,而『鐘點』、『工作任務完成』其實就是類別的什麼?」

「應該是對外屬性,是吧?」

「問什麼問,還不快去重寫。」大鳥不答反而催促道。

16.3 工作狀態 - 分類版

十分鐘後小菜寫出了第二版程式。

工作類別

```java
//工作類別
class Work{
    //時間鐘點
    private int hour;
    public int getHour(){
        return this.hour;
    }
    public void setHour(int value){
        this.hour = value;
    }
    //是否完成工作任務
    private boolean workFinished = false;
    public boolean getWorkFinished(){
        return this.workFinished;
    }
    public void setWorkFinished(boolean value){
        this.workFinished = value;
```

16.3 工作狀態 - 分類版

```java
    }

    public void writeProgram()           {
        if (hour < 12)
            System.out.println("當前時間："+hour+"點 上午工作，精神百倍");
        else if (hour < 13)
            System.out.println("當前時間："+hour+"點 餓了，午飯；犯睏，午休。");
        else if (hour < 17)
            System.out.println("當前時間："+hour+"點 下午狀態還不錯，繼續努力");
        else {
            if (workFinished)
                System.out.println("當前時間："+hour+"點 下班回家了");
            else {
                if (hour < 21)
                    System.out.println("當前時間："+hour+"點 加班哦，疲累之極");
                else
                    System.out.println("當前時間："+hour+"點 不行了，睡著了。");
            }
        }
    }
}
```

用戶端程式

```java
//緊急專案
Work emergencyProjects = new Work();
emergencyProjects.setHour(9);
emergencyProjects.writeProgram();
emergencyProjects.setHour(10);
emergencyProjects.writeProgram();
emergencyProjects.setHour(12);
emergencyProjects.writeProgram();
emergencyProjects.setHour(13);
emergencyProjects.writeProgram();
emergencyProjects.setHour(14);
emergencyProjects.writeProgram();
emergencyProjects.setHour(17);

emergencyProjects.setWorkFinished(false);
```

```
//emergencyProjects.setWorkFinished(true);

emergencyProjects.writeProgram();
emergencyProjects.setHour(19);
emergencyProjects.writeProgram();
emergencyProjects.setHour(22);
emergencyProjects.writeProgram();
```

結果表現

```
當前時間：9點  上午工作，精神百倍
當前時間：10點 上午工作，精神百倍
當前時間：12點 餓了，午飯；犯睏，午休。
當前時間：13點 下午狀態還不錯，繼續努力
當前時間：14點 下午狀態還不錯，繼續努力
當前時間：17點 加班哦，疲累之極
當前時間：19點 加班哦，疲累之極
當前時間：22點 不行了，睡著了
```

16.4 方法過長是壞味道

「若是『任務完成』，則 17 點、19 點、22 點都是『下班回家了』的狀態了。」

「好，現在我來問你，這樣的程式有什麼問題？」大鳥問道。

「我覺得沒什麼問題呀，不然我早改了。」

「仔細看看，MartinFowler 曾在《重構》中寫過一個很重要的程式壞味道，叫做 'Long Method'，方法如果過長其實極有可能是有壞味道了。」

「你的意思是『Work（工作）』類別的『writeProgram（寫程式）』方法過長了？不過這裡面太多的判斷，好像是不太好。但我也想不出來有什麼辦法解決它。」

16.4 方法過長是壞味道

「你要知道，你這個方法很長，而且有很多的判斷分支，這也就表示它的責任過大了。無論是任何狀態，都需要透過它來改變，這實際上是很糟糕的。」

「哦，對的，物件導向設計其實就是希望做到程式的責任分解。這個類別違背了『單一職責原則』。但如何做呢？」

「說得不錯，由於『writeProgram（寫程式）』的方法裡有這麼多判斷，使得任何需求的改動或增加，都需要去更改這個方法了，比如，你們老闆也感覺加班有些過分，對於公司的辦公室管理以及員工的安全都不利，於是發了一通知，不管任務再多，員工必須在 20 點之前離開公司。這樣的需求很合常理，所以要滿足需求你就得更改這個方法，但真正要更改的地方只牽涉到 17 點到 22 點之間的狀態，但目前的程式卻是對整個方法做改動的，維護出錯的風險很大。」

「你解釋了這麼多，我的理解其實就是這樣寫方法違背了『開放 - 封閉原則』。」

「哈，小菜複習得好，對這幾個原則理解得很透嘛。那麼我們應該如何做？」

「把這些分支想辦法變成一個又一個的類別，增加時不會影響其他類別。然後狀態的變化在各自的類別中完成。」小菜說道，「理論講講很容易，但實際如何做，我想不出來。」

「當然，這需要豐富的經驗累積，但實際上你是用不著再去重複發明『輪子』了，因為 GoF 已經為我們針對這類問題提供了解決方案，那就是『狀態模式』。」

16.5 狀態模式

> 狀態模式（State），當一個物件的內在狀態改變時允許改變其行為，這個物件看起來像是改變了其類別。

「狀態模式主要解決的是當控制一個物件狀態轉換的條件運算式過於複雜時的情況。把狀態的判斷邏輯轉移到表示不同狀態的一系列類別當中，可以把複雜的判斷邏輯簡化。當然，如果這個狀態判斷很簡單，那就沒必要用『狀態模式』了。」

狀態模式（State）結構圖

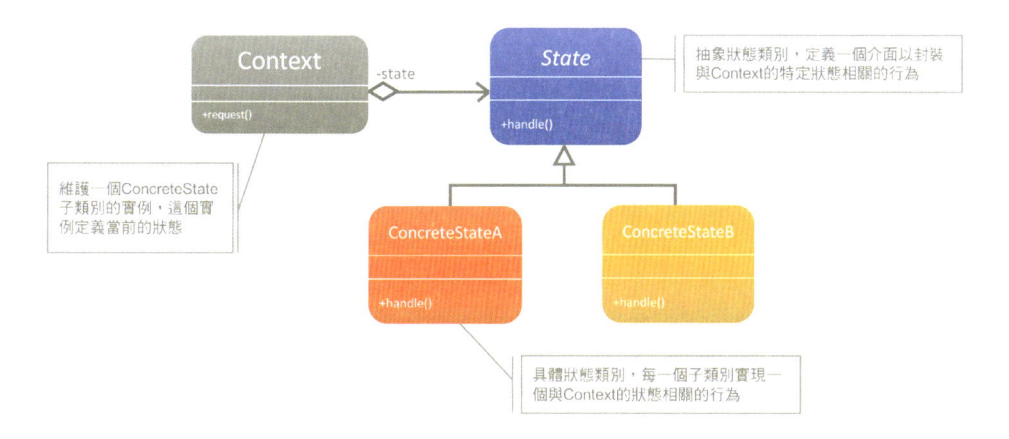

State 類別

抽象狀態類別，定義一個介面以封裝與 Context 的特定狀態相關的行為。

```
//抽象狀態類別
abstract class State {

    public abstract void handle(Context context);

}
```

> 16.5 狀態模式

ConcreteState 類別

具體狀態，每一個子類別實現一個與 Context 的狀態相關的行為。

```java
//具體狀態類別A
class ConcreteStateA extends State
{
    public void handle(Context context) {
        context.setState(new ConcreteStateB());
    }
}
```

設定 ConcreteStateA 的下一個狀態是 ConcreteStateB

```java
//具體狀態類別B
class ConcreteStateB extends State
{
    public void handle(Context context) {
        context.setState(new ConcreteStateA());
    }
}
```

設定 ConcreteStateB 的下一個狀態是 ConcreteStateA

Context 類別

維護一個 ConcreteState 子類別的實例，這個實例定義當前的狀態。

```java
//上下文
class Context {
    private State state;
    public Context(State state)
    {
        this.state = state;   // 初始化狀態
    }

    //可讀寫的狀態屬性，用於讀取當前狀態和設置新狀態
    public State getState(){
        return this.state;
    }
    public void setState(State value){
        this.state = value;
        System.out.println("當前狀態:" + this.state.getClass().getName());
```

16-10

```
    }
    public void request()
    {
        this.state.handle(this);  ← 對請求做處理,並設定下一狀態
    }
}
```

用戶端程式

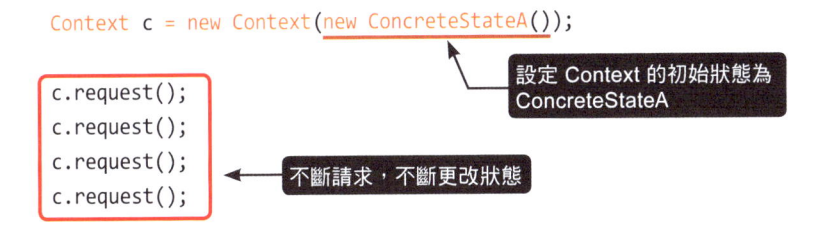

```
Context c = new Context(new ConcreteStateA());
```
設定 Context 的初始狀態為 ConcreteStateA

```
c.request();
c.request();  ← 不斷請求,不斷更改狀態
c.request();
c.request();
```

16.6 狀態模式好處與用處

「狀態模式的好處是將與特定狀態相關的行為局部化,並且將不同狀態的行為分割開來。」

「是不是就是將特定的狀態相關的行為都放入一個物件中,由於所有與狀態相關的程式都存在於某個 ConcreteState 中,所以透過定義新的子類別可以很容易地增加新的狀態和轉換。」

「說穿了,這樣做的目的就是為了消除龐大的條件分支敘述,大的分支判斷會使得它們難以修改和擴充,就像我們最早說的刻版印刷一樣,任何改動和變化都是致命的。狀態模式透過把各種狀態轉移邏輯分佈到 State 的子類別之間,來減少相互間的依賴,好比把整個版面改成了一個又一個的活字,此時就容易維護和擴充了。」

「什麼時候應該考慮使用狀態模式呢?」

「當一個物件的行為取決於它的狀態，並且它必須在執行時期刻根據狀態改變它的行為時，就可以考慮使用狀態模式了。另外如果業務需求某項業務有多個狀態，通常都是一些列舉常數，狀態的變化都是依靠大量的多分支判斷敘述來實現，此時應該考慮將每一種業務狀態定義為一個 State 的子類別。這樣這些物件就可以不依賴於其他物件而獨立變化了，某一天客戶需要更改需求，增加或減少業務狀態或改變狀態流程，對你來說都是不困難的事。」

「哦，明白了，這種需求還是非常常見的。」

「現在再回過頭來看你的程式，那個 'Long Method' 你現在會改了嗎？」

「哦，學了狀態模式，有點感覺了，我試試看。」

16.7 工作狀態 - 狀態模式版

半小時後小菜寫出了第三版程式。

程式結構圖

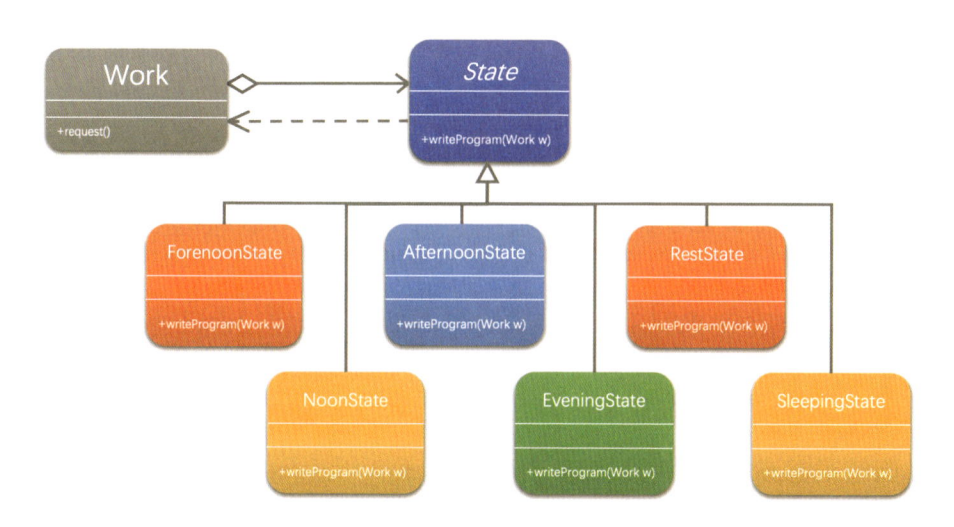

抽象狀態類別，定義一個抽象方法「寫程式」。

```java
//抽象狀態類別
abstract class State {

    public abstract void writeProgram (Work w);

}
```

上午和中午工作狀態類別

```java
//上午工作狀態
class ForenoonState extends State {
    public void writeProgram (Work w) {
        if (w.getHour() < 12)  {
            System.out.println("當前時間："+ w.getHour() +"點 上午工作，精神百倍");
        }
        else {
            w.setState(new NoonState());    // 超過 12 點，就轉入中午狀態
            w.writeProgram();
        }
    }
}

//中午工作狀態
class NoonState extends State {
    public void writeProgram (Work w) {
        if (w.getHour() < 13)  {
            System.out.println("當前時間："+ w.getHour() +"點 餓了，午飯；犯睏，
                午休。");
        }
        else {
            w.setState(new AfternoonState());   // 超過 13 點，則轉入下午工作狀態
            w.writeProgram();
        }
    }
}
```

16-13

16.7 工作狀態 - 狀態模式版

下午和晚間工作狀態類別

```java
//下午工作狀態
class AfternoonState extends State {
    public void writeProgram (Work w) {
        if (w.getHour() < 17) {
            System.out.println("當前時間："+ w.getHour() +"點 下午狀態還不錯，
                繼續努力");
        }
        else {
            w.setState(new EveningState());    // 超過 17 點，就轉入傍晚工作狀態
            w.writeProgram();
        }
    }
}

//晚間工作狀態
class EveningState extends State {
    public void writeProgram(Work w)
    {
        if (w.getWorkFinished())
        {
            w.setState(new RestState());       // 如果完成任務，則轉入下班狀態
            w.writeProgram();
        }
        else
        {
            if (w.getHour() < 21) {
                System.out.println("當前時間："+ w.getHour() +"點 加班哦，疲累之
                    極");
            }
            else {
                w.setState(new SleepingState());  // 超過 21 點，則轉入睡眠工作狀態
                w.writeProgram();
            }
        }
    }
}
```

無盡加班何時休 -- 狀態模式

睡眠狀態和下班休息狀態類別

```java
//睡眠狀態
class SleepingState extends State {
    public void writeProgram(Work w) {
        System.out.println("當前時間："+ w.getHour() +"點 不行了，睡著了。");
    }
}

//下班休息狀態
class RestState extends State {
    public void writeProgram(Work w) {
        System.out.println("當前時間："+ w.getHour() +"點 下班回家了");
    }
}
```

工作類別，此時沒有了過長的分支判斷敘述。

```java
//工作類別
class Work {

    private State current;

    public Work(){
        current = new ForenoonState();  // 初始化狀態
    }
    //設置狀態
    public void setState(State value) {
        this.current = value;
    }
    //寫程式的狀態
    public void writeProgram() {
        this.current.writeProgram(this);  // 顯示當前狀態，並切換下一個狀態
    }

    //當前的鐘點
    private int hour;
    public int getHour(){
        return this.hour;  // 「鐘點」屬性，狀態轉換的依據
```

16-15

16.7 工作狀態 - 狀態模式版

```java
}
public void setHour(int value){
    this.hour = value;
}
```

```java
//當前工作是否完成
private boolean workFinished = false;
public boolean getWorkFinished(){
    return this.workFinished;
}
public void setWorkFinished(boolean value){
    this.workFinished = value;
}
}
```

「工作完成與否」屬性，是否能下班的依據

用戶端程式，沒有任何改動。但我們的程式卻更加靈活易變了。

```java
//緊急專案
Work emergencyProjects = new Work();
emergencyProjects.setHour(9);
emergencyProjects.writeProgram();
emergencyProjects.setHour(10);
emergencyProjects.writeProgram();
emergencyProjects.setHour(12);
emergencyProjects.writeProgram();
emergencyProjects.setHour(13);
emergencyProjects.writeProgram();
emergencyProjects.setHour(14);
emergencyProjects.writeProgram();
emergencyProjects.setHour(17);

emergencyProjects.setWorkFinished(false);
//emergencyProjects.setWorkFinished(true);

emergencyProjects.writeProgram();
emergencyProjects.setHour(19);
emergencyProjects.writeProgram();
emergencyProjects.setHour(22);
emergencyProjects.writeProgram();
```

「此時的程式，如果要完成我所說的『員工必須在 20 點之前離開公司』，我們只需要怎麼樣？」

「增加一個『強制下班狀態』，並改動一下『晚間工作狀態』類別的判斷就可以了。而這是不影響其他狀態的程式的。這樣做的確是非常好。」

「喲，都半夜 12 點多了，快點睡覺吧。」大鳥提醒道。

「學會了狀態模式，我的狀態好著呢，讓我再體會體會狀態模式的美妙。」

「行了吧你，估計明上午的工作狀態，就是睡覺打呼了。」

「唉！這也是公司造成的呀。明天估計還得加班，無盡加班何時休，卻道天涼好個秋！」

16.7 工作狀態 - 狀態模式版

CHPATER

17

在 NBA 我需要翻譯
-- 轉接器模式

17.1 在 NBA 我需要翻譯！

時間：4月22日13點 地點：社區外餐館 人物：小菜、大鳥

周日，小菜與大鳥上午在家剛看完 NBA 季後賽第一場比賽，出去吃飯時。

「大鳥，今天火箭開門紅，贏得真是爽呀。」小菜感慨萬分。

「是呀，希望能把這種勢頭保持到最後，那就可以有所突破了。」大鳥肯定說。

「你說姚明去了幾年，英文也真練出來了哦，我看教練在那裡佈置戰術，他旁邊也沒有翻譯的，不住點頭，瞧樣子聽懂沒什麼問題了。」

「要知道，在幾年前，有記者問姚明說：『在 CBA 和 NBA 最大的區別是什麼？』，姚明的答案是『在 NBA 我需要翻譯，而在 CBA 我不需要。』經過四年的 NBA 錘煉，他的確是在 NBA 磨練中成長了。不但球技大

17.1 在 NBA 我需要翻譯！

漲，英文也學得非常棒，用英文答記者問一點問題都沒有。不得不佩服呀。」

「鈔票也大大地增加了，他可是中國最富有的體育明星。大鳥呀，你比他還大幾歲，混得不行呀。」

「哪能和他比，兩米二七的身高，你給我長一個試試。再說，單有身高也是不行的。在 NBA 現役中鋒中，姚明也算是個天才吧。」

「你說當時他剛去美國時，怎麼打球呀，什麼都聽不懂。」

「之前專門為他配備了翻譯的，那個翻譯一直在姚明身邊，特別是比賽場上，教練、隊員與他的對話全部都透過翻譯來溝通。」

「想想看也是，不管多麼高球技的球員，如果不懂外語，又沒有翻譯，球技再高，估計也是不可能在國外待很長時間的。」

「哦，你等等，你的這個說法，倒讓我想起一個設計模式，非常符合你現在提到的這個場景。」

「是嗎，聽大鳥說設計模式已經成為習慣了，聽不到都難受。快點說說看。」

17.2 轉接器模式

「這個模式叫做轉接器模式。」

> **轉接器模式（Adapter）**，將一個類的介面轉換成客戶希望的另外一個介面。Adapter 模式使得原本由於介面不相容而不能一起工作的那些類可以一起工作。

「轉接器模式主要解決什麼問題呢？」

「簡單地說，就是需要的東西就在面前，但卻不能使用，而短時間又無法改造它，於是我們就想辦法調配它。」

「前面的聽懂了，有東西不能用，又不能改造它。但想辦法『調配』是什麼意思？」

「其實這個詞應該是最早出現在電工學裡。我舉個例子，電源插座和插頭根據國家在地區的不同，在外型、等級、尺寸和種類方面都有所不同，各個國家都有政府制訂的標準。我們出國旅行，自己的手機電腦等充電器與酒店的插座不匹配怎麼辦？用一個插座轉換的轉接器就可以了。轉接器的意思就是使得一個東西適合另一個東西的東西。」

「這個我明白，但和轉接器模式有什麼關係？」

「哈，NBA 籃球運動員都會打籃球，姚明也會打籃球……」

「廢話。」

17-3

17.2 轉接器模式

「你小子,別打岔。但是姚明卻不會英文,要在美國 NBA 打球,不會英文如何交流?沒有交流如何理解教練和同伴的意圖?又如何讓他們理解自己的想法?不能溝通就打不好球了。於是就有三個辦法,第一,讓姚明學會英文,你看如何?」

「這不符合實際呀,姚明剛到 NBA 打球,之前又沒有時間在學校裡認真學好英文,馬上學到可以聽懂會說的地步是很困難的。」

「說得不錯,第二種方法,讓教練和球員學會中文?」

「哈,大鳥又在搞笑了。」

「不可能,那你說怎麼辦?」

「給姚明找個翻譯。哦,我明白了,你的意思是翻譯就是轉接器?」

「對的,在我們不能更改球隊的教練、球員和姚明的前題下,我們能做的就是想辦法找個轉接器。在軟體開發中,也就是系統的資料和行為都正確,但介面不符時,我們應該考慮用轉接器,目的是使控制範圍之外的原有物件與某個介面匹配。轉接器模式主要應用於希望重複使用一些現存的類別,但是介面又與重複使用環境要求不一致的情況,比如在需要對早期程式重複使用一些功能等應用上很有實際價值。」

「在 GoF 的設計模式中,對轉接器模式講了兩種類型,類別轉接器模式和物件轉接器模式,由於類別轉接器模式透過多重繼承對一個介面與另一個介面進行匹配,而 JAVA、C#、VB.NET 等語言都不支援多重繼承(C++ 支持),也就是一個類別只有一個父類別,所以我們這裡主要講的是物件轉接器。」

在 NBA 我需要翻譯 -- 轉接器模式

轉接器模式（Adapter）結構圖

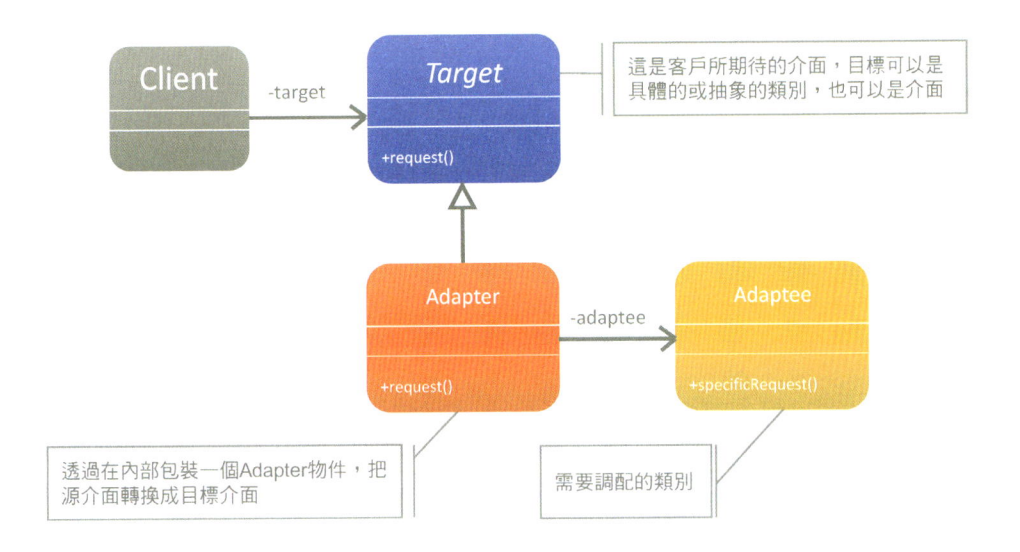

```
Client  -target→  Target          這是客戶所期待的介面，目標可以是
                  +request()      具體的或抽象的類別，也可以是介面

                     ▲
                     |
                  Adapter  -adaptee→  Adaptee
                  +request()         +specificRequest()

透過在內部包裝一個Adapter物件，把          需要調配的類別
源介面轉換成目標介面
```

Target

這是客戶所期待的介面。目標可以是具體的或抽象的類別，也可以是介面，程式如下。

```java
//客戶期待的介面
class Target {
    public void request(){
        System.out.println("普通請求！");
    }
}
```

Adaptee

需要調配的類別，程式如下：

```java
//需要適配的類別
class Adaptee {
    public void specificRequest(){
```

17-5

```
        System.out.println("特殊請求!");
    }
}
```

Adapter

透過在內部包裝一個 Adaptee 物件,把來源介面轉換成目標介面,程式以下:

```java
//轉接器類別
class Adapter extends Target {

    private Adaptee adaptee = new Adaptee(); //建立一個私有的Adaptee物件

    public void request(){                   //這樣就可以把表面上呼叫request()方法
        adaptee.specificRequest();           //變成實際呼叫specificRequest()
    }
}
```

用戶端程式

```java
    Target target = new Adapter();

    target.request();    ← 對用戶端來說,呼叫的就是 Target 的 request()
```

17.3 何時使用轉接器模式

「你的意思是不是說,在想使用一個已經存在的類別,但如果它的介面,也就是它的方法和你的要求不相同時,就應該考慮用轉接器模式?」

「對的,兩個類別所做的事情相同或相似,但是具有不同的介面時要使用它。而且由於類別都共用同一個介面,使得客戶程式如何?」

「客戶程式可以統一呼叫同一介面就行了,這樣應該可以更簡單、更直接、更緊湊。」

「很好，其實用轉接器模式也是無奈之舉，很有點『亡羊補牢』的感覺，沒辦法呀，是軟體就有維護的一天，維護就有可能會因不同的開發人員、不同的產品、不同的廠商而造成功能類似而介面不同的情況，此時就是轉接器模式大展拳腳的時候了。」

「你的意思是說，我們通常是在軟體開發後期或維護期再考慮使用它？」

「如果是在設計階段，你有必要把類似的功能類別的介面設計得不同嗎？」

「話是這麼說，但不同的程式設計師定義方法的名稱可能不同呀。」

「首先，公司內部，類別和方法的命名應該有規範，最好前期就設計好，然後如果真的如你所說，介面不相同時，首先不應該考慮用轉接器，而是應該考慮透過重構統一介面。」

「明白了，就是要在雙方都不太容易修改的時候再使用轉接器模式調配，而非一有不同時就使用它。那有沒有設計之初就需要考慮用轉接器模式的時候？」

「當然有，比如公司設計一系統時考慮使用協力廠商開發元件，而這個元件的介面與我們自己的系統介面是不相同的，而我們也完全沒有必要為了迎合它而改動自己的介面，此時儘管是在開發的設計階段，也是可以考慮用轉接器模式來解決介面不同的問題。」大鳥解釋道，「說了這麼多，你都沒有練習一下，來來來，試著把火箭隊的比賽，教練叫暫停時給後衛、中鋒、前鋒分配進攻和防守任務的程式模擬出來。」

17.4 籃球翻譯轉接器

「哈，這有何難。後衛、中鋒、前鋒都是球員，所以應該有一個球員抽象類別，有進攻和防守的方法。」

17.4 籃球翻譯轉接器

▌球員類別

```java
//球員
abstract class Player {
    protected String name;
    public Player(String name){
        this.name = name;
    }
    
    public abstract void attack();   //進攻
    public abstract void defense(); //防守
}
```

▌前鋒、中鋒、後衛類別

```java
//前鋒
class Forwards extends Player {
    public Forwards(String name){
        super(name);
    }
    
    public void attack(){
        System.out.println("前鋒 "+this.name+" 進攻");
    }
    
    public void defense(){
        System.out.println("前鋒 "+this.name+" 防守");
    }
}

//中鋒
class Center extends Player {
    public Center(String name){
        super(name);
    }
    
    public void attack(){
        System.out.println("中鋒 "+this.name+" 進攻");
```

```java
    }

    public void defense(){
        System.out.println("中鋒 "+this.name+" 防守");
    }
}

//後衛
class Guards extends Player {
    public Guards(String name){
        super(name);
    }

    public void attack(){
        System.out.println("後衛 "+this.name+" 進攻");
    }

    public void defense(){
        System.out.println("後衛 "+this.name+" 防守");
    }
}
```

用戶端程式

```java
        Player forwards = new Forwards("巴蒂爾");
        forwards.attack();

        Player guards = new Guards("麥克格雷迪");
        guards.attack();

        Player center = new Center("姚明");

        center.attack();
        center.defense();
```

← 姚明問 attack 和 defense 是什麼意思呢？

17-9

結果顯示

```
前鋒 巴蒂爾 進攻
後衛 麥克格雷迪 進攻
中鋒 姚明 進攻
中鋒 姚明 防守
```

「注意,姚明剛來到 NBA,他身高夠高,球技夠好,但是,他那時還不懂英文,也就是說,他聽不懂教練的戰術安排,attack 和 defense 是什麼意思不知道。你這樣的寫法就是有問題的。事實上,當時是如何解決這個矛盾的?」

「姚明說『我需要翻譯。』我知道你的意思了,姚明是外籍中鋒,需要有翻譯者類別來『調配』。」

外籍中鋒

```java
//外籍中鋒
class ForeignCenter {
    private String name;
    public String getName(){
        return this.name;
    }
    public void setName(String value){
        this.name = value;
    }
    public void 進攻(){
        System.out.println("外籍中鋒 "+this.name+" 進攻");
    }
    public void 防守(){
        System.out.println("外籍中鋒 "+this.name+" 防守");
    }
}
```

> 外籍中鋒類別球員的姓名故意用屬性而非建構方法來區別與前三個球員類別的不同

> 表明「外籍中鋒」只懂得中文「進攻」

> 表明「外籍中鋒」只懂得中文「防守」

在 NBA 我需要翻譯 -- 轉接器模式 ⑰

▌翻譯者類別

```java
//翻譯者類別
class Translator extends Player {

    private ForeignCenter foreignCenter = new ForeignCenter();
    ◀── 宣告並實例化一個內部「外籍中鋒」
        物件,表明翻譯者與外籍球員有連結

    public Translator(String name){
        super(name);
        foreignCenter.setName(name);
    }

    public void attack(){
        foreignCenter.進攻();    ◀── 翻譯者將「attack」翻譯為
    }                              「進攻」告訴外籍中鋒

    public void defense(){
        foreignCenter.防守();    ◀── 翻譯者將「defence」翻譯
    }                              為「防守」告訴外籍中鋒
}
```

▌用戶端程式改寫如下:

```java
        Player forwards = new Forwards("巴蒂爾");
        forwards.attack();

        Player guards = new Guards("麥克格雷迪");
        guards.attack();

        Player center = new Translator("姚明");

        center.attack();      ◀── 翻譯者告訴姚明,教練要求你既要
        center.defense();         進攻又要防守
```

17-11

▶ 17.5 轉接器模式的 .Net 應用

結果顯示

前鋒 巴蒂爾 進攻
後衛 麥克格雷迪 進攻
外籍中鋒 姚明 進攻
外籍中鋒 姚明 防守

程式結構圖

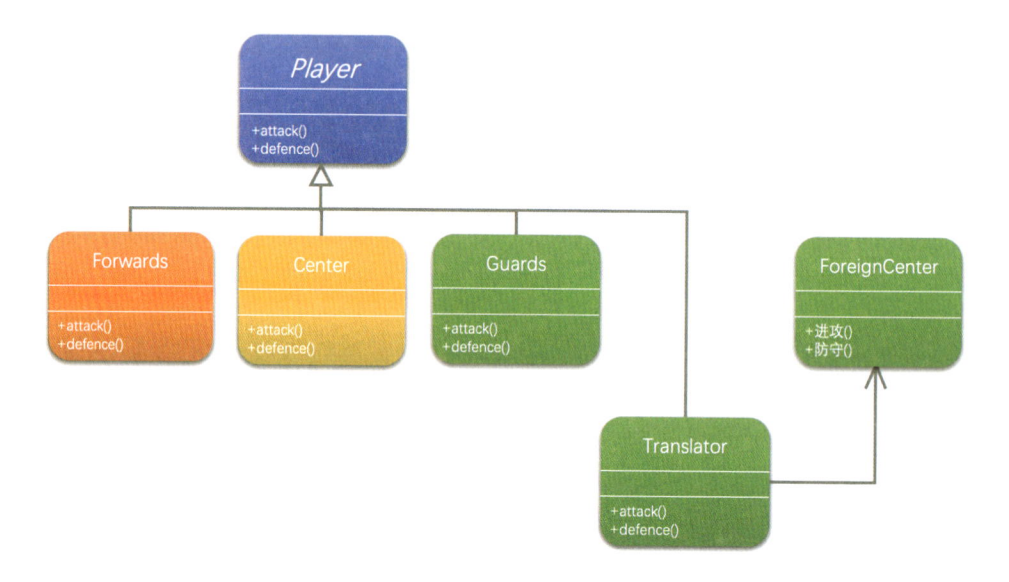

```
                        Player
                        +attack()
                        +defence()
                           △
        ┌──────────┬───────┴────────┐              
    Forwards     Center           Guards       ForeignCenter
    +attack()   +attack()        +attack()      +进攻()
    +defence()  +defence()       +defence()     +防守()
                                                   △
                              Translator           │
                              +attack()────────────┘
                              +defence()
```

「這下儘管姚明曾經是不太懂英文，儘管火箭教練和球員也不會學中文，但因為有了翻譯者，團隊溝通合作成為了可能，非常好。」大鳥鼓勵道。

17.5 轉接器模式的 .Net 應用

「這模式很好用，我想在現實中也很常用的吧。」

「當然，比如在 .NET 中有一個類別庫已經實現的、非常重要的轉接器，那就是 DataAdapter。DataAdapter 用作 DataSet 和資料來源之間的轉接

器以便檢索和儲存資料。DataAdapter 透過映射 Fill（這更改了 DataSet 中的資料以便與資料來源中的資料相匹配）和 Update（這更改了資料來源中的資料以便與 DataSet 中的資料相匹配）來提供這一轉接器 [MSDN]。由於資料來源可能是來自 SQL Server，可能來自 Oracle，也可能來自 Access、DB2，這些資料在組織上可能有不同之處，但我們希望得到統一的 DataSet（實質是 XML 資料），此時用 DataAdapter 就是非常好的手段，我們不必關注不同資料庫的資料細節，就可以靈活的使用資料。」

「啊，DataAdapter 我都用了無數次了，原來它就是轉接器模式的應用呀，太棒了。我喜歡這個模式，我要經常性地使用它。再比如像 Java 中的 Hibernate 開放原始碼框架，也是用了類似的方法。」

「NO、NO、NO！模式亂用不如不用。我給你講個小故事，希望你能理解其深意。」

17.6 扁鵲的醫術

大鳥：「當年，魏文王問名醫扁鵲說：『你們家兄弟三人，都精於醫術，到底哪一位最好呢？』扁鵲答：『長兄最好，中兄次之，我最差。』文王再問：『那麼為什麼你最出名呢？』扁鵲答：『長兄治病，是治病於病情發作之前。由於一般人不知道他事先能剷除病因，所以他的名氣無法傳出去；中兄治病，是治病於病情初起時。一般人以為他只能治輕微的小病，所以他的名氣只及本鄉里。而我是治病於病情嚴重之時。一般人都看到我在經脈上穿針管放血、在皮膚上敷藥等大手術，所以大家都以為我的醫術高明，名氣因此響遍全國。』這個故事說明什麼？」

「啊，你的意思是如果能事先預防介面不同的問題，不匹配問題就不會發生；在有小的介面不統一問題發生時，即時重構，問題不至於擴大；只

17.6 扁鵲的醫術

有碰到無法改變原有設計和程式的情況時，才考慮調配。事後控制不如事中控制，事中控制不如事前控制。」小菜複習說。

「對呀，如果能事前控制，又何必要事後再去彌補呢？」大鳥肯定說，「轉接器模式當然是好模式，但如果無視它的應用場合而盲目使用，其實是本末倒置了。」

「嗯，我相信，小菜我能把轉接器模式應用到扁鵲的境界的。哦，不對，是他們三兄弟共同的境界。我一定能！」

「相信你一定能。」

CHPATER 18

如果可以回到過去
-- 備忘錄模式

18.1 如果再給我一次機會……

時間：5 月 6 日 18 點　地點：小菜大鳥住所的客廳　人物：小菜、大鳥

「小菜，今天上午看 NBA 了嗎？火箭季後賽第七場對爵士的比賽。」大鳥問道。

「沒有，不過結果倒是在網上第一時間就知道了。在最後比賽剩下 4 分鐘時，比分還相同，到剩下 57.8 秒的時候，火箭也只落後 2 分，可惜，最後的兩個進攻籃板球沒得到，火箭就輸掉了比賽。」

「是呀，最後一分鐘的失誤，幾乎就等於輸掉了整個賽季。」

「如果火箭任何一人能抓到兩個籃板中的，結果可能完全不是這樣。真是遺憾呀。」小菜感慨道。

「很多時候我們做了件事後，卻開始後悔。這就是人類的內心軟弱一面。時間不能倒流，不管怎麼樣人生是無法回到過去的，但是軟體就不一樣了。還記得玩一些單機的 PC 遊戲的時候嗎，通常我都是在打大 Boss 之

18.1 如果再給我一次機會……

前,先儲存一個進度,然後如果通關失敗了,我可以再傳回剛才那個進度來恢復原來的狀態,從頭來過。從這點上說,我們比姚明強。」

「哈,這其中原理是不是就是把當前的遊戲狀態的各種參數儲存,以便恢復時讀取呢?」

「是的,通常這種儲存都是存在磁碟上了,以便日後讀取。但對於一些更為常規的應用,比如我們下棋時需要悔棋、撰寫文件時需要撤銷、查看網頁時需要後退,這些相對頻繁而簡單的恢復並不需要存在磁碟中,只要將儲存在記憶體中的狀態恢復一下即可。」

「嗯,這是更普通的應用,很多開發中都會用到。」

「那我簡單説個場景,你想想看怎麼用程式實現。遊戲的某個場景,一遊戲角色有生命力、攻擊力、防禦力等等資料,在打 Boss 前和後一定會不一樣的,我們允許玩家如果感覺與 Boss 決鬥的效果不理想可以讓遊戲恢復到決鬥前。」

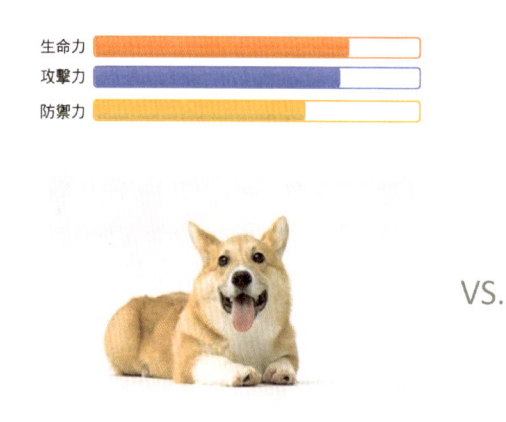

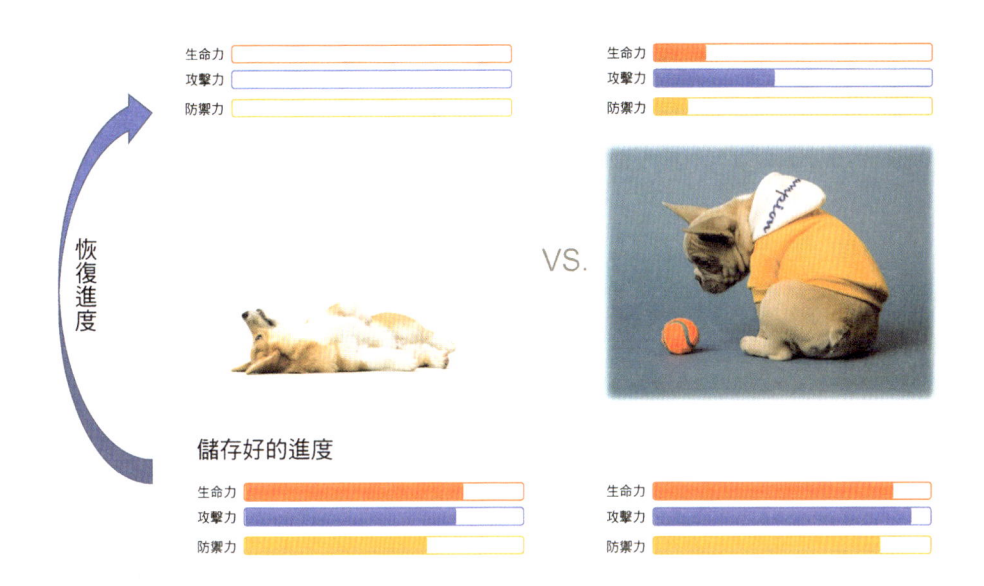

18 如果可以回到過去 -- 備忘錄模式

「好的,我試試看。」

18.2 遊戲存進度

遊戲角色類別,用來儲存角色的生命力、攻擊力、防禦力的資料。

```
//遊戲角色類別
class GameRole {
    //生命力
    private int vitality;
    public int getVitality(){
        return this.vitality;
    }
    public void setVitality(int value){
        this.vitality = value;
    }

    //攻擊力
    private int attack;
    public int getAttack(){
```

18.2 遊戲存進度

```java
        return this.attack;
    }
    public void setAttack(int value){
        this.attack = value;
    }

    //防禦力
    private int defense;
    public int getDefense(){
        return this.defense;
    }
    public void setDefense(int value){
        this.defense = value;
    }

    //狀態顯示
    public void displayState(){
        System.out.println("角色當前狀態：");
        System.out.println("體力："+this.vitality);
        System.out.println("攻擊力："+this.attack);
        System.out.println("防禦力："+this.defense);
        System.out.println();
    }

    //獲得初始狀態(資料通常來自本機磁碟或遠端資料介面)
    public void getInitState(){
        this.vitality = 100;
        this.attack = 100;
        this.defense = 100;
    }

    //戰鬥(在與Boss大戰後遊戲資料損耗為0)
    public void fight(){
        this.vitality = 0;
        this.attack = 0;
        this.defense = 0;
    }
}
```

用戶端呼叫時

```
//大戰Boss前
GameRole role = new GameRole();
role.getInitState();      ← 獲得初始角色狀態(生命力、攻擊力、防禦力)
role.displayState();

//儲存進度
GameRole backup = new GameRole();
backup.setVitality(role.getVitality());
backup.setAttack(role.getAttack());      ← 透過「遊戲角色」的新實例
backup.setDefense(role.getDefense());       來儲存進度

//大戰Boss時,損耗嚴重
role.fight();    ← 所有遊戲資料歸零
//顯示狀態
role.displayState();

//遊戲進度恢復
role.setVitality(backup.getVitality());
role.setAttack(backup.getAttack());      ← Game Over 不甘心,恢復
role.setDefense(backup.getDefense());       之前進度,重新來玩

//顯示狀態
role.displayState();
```

「小菜,這樣的寫法,確實是實現了我的要求,但是問題也確實多多。」

「哈,你的經典理論,程式無錯未必優。說,我有心理準備。」

「問題主要在於這用戶端的呼叫。下面這一段有問題,因為這樣寫就把整個遊戲角色的細節曝露給了用戶端,你的用戶端的職責就太大了,需要知道遊戲角色的生命力、攻擊力、防禦力這些細節,還要對它進行『備份』。以後需要增加新的資料,例如增加『魔法力』或修改現有的某種力,例如『生命力』改為『經驗值』,這部分就一定要修改了。同樣的道理也存在於恢復時的程式。」

> 18.3 備忘錄模式

```
//大戰Boss前
GameRole role = new GameRole();
role.getInitState();
role.displayState();

//儲存進度
GameRole backup = new GameRole();
backup.setVitality(role.getVitality());
backup.setAttack(role.getAttack());
backup.setDefense(role.getDefense());
```
← 曝露了遊戲中各種參數的實現細節，不足取

```
//大戰Boss時，損耗嚴重
role.fight();
//顯示狀態
role.displayState();

//遊戲進度恢復
role.setVitality(backup.getVitality());
role.setAttack(backup.getAttack());
role.setDefense(backup.getDefense());
```
← 同樣曝露了實現細節，不妥當

```
//顯示狀態
role.displayState();
```

「顯然，我們希望的是把這些『遊戲角色』的存取狀態細節封裝起來，而且最好是封裝在外部的類別當中。以表現職責分離。」

18.3 備忘錄模式

「所以我們需要學習一個新的設計模式，備忘錄模式。」

> 備忘錄（Memento）：在不破壞封裝性的前提下，捕捉一個物件的內部狀態，並在該物件之外儲存這個狀態。這樣以後就可將該物件恢復到原先儲存的狀態。

備忘錄模式（Memento）結構圖

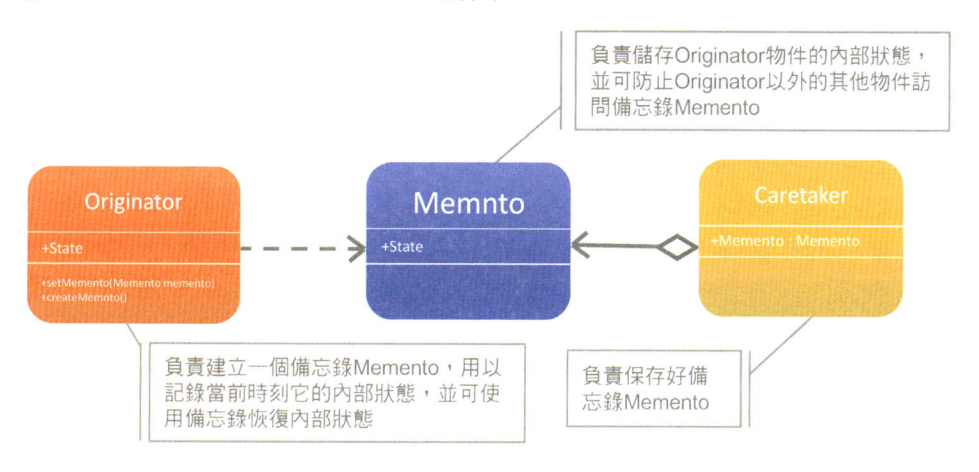

```
┌─────────────┐           ┌─────────────┐           ┌─────────────┐
│ Originator  │ ─ ─ ─ ─ ▶ │   Memnto    │ ◇───────  │  Caretaker  │
├─────────────┤           ├─────────────┤           ├─────────────┤
│ +State      │           │ +State      │           │ +Memento : Memento │
├─────────────┤           └─────────────┘           └─────────────┘
│ +setMemento(Memento memento) │
│ +createMemto() │
└─────────────┘
```

> 負責儲存Originator物件的內部狀態，並可防止Originator以外的其他物件訪問備忘錄Memento

> 負責建立一個備忘錄Memento，用以記錄當前時刻它的內部狀態，並可使用備忘錄恢復內部狀態

> 負責保存好備忘錄Memento

Originator（發起人）：負責建立一個備忘錄 Memento，用以記錄當前時刻它的內部狀態，並可使用備忘錄恢復內部狀態。Originator 可根據需要決定 Memento 儲存 Originator 的哪些內部狀態。

Memento（備忘錄）：負責儲存 Originator 物件的內部狀態，並可防止 Originator 以外的其他物件存取備忘錄 Memento。備忘錄有兩個介面，Caretaker 只能看到備忘錄的狹窄介面，它只能將備忘錄傳遞給其他物件。Originator 能夠看到一個寬廣介面，允許它存取傳回到先前狀態所需的所有資料。

Caretaker（管理者）：負責儲存好備忘錄 Memento，不能對備忘錄的內容操作或檢查。

「就剛才的例子，『遊戲角色』類別其實就是一個 Originator，而你用了同樣的『遊戲角色』實例『備份』來做備忘錄，這在當需要儲存全部資訊時，是可以考慮的，而用 clone 的方式來實現 Memento 的狀態儲存可能是更好的辦法，但是如果是這樣的話，使得我們相當於對上層應用開放了 Originator 的全部（public）介面，這對於儲存備份有時候是不合適的。」

「那如果我們不需要儲存全部的資訊以備使用時，怎麼辦？」

「哈，對的，這或許是更多可能發生的情況，我們需要儲存的並不是全部資訊，而只是部分，那麼就應該有一個獨立的備忘錄類別 Memento，它只擁有需要儲存的資訊的屬性。」

18.4 備忘錄模式基本程式

發起人（Originator）類別

```java
//發起人類別
class Originator {
    //狀態
    private String state;
    public String getState(){
        return this.state;
    }
    public void setState(String value){
        this.state = value;
    }

    //顯示資料
    public void show(){
        System.out.println("State:"+this.state);
    }

    //建立備忘錄
    public Memento createMemento(){
        return new Memento(this.state);
    }

    //恢復備忘錄
    public void recoveryMemento(Memento memento){
        this.setState(memento.getState());
    }
}
```

需要儲存的屬於，可能有多個

建立備忘錄，將當前需要儲存的資訊匯入並實例化出一個 Memento 物件

恢復備忘錄，將 Memento 匯入並將相關資料恢復

如果可以回到過去 -- 備忘錄模式 18

▌備忘錄（Memento）類別

```java
//備忘錄類別
class Memento {

    private String state;

    public Memento (String state){
        this.state = state;
    }

    public String getState(){
        return this.state;
    }
    public void setState(String value){
        this.state = value;
    }
}
```

← 需要儲存的資料屬性，可以是多個

▌管理者（Caretaker）類別

```java
//管理者
class Caretaker{

    private Memento memento;
    public Memento getMemento(){
        return this.memento;
    }
    public void setMemento(Memento value){
        this.memento = value;
    }
}
```

← 得到或設定備忘錄

▌用戶端程式

```java
        //Originator初始狀態，狀態屬性為"On"
        Originator o = new Originator();
        o.setState("On");
        o.show();
```

18-9

18.4 備忘錄模式基本程式

```
Caretaker c = new Caretaker();
//儲存狀態時，由於有了很好的封裝，可以隱藏Originator的實現細節
c.setMemento(o.createMemento());

//Originator改變了狀態屬性為"Off"
o.setState("Off");
o.show();

//恢復原初始狀態
o.recoveryMemento(c.getMemento());
o.show();
```

「哈，我明白了，這當中就是把要儲存的細節給封裝在了 Memento 中了，哪一天要更改儲存的細節也不用影響用戶端了。那麼這個備忘錄模式都用在一些什麼場合呢？」

「Memento 模式比較適用於功能比較複雜的，但需要維護或記錄屬性歷史的類別，或需要儲存的屬性只是許多屬性中的一小部分時，Originator 可以根據儲存的 Memento 資訊還原到前一狀態。」

「我記得好像命令模式也有實現類似撤銷的作用？」

「哈，小子記性不錯，如果在某個系統中使用命令模式時，需要實現命令的撤銷功能，那麼命令模式可以使用備忘錄模式來儲存可撤銷操作的狀態。有時一些物件的內部資訊必須儲存在物件以外的地方，但是必須要由物件自己讀取，這時，使用備忘錄可以把複雜的物件內部資訊對其他的物件遮罩起來，從而可以恰當地保持封裝的邊界。」

「我感覺可能最大的作用還是在當角色的狀態改變的時候，有可能這個狀態無效，這時候就可以使用暫時儲存起來的備忘錄將狀態復原這個作用吧？」

「說得好，這當然是最重要的作用了。」

「明白，我學會了。」

「別急,你還沒有把你剛才的程式改成備忘錄模式的。」

「啊,你就不打算饒過我。等著,看我來拿滿分。」

18.5 遊戲進度備忘

程式結構圖

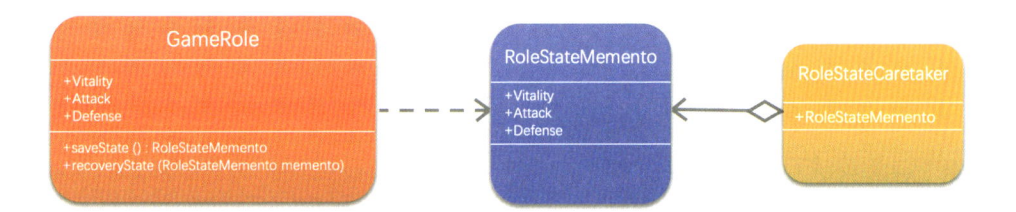

```
GameRole
+Vitality
+Attack
+Defense
+saveState () : RoleStateMemento
+recoveryState (RoleStateMemento memento)

RoleStateMemento
+Vitality
+Attack
+Defense

RoleStateCaretaker
+RoleStateMemento
```

遊戲角色類別

```java
//遊戲角色類別
class GameRole {
......
    //儲存角色狀態
    public RoleStateMemento saveState(){
        return new RoleStateMemento(this.vitality,this.attack,this.defense);
    }

    //恢復角色狀態
    public void recoveryState(RoleStateMemento memento){
        this.setVitality(memento.getVitality());
        this.setAttack(memento.getAttack());
        this.setDefense(memento.getDefense());
    }
}
```

將遊戲角色的三個遊戲狀態值透過實例化「角色狀態儲存箱」返回物件

可將外部的「角色狀態儲存箱」中的狀態數值恢復給遊戲角色

18.5 遊戲進度備忘

角色狀態儲存箱類別

```
//角色狀態存儲箱
class RoleStateMemento {
    private int vitality;
    private int attack;
    private int defense;

    //將生命力、攻擊力、防禦力存入狀態存儲箱物件中
    public RoleStateMemento (int vitality,int attack,int defense){
        this.vitality = vitality;
        this.attack = attack;
        this.defense = defense;
    }

    //生命力
    public int getVitality(){
        return this.vitality;
    }
    public void setVitality(int value){
        this.vitality = value;
    }
    //攻擊力
    public int getAttack(){
        return this.attack;
    }
    public void setAttack(int value){
        this.attack = value;
    }
    //防禦力
    public int getDefense(){
        return this.defense;
    }
    public void setDefense(int value){
        this.defense = value;
    }
}
```

角色狀態管理者類別

```
//角色狀態管理者
class RoleStateCaretaker{

    private RoleStateMemento memento;
    public RoleStateMemento getRoleStateMemento(){
        return this.memento;
    }
    public void setRoleStateMemento(RoleStateMemento value){
        this.memento = value;
    }
}
```

用戶端程式

```
    //大戰Boss前
    GameRole role = new GameRole();
    role.getInitState();
    role.displayState();

    //儲存進度
    RoleStateCaretaker stateAdmin = new RoleStateCaretaker();
    stateAdmin.setRoleStateMemento(role.saveState());
```

> 儲存進度時，由於封裝在 Memento 中，因此我們並不知道儲存了哪些具體的角色資料，角色資料修改不影響當前用戶端的程式

```
    //大戰Boss時，損耗嚴重
    role.fight();
    //顯示狀態
    role.displayState();

    //遊戲進度恢復
    role.recoveryState(stateAdmin.getRoleStateMemento());
```

> 進度恢復時，亦是同理

```
    //顯示狀態
    role.displayState();
```

「看看，能不能得滿分，我查了好幾遍了。」

18-13

18.5 遊戲進度備忘

「不錯，寫得還行。你要注意，備忘錄模式也是有缺點的，角色狀態需要完整儲存到備忘錄物件中，如果狀態資料很大很多，那麼在資源消耗上，備忘錄物件會非常耗記憶體。」

「嗯，明白。所以也不是用得越多越好。」

「小子，以後打電動要記著用備忘錄哦。」大鳥不忘提醒一句。

「哈，我一定會這樣。」小菜開始裝著深沉地說，「曾經有一個精彩的遊戲擺在我的面前，但是我沒有好好珍惜。等到死於 Boss 手下的時候才後悔莫及，塵世間最痛苦的事莫過於此。如果上天可以給我一個機會再來一次的話，我會對你說三個字，『存進度』。如果非要把這個進度加上一保險，我希望是刻成光碟，流傳萬年！」

CHPATER
19

分公司 = 一部門
-- 組合模式

19.1 分公司不就是一部門嗎？

時間：5月10日19點　地點：小菜大鳥住所的客廳　人物：小菜、大鳥

「大鳥，請教你一個問題？快點幫幫我。」
「今天輪到你做飯，你可別忘記了。」
「做飯？好說好說！先幫我解決問題吧。再弄不出來，我要失業了。」
「有這麼嚴重嗎？什麼問題呀。」

19.1 分公司不就是一部門嗎？

「我們公司最近接了一個專案，是為一家在全國許多城市都有經銷機構的大公司做辦公管理系統，總部有人力資源、財務、營運等部門。」

「這是很常見的 OA 系統，需求分析好的話，應該不難開發的。」

「是呀，我開始也這麼想，這家公司試用了我們開發的系統後感覺不錯，他們希望可以在他們的全部分公司推廣，一起使用。他們在北京有總部，在全國幾大城市設有分公司，比如上海設有華東區分部，然後在一些省會城市還設有辦事處，比如南京辦事處、杭州辦事處。現在有個問題是，總公司的人力資源部、財務部等辦公管理功能在所有的分公司或辦事處都需要有。你說怎麼辦？」

「你打算怎麼辦呢？」大鳥不答反問道。

「因為你之前講過簡單複製是最糟糕的設計，所以我的想法是共用功能到各個分公司，也就是讓總部、分公司、辦事處用同一套程式，只是根據 ID 的不同來區分。」

「要糟了。」

「你怎麼知道，的確是不行，因為他們的要求，總部、分部和辦事處是成樹狀結構的，也就是有組織結構的，不可以簡單的平行管理。這下我就比較痛苦了，因為實際開發時就得一個一個的判斷它是總部，還是分公司的財務，然後再執行其對應的方法。」

「你有沒有發現，類似的這種部分與整體情況很多見，例如賣電腦的商家，可以賣單獨配件也可以賣組裝整機，又如複製檔案，可以一個一個檔案複製貼上還可以整個資料夾進行複製，再比如文字編輯，可以給單一字粗體、變色、改字型，當然也可以給整段文字做同樣的操作。其本質都是同樣的問題。」

「你的意思是，分公司或辦事處與總公司的關係，就是部分與整體的關係？」

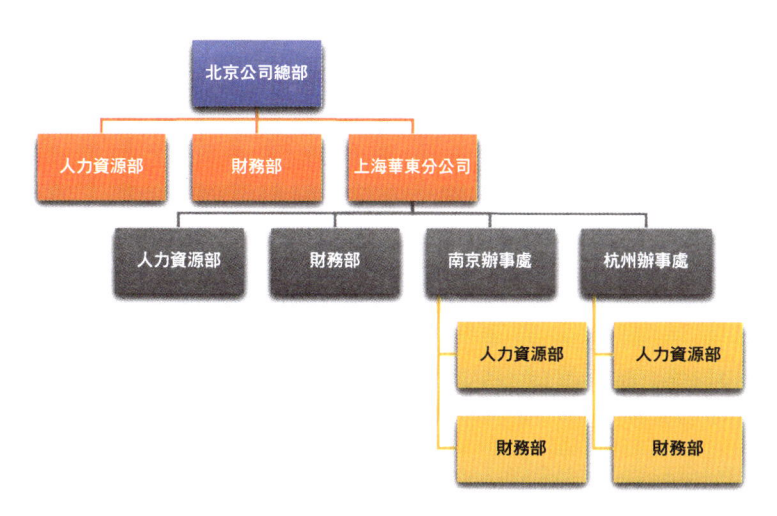

「對的，你希望總公司的組織結構，比如人力資源部、財務部的管理功能可以重複使用於分公司。這其實就是整體與部分可以被一致對待的問題。」

「哈，我明白了，就像你舉的例子，對於 Word 文件裡的文字，對單一字的處理和對多個字、甚至整個文件的處理，其實是一樣的，使用者希望一致對待，程式開發者也希望一致處理。但具體怎麼做呢？」

「首先，我們來分析一下你剛才講到的這個專案，如果把北京總公司當做一棵大樹的根部的話，它的下屬分公司其實就是這棵樹的什麼？」

「是樹的分枝，哦，至於各辦事處是更小的分支，而它們的相關的職能部門由於沒有分枝了，所以可以視為樹葉。」

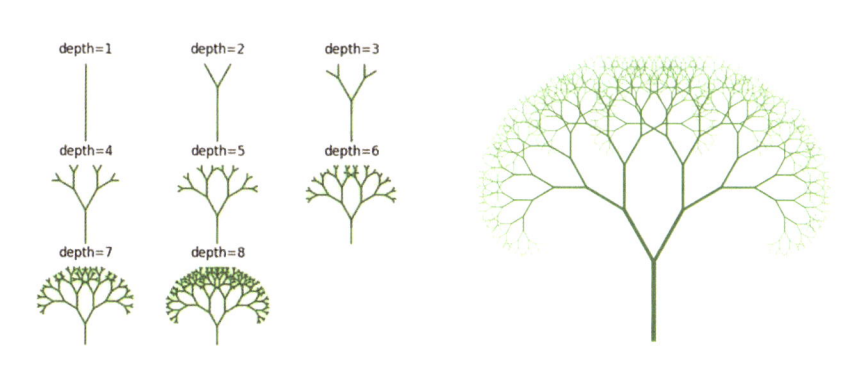

19.2 組合模式

「小菜理解得很快,儘管天下沒有兩片相同的樹葉,但同一棵樹上長出來的樹葉樣子也不會相差到哪去。也就是說,你所希望的總部的財務部管理功能也最好是能重複使用到子公司,那麼最好的辦法就是,我們在處理總公司的財務管理功能和處理子公司的財務管理功能的方法都是一樣的。」

「有點暈了,別繞彎子了,你是不是想講一個新的設計模式給我。」

19.2 組合模式

「哈,小菜夠直接。這個設計模式叫做『組合模式』。」

> 組合模式(Composite),將物件組合成樹形結構以表示『部分-整體』的層次結構。組合模式使得使用者對單一物件和組合物件的使用具有一致性。

▌組合模式(Composite)結構圖

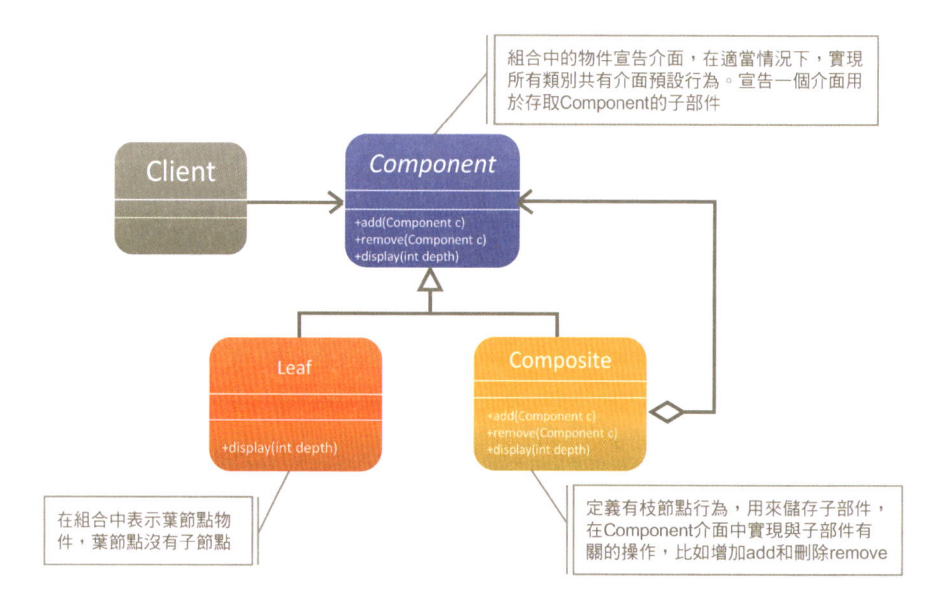

```
                        組合中的物件宣告介面,在適當情況下,實現
                        所有類別共有介面預設行為。宣告一個介面用
                        於存取Component的子部件

  Client  ──────▶  Component
                   +add(Component c)
                   +remove(Component c)
                   +display(int depth)
                        △
            ┌───────────┴───────────┐
          Leaf                  Composite
                                +add(Component c)
          +display(int depth)   +remove(Component c)
                                +display(int depth)

  在組合中表示葉節點物           定義有枝節點行為,用來儲存子部件,
  件,葉節點沒有子節點           在Component介面中實現與子部件有
                                關的操作,比如增加add和刪除remove
```

Component 為組合中的物件宣告介面,在適當情況下,實現所有類別共有介面的預設行為。宣告一個介面用於存取和管理 Component 的子元件。

```
abstract class Component{
    protected String name;
    public Component(String name){
        this.name = name;
    }

    public abstract void add(Component component);
    public abstract void remove(Component component);
    public abstract void display(int depth);
}
```

通常都用 add 和 remove 方法來提供增加或移除樹枝或樹葉的功能

Leaf 在組合中表示葉節點物件,葉節點沒有子節點。

```
class Leaf extends Component{
    public Leaf(String name){
        super(name);
    }

    public void add(Component component){
        System.out.println("Cannot add to a leaf.");
    }

    public void remove(Component component){
        System.out.println("Cannot remove from a leaf.");
    }

    public void display(int depth){
        //葉節點的具體顯示方法,此處是顯示其名稱和級別
        for(var i=0;i<depth;i++)
            System.out.print("-");
        System.out.println(name);
    }
}
```

由於葉子沒有再增加分枝和樹葉,所以 Add 和 Remove 方法實現它沒有意義,但這樣做可以消除葉節點和枝節點物件在抽象層次丨的區別,它們具備完全一致的介面

Composite 定義有枝節點行為,用來儲存子元件,在 Component 介面中實現與子元件有關的操作,比如增加 add 和刪除 remove。

19-5

19.2 組合模式

```java
class Composite extends Component{
    private ArrayList<Component> children = new ArrayList<Component>();
    //一個子物件集合用來存儲其下屬的枝節點和葉節點

    public Composite(String name){
        super(name);
    }

    public void add(Component component){
        children.add(component);
    }
    public void remove(Component component){
        children.remove(component);
    }
    public void display(int depth){
        //顯示其枝節點名稱
        for(var i=0;i<depth;i++)
            System.out.print("-");
        System.out.println(name);
        //對其下級進行遍歷
        for(Component item : children){
            item.display(depth+2);
        }
    }
}
```

用戶端程式，能透過 Component 介面操作組合元件的物件。

```java
Composite root = new Composite("root");
root.add(new Leaf("Leaf A"));          // ← 生成樹根 root，根上長出兩葉 LeafA 和 LeafB
root.add(new Leaf("Leaf B"));

Composite comp = new Composite("Composite X");
comp.add(new Leaf("Leaf XA"));         // ← 根上長出分枝 CompositeX，分枝上也有兩
comp.add(new Leaf("Leaf XB"));         //   葉 Leaf XA 和 Leaf XB
root.add(comp);

Composite comp2 = new Composite("Composite XY");
comp2.add(new Leaf("Leaf XYA"));
```

```
comp2.add(new Leaf("Leaf XYB"));
comp.add(comp2);
```
← 在 CompositeX 再長出分枝 CompositeXY，分枝上也有兩葉 Leaf XYA 和 Leaf XYB

```
Leaf leaf = new Leaf("Leaf C");
root.add(leaf);

Leaf leaf2 = new Leaf("Leaf D");
root.add(leaf2);
root.remove(leaf2);
```
← 根本又長出兩葉和 Leaf C 和 Leaf D，可惜 Leaf D 沒長牢，被風吹走了

```
root.display(1);
```
← 顯示樹的樣子

▍結果顯示

```
-root
---Leaf A
---Leaf B
---Composite X
-----Leaf XA
-----Leaf XB
-----Composite XY
-------Leaf XYA
-------Leaf XYB
---Leaf C
```

19.3 透明方式與安全方式

「樹可能有無數的分枝，但只需要反覆用 Composite 就可以實現樹狀結構了。小菜感覺如何？」

「有點懂，但還是有點疑問，為什麼 Leaf 類別當中也有 add 和 remove，樹葉不是不可以再長分枝嗎？」

19-7

「是的，這種方式叫做透明方式，也就是說在 Component 中宣告所有用來管理子物件的方法，其中包括 add、remove 等。這樣實現 Component 介面的所有子類別都具備了 add 和 remove。這樣做的好處就是葉節點和枝節點對於外界沒有區別，它們具備完全一致的行為介面。但問題也很明顯，因為 Leaf 類別本身不具備 add()、remove() 方法的功能，所以實現它是沒有意義的。」

「哦，那麼如果我不希望做這樣的無用功呢？也就是 Leaf 類別當中不用 Add 和 Remove 方法，可以嗎？」

「當然是可以，那麼就需要安全方式，也就是在 Component 介面中不去宣告 add 和 remove 方法，那麼子類別的 Leaf 也就不需要去實現它，而是在 Composite 宣告所有用來管理子類別物件的方法，這樣做就不會出現剛才提到的問題，不過由於不夠透明，所以樹葉和樹枝類別將不具有相同的介面，用戶端的呼叫需要做對應的判斷，帶來了不便。」

「那我喜歡透明式，那樣就不用做任何判斷了。」

「開發怎麼能隨便有傾向性？兩者各有好處，視情況而定吧。」

19.4 何時使用組合模式

「什麼地方用組合模式比較好呢？」

「當你發現需求中是表現部分與整體層次的結構時，以及你希望使用者可以忽略組合物件與單一物件的不同，統一地使用組合結構中的所有物件時，就應該考慮用組合模式了。」

「哦，我想起來了。Java 開發表單用的容器控制項 java.awt.Container，它繼承於 java.awt.Component，就有 add 方法和 remove 方法，所以在它上面增加控制項，比如 Button、Label、Checkbox 等控制項，就變成很自然的事情，這就是典型的組合模式的應用。」

分公司 = 一部門 -- 組合模式　19

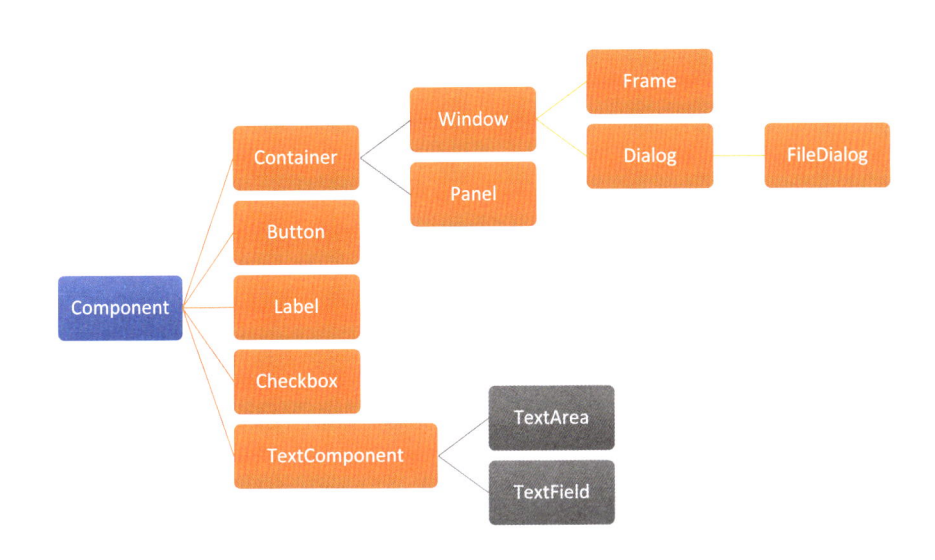

[Component 類別繼承圖：Component → Container, Button, Label, Checkbox, TextComponent；Container → Window, Panel；Window → Frame, Dialog；Dialog → FileDialog；TextComponent → TextArea, TextField]

方法摘要

變數和類型	方法	描述
Component	add(Component comp)	將指定的元件追加到此容器的尾端。
Component	add(Component comp, int index)	將指定的元件增加到指定位置的此容器中。
void	add(Component comp, Object constraints)	將指定的元件增加到此容器的尾端。
void	remove(int index)	從此容器中刪除由 index 指定的元件。
void	remove(int index)	從此容器中刪除由 index 指定的組件。
void	remove(Component comp)	從此容器中刪除指定的組件。
void	removeAll()	從此容器中刪除所有組件。
void	removeContainerListener(ContainerListener l)	刪除指定的容器偵聽器，以便它不再從此容器接收容器事件。
void	removeNotify()	通過刪除與其本機屏幕資源的連接，使此 Container 不可顯示。

「哦，對的對的，這就是部分與整體的關係。」

「你是不是可以把你提到的公司管理系統的例子練習一下了？」

「OK，現在感覺不是很困難了。」

19.5　公司管理系統

半小時後，小菜寫出了程式。

19.5 公司管理系統

程式結構圖

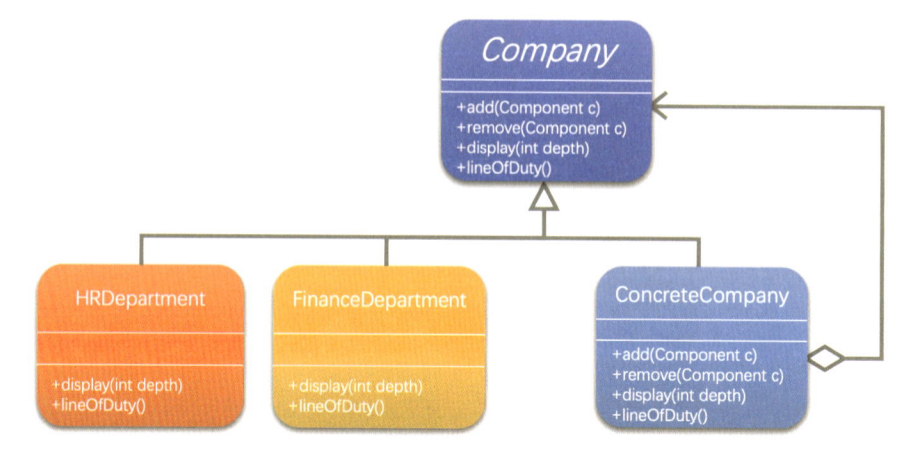

```
                    Company
            +add(Component c)
            +remove(Component c)
            +display(int depth)
            +lineOfDuty()
           △         △         △
    HRDepartment  FinanceDepartment  ConcreteCompany
    +display(int depth)  +display(int depth)  +add(Component c)
    +lineOfDuty()        +lineOfDuty()        +remove(Component c)
                                              +display(int depth)
                                              +lineOfDuty()
```

公司類別 抽象類別或介面

```java
//公司抽象類別
abstract class Company{
    protected String name;
    public Company(String name){
        this.name = name;
    }

    public abstract void add(Company company);      //增加
    public abstract void remove(Company company);   //移除
    public abstract void display(int depth);        //顯示

    public abstract void lineOfDuty();              //履行職責
}
```

增加一「履行職責」方法，不同的部門需履行不同的職責

具體公司類別 實現介面 樹枝節點

```java
//具體分公司類別，樹枝節點
class ConcreteCompany extends Company{
    protected ArrayList<Company> children = new ArrayList<Company>();

    public ConcreteCompany(String name){
```

```
        super(name);
    }

    public void add(Company company){
        children.add(company);
    }
    public void remove(Company company){
        children.remove(company);
    }

    public void display(int depth) {
        for(var i=0;i<depth;i++)
            System.out.print("-");
        System.out.println(name);
        for(Company item : children){
            item.display(depth+2);
        }
    }

    //履行職責
    public void lineOfDuty(){
        for(Company item : children){
            item.lineOfDuty();
        }
    }
}
```

▍人力資源部與財務部類別 樹葉節點

```
//人力資源部,樹葉節點
class HRDepartment extends Company{
    public HRDepartment(String name){
        super(name);
    }

    public void add(Company company){
    }
    public void remove(Company company){
    }
    public void display(int depth) {
        for(var i=0;i<depth;i++)
            System.out.print("-");
```

19-11

19.5 公司管理系統

```
            System.out.println(name);
        }
        //履行職責
        public void lineOfDuty(){
            System.out.println(name+" 員工招聘培訓管理");
        }
    }

    //財務部,樹葉節點
    class FinanceDepartment extends Company{
        public FinanceDepartment(String name){
            super(name);
        }

        public void add(Company company){
        }
        public void remove(Company company){
        }
        public void display(int depth) {
            for(var i=0;i<depth;i++)
                System.out.print("-");
            System.out.println(name);
        }
        //履行職責
        public void lineOfDuty(){
            System.out.println(name+" 公司財務收支管理");
        }
    }
```

用戶端呼叫

```
        ConcreteCompany root = new ConcreteCompany("北京總公司");
        root.add(new HRDepartment("總公司人力資源部"));
        root.add(new FinanceDepartment("總公司財務部"));

        ConcreteCompany comp = new ConcreteCompany("上海華東分公司");
        comp.add(new HRDepartment("華東分公司人力資源部"));
        comp.add(new FinanceDepartment("華東分公司財務部"));
        root.add(comp);
```

```
ConcreteCompany comp2 = new ConcreteCompany("南京辦事處");
comp2.add(new HRDepartment("南京辦事處人力資源部"));
comp2.add(new FinanceDepartment("南京辦事處財務部"));
comp.add(comp2);

ConcreteCompany comp3 = new ConcreteCompany("杭州辦事處");
comp3.add(new HRDepartment("杭州辦事處人力資源部"));
comp3.add(new FinanceDepartment("杭州辦事處財務部"));
comp.add(comp3);

System.out.println("結構圖：");
root.display(1);
System.out.println("職責：");
root.lineOfDuty();
```

結果顯示

```
結構圖：                          職責：
-北京總公司                       總公司人力資源部  員工應徵教育訓練管理
---總公司人力資源部                 總公司財務部  公司財務收支管理
---總公司財務部                    華東分公司人力資源部  員工應徵教育訓練管理
---上海華東分公司                   華東分公司財務部  公司財務收支管理
-----華東分公司人力資源部             南京辦事處人力資源部  員工應徵教育訓練管理
-----華東分公司財務部                南京辦事處財務部  公司財務收支管理
-----南京辦事處                    杭州辦事處人力資源部  員工應徵教育訓練管理
-------南京辦事處人力資源部           杭州辦事處財務部  公司財務收支管理
-------南京辦事處財務部
-----杭州辦事處
-------杭州辦事處人力資源部
-------杭州辦事處財務部
```

19.6 組合模式好處

「小菜寫得不錯，你想想看，這樣寫的好處有哪些？」

19.6 組合模式好處

「組合模式這樣就定義了包含人力資源部和財務部這些基本物件和分公司、辦事處等組合物件的類別層次結構。基本物件可以被組合成更複雜的組合物件，而這個組合物件又可以被組合，這樣不斷地遞迴下去，客戶程式中，任何用到基本物件的地方都可以使用組合物件了。」

「非常好，還有沒有？」

「我感覺使用者是不用關心到底是處理一個葉節點還是處理一個組合元件，也就用不著為定義組合而寫一些選擇判斷敘述了。」

「簡單點説，就是組合模式讓客戶可以一致地使用組合結構和單一物件。」

「這也就是説，那家公司開多少個以及多少級辦事處都沒問題了。」小菜開始興奮起來同，「哪怕開到地級市、縣級市、鎮、鄉、村、戶……」

「喂，發什麼神經了。」大鳥提醒道，「開辦事處到戶？你有毛病呀。」

「不過理論上，用了組合模式，在每家每戶設定一個人力資源部和財務部也是很正常的。」小菜得意地説，「哪家不需要婚喪嫁娶、增丁添口等家務事，哪家不需要柴米油鹽、衣食住行等流水帳。」

「你小子，剛才還在為專案設計不好而犯愁叫失業，現在可好，得意得恨不得全國挨家挨戶用你那套軟體，瞧你那德行。」

「我就這德行，學到東西，水準當然就不同了。我去考慮真實的設計了。」

「小菜，今天該輪到你燒飯做菜，別想逃。」

「不是還有點剩飯嗎？」

「沒有菜如何吃呀。」

「大鳥呀，用組合模式呀，如你所説，客戶是不用關心吃什麼，直接吃白飯或吃飯菜組合，其效果對客戶來説都是填飽肚子，你就將就一下吧。」小菜説完，就逃離了大鳥房間。

「啊，有這樣應用組合模式的？你給我回來。」大鳥叫道。

CHPATER 20

想走?可以!先買票
-- 迭代器模式

20.1 乘車買票,不管你是誰!

時間:5月26日10點 地點:一部公車上 人物:小菜、大鳥、售票員、公共汽車乘客、小偷

這天是週末,小菜和大鳥一早出門遊玩,上了公車,車內很擁擠。

「上車的乘客請買票。」售票員一邊在人縫中穿插著,一邊說道。
……

20.1 乘車買票，不管你是誰！

「先生，您這包行李太大了，需要補票的。」售票員對一位拿著大包行李的乘客說道。

「哦，這也需要買票呀，它又不是人。」帶大包行李的乘客說。

「您可以看看規定，當您攜帶的行李佔據了一個客用面積時，請再購買同程車票一張，謝謝合作。」售票員指了指車上的紙牌子。

這位乘客很不情願地再買了一張票。

「還有三位乘客沒有買票，請買票！」

……

「這售票員夠厲害，記得這麼清楚，上來幾個人都記得。」小菜感歎道。

「這也是業務能力的表現呀。」大鳥解釋說。

……

「先生請買票！」售票員對著一位老外說道。

「Sorry，What do you say？」老外看來不會中文。

「請買車票怎麼說？」售票員低聲的自言自語道，「Please buy ……票怎麼說……」

「ticket.」小菜手掌放嘴邊，小聲地提醒了一句。

「謝謝，」售票員對小菜笑了笑，接著用中國式英文對著老外說道，「Please buy a ticket.」

「Oh！yes.」老外急忙掏錢包拿了一張十元人民幣。

「買票了，買票了，還有兩位，不要給不買票的人任何機會……」售票員找了老外錢後吆喝著，又對著一穿著同樣公共汽車制服的女的說道，「小姐，請買票！」

想走？可以！先買票 -- 迭代器模式

「我也是公共汽車公司的，」這女的拿出一個公共汽車證件，在售票員面前晃了晃。

「不好意思，公司早就出規定了，工作證不得作為乘車憑證。」售票員說道。

「我乘車從來就沒買過票，憑什麼在這就要買票。」這個乘客開始耍賴。

此時旁邊的乘客都來勁了，七嘴八舌說起來。

「公共汽車公司的員工就不是乘客呀，國家總理來也要買票的。」

「這人怎麼這樣，想佔大夥的便宜呀。」

「你還當過去呀，現在二十一世紀不吃大鍋飯了。欠債還錢，乘車買票，天經地義……」

「行了行了，不就是一張票嗎，搞什麼搞， ！買票。」這不想買票的小姐終於扛不住了，遞出去兩元錢買了票。

「還有哪一位沒有買票，請買票。」售票員繼續在擁擠的車廂裡跋涉著。

「小偷！你這小偷，把手機還我。」突然站在小菜不遠處的一小姑娘對著一猥瑣的男人叫了起來。

「你不要亂講，我哪有偷你手機。」

「我看見你剛才把手伸進了我的包裡。就是你偷的。」

「我沒有偷，你看錯了。」

「我明明看見你偷的。」小姑娘急得哭了出來。

小菜看不過去了，「你的手機號多少，我幫你打打看。」

「138xxxx8888」小姑娘像是看到了希望。

「哇，這麼強的號，手機一定不會丟。」小菜羨慕著，用自己的手機撥了這個號碼。

那人眼看著不對，想往門口跑，小菜和大鳥沖了上去，一把按住他。

「你看，我的手機響了，就在他身上。」小姑娘叫了起來，「就是他，他就是小偷。」

此時兩個小夥已經把猥瑣男死死按在了地板上。

「快打 110 警告！」大鳥喊道。

此時公車也停了下來，所有的乘客都議論著「小偷真可惡」的話題。

不一會，民警來了，問清楚了來由，正準備將小偷帶走時，售票員對著小偷發話了：「慢著，你是那個沒有買票的人吧？」

「啊？嗯！是的。」小偷一臉沮喪回答道。

「想走？！可以。先買票再說！」售票員乾脆地說。

小菜和大鳥對望一眼，異口同聲道：「強！」

……

20.2 迭代器模式

「小菜，今天你真見到強人了吧。」大鳥在下車後，對小菜說道。

「這個售票員，實在夠強，」小菜學著模仿道，「想走？！可以。先買票再說！」

「這售票員其實在做一件重要的事，就是把車廂裡的所有人都遍歷了一遍，不放過一個不買票的乘客。這也是一個設計模式的表現。」

「大鳥，你也夠強，什麼都可以往設計模式上套，這也是模式？」

「當然是模式。這個模式就叫做迭代器模式。」

> 迭代器模式（Iterator），提供一種方法循序存取一個聚集物件中各個元素，而又不曝露該物件的內部表示。

「你想呀，售票員才不管你上來的是人還是物（行李），不管是中國人還是外國人，不管是不是內部員工，甚至哪怕是馬上要抓走的小偷，只要是來乘車的乘客，就必須要買票。同樣道理，當你需要存取一個聚集物件，而且不管這些物件是什麼都需要遍歷的時候，你就應該考慮用迭代器模式。另外，售票員從車頭到車尾來售票，也可以從車尾向車頭來售票，也就是說，你需要對聚集有多種方式遍歷時，可以考慮用迭代器模式。由於不管乘客是什麼，售票員的做法始終是相同的，都是從第一個開始，下一個是誰，是否結束，當前售到哪個人了，這些方法每天他都在做，也就是說，為遍歷不同的聚集結構提供如開始、下一個、是否結束、當前哪一項等統一的介面。」

「聽你這麼一說，好像這個模式也不簡單哦。」

「哈，本來這個模式還是有點意思的，不過現今來看迭代器模式實用價值遠不如學習價值大了，MartinFlower 甚至在自己的網站上提出撤銷此模式。因為現在高級程式語言如 C#、JAVA 等本身已經把這個模式做在語言中了。」

「哦，是什麼？」

「哈，foreach 你熟悉嗎？」

「啊，原來是它，沒錯沒錯，它就是不需要知道集合物件是什麼，就可以遍歷所有的物件的迴圈工具，非常好用。」

「另外還有像 Iterator 介面也是為迭代器模式而準備的。不管如何，學習一下 GoF 的迭代器模式的基本結構，還是很有學習價值的。研究歷史是為了更進一步地迎接未來。」

20.3 迭代器實現

迭代器模式（Iterator）結構圖

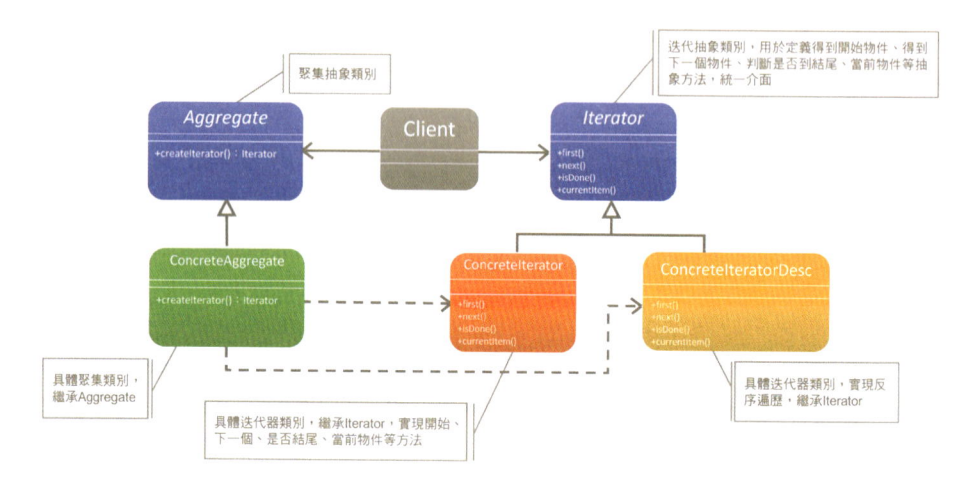

[圖：Iterator 模式 UML 結構圖，包含 Aggregate（聚集抽象類別）、ConcreteAggregate（具體聚集類別，繼承 Aggregate）、Client、Iterator（迭代抽象類別，用於定義得到開始物件、得到下一個物件、判斷是否結尾、當前物件等抽象方法，統一介面）、ConcreteIterator（具體迭代器類別，繼承 Iterator，實現開始、下一個、是否結尾、當前物件等方法）、ConcreteIteratorDesc（具體迭代器類別，實現反序遍歷，繼承 Iterator）]

Aggregate 聚集抽象類別

```
//聚集抽象類別
abstract class Aggregate{
    //建立反覆運算器
    public abstract Iterator createIterator();
}
```

ConcreteAggregate 具體聚集類別 繼承 Aggregate

```
//具體聚集類別，繼承Aggregate
class ConcreteAggregate extends Aggregate{

    //宣告一個ArrayList泛型變數，用於存放聚合物件
    private ArrayList<Object> items = new ArrayList<Object>();
    public Iterator createIterator(){
        return new ConcreteIterator(this);
    }
```

```java
    //返回聚集總個數
    public int getCount(){
        return items.size();
    }

    //增加新對象
    public void add(Object object){
        items.add(object);
    }

    //得到指定索引物件
    public Object getCurrentItem(int index){
        return items.get(index);
    }

}
```

Iterator 迭代器抽象類別

```java
//反覆運算器抽象類別
abstract class Iterator{

    public abstract Object first();        //第一個
    public abstract Object next();         //下一個
    public abstract boolean isDone();      //是否到最後
    public abstract Object currentItem();  //當前物件

}
```

> 用於定義得到開始物件、得到下一個物件、判斷是否到結尾、當前物件等抽象方法，統一介面

ConcreteIterator 具體迭代器類別，繼承 Iterator

```java
//具體反覆運算器類別，繼承Iterator
class ConcreteIterator extends Iterator{
    private ConcreteAggregate aggregate;
    private int current = 0;

    //初始化時將具體的聚集對象傳入
    public ConcreteIterator(ConcreteAggregate aggregate){
```

20.3 迭代器實現

```java
        this.aggregate = aggregate;
    }

    //得到第一個對象
    public Object first(){
        return aggregate.getCurrentItem(0);
    }

    //得到下一個物件
    public Object next() {
        Object ret = null;
        current++;
        if (current < aggregate.getCount()) {
            ret = aggregate.getCurrentItem(current);
        }
        return ret;
    }

    //判斷當前是否遍歷到結尾，到結尾返回true
    public boolean isDone(){
        return current >= aggregate.getCount() ? true : false;
    }

    //返回當前的聚集對象
    public Object currentItem(){
        return aggregate.getCurrentItem(current);
    }
```

用戶端程式

```java
    ConcreteAggregate bus = new ConcreteAggregate();
    bus.add("大鳥");
    bus.add("小菜");
    bus.add("行李");
    bus.add("老外");
    bus.add("公交內部員工");
    bus.add("小偷");
```

> 聚集物件，當前就是公車 bus，add 方法相當於增加乘客

```
Iterator conductor = new ConcreteIterator(bus);
```
迭代器物件宣告實例，即售票員 conductor 出場她先看好了上車的是哪些人，準備後面開始售票

```
conductor.first();
```
← 走向下一個乘客

```
while (!conductor.isDone()) {
    System.out.println(conductor.currentItem() + "，請買車票!");
    conductor.next();
}
```
對面前的乘客提醒其買車票

走向下一個乘客

執行結果

大鳥，請買車票！
小菜，請買車票！
行李，請買車票！
老外，請買車票！
公共汽車內部員工，請買車票！
小偷，請買車票！

「看到沒有，這就是我們的優秀售票員售票——迭代器的整個運作模式。」

「大鳥，你說為什麼要用具體的迭代器 ConcreteIterator 來實現抽象的 Iterator 呢？我感覺這裡不需要抽象呀，直接存取 ConcreteIterator 不是更好嗎？」

「哈，那是因為剛才有一個迭代器的好處你沒注意，當你需要對聚集有多種方式遍歷時，可以考慮用迭代器模式，事實上，售票員一定要從車頭到車尾這樣售票嗎？」

「你意思是，他還可以從後向前遍歷？」

「當然是可以，你不妨再寫一個實現從後往前的具體迭代器類別看看。」

「好的。」

```
//具體反覆運算器類別(倒序), 繼承Iterator
class ConcreteIteratorDesc extends Iterator{
    private ConcreteAggregate aggregate;
    private int current = 0;
```

20-9

20.3 迭代器實現

```java
public ConcreteIteratorDesc(ConcreteAggregate aggregate){
    this.aggregate = aggregate;
    current = aggregate.getCount()-1;
}
```
← 初始化時就將第一個遍歷物件指向聚集的最後一物件

```java
//第一個對象
public Object first(){
    return aggregate.getCurrentItem(aggregate.getCount()-1);
}
```
← 遍歷的第一個，是聚集中最後一物件

```java
//下一個物件
public Object next() {
    Object ret = null;
    current--;
    if (current >= 0) {
        ret = aggregate.getCurrentItem(current);
    }
    return ret;
}
```
← 下一個，是倒序向上移動

```java
//判斷當前是否遍歷到結尾，到結尾返回true
public boolean isDone(){
    return current <0 ? true : false;
}

//返回當前的聚集對象
public Object currentItem(){
    return aggregate.getCurrentItem(current);
}
}
```

「寫得不錯，這時你用戶端只需要更改一個地方就可以實現反向遍歷了」

```java
//正序反覆運算器
//Iterator conductor = new ConcreteIterator(bus);
//倒序反覆運算器
Iterator conductor = new ConcreteIteratorDesc(bus);
```

「是呀，其實售票員完全可以更多的方式來遍歷乘客，比如從最高的到最矮、從最小到最老、從最靚麗酷斃到最猥瑣齷齪。」小菜已經開始腦力激盪。

「神經病，你當是你呀。」大鳥笑罵。

20.4 Java 的迭代器實現

「剛才我們也說過，實際使用當中是不需要這麼麻煩的，因為 Java 語言中已經為你準備好了相關介面，你只需去實現就好。」

Java.util.Iterator 支援對集合的簡單迭代介面。

```
public interface Iterator{

    public boolean hasNext();      //如果反覆運算具有更多元素，則返回true
    public Object next();          //返回反覆運算中的下一個元素

}
```

Java.util.ListIterator 支援對集合的任意方向上迭代介面。

```
public interface ListIterator{

    public boolean hasNext();      //如果此列表反覆運算器在向前遍歷清單時具有
                                   //更多元素，則返回true
    public Object next();          //返回清單中的下一個元素並前進游標位置

    public boolean hasPrevious();  //如果此列表反覆運算器在反向遍歷清單時具有
                                   //更多元素，則返回true
    public Object previous();      //返回清單中的上一個元素並向後移動游標位置

}
```

「你會發現，這兩個介面要比我們剛才寫的抽象類別 Iterator 要簡潔，但可實現的功能卻一點不少，這其實也是對 GoF 的設計改良的結果。」

20.4 Java 的迭代器實現

「其實具體類別實現這兩個介面的程式也差別不大,是嗎?」

「是的,區別不大,另外這兩個是可以實現泛型的介面,去查 Java 的 api 幫助就可以了。」

「有了這個基礎,你再來看你最熟悉的 foreach 就很簡單了」。

```java
ArrayList<String> bus = new ArrayList<String>();
bus.add("大鳥");
bus.add("小菜");
bus.add("行李");
bus.add("老外");
bus.add("公交內部員工");
bus.add("小偷");

System.out.println("foreach遍歷:");
for(String item : bus){

    System.out.println(item + ",請買車票!");

}
```

「這裡用到了 foreach 而在編譯器裡做了些什麼呢?其實它做的是下面的工作。」

```java
System.out.println("Iterator遍歷:");
Iterator<String> conductor = bus.iterator();
while (conductor.hasNext()) {
    System.out.println(conductor.next() + ",請買車票!");
}
```

「原來 foreach 就是實現 Iterator 來實際迴圈遍歷呀。」

「如果我們想實現剛才的反向遍歷。那就用另一個介面實現。」

```java
System.out.println("ListIterator逆向遍歷:");
ListIterator<String> conductorDesc = bus.listIterator(bus.size());

while (conductorDesc.hasPrevious()) {
```

將遍歷起始定在尾端

```
            System.out.println(conductorDesc.previous() + "，請買車票!");
    }
```

「是的，儘管我們不需要顯性的引用迭代器，但系統本身還是透過迭代器來實現遍歷的。總地來說，迭代器（Iterator）模式就是分離了集合物件的遍歷行為，抽象出一個迭代器類別來負責，這樣既可以做到不曝露集合的內部結構，又可讓外部程式透明地存取集合內部的資料。迭代器模式在存取陣列、集合、串列等資料時，尤其是資料庫資料操作時，是非常普遍的應用，但由於它太普遍了，所以各種高階語言都對它進行了封裝，所以反而給人感覺此模式本身不太常用了。」

20.5 迭代高手

「哈哈，看來那個售票員是最了不起的迭代高手，每次有乘客上車他都數數，統計人數，然後再對整車的乘客進行迭代遍歷，不放過任何漏網之魚，啊，應該是逃票之人。」

「隔行如隔山，任何行業都有技巧和經驗，需要多思考、多琢磨，才能做到最好的。」

「嗯，程式設計又何嘗不是這樣，我相信程式沒有最好，只有更好，我要繼續努力。」

19.6 組合模式好處

CHPATER

21

有些類別也需計劃生育
-- 單例模式

21.1 類別也需要計劃生育

時間：5月29日20點　地點：小菜大鳥住所的客廳　人物：小菜、大鳥

「大鳥，今天我在公司寫一個表單程式，當中有一個是『工具箱』的表單，問題就是，我希望工具箱要麼不出現，出現也只出現一個，可實際上卻是我每點擊選單，實例化『工具箱』，它就會出來一個，這樣點擊多次就會出現很多個『工具箱』，你說怎麼辦？」

「哈，顯然，你的這個『工具箱』類別需要計劃生育呀，你讓它超生了，當然是不好的。」

21.1 類別也需要計劃生育

「大鳥，你又在說笑了，現在哪裡還有計劃生育，都鼓勵生育了好吧。不過，現在我就是希望它要麼不要有，有就只能一個，怎麼辦？」

「其實這就是一個設計模式的應用，你先說說你是怎麼寫的？」

「程式是這樣的，首先我建立了一個 Java 的 swing 表單應用程式，預設的表單為 JFrame，左上角有一個『打開工具箱』的按鈕。我希望點擊此按鈕後，可以另建立一個表單，也就是『工具箱』表單，裡面可以有一些相關工具按鈕。」

```java
public class Test {
    public static void main(String[] args) {
        new SingletonWindow();
    }
}

//表單類別
class SingletonWindow{
    public SingletonWindow(){
        JFrame frame = new JFrame("單例模式");  // 建立一個 JFrame 表單，表單裡有一個 JPanel 容器
        frame.setSize(1024,768);
        frame.setDefaultCloseOperation(JFrame.EXIT_ON_CLOSE);
        JPanel panel = new JPanel();
        frame.add(panel);
        panel.setLayout(null);
        JButton button = new JButton("打開工具箱");  // 容器中有一個 JButton 按鈕，叫「打開工具箱」
        button.setBounds(10, 10, 120, 25);
        button.addActionListener(new ActionListener(){
            public void actionPerformed(ActionEvent e) {
                JFrame toolkit = new JFrame("工具箱");
                toolkit.setSize(150,300);
                toolkit.setLocation(100,100);  // 按鈕點擊會觸發打開一個叫「工具箱」的 JFrame 表單
                toolkit.setResizable(false);
                toolkit.setAlwaysOnTop(true); //置頂
                toolkit.setDefaultCloseOperation(JFrame.DISPOSE_ON_CLOSE);
                toolkit.setVisible(true);
            }
```

```
        });
        panel.add(button);
        frame.setVisible(true);
    }
}
```

程式執行後的樣子以下

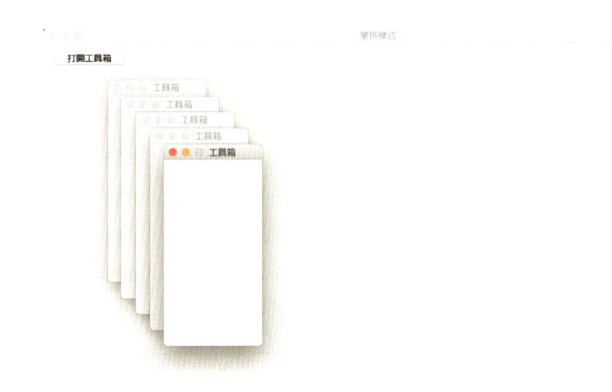

「我每點擊一次『打開工具箱』的按鈕,就產生一個新的『工具箱』表單,但實際上,我只希望它出現一次之後就不再出現第二次,除非關閉後點擊再出現。」

21.2 判斷物件是否是 null

「這個其實不難辦呀,你判斷一下,這個工具箱的 JFrame 有沒有實例化過不就行了。」

「什麼叫 JFrame 有沒有實例化過?我是在按了按鈕時,才去 JFrame toolkit = new JFrame(" 工具箱 "); 那當然是新實例化了。」

「問題就在於此呀,為什麼要在點擊按鈕時才宣告 JFrame 物件呢,你完全可以把宣告的工作放到類別的全域變數中完成。這樣你就可以去判斷這個變數是否被實例化過了。」

21.2 判斷物件是否是 null

「哦,明白,原來如此。我改一改。」

```java
//表單類別
class SingletonWindow{
    public SingletonWindow(){
        JFrame frame = new JFrame("單例模式");
        frame.setSize(1024,768);
        frame.setDefaultCloseOperation(JFrame.EXIT_ON_CLOSE);
        JPanel panel = new JPanel();
        frame.add(panel);
        panel.setLayout(null);
        JButton button = new JButton("打開工具箱");
        button.setBounds(10, 10, 120, 25);
        button.addActionListener(new ActionListener(){
            JFrame toolkit; //JFrame類別變數宣告

            public void actionPerformed(ActionEvent e) {
                if (toolkit == null || !toolkit.isVisible()){
                                                              // 判斷是否實例化過,如果沒
                                                              // 有或隱藏,則重新實例化
                    toolkit = new JFrame("工具箱");
                    toolkit.setSize(150,300);
                    toolkit.setLocation(100,100);
                    toolkit.setResizable(false);
                    toolkit.setAlwaysOnTop(true); //置頂
                    toolkit.setDefaultCloseOperation(JFrame.DISPOSE_ON_CLOSE);
                    toolkit.setVisible(true);
                }
            }
        });
        panel.add(button);
        frame.setVisible(true);
    }
}
```

「就這麼簡單,這個功能就算是完成了。」

「小菜,你也太知足了,這就算是好了?如果做任何事情不求完美,只求簡單達成目標,那你又如何能有提高。」

「這樣的小程式還可以再完善什麼呢？」

「舉例來說，你現在不但要在選單裡啟動『工具箱』，還需要在『工具列』上有一個按鈕來啟動『工具箱』，你如何做？也就是有不同的兩個按鈕都要能打開這個工具箱。」

「這個不難。增加一個工具列按鈕的事件處理，將剛才那段程式複製過去就好了。」

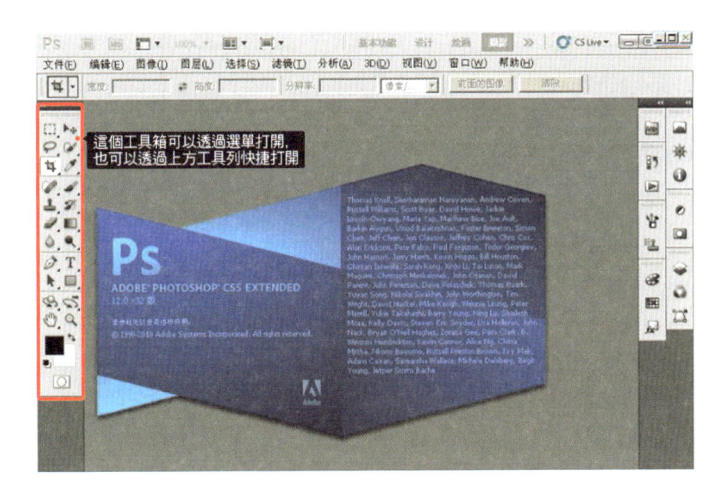

「小菜，我還正想提醒你，複製貼上是最容易的程式設計，但也是最沒有價值的程式設計。你現在將兩個地方的程式複製在一起，這就是重複。這要是需求變化或有 Bug 時就需要改多個地方。」

「哈，你說得也是，最好是提煉出一個方法來讓他們呼叫。」

「看下面，這樣是不是就可以了？」

```
//表單類別
class SingletonWindow{
    public SingletonWindow(){
        JFrame frame = new JFrame("單例模式");
        frame.setSize(1024,768);
        frame.setDefaultCloseOperation(JFrame.EXIT_ON_CLOSE);
```

21.2 判斷物件是否是 null

```java
        JPanel panel = new JPanel();
        frame.add(panel);
        panel.setLayout(null);
        JButton button = new JButton("打開工具箱");
        button.setBounds(10, 10, 120, 25);
        button.addActionListener(new ToolkitListener());
        panel.add(button);

        JButton button2 = new JButton("打開工具箱2");
        button2.setBounds(130, 10, 120, 25);
        button2.addActionListener(new ToolkitListener());
        panel.add(button2);

        frame.setVisible(true);
    }
}

//工具箱事件類別
class ToolkitListener implements ActionListener{
    private JFrame toolkit;

    public void actionPerformed(ActionEvent e) {
        if (toolkit == null || !toolkit.isVisible()){
            toolkit = new JFrame("工具箱");
            toolkit.setSize(150,300);
            toolkit.setLocation(100,100);
            toolkit.setResizable(false);
            toolkit.setAlwaysOnTop(true); //置頂
            toolkit.setDefaultCloseOperation(JFrame.DISPOSE_ON_CLOSE);
            toolkit.setVisible(true);
        }
    }
}
```

「哈哈，不錯不錯。你把程式執行後，分別點擊『打開工具箱』和『打開工具箱 2』的按鈕看看，看看有沒有問題？」

「啊！好像兩個按鈕分別打開了一個工具箱表單。唉！這依然不符合我們『只能打開一個工具箱』的需求呀。那我沒有辦法了。」

21.3 生還是不生是自己的責任

「辦法當然是有。我問你，夫妻已經有了一個小孩子，下面是否生第二胎，這是誰來負責呀？」

「當然是他們自己負責。」

「說得好，你再想想看這種場景：主管問下屬，報告交了沒有，下屬可能說『早交了』。於是主管滿意地點點頭，下屬也可能說『還剩下一點內容沒寫，很快上交』，主管皺起眉頭說『要抓緊』。此時這份報告交還是沒交，由誰來判斷？」

「當然是下屬自己的判斷，因為下屬最清楚報告交了沒有，主管只需要問問就行了。」

「同樣的，現在『工具箱』JFrame 是否實例化都由外部的程式裡決定，你不覺得這不合邏輯嗎？」

```
//工具箱事件類別
class ToolkitListener implements ActionListener{
    private JFrame toolkit;
```

21.3 生還是不生是自己的責任

```java
    public void actionPerformed(ActionEvent e) {
        if (toolkit == null || !toolkit.isVisible()){

            toolkit = new JFrame("工具箱");

            toolkit.setSize(150,300);
            toolkit.setLocation(100,100);
            toolkit.setResizable(false);
            toolkit.setAlwaysOnTop(true); //置頂
            toolkit.setDefaultCloseOperation(JFrame.DISPOSE_ON_CLOSE);
            toolkit.setVisible(true);
        }
    }
}
```

「你的意思是說，主資料表單裡應該只是通知啟動『工具箱』，至於『工具箱』表單是否實例化過，應該由『工具箱』自己的類別來判斷？」

「哈，當然，實例化與否的過程其實就和報告交了與否的過程一樣，應該由自己來判斷，這是它自己的責任，而非別人的責任。別人應該只是使用它就可以了。」

「哦，我想想看，實例化其實就是 new 的過程，但問題就是我怎麼讓人家不用 new 呢？」

「是的，如果你不對建構方法做改動的話，是不可能阻止他人不去用 new 的。所以我們完全可以直接就把這個類別的建構方法改成私有（private），你應該知道，所有類別都有建構方法，不編碼則系統預設生成空的建構方法，若有顯示定義的建構方法，預設的建構方法就會故障。於是只要你將『工具箱』類別的建構方法寫成是 private 的，那麼外部程式就不能用 new 來實例化它了。」

「哈，私有的方法外界不能存取，這是對的，但是這樣一來，這個類別如何能有實例呢？」

「哈，我們的目的是什麼？」

「讓這個類別只能實例化一次。沒有 new，我現在連一次也不能實例化了。」

「錯，只能說，對於外部程式，不能用 new 來實例化它，但是我們完全可以再寫一個 public 方法，叫做 getInstance()，這個方法的目的就是傳回一個類別實例，而此方法中，去做是否有實例化的判斷。如果沒有實例化過，由呼叫 private 的建構方法 new 出這個實例，之所以它可以呼叫是因為它們在同一個類別中，private 方法可以被呼叫的。」

「不是很懂，你把程式寫出來吧。」

「好的，你看……」

```java
//工具箱類別
class Toolkit extends JFrame {

    private static Toolkit toolkit;   // 宣告一個私有的靜態 Toolkit 變數 ( 工具箱 )

    private Toolkit(String title){    // 將 Toolkit 的建構方法 private，於是 Toolkit
        super(title);                 // 類別在 new 當前建構方法時會編譯顯示出
    }                                 // 錯。於是就鎖死了本類別的實例化不能透過
                                      // new 來實現。

    public static Toolkit getInstance(){
        //若toolkit不存在或隱藏時,可以產生實體
        if (toolkit==null || !toolkit.isVisible()){
            toolkit = new Toolkit("工具箱");    // 在 toolkit 為 null 或隱藏關閉時，
            toolkit.setSize(150,300);            // 才實例化
            toolkit.setLocation(100,100);
            toolkit.setResizable(false);
            toolkit.setAlwaysOnTop(true); //置頂
            toolkit.setDefaultCloseOperation(JFrame.DISPOSE_ON_CLOSE);
            toolkit.setVisible(true);
        }
        return toolkit;    // 如果已經存在，就直接返回存在的
    }                      // 實例，並不再 new 新的實例
}
```

21.3 生還是不生是自己的責任

有了上面的程式,我們在寫工具箱事件類別時,就可以改造如下。

```
//工具箱事件類別
class ToolkitListener implements ActionListener{
    public void actionPerformed(ActionEvent e) {

        //Toolkit toolkit = new Toolkit("工具箱");  ← 傳統的 new 來獲得實例會顯示出錯

        Toolkit.getInstance();  ← 實例化唯一的物件——單例物件

    }
}
```

如果 Toolkit.getInstance() 改回成 Toolkit toolkit=new Toolkit(「工具箱」);則編譯時會顯示出錯。

```
錯誤:Toolkit(String) 在Toolkit中是private存取控制
Toolkit toolkit = new Toolkit("工具箱");
              ^
1個錯誤
```

上面的程式可以達到一個效果,只有在實例不存在時,才會去 new 新的實例,而當存在時,可以直接傳回存在的同一個實例。

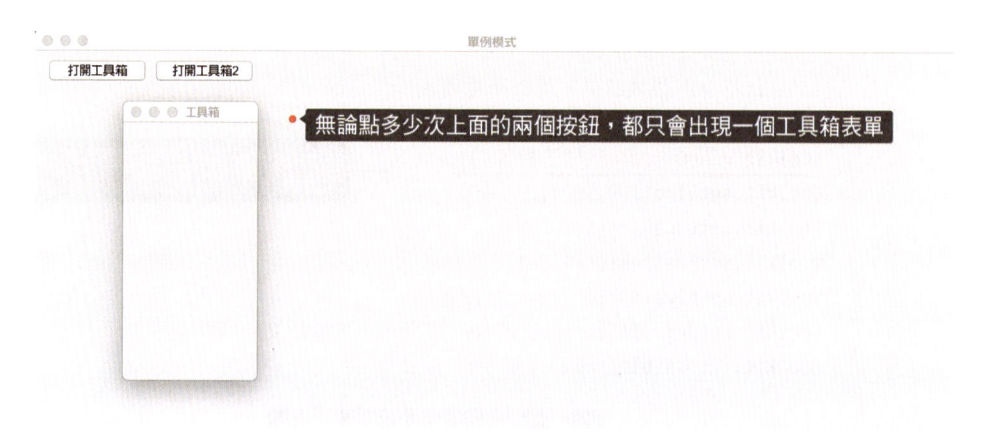

無論點多少次上面的兩個按鈕,都只會出現一個工具箱表單

21-10

「其實也就是把你之前寫的程式搬到了『工具箱』Toolkit 類別中，由於建構方法私有，就只能從內部去呼叫。然後當存取靜態的公有方法 getInstance() 時，它會先去查看記憶體中有沒有這個類別的實例，若有就直接傳回，也就是不會超生了。」

「哦，我知道了。就拿計劃生育的例子來說，剛解放時，國家需要人，人多力量大嘛，於是老百姓生！生！生！於是人口爆炸了。後來實行了計劃生育，規定了一對夫婦最多只能生育一胎，並把判斷的責任交給了夫婦，於是剛結婚時，想要孩子就生一個，而生好一個後，無論誰來要求，都不生了，因為有一個孩子，不可以再生了，否則無論對家庭還是國家都將是沉重的負擔。」

「有點偏激，但也可以這麼理解吧，現在國家已經在鼓勵生二胎三胎了，這也是根據實際情況發生的改變吧。」

「這樣一來，用戶端不再考慮是否需要去實例化的問題，而把責任都給了應該負責的類別去處理。其實這就是一個很基本的設計模式：單例模式。」

21.4　單例模式

> **單例模式（Singleton）**，保證一個類別僅有一個實例，並提供一個存取它的全域存取點。

「通常我們可以讓一個全域變數使得一個物件被存取，但它不能防止你實例化多個物件。一個最好的辦法就是，讓類別自身負責儲存它的唯一實例。這個類別可以保證沒有其他實例可以被建立，並且它可以提供一個存取該實例的方法。」

21.4 單例模式

單例模式（Singleton）結構圖

Singleton
+instance:Singleton
-Singleton()
+getInstance()

Singleton類別，定義一個getInstance操作，允許客戶存取它的唯一實例。getInstance是一個靜態方法，主要負責建立自己的唯一實例。

Singleton 類別，定義一個 GetInstance 操作，允許客戶存取它的唯一實例。GetInstance 是一個靜態方法，主要負責建立自己的唯一實例。

```
//單例模式類別
class Singleton {

    private static Singleton instance;

    //建構方法private化
    private Singleton() {
    }
    //堵死了外部程式利用 new 建立此類實例的可能

    //得到Singleton的實例（唯一途徑）
    public static Singleton getInstance() {
    //只能透過此方法獲得本類別的實例

        if (instance == null) {
            instance = new Singleton();
        }

        return instance;
    //當為 null 時建立一個返回，當存在時直接返回原有實例，總之，永遠只會有一個實例得到返回
    }
}
```

用戶端程式

```
    //Singleton s0 = new Singleton();
    Singleton s1 = Singleton.getInstance();
    Singleton s2 = Singleton.getInstance();

    if (s1 == s2) {
```

21-12

```
        System.out.println("兩個物件是相同的實例。");
    }
```

「單例模式除了可以保證唯一的實例外，還有什麼好處呢？」

「好處還有呀，比如單例模式因為 Singleton 類別封裝它的唯一實例，這樣它可以嚴格地控制客戶怎樣存取它以及何時存取它。簡單地說就是對唯一實例的受控存取。」

「我怎麼感覺單例有點像一個實用類別的靜態方法，比如 Java 框架裡的 Math 類別，有很多數學計算方法，這兩者有什麼區別呢？」

「你說得沒錯，它們之間的確很類似，實用類別通常也會採用私有化的建構方法來避免其有實例。但它們還是有很多不同的，比如實用類別不儲存狀態，僅提供一些靜態方法或靜態屬性讓你使用，而單例類別是有狀態的。實用類別不能用於繼承多形，而單例雖然實例唯一，卻是可以有子類別來繼承。實用類別只不過是一些方法屬性的集合，而單例卻是有著唯一的物件實例。在運用中還得仔細分析再作決定用哪一種方式。」

「哦，我明白了。」

21.5　多執行緒時的單例

「另外，你還需要注意一些細節，比如說，多執行緒的程式中，多個執行緒同時，注意是同時存取 Singleton 類別，呼叫 getInstance() 方法，會有可能造成建立多個實例的。」

「啊，是呀，這應該怎麼辦呢？」

「可以給處理程序一把鎖來處理。這裡需要解釋一下 synchronized 敘述的涵義。synchronized 是 Java 中的關鍵字，是一種同步鎖。意思就是當一個執行緒沒有退出之前，先鎖住這段程式不被其他執行緒程式呼叫執行，以保證同一時間只有一個執行緒在執行此段程式。」

21-13

21.5 多執行緒時的單例

```
//單例模式類別
class Singleton {

    private static Singleton instance;

    //建構方法private化
    private Singleton() {
    }

    //得到Singleton的實例（唯一途徑）
    public static synchronized Singleton getInstance() {

        if (instance == null) {
            instance = new Singleton();
        }

        return instance;
    }
}
```

> 透過增加 synchronized 關鍵字到 getInstance 方法中，可以讓每個執行緒在進入此方法之前，都要等別的執行緒離開此方法。

「這段程式使得物件實例由最先進入的那個執行緒建立，以後的執行緒在進入時不會再去建立物件實例了。由於有了 synchronized，就保證了多執行緒環境下的同時存取也不會造成多個實例的生成。」

「為什麼不直接鎖實例，而是用 synchronized 鎖呢？」

「小菜呀，加鎖時，instance 實例有沒有被建立過實例都還不知道，怎麼對它加鎖呢？」

「我知道了，原來是這樣。但這樣就得每次呼叫 getInstance 方法時都需要鎖，好像不太好吧。」

「說得非常好，的確是這樣，這種做法是會影響性能的，所以對這個類別再做改良。」

21.6 雙重鎖定

```
//單例模式類別
class Singleton {

    private volatile static Singleton instance;    // volatile 關鍵字是當 synchronized 變數被初始化成 Singleton 時，
                                                   // 多個執行緒能夠正確地處理 synchronized 變數

    //建構方法private化
    private Singleton() {
    }

    //得到Singleton的實例（唯一途徑）
    public static Singleton getInstance() {

        if (instance == null){    // 檢查實例是否存在，不存在則進入下一步

            synchronized(Singleton.class){    // 防止多個執行緒同時進入建立實例

                if (instance == null){
                    instance = new Singleton();
                }
            }
        }
        return instance;
    }
}
```

「現在這樣，我們不用讓執行緒每次都加鎖，而只是在實例未被建立的時候再加鎖處理。同時也能保證多執行緒的安全。這種做法被稱為 Double-Check Locking（雙重鎖定）。」

「我有問題，我在外面已經判斷了 instance 實例是否存在，為什麼在 synchronized 裡面還需要做一次 instance 實例是否存在的判斷呢？」小菜問道。

```
    //得到Singleton的實例（唯一途徑）
    public static Singleton getInstance() {
```

21-15

21.7 靜態初始化

```
if (instance == null){
    synchronized(Singleton.class){
        if (instance == null){
            instance = new Singleton();
        }
    }
}
return instance;
}
```

「那是因為你沒有仔細分析。對於 instance 存在的情況，就直接傳回，這沒有問題。當 instance 為 null 並且同時有兩個執行緒呼叫 getInstance() 方法時，它們將都可以透過第一重 instance==null 的判斷。然後由於『鎖』機制，這兩個執行緒則只有一個進入，另一個在外排隊等候，必須要其中的進入並出來後，另一個才能進入。而此時如果沒有了第二重的 instance 是否為 null 的判斷，則第一個執行緒建立了實例，而第二個執行緒還是可以繼續再建立新的實例，這就沒有達到單例的目的。你明白了嗎？」

「哦，明白了，原來有這麼麻煩呀。」

「如果單例類別的性能是你關注的重點，上面的這個做法可以大大減少 getInstance() 方法在時間上的耗費。」

21.7 靜態初始化

「在實際應用當中，上面的做法一般都能應付自如。不過為了確保實例唯一，還是會帶來很大的性能代價。對那些性能要求特別高的程式來說，傳統單例程式實現或許還不是最好的方法。」

「哦，還有更好的辦法？」

「有一種更簡單的實現。我們來看程式。」

```
//單例模式類別
class Singleton {

    private static Singleton instance = new Singleton();

    //建構方法private化
    private Singleton() {
    }

    //得到Singleton的實例（唯一途徑）
    public static Singleton getInstance() {
        return instance;
    }
}
```

「這樣的實現與前面的範例類似，也是解決了單例模式試圖解決的兩個基本問題：全域存取和實例化控制，公共靜態屬性為存取實例提供了一個全域存取點。不同之處在於它依賴公共語言執行函數庫來初始化變數。由於建構方法是私有的，因此不能在類別本身以外實例化 Singleton 類別；因此，變數引用的是可以在系統中存在的唯一的實例。由於這種靜態初始化的方式是在自己被載入時就將自己實例化，所以被形象地稱之為餓漢式單例類別，原先的單例模式處理方式是要在第一次被引用時，才會將自己實例化，所以就被稱為懶漢式單例類別。」

「懶漢餓漢，哈，很形象的比喻。它們主要有什麼區別呢？」

21.7 靜態初始化

懶漢式單例　　　　餓漢式單例

「由於餓漢式，即靜態初始化的方式，它是類別一載入就實例化的物件，所以要提前佔用系統資源。然而懶漢式，又會面臨著多執行緒存取的安全性問題，需要做雙重鎖定這樣的處理才可以保證安全。所以到底使用哪一種方式，取決於實際的需求。從 Java 語言角度來講，餓漢式的單例類別已經足夠滿足我們的需求了。

「沒想到小小的單例模式也有這麼多需要考慮的問題。」小菜感歎道。

「剛接觸時，都會覺得比較複雜，但其實用多了，也就這樣了。」大鳥說。

「好的，我再去研究一下單例的程式，bye-bye。」

CHPATER 22

手機軟體何時統一 -- 橋接模式

22.1 憑什麼你的遊戲我不能玩

時間：5 月 31 日 20 點　地點：大鳥房間　人物：小菜、大鳥

今天是 618 活動的啟動日，小菜果斷上手了一台 PS4，正憧憬著到貨開機的場景，思緒卻飄到了 2007 年，那一年，手機市場沒有蘋果、沒有華為，只有諾基亞、摩托羅拉、索愛...... 群雄逐鹿，好不熱鬧 ......

「大鳥，捧著個手機，玩什麼呢？」小菜沖進了大鳥的房門。

「哈，玩小遊戲呢，新買的手機，竟然可以玩小時候的遊戲『魂斗羅』。很久沒碰這東西了，感覺很爽哦。」

22.1 憑什麼你的遊戲我不能玩

「哦,是嗎,連這遊戲都有呀,給我看看。」

「等等,等我死了再說。」大鳥玩得正開心。

「等你死了?」小菜笑道,「你什麼時候會『死』呀?」

「那還有段時間了,至少半小時吧。」

「半小時才死呀,哦,那我半小時後來給你收屍。」小菜故意提高嗓門。

「你小子,找死呀。給你給你!」大鳥笑著把手機遞給了小菜,「遊戲和紅白機上的一模一樣,很讓人懷舊呀。唉!我跟你們這種80後小子說紅白機,不就等於對牛彈琴嗎!」

「怎麼沒玩過,我可也是任天堂紅白機高手哦。大鳥別把我想得好像和你不是一代人一樣,我們的童年應該差不多的。」

「現在時代變化太快了,差五歲,差不多就是差一代人,你是80後,我是70後,我們的童年差距當然很大。」

「哪有這麼嚴重,『魂鬥羅』也是我很喜歡的遊戲。對了,這遊戲可以裝到我的手機裡嗎?」

「你的手機是M品牌的,我的是N品牌的,按道理我這裡的遊戲你是不能玩的。」

「是嗎,這真是太掃興了。你說這手機為什麼不能統一一下軟體呢?」

「其實手機真正的發展也就近十年,此期間各大手機廠商都發展自己的軟體部門開發手機軟體,哪怕是同一品牌的手機,不同型號的也完全有可能軟體不相容。」

「是的是的,」小菜點頭道,「我以前用過的N品牌的兩款手機,功能都是固化在手機裡的,不同手機差別太大了,最早那個手機的拼音輸入法實在是傻得要死,要發個簡訊得輸入半天,和現在的輸入法比真可說是天

手機軟體何時統一 -- 橋接模式 22

壞之別。現在好一點，同品牌的新手機，型號不同，軟體還算是基本相容，可惜不同品牌，軟體基本還是不能整合在一起。」

「但你有沒有想過，在電腦領域裡，就完全不一樣了。比如由於有了 Windows 作業系統，使得所有的 PC 廠商不用關注軟體，而軟體製造商也不用過多關注硬體，這對電腦的整體發展是非常有利的。而有個別品牌的電腦公司自己開發作業系統和應用軟體，儘管充滿了創意，但卻因為不能與其他軟體整合，而使得發展緩慢，連盜版都不願意光顧它。」

「哈，手機為什麼不可以學電腦呢？由專業公司開發作業系統和應用軟體，手機商只要好好把手機硬體做好就行了。」

「統一談何容易，誰做的才算是標準呢？而誰又不希望自己的硬體和軟體成為標準，然後一統天下。這裡有很多商業競爭的問題，不是我們想的這麼簡單。不過目前很多智慧型手機都在朝這個方向發展。或許過幾年，我們手裡的機器就可以實現軟體完全相容了。」

「我想那時應該就不叫做手機了，而是掌上型電腦才更合適。」

（注：2007 年蘋果手機尚未出世，手機作業系統多種多樣 (黑莓、塞班、Tizen 等)，互相封閉。而如今，存世的手機作業系統只剩下蘋果 OS 和 Android，雖然還沒有誰能一統天下，但比起當年群雄混戰的狀態已經算是井然有序了。本章 內容也將在 2007 年那個特定的歷史背景下展開 ......）

22.2 緊耦合的程式演化

「說得有道理，另外你有沒有想過，這裡其實蘊含兩種完全不同的思維方式？」

「你是說手機硬體軟體和 PC 硬體軟體？」

22.2 緊耦合的程式演化

「對的，如果我現在有一個 N 品牌的手機，它有一個小遊戲，我要玩遊戲，程式應該如何寫？」

「這還不簡單。先寫一個此品牌的遊戲類別，再用用戶端呼叫即可。」

遊戲類別

```
//手機品牌N的遊戲
class HandsetBrandNGame {
    public void run(){
        System.out.println("運行N品牌手機遊戲");
    }
}
```

用戶端程式

```
HandsetBrandNGame game = new HandsetBrandMGame();
game.run();
```

「很好，現在又有一個 M 品牌的手機，也有小遊戲，用戶端也可以呼叫，如何做？」

「嗯，我想想，兩個品牌，都有遊戲，我覺得從物件導向的思想來說，應該有一個父類別『手機品牌遊戲』，然後讓 N 和 M 品牌的手機遊戲都繼承於它，這樣可以實現同樣的執行方法」。

「小菜不錯，抽象的感覺來了。」

手機遊戲類別

```
//手機遊戲類別
class HandsetGame{
    public void run(){
    }
}
```

M 品牌手機遊戲和 N 品牌手機遊戲

```java
//手機品牌M的遊戲
class HandsetBrandMGame extends HandsetGame{
    public void run(){
        System.out.println("運行M品牌手機遊戲");
    }
}
//手機品牌N的遊戲
class HandsetBrandNGame extends HandsetGame{
    public void run(){
        System.out.println("運行N品牌手機遊戲");
    }
}
```

「然後，由於手機都需要通訊錄功能，於是 N 品牌和 M 品牌都增加了通訊錄的增刪改查功能。你如何處理？」

「啊，這就有點麻煩了，那就表示，父類別應該是『手機品牌』，下有『手機品牌 M』和『手機品牌 N』，每個子類別下各有『通訊錄』和『遊戲』子類別。」

程式結構圖

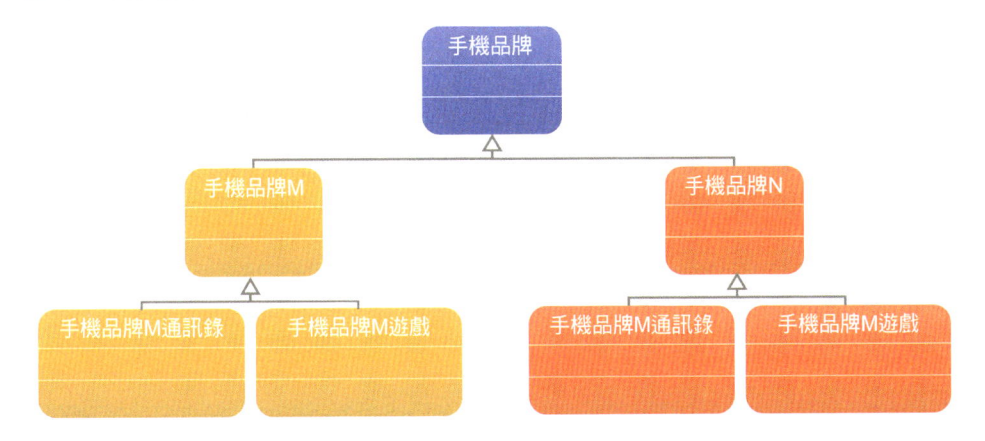

22.2 緊耦合的程式演化

▌手機類別

```
//手機品牌
class HandsetBrand{
    public void run(){
    }
}
```

▌手機品牌 N 和手機品牌 M 類別

```
//手機品牌M
class HandsetBrandM extends HandsetBrand{

}
//手機品牌N
class HandsetBrandN extends HandsetBrand{

}
```

▌下屬的各自通訊錄類別和遊戲類別

```
//手機品牌M的遊戲
class HandsetBrandMGame extends HandsetBrandM{
    public void run(){
        System.out.println("運行M品牌手機遊戲");
    }
}
//手機品牌N的遊戲
class HandsetBrandNGame extends HandsetBrandN{
    public void run(){
        System.out.println("運行N品牌手機遊戲");
    }
}

//手機品牌M的通訊錄
class HandsetBrandMAddressList extends HandsetBrandM{
    public void run(){
        System.out.println("運行M品牌手機通訊錄");
```

```
    }
}
//手機品牌N的通訊錄
class HandsetBrandNAddressList extends HandsetBrandN{
    public void run(){
        System.out.println("運行N品牌手機通訊錄");
    }
}
```

用戶端呼叫程式

```
HandsetBrand ab;
ab = new HandsetBrandMAddressList();
ab.run();

ab = new HandsetBrandMGame();
ab.run();

ab = new HandsetBrandNAddressList();
ab.run();

ab = new HandsetBrandNGame();
ab.run();
```

「哈,這個結構應該還是可以的,現在我問你,如果我現在需要每個品牌都增加一個音樂播放功能,你如何做?」

「這個?那就在每個品牌的下面都增加一個子類別。」

「你覺得這兩個子類別差別大不大?」大鳥追問道。

「應該是不大的,不過沒辦法呀,因為品牌不同,增加功能就必須要這樣的。」小菜無奈地說。

「好,那我現在又來了一家新的手機品牌 'S',它也有遊戲、通訊錄、音樂播放功能,你如何處理?」

「啊，那就得再增加『手機品牌 S』類別和三個下屬功能子類別。這好像有點麻煩了。」

「你也感覺麻煩啦？如果我還需要增加『輸入法』功能、『拍照』功能，再增加『L 品牌』、『X 品牌』你的類別如何寫？」

「啊哦，」小菜學了一聲唐老鴨的叫聲，感慨道，「我要瘋了。要不這樣，我換一種方式。」

過了幾分鐘，小菜畫出了另一種結構圖。

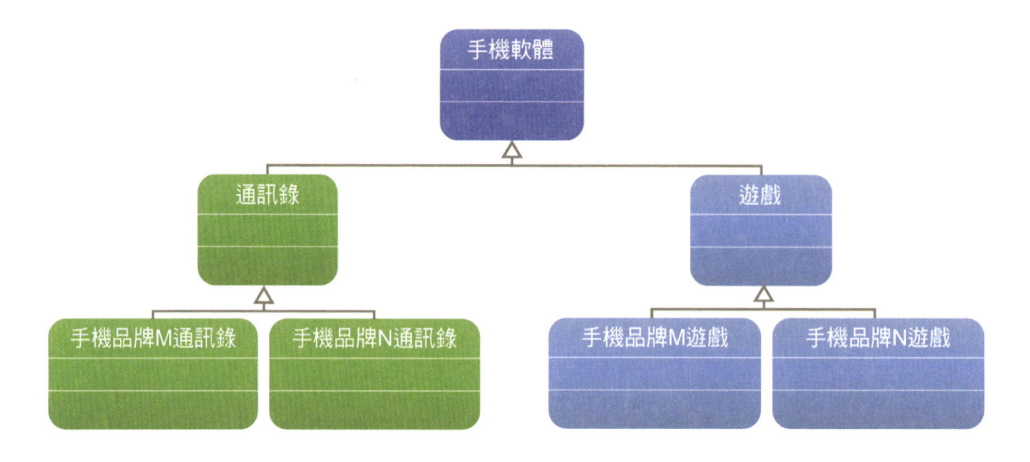

```
                        手機軟體
                           △
              ┌────────────┴────────────┐
           通訊錄                      遊戲
             △                          △
       ┌─────┴─────┐            ┌──────┴──────┐
   手機品牌M通訊錄  手機品牌N通訊錄   手機品牌M遊戲  手機品牌N遊戲
```

「你覺得這樣子問題就可以解決嗎？」

「啊，」小菜搖了搖頭，「不行，要是增加手機功能或是增加品牌都會產生很大的影響。」

「你知道問題出在哪裡嗎？」

「我不知道呀，」小菜很疑惑，「我感覺我一直在用物件導向的理論設計的，先有一個品牌，然後多個品牌就抽象出一個品牌抽象類別，對於每個功能，就都繼承各自的品牌。或，不從品牌，從手機軟體的角度去分類，這有什麼問題呢？」

「是呀，就像我剛開始學會用物件導向的繼承時，感覺它既新穎又功能強大，所以只要可以用，就都用上繼承。這就好比是『有了新錘子，所有的東西看上去都成了釘子。』但事實上，很多情況用繼承會帶來麻煩。比如，物件的繼承關係是在編譯時就定義所以無法在執行時期改變從父類別繼承的實現。子類別的實現與它的父類別有非常緊密的依賴關係，以至於父類別實現中的任何變化必然會導致子類別發生變化。當你需要重複使用子類別時，如果繼承下來的實現不適合解決新的問題，則父類別必須重寫或被其他更適合的類別替換。這種依賴關係限制了靈活性並最終限制了重複使用性。」

「是呀，我這樣的繼承結構，如果不斷地增加新品牌或新功能，類別會越來越多的。」

「在物件導向設計中，我們還有一個很重要的設計原則，那就是合成 / 聚合重複使用原則。即優先使用物件合成 / 聚合，而非類別繼承。」

22.3 合成 / 聚合重複使用原則

> 合成 / 聚合複用原則（CARP），儘量使用合成 / 聚合，儘量不要使用類別繼承。

合成（Composition，也有翻譯成組合）和聚合（Aggregation）都是連結的特殊種類。聚合表示一種弱的『擁有』關係，表現的是 A 物件可以包含 B 物件，但 B 物件不是 A 物件的一部分；合成則是一種強的『擁有』關係，表現了嚴格的部分和整體的關係，部分和整體的生命週期一樣。比方說，大雁有兩個翅膀，翅膀與大雁是部分和整體的關係，並且它們的生命週期是相同的，於是大雁和翅膀就是合成關係。而大雁是群居動物，所以每只大雁都是屬於一個雁群，一個雁群可以有多隻大雁，所以大雁和雁群是聚合關係。」

22.3 合成 / 聚合重複使用原則

```
[雁群] --聚合關係 1...*--> [大雁] --合成（組合）關係 1...2--> [翅膀]
```

「合成 / 聚合重複使用原則的好處是，優先使用物件的合成 / 聚合將有助你保持每個類別被封裝，並被集中在單一任務上。這樣類別和類別繼承層次會保持較小規模，並且不太可能增長為不可控制的龐然大物。就剛才的例子，你需要學會用物件的職責，而非結構來考慮問題。其實答案就在之前我們聊到的手機與 PC 電腦的差別上。」

「哦，我想想看，手機是不同的品牌公司，各自做自己的軟體，就像我現在的設計一樣，而 PC 卻是硬體廠商做硬體，軟體廠商做軟體，組合起來才是可以用的機器。你是這個意思嗎？」

「很好，我很喜歡你提到的『組合』這個詞，實際上，像『遊戲』、『通訊錄』、『MP3 音樂播放』這些功能都是軟體，如果我們可以讓其分離與手機的耦合，那麼就可以大大減少面對新需求時改動過大的不合理情況。」

「好的好的，我想想怎麼弄，你的意思其實就是應該有個『手機品牌』抽象類別和『手機軟體』抽象類別，讓不同的品牌和功能都分別繼承於它們，這樣要增加新的品牌或新的功能都不用影響其他類別了。」

結構圖

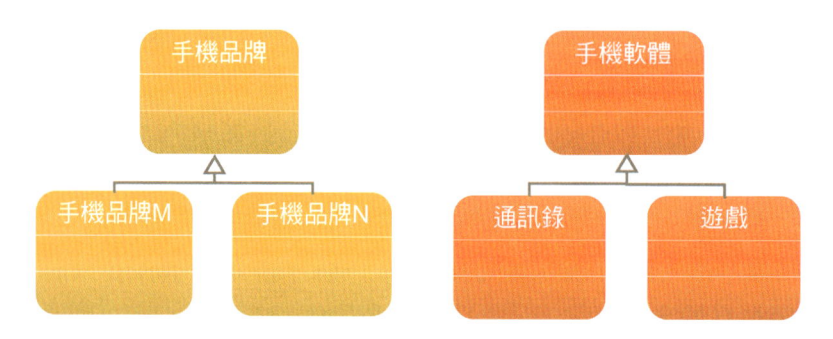

```
    [手機品牌]                    [手機軟體]
       △                            △
    ┌──┴──┐                      ┌──┴──┐
[手機品牌M] [手機品牌N]         [通訊錄]  [遊戲]
```

「還剩個問題，手機品牌和手機軟體之間的關係呢？」大鳥問道。

「我覺得應該是手機品牌包含有手機軟體，但軟體並不是品牌的一部分，所以它們之間是聚合關係。」

▌結構圖

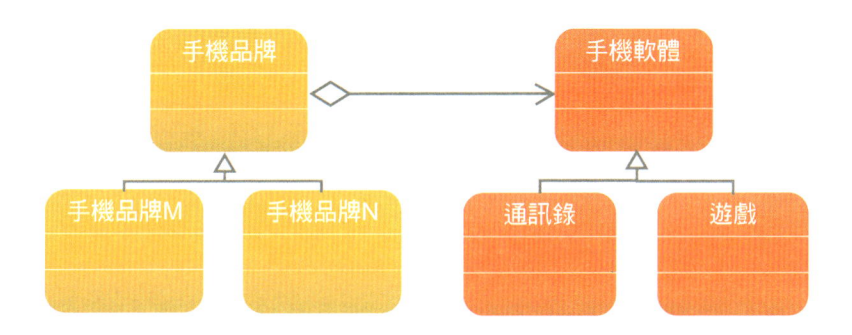

「說得好。來試著寫寫看吧。」

22.4 鬆散耦合的程式

小菜經過半小時，改動程式如下。

▌手機軟體抽象類別

```
//手機軟體
abstract class HandsetSoft{
    //運行
    public abstract void run();
}
```

▌遊戲、通訊錄等具體類別

```
//手機遊戲
class HandsetGame extends HandsetSoft{
```

22.4 鬆散耦合的程式

```java
    public void run(){
        System.out.println("手機遊戲");
    }
}

//手機通訊錄
class HandsetAddressList extends HandsetSoft{
    public void run(){
        System.out.println("通訊錄");
    }
}
```

手機品牌類別

```java
//手機品牌
abstract class HandsetBrand{
    protected HandsetSoft soft;

    //設置手機軟體
    public void setHandsetSoft(HandsetSoft soft){
        this.soft=soft;
    }

    //運行
    public abstract void run();
}
```

> 品牌需要關注軟體，所以可以在機器中安裝軟體(設定手機軟體)，以備運行

品牌 N 品牌 M 具體類別

```java
//手機品牌M
class HandsetBrandM extends HandsetBrand{
    public void run(){
        System.out.print("品牌M");
        soft.run();
    }
}
//手機品牌N
class HandsetBrandN extends HandsetBrand{
```

```
    public void run(){
        System.out.print("品牌N");
        soft.run();
    }
}
```

用戶端呼叫程式

```
    HandsetBrand ab;
    ab = new HandsetBrandM();

    ab.setHandsetSoft(new HandsetGame());
    ab.run();

    ab.setHandsetSoft(new HandsetAddressList());
    ab.run();

    HandsetBrand ab2;
    ab2 = new HandsetBrandN();

    ab2.setHandsetSoft(new HandsetGame());
    ab2.run();

    ab2.setHandsetSoft(new HandsetAddressList());
    ab2.run();
```

「感覺如何？是不是好很多。」

「是呀，現在如果要增加一個功能，比如手機音樂播放功能，那麼只要增加這個類別就行了。不會影響其他任何類別。類別的個數增加也只是一個。」

```
//手機音樂播放
class HandsetMusicPlay extends HandsetSoft{
    public void run(){
        System.out.print("音樂播放");
    }
}
```

22.4 鬆散耦合的程式

「如果是要增加 S 品牌,只需要增加一個品牌子類別就可以了。個數也是一個,不會影響其他類別的改動。」

```java
//手機品牌S
class HandsetBrandS extends HandsetBrand{
    public void run(){
        System.out.print("品牌S");
        soft.run();
    }
}
```

「這顯然是也符合了我們之前的什麼設計原則?」

「開放 - 封閉原則。這樣的設計顯然不會修改原來的程式,而只是擴充類別就行了。但今天我的感受最深的是合成 / 聚合重複使用原則,也就是優先使用物件的合成或聚合,而非類別繼承。聚合的魅力無限呀。相比,繼承的確很容易造成不必要的麻煩。」

「盲目使用繼承當然就會造成麻煩,而其本質原因主要是什麼?」

「我想應該是,繼承是一種強耦合的結構。父類別變,子類別就必須要變。」

「OK,所以我們在用繼承時,一定要在是 'is-a' 的關係時再考慮使用,而非任何時候都去使用。」

「大鳥,今天這個例子是不是一個設計模式?」

「哈,當然,你看看剛才畫的那幅圖,兩個抽象類別之間有什麼,像什麼?」

「有一個聚合線,哈,像一座橋。」

「好,說得好,這個設計模式就叫做『橋接模式』。」

22.5 橋接模式

> 橋接模式（Bridge），將抽象部分與它的實現部分分離，使它們都可以獨立地變化。

「這裡需要理解一下，什麼叫抽象與它的實現分離，這並不是說，讓抽象類別與其衍生類別分離，因為這沒有任何意義。實現指的是抽象類別和它的衍生類別用來實現自己的物件。就剛才的例子而言，就是讓『手機』既可以按照品牌來分類，也可以按照功能來分類。」

按品牌分類實現結構圖

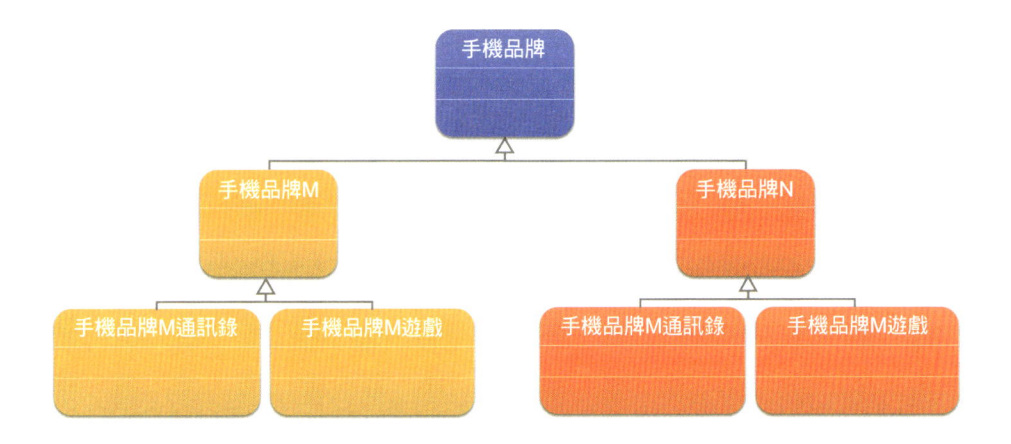

```
                    手機品牌
                    ↑
        ┌───────────┴───────────┐
    手機品牌M                 手機品牌N
        ↑                        ↑
    ┌───┴────┐              ┌────┴────┐
手機品牌M通訊錄 手機品牌M遊戲  手機品牌M通訊錄 手機品牌M遊戲
```

22.5 橋接模式

按軟體分類實現結構圖

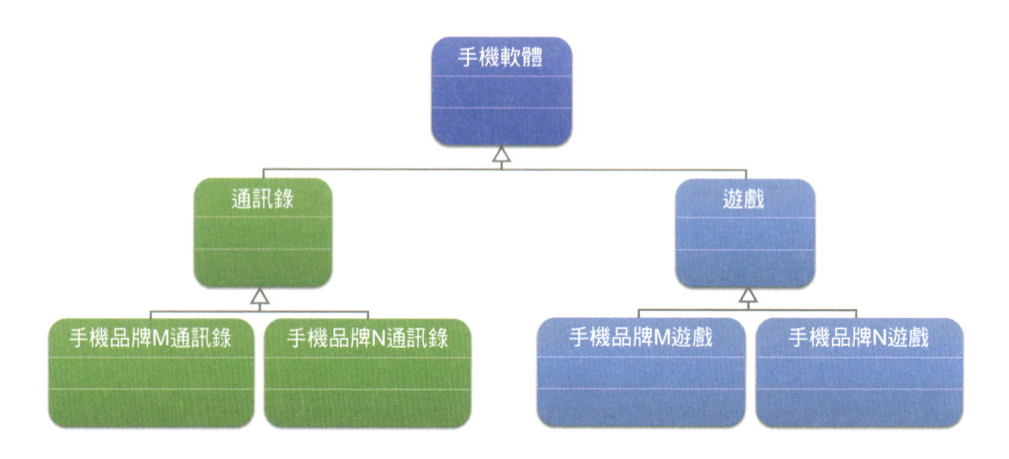

「由於實現的方式有多種，橋接模式的核心意圖就是把這些實現獨立出來，讓它們各自地變化。這就使得每種實現的變化不會影響其他實現，從而達到應對變化的目的。」

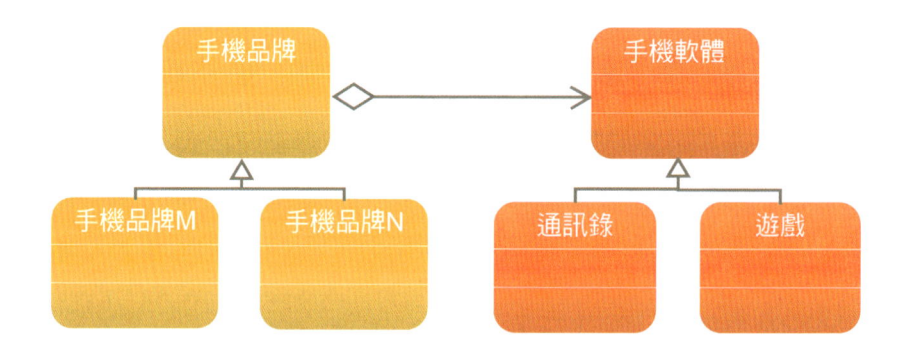

22.6 橋接模式基本程式

橋接模式（Bridge）結構圖

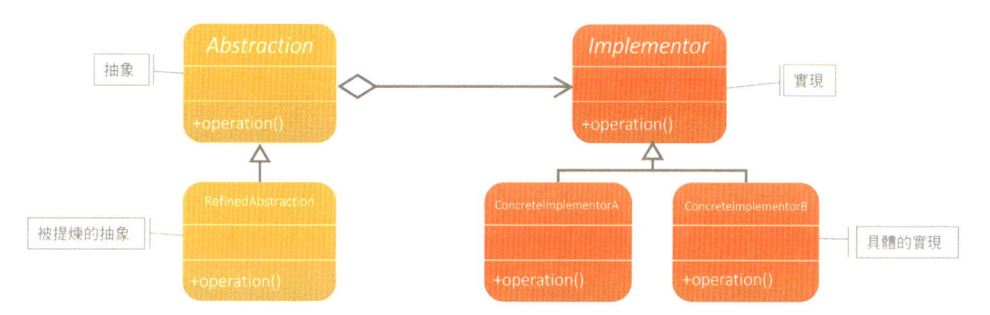

Implementor 類別

```java
abstract class Implementor{
    public abstract void operation();
}
```

ConcreteImplementorA 和 ConcreteImplementorB 等衍生類別

```java
class ConcreteImplementorA extends Implementor{
    public void operation(){
        System.out.println("具體實現A的方法執行");
    }
}

class ConcreteImplementorB extends Implementor{
    public void operation(){
        System.out.println("具體實現B的方法執行");
    }
}
```

Abstraction 類別

```java
abstract class Abstraction{
    protected Implementor implementor;
```

22-17

> 22.6 橋接模式基本程式

```java
    public void setImplementor(Implementor implementor){
        this.implementor = implementor;
    }

    public abstract void operation();
}
```

RefinedAbstraction 類別

```java
class RefinedAbstraction extends Abstraction{
    public void operation(){
        System.out.print("具體的Abstraction");
        implementor.operation();
    }
}
```

用戶端實現

```java
        Abstraction ab;
        ab = new RefinedAbstraction();

        ab.setImplementor(new ConcreteImplementorA());
        ab.operation();

        ab.setImplementor(new ConcreteImplementorB());
        ab.operation();
```

「我覺得橋接模式所說的『將抽象部分與它的實現部分分離』，還是不好理解，我的理解就是實現系統可能有多角度分類，每一種分類都有可能變化，那麼就把這種多角度分離出來讓它們獨立變化，減少它們之間的耦合。」

「哈，小菜說的和 GoF 說的不就是一回事嗎！只不過你說的更通俗，而人家卻更簡練而已。也就是說，在發現我們需要多角度去分類實現物件，而只用繼承會造成大量的類別增加，不能滿足開放 - 封閉原則時，就應該要考慮用橋接模式了。」

「哈，我感覺只要真正深入地理解了設計原則，很多設計模式其實就是原則的應用而已，或許在不知不覺中就在使用設計模式了。」

22.7 我要開發「好」遊戲

「說得好，你該幹嘛就幹嘛去，我要繼續玩遊戲了。」大鳥注意力回到了手機上。

「啊，和你說了這麼多，我還沒來得及看你的新手機呢？」小菜說。

「瞎起什麼勁，喜歡自己也去買一個不就得了。」大鳥有些不耐煩了。

「我要是有錢，就一定去買那種有作業系統，把軟體與手機分離的智慧型手機，說不定我還可以自己開發手機遊戲呢？」小菜說。

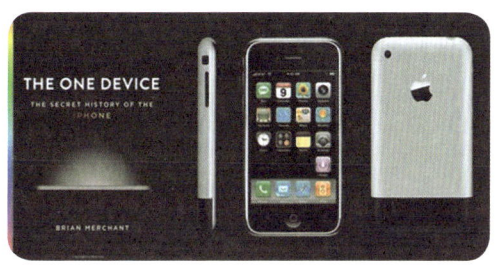

（註：2007 年，第一代 iPhone 發佈，賈伯斯宣佈真正的智慧型手機時代到來）

「還是好好打設計模式的基礎吧，開發手機遊戲不過是一種實際的開發運用而已，有了深厚的功底，學這些具體的新技術又有何難！」

「Yes，Sir！」

22.7 我要開發「好」遊戲

CHPATER

23

烤羊肉串引來的思考
-- 命令模式

23.1 吃烤羊肉串！

時間：6月23日17點　　地點：社區門口　　人物：小菜、大鳥

「小菜，肚子餓了，走，我請你吃羊肉串。」

「好呀，社區門口那新疆人烤的就很不錯。」

小菜和大鳥來到了社區門口。

「啊，這麼多人，都圍了十幾個。」小菜感歎道。

「現在讀大學，進公司，做白領，其實未必有人家烤羊肉串的掙得多。」

「這是兩回事，人家也很辛苦呀。」

此時，老闆烤的第一批羊肉好了。

「老闆，我這有兩串。」

「老闆，我的是三串不辣的。」

「老闆，你怎麼給她了，我先付的錢！」

23.1 吃烤羊肉串！

「老闆，這串不太熟呀，再烤烤。」

「老闆，我老早就等在這裡，錢早給你了，你都不給我，我不要了。退錢！」

旁邊等著拿肉串的人七嘴八舌地叫開了。場面有些混亂，由於人實在太多，烤羊肉串的老闆已經分不清誰是誰，造成分發錯誤，收錢錯誤，烤肉品質不過關等等。

「小菜，我看我們還是換一家，這裡實在太混亂了，過去不遠有一家烤肉店是有店面的。」

「嗯，他這樣子生意是做不好。我們去那一家吧。」

時間：6月2日18點　地點：烤肉店　人物：小菜、大鳥、服務生

小菜和大鳥走到了那家烤肉店。

「服務生，我們要十串羊肉串、兩串雞翅、兩瓶啤酒。」大鳥根本沒有看選單。

「雞翅沒有了，您點別的燒烤吧。」服務生答道。

「那就來四串牛板筋，烤肉要辣的。」大鳥很熟稔。

「大鳥常來這裡吃嗎？很熟悉嘛！」小菜問道。

「太熟悉了，這年頭，單身在外混，哪有不熟悉家門口附近的吃飯的地兒。不然每天晚上的肚皮問題怎麼解決？」

「你說，在外面打遊擊烤羊肉串和這種開門店做烤肉，哪個更賺錢？」小菜問道。

「哈，這很難講，畢竟各有各的好，在外面打遊擊，好處是不用租房，不用上稅，最多就是交點『保護費』，但下雨天不行、大白天不行、太晚也不行，一般都是傍晚做幾個鐘頭，顧客也不固定，像剛才那個，由於人多造成混亂，於是就放跑了我們這兩條大魚，其實他的生意是不穩定的。」

「大白天不行？太晚不行？」

「大白天，城管沒下班呢，怎能容忍他如此安逸。超過晚上 11 點，夜深人靜，誰還願意站在路邊吃烤肉。但開門店就不一樣了，不管什麼時間都可以做生意，由於環境相對好，所以固定客戶就多，看似好像房租交出去了，但其實由於顧客多，而且是正經做生意，所以最終可以賺到大錢。」

「大鳥研究得很透嘛。」

「其實這門店好過馬路遊擊隊，還可以對應一個很重要的設計模式呢！」

「哦，此話怎講？」

23.2 燒烤攤 vs. 燒烤店

「你再回憶剛才在我們社區門口烤肉攤看到的情景。」

「因為要吃烤肉的人太多,都希望能最快吃到肉串,烤肉老闆一個人,所以有些混亂。」

「還不止這些,老闆一個人,來的人一多,他就未必記得住誰交沒交過錢,要幾串,需不需要放辣等等。」

「是呀,大家都站在那裡,沒什麼事,於是都盯著烤肉去了,哪一串多、哪一串少、哪一串烤得好、哪一串烤得焦看得清清楚楚,於是挑剔也就接踵而至。」

「這其實就是我們在程式設計中常說的什麼?」

「我想想,你是想說『緊耦合』?」

「哈,不錯,不枉我的精心栽培。」

「由於客戶和烤羊肉串老闆的『緊耦合』所以使得容易出錯,容易混亂,也容易挑剔。」

「說得對,這其實就是『行為請求者』與『行為實現者』的緊耦合。我們需要記錄哪個人要幾串羊肉串,有沒有特殊要求(放辣不放辣),付沒付過錢,誰先誰後,這其實都相當於對請求做什麼?」

「對請求做記錄,啊,應該是做日誌。」

「很好,那麼如果有人需要退回請求,或要求烤肉重烤,這其實就是?」

「就相當於撤銷和重做吧。」

「OK,所以對請求排隊或記錄請求日誌,以及支援可撤銷的操作等行為時,『行為請求者』與『行為實現者』的緊耦合是不太適合的。你說怎麼辦?」

「開家門店。」

「哈，這是最終結果，不是這個意思，我們是烤肉請求者，烤肉的師傅是烤肉的實現者，對開門店來說，我們用得著去看著烤肉的實現過程嗎？現實是怎麼做的呢？」

「哦，我明白你的意思了，我們不用去認識烤肉者是誰，連他的面都不用見到，我們只需要給接待我們的服務生說我們要什麼就可以了。他可以記錄我們的請求，然後再由他去通知烤肉師傅做。」

「而且，由於我們所做的請求，其實也就是我們點肉的訂單，上面有很詳細的我們的要求，所有的客戶都有這一份訂單，烤肉師傅可以按先後順序操作，不會混亂，也不會遺忘了。」

「收錢的時候，也不會多收或少收。」

「優點還不止這裡，比如說，」大鳥突然大聲叫道，「服務生，我們那十串羊肉串太多了，改成六串就可以了。」

「好的！」服務生答道。

大鳥接著說：「你注意看他接著做了什麼？」

「他好像在一個小本子上劃了一下，然後去通知烤肉師傅了。」

「對呀，這其實是在做撤銷行為的操作。由於有了記錄，所以最終算帳還是不會錯的。」

「對對對，這種利用一個服務生來解耦客戶和烤肉師傅的處理好處真的很多。」

「這裡有紙和筆，你把剛才的想法寫成程式吧？」

「啊，在這？」

「這才叫讓程式設計融入生活。來，不寫出來，你是不能完全理解的。」

「好，我試試看。」

23.3 緊耦合設計

邊吃著烤肉串，邊寫著程式，小菜完成了第一版。

▌程式結構圖

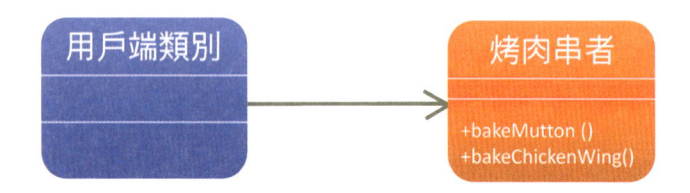

▌路邊烤羊肉串的實現

```java
//烤肉串者
class Barbecuer{
    //烤羊肉
    public void bakeMutton(){
        System.out.println("烤羊肉串！");
    }
    //烤雞翅
    public void bakeChickenWing(){
        System.out.println("烤雞翅！");
    }
}
```

▌用戶端呼叫

```java
    Barbecuer boy = new Barbecuer();

    boy.bakeMutton();
    boy.bakeMutton();
    boy.bakeMutton();
    boy.bakeChickenWing();
    boy.bakeMutton();
    boy.bakeMutton();
    boy.bakeChickenWing();
```

> 用戶端程式與 '烤肉串者' 緊耦合，儘管簡單，但卻極為僵化，有許許多多的隱憂

「很好，這就是路邊烤肉的對應，如果使用者多了，請求多了，就容易亂了。那你再嘗試用門店的方式來實現它。」

「我知道一定需要增加服務生類別，但怎麼做有些不明白。」

「嗯，這裡的確是困難，要知道，不管是烤羊肉串，還是烤雞翅，還是其他燒烤，這些都是『烤肉串者類別』的行為，也就是他的方法，具體怎麼做都是由方法內部來實現，我們不用去管它。但是對『服務生』類別來說，他其實就是根據使用者的需要，發個命令，說：『有人要十個羊肉串，有人要兩個雞翅』，這些都是命令……」

「我明白了，你的意思是，把『烤肉串者』類別當中的方法，分別寫成多個命令類別，那麼它們就可以被『服務生』來請求了？」

「是的，說得沒錯，這些命令其實差不多都是同一個樣式，於是你就可以泛化出一個抽象類別，讓『服務生』只管對抽象的『命令』發號施令就可以了。具體是什麼命令，即是烤什麼，由客戶來決定吧。」

「具體怎麼做到呢？」

「我來給你介紹一下大名鼎鼎的命令模式吧。」

23.4 命令模式

> 命令模式（Command），將一個請求封裝為一個物件，從而使你可用不同的請求對客戶進行參數化；對請求排隊或記錄請求日誌，以及支援可撤銷的操作。

23.4 命令模式

命令模式（Command）結構圖

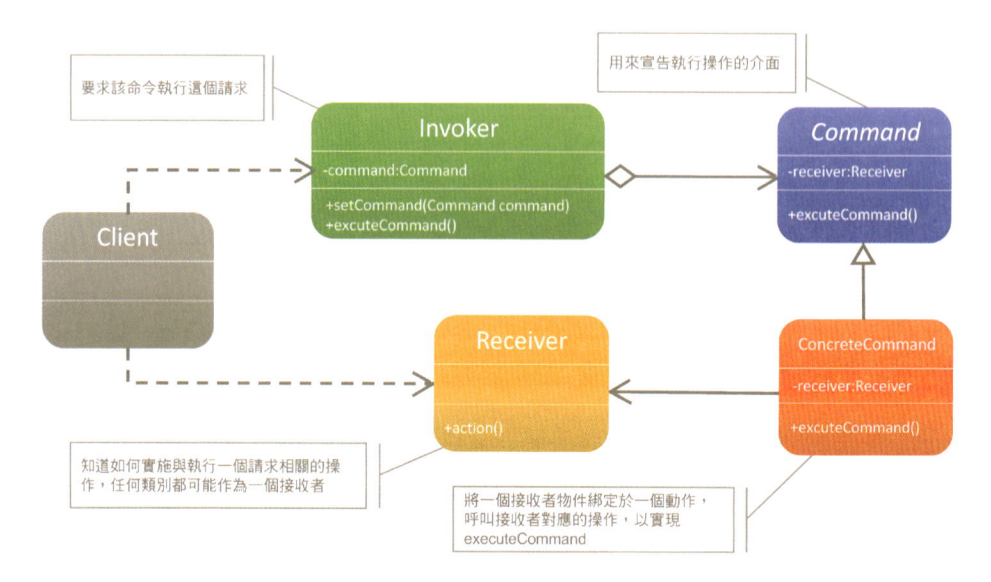

[結構圖：Client、Invoker（-command:Command, +setCommand(Command command), +excuteCommand()）、Command（-receiver:Receiver, +excuteCommand()）、ConcreteCommand（-receiver:Receiver, +excuteCommand()）、Receiver（+action()）]

說明：
- 要求該命令執行這個請求
- 用來宣告執行操作的介面
- 知道如何實施與執行一個請求相關的操作，任何類別都可能作為一個接收者
- 將一個接收者物件綁定於一個動作，呼叫接收者對應的操作，以實現 executeCommand

Command 類別，用來宣告執行操作的介面。

```
//抽象命令類別
abstract class Command {
    protected Barbecuer receiver;

    public Command(Barbecuer receiver){
        this.receiver = receiver;
    }
    //執行命令
    public abstract void excuteCommand();
}
```

ConcreteCommand 類別，將一個接收者物件綁定於一個動作，呼叫接收者對應的操作，以實現 executeCommand。

```
//具體命令類別
class ConcreteCommand extends Command{
    public ConcreteCommand(Receiver receiver){
        super(receiver);
    }
```

23-8

```java
    public void excuteCommand(){
        receiver.action();
    }
}
```

Invoker 類別，要求該命令執行這個請求。

```java
class Invoker{

    private Command command;

    public void setCommand(Command command){
        this.command = command;
    }

    public void executeCommand(){
        command.excuteCommand();
    }

}
```

Receiver 類別，知道如何實施與執行一個與請求相關的操作，任何類別都可能作為一個接收者。

```java
class Receiver{
    public void action(){
        System.out.println("執行請求！");
    }
}
```

用戶端程式，建立一個具體命令物件並設定它的接收者。

```java
        Receiver receiver = new Receiver();
        Command command = new ConcreteCommand(receiver);
        Invoker invoker = new Invoker();

        invoker.setCommand(command);
        invoker.executeCommand();
```

「你試試看，用上面的方法寫一下飯店點菜的程式。」

23.5 鬆散耦合設計

小菜經過思考,把第二個版本的程式寫了出來。

程式結構圖

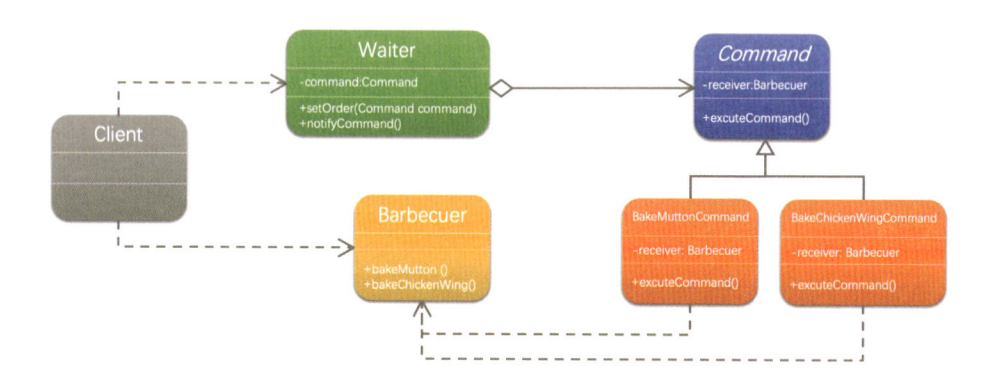

烤肉串者類別與之前相同。

```java
//烤肉串者
class Barbecuer{
    //烤羊肉
    public void bakeMutton(){
        System.out.println("烤羊肉串!");
    }
    //烤雞翅
    public void bakeChickenWing(){
        System.out.println("烤雞翅!");
    }
}
```

抽象命令類別

```java
//抽象命令類別
abstract class Command {
    protected Barbecuer receiver;
```

```
    public Command(Barbecuer receiver){
        this.receiver = receiver;
    }
    //執行命令
    public abstract void excuteCommand();
}
```

具體命令類別

```
//烤羊肉命令類別
class BakeMuttonCommand extends Command{
    public BakeMuttonCommand(Barbecuer receiver){
        super(receiver);
    }

    public void excuteCommand(){
        receiver.bakeMutton();
    }
}

//烤雞翅命令類別
class BakeChickenWingCommand extends Command{
    public BakeChickenWingCommand(Barbecuer receiver){
        super(receiver);
    }

    public void excuteCommand(){
        receiver.bakeChickenWing();
    }
}
```

服務生類別

```
//服務員類別
class Waiter{
    private Command command;
```

23.5 鬆散耦合設計

```java
//設置訂單
public void setOrder(Command command){
    this.command = command;
}
```
> 服務生類別，不用管使用者想要什麼烤肉，反正都是'命令'，只管記錄訂單，然

```java
//通知執行
public void notifyCommand(){
    command.excuteCommand();
}
}
```

用戶端實現

```java
//開店前的準備
Barbecuer boy = new Barbecuer();//烤肉廚師
Command bakeMuttonCommand1 = new BakeMuttonCommand(boy);
//烤羊肉串
Command bakeChickenWingCommand1 = new BakeChickenWingCommand(boy);
//烤雞翅
Waiter girl = new Waiter();      //服務員
```
> 燒烤店事先就找好了烤肉和烤肉選單，就等客戶上

```java
//開門營業
girl.setOrder(bakeMuttonCommand1);          //下單烤羊肉串
girl.notifyCommand();                        //通知廚師烤肉
girl.setOrder(bakeMuttonCommand1);          //下單烤羊肉串
girl.notifyCommand();                        //通知廚師烤肉
girl.setOrder(bakeChickenWingCommand1);     //下單烤雞翅
girl.notifyCommand();                        //通知廚師烤肉
```

「大鳥，我這樣寫如何？」

「很好很好，基本都把程式實現了。但沒有表現出命令模式的作用。比以下面幾個問題：第一，真實的情況其實並不是使用者點一個菜，服務生就通知廚房去做一個，那樣不科學，應該是點完燒烤後，服務生一次通知製作；第二，如果此時雞翅沒了，不應該是客戶來判斷是否還有，客

戶哪知道有沒有呀，應該是服務生或烤肉串者來否決這個請求；第三，客戶到底點了哪些燒烤或飲料，這是需要記錄日誌的，以備收費，也包括後期的統計；第四，客戶完全有可能因為點的肉串太多而考慮取消一些還沒有製作的肉串。這些問題都需要得到解決。」

「這，這怎麼辦到呀？」

「重構一下服務生 Waiter 類別，嘗試改一下。將 private Command command; 改成一個 ArrayList，就能解決了。」

「嗯。我試試看……」

23.6 進一步改進命令模式

小菜開始了第三版的程式撰寫。

服務生類別

```java
//服務員類別
class Waiter{
    private ArrayList<Command> orders = new ArrayList<Command>();
    //增加存放具體命令的容器

    //設置訂單
    public void setOrder(Command command){
        String className=command.getClass().getSimpleName();

        if (className.equals("BakeChickenWingCommand")){
            System.out.println("服務員：雞翅沒有了，請點別的燒烤。");
            //在客戶下單時，對沒貨的請求給予回絕
        }
        else{
            this.orders.add(command);
            System.out.println("增加訂單："+className+" 時間："+getNowTime());
            //記錄客戶所點的燒烤日誌，以備查帳
        }
    }
    //取消訂單
```

23-13

23.6 進一步改進命令模式

```java
public void cancelOrder(Command command){
    String className=command.getClass().getSimpleName();
    orders.remove(command);          ← 可以取消部分訂單
    System.out.println("取消訂單:"+className+" 時間:"+getNowTime());
}
//通知執行
public void notifyCommand(){
    for(Command command : orders)    ← 根據使用者點的燒烤訂單通知廚房製作
        command.excuteCommand();
}
private String getNowTime(){
    SimpleDateFormat formatter = new SimpleDateFormat("HH:mm:ss");
    return formatter.format(new Date()).toString();
}
}
```

用戶端程式實現

```java
//開店前的準備
Barbecuer boy = new Barbecuer(); //烤肉廚師
Command bakeMuttonCommand1 = new BakeMuttonCommand(boy);          //烤羊肉串
Command bakeChickenWingCommand1 = new BakeChickenWingCommand(boy); //烤雞翅
Waiter girl = new Waiter();        //服務員

System.out.println("開門營業,顧客點菜");
girl.setOrder(bakeMuttonCommand1);      //下單烤羊肉串
girl.setOrder(bakeMuttonCommand1);      //下單烤羊肉串
girl.setOrder(bakeMuttonCommand1);      //下單烤羊肉串
girl.setOrder(bakeMuttonCommand1);      //下單烤羊肉串
girl.setOrder(bakeMuttonCommand1);      //下單烤羊肉串

girl.cancelOrder(bakeMuttonCommand1);   //取消一串羊肉串訂單

girl.setOrder(bakeChickenWingCommand1); //下單烤雞翅

System.out.println("點菜完畢,通知廚房燒菜");
girl.notifyCommand();                   //通知廚師
```

執行結果

```
開門營業，顧客點菜
增加訂單：BakeMuttonCommand 時間：18:31:47
增加訂單：BakeMuttonCommand 時間：18:31:47
增加訂單：BakeMuttonCommand 時間：18:31:47
增加訂單：BakeMuttonCommand 時間：18:31:47
增加訂單：BakeMuttonCommand 時間：18:31:47
取消訂單：BakeMuttonCommand 時間：18:31:47
服務生：雞翅沒有了，請點別的燒烤。
點菜完畢，通知廚房燒菜
烤羊肉串！
烤羊肉串！
烤羊肉串！
烤羊肉串！
```

「哈，這就比較完整了。」大鳥滿意地點點頭。

23.7 命令模式作用

「來來來，小菜你來複習一下命令模式的優點。」

「我覺得第一，它能較容易地設計一個命令佇列；第二，在需要的情況下，可以較容易地將命令記入日誌；第三，允許接收請求的一方決定是否要否決請求。」

「還有就是第四，可以容易地實現對請求的撤銷和重做；第五，由於加進新的具體命令類別不影響其他的類別，因此增加新的具體命令類別很容易。其實還有最關鍵的優點就是命令模式把請求一個操作的物件與知道怎麼執行一個操作的物件分割開。」大鳥接著複習說。

「但是否是碰到類似情況就一定要實現命令模式呢？」

23.7 命令模式作用

「這就不一定了，比如命令模式支援撤銷/恢復操作功能，但你還不清楚是否需要這個功能時，你要不要實現命令模式？」

「要，萬一以後需要就不好辦了。」

「其實應該是不要實現。敏捷開發原則告訴我們，不要為程式增加基於猜測的、實際不需要的功能。如果不清楚一個系統是否需要命令模式，一般就不要著急去實現它，事實上，在需要的時候透過重構實現這個模式並不困難，只有在真正需要如撤銷/恢復操作等功能時，把原來的程式重構為命令模式才有意義。」

「明白。這一頓我請客了。」小菜很開心，大聲叫了一句，「服務生，埋單。」

「先生，你們一共吃了28元。」服務生遞過來一個收費單。

小菜正準備付錢。

「慢！」大鳥按住小菜的手，「不對呀，我們沒有吃10串羊肉串，後來改成6串了。應該是24元。」

服務生去查了查帳本，回來很抱歉地說，「真是對不起，我們算錯了，應該是24元。」

「小菜，你看到了，如果不是服務生做了記錄，也就是記日誌，單就烤肉串的人，哪記得住烤了多少串，後果就是大家都說不清楚了。」

「還是大鳥精明呀。」

CHPATER 24

加薪非要老總批？
-- 職責鏈模式

24.1 老闆，我要加薪！

時間：7月2日20點　　地點：小菜大鳥住所的客廳　　人物：小菜、大鳥

「大鳥，你說我現在幹滿三個月了，馬上要辦轉正手續，我提提加薪的事情好不好？」小菜問道。

「這要看你這三個月做得如何了。」

「我和剛進來的幾個和事比較，我覺得我做得很好。公司每每分配的任務，我基本都可以快速完成。有一次，一段程式需要增加一個分支條件，我立刻想到利用反射、工廠等設計模式來處理，經理對我的設計很滿意。」

「哦，學以致用，那是最好不過了。那你不妨向你們經理提一提，你現在那點收入確實也有被剝削之嫌。」

「有你這話，我決定了，明天就向經理說。」

24.1 老闆,我要加薪!

「加薪後怎麼辦啊?」

「哦!知道。請你吃炒麵。」

「炒麵?搞沒搞錯,我要吃龍蝦!」

「好的好的,大龍蝦不敢說,小龍蝦還是沒問題的。」小菜伸了伸舌頭笑道。

時間:7月3日19點　地點:小菜大鳥住所的客廳　人物:小菜、大鳥

「小菜,是不是該去吃龍蝦了?」大鳥下班回來問道。

「唉!別提了,不讓加。」

「嗯?為什麼?」

「今天一早,我對經理如實說了我的想法,希望公司能在轉正時增加我的薪水待遇。經理說這個情況他也了解,並肯定地說,我的工作很認真,我的能力很強。但加薪他做不了主,他幫我向上提一提。而後他去找了人力資源總監,總監說這事他也做不了主,畢竟剛畢業的大學生加薪的先例沒有,但總監說,等總經理來後,向總經理提一提這個事。」

「哈,加個薪,流程走了不少呀,後來如何?」

「我從經理那裡得到的消息是,總經理不同意加薪,因為現在大學畢業生這麼多,隨便都能找得到。三個月就想加薪,不合適。」

「這哪和哪呀，大學畢業生多就會貶值呀，這沒道理的。加不加薪，還是要看能力，看貢獻。」大鳥憤慨地說。

「是呀，我也覺得非常不爽。我們經理說完這話，叫我安心，他會再努力努力。我感覺他其實也是很無奈的。」

「看來你們經理還是很體諒程式設計師的苦衷。不過你也別抱太大的希望，總經理不同意，基本就沒希望了。」

「是呀，這種不重能力，只重資歷的公司待著也沒勁哦。你說我是不是該考慮換一換？」

「小子，你才畢業呀，剛工作就想跳槽，心態也太不好了吧。」

「唉！不提了。今天我們學習哪個模式？」

「你把今天你向經理申請，經理沒權利，然後向總監上報，總監也沒許可權，向總經理上報的事，寫成程式來看看，注意哦，不一定是加薪，還有可能是請假申請等等。」

「哦，難道這也是模式？我試試看。」

24.2 加薪程式初步

「實現這個場景感覺有些難度哦！」

「首先我覺得無論加薪還是請假，都是一種申請。申請就應該有申請類別、申請內容和申請數量。」

```
//申請
class Request {
    //申請類別
    private String requestType;
    public String getRequestType(){
        return this.requestType;
```

24.2 加薪程式初步

```java
    }
    public void setRequestType(String value){
        this.requestType = value;
    }

    //申請內容
    private String requestContent;
    public String getRequestContent(){
        return this.requestContent;
    }
    public void setRequestContent(String value){
        this.requestContent = value;
    }

    //數量
    private int number;
    public int getNumber(){
        return this.number;
    }
    public void setNumber(int value){
        this.number = value;
    }
}
```

「然後我覺得經理、總監、總經理都是管理者,他們在對『申請』處理時,需要做出判斷,是否有權決策。」

```java
//管理者
class Manager{
    protected String name;
    public Manager(String name){
        this.name = name;
    }

    public void getResult(String managerLevel,Request request){
        if (managerLevel == "經理"){
          if (request.getRequestType()=="請假" && request.getNumber()<=2)
            System.out.println(this.name+":"+request.getRequestContent()+" 數量:"
```

> 比較長的方法,多筆的分支,這些其實都是程式壞味道

```
                    +request.getNumber()+"天,被批准");
            else
                System.out.println(this.name+":"+request.getRequestContent()+" 數量:"
                    +request.getNumber()+"天,我無權處理");
        }
        else if (managerLevel == "總監"){
            if (request.getRequestType()=="請假" && request.getNumber()<=5)
                System.out.println(this.name+":"+request.getRequestContent()+" 數量:"
                    +request.getNumber()+"天,被批准");
            else
                System.out.println(this.name+":"+request.getRequestContent()+" 數量:"
                    +request.getNumber()+"天,我無權處理");
        }
        else if (managerLevel == "總經理"){
            if (request.getRequestType()=="請假")
                System.out.println(this.name+":"+request.getRequestContent()+" 數量:"
                    +request.getNumber()+"天,被批准");
            else if (request.getRequestType()=="加薪" && request.getNumber()<=5000)
                System.out.println(this.name+":"+request.getRequestContent()+" 數量:"
                    +request.getNumber()+"元,被批准");
            else if (request.getRequestType()=="加薪" && request.getNumber()>5000)
                System.out.println(this.name+":"+request.getRequestContent()+" 數量:"
                    +request.getNumber()+"元,再說吧");
        }
    }
}
```

▌用戶端程式

```
Manager manager = new Manager("金利");            ← 三個不同等級的管理者
Manager director = new Manager("宗劍");
Manager generalManager = new Manager("鐘精勵");

Request request = new Request();
request.setRequestType("加薪");
request.setRequestContent("小菜請求加薪");           ← 小菜請求加薪 10000 元
```

24-5

24.2 加薪程式初步

```
request.setNumber(10000);

manager.getResult("經理", request);
director.getResult("總監", request);
generalManager.getResult("總經理", request);

Request request2 = new Request();
request2.setRequestType("請假");
request2.setRequestContent("小菜請假");
request2.setNumber(3);

manager.getResult("經理", request2);
director.getResult("總監", request2);
generalManager.getResult("總經理", request2);
```

← 不同等級對加薪請求做判斷和處理

← 小菜請假三天

← 不同等級對請假請求做判斷和處理

「其實我自己也覺得寫得不怎麼好。」小菜說道,「但也不知道如何去處理這類問題。」

「哪裡寫得不好?」大鳥問道。

「那個『管理者』類別,裡面的『結果』方法比較長,加上有太多的分支判斷,這其實是非常不好的設計。」

「說得不錯,因為你很難講當中還會不會增加其他的管理類別,比如專案經理、部門經理、人力總監、副總經理等等。那就表示都需要去更改這個類別,這個類別承擔了太多的責任,這違背了哪些設計　原則?」

「類別有太多的責任,這違背了單一職責原則,增加新的管理類別,需要修改這個類別,違背了開放 - 封閉原則。」

「說得好,那你覺得應該如何下手去重構它呢?」

「你剛才提到了可能會增加管理類別,那就表示這裡容易變化,我想把這些公司管理者的類別各做成管理者的子類別,這就可以利用多形性來化解分支帶來的僵化。」

「那如何解決經理無權上報總監，總監無權再上報總經理這樣的功能呢？」

「我想讓它們之間有一定的連結，把使用者的請求傳遞，直到可以解決這個請求為止。」

「說得不錯，你其實已經說到了一個行為設計模式『職責鏈模式』的意圖了。」

24.3 職責鏈模式

> **職責鏈模式**（Chain of Responsibility）：使多個物件都有機會處理請求，從而避免請求的發送者和接收者之間的耦合關係。將這個物件連成一條鏈，並沿著這條鏈傳遞該請求，直到有一個物件處理它為止。

「這裡發出這個請求的用戶端並不知道這當中的哪一個物件最終處理這個請求，這樣系統的更改可以在不影響用戶端的情況下動態地重新組織和分配責任。」

「聽起來感覺不錯哦，但如何做呢？」

「我們來看看結構圖。」

24.3 職責鏈模式

▍職責鏈模式（Chain of Responsibility）結構圖

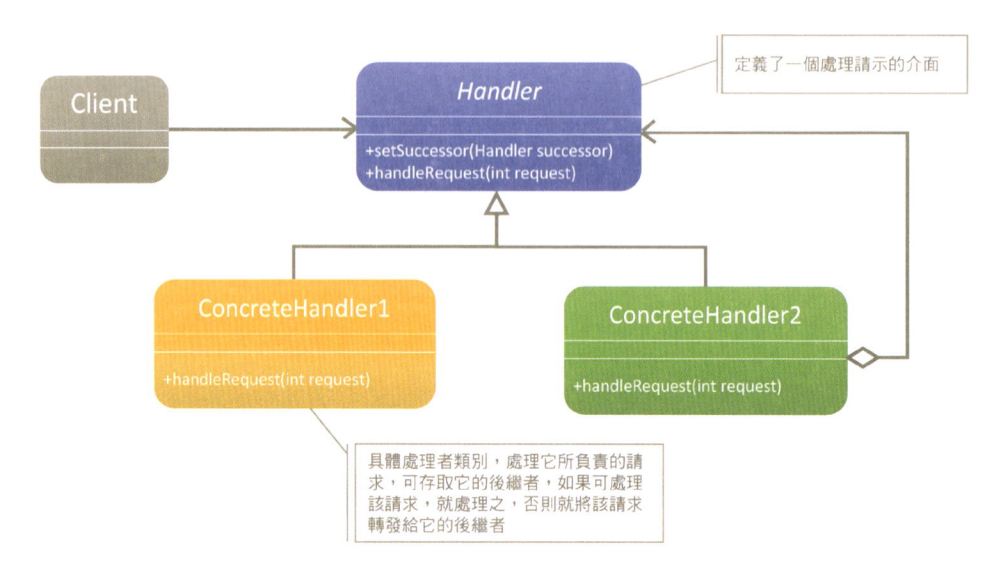

```
                    Handler                    ← 定義了一個處理請求的介面
Client  ────→  +setSuccessor(Handler successor)
               +handleRequest(int request)
                         △
              ┌──────────┴──────────┐
     ConcreteHandler1        ConcreteHandler2
  +handleRequest(int request)  +handleRequest(int request)
```

具體處理者類別，處理它所負責的請求，可存取它的後繼者，如果可處理該請求，就處理之，否則就將該請求轉發給它的後繼者

Handler 類別，定義一個處理請示的介面。

```
abstract class Handler{
    protected Handler successor;

    //設置繼任者
    public void setSuccessor(Handler successor){
        this.successor = successor;
    }

    public abstract void handleRequest(int request);
}
```

ConcreteHandler 類別，具體處理者類別，處理它所負責的請求，可存取它的後繼者，如果可處理該請求，就處理之，否則就將該請求轉發給它的後繼者。

24-8

ConcreteHandler1，當請求數在 0 到 10 之間則有權處理，否則轉到下一位。

```java
class ConcreteHandler1 extends Handler{
    public void handleRequest(int request){
        if (request >=0 && request < 10){
            System.out.println(this.getClass().getSimpleName()+" 處理請求 "
                + request);
        }
        else if (successor != null){
            successor.handleRequest(request);
        }
    }
}
```

ConcreteHandler2，當請求數在 10 到 20 之間則有權處理，否則轉到下一位。

```java
class ConcreteHandler2 extends Handler{
    public void handleRequest(int request){
        if (request >=10 && request < 20){
            System.out.println(this.getClass().getSimpleName()+" 處理請求 "
                + request);
        }
        else if (successor != null){
            successor.handleRequest(request);
        }
    }
}
```

ConcreteHandler3，當請求數在 20 到 30 之間則有權處理，否則轉到下一位。

```java
class ConcreteHandler3 extends Handler{
    public void handleRequest(int request){
        if (request >=20 && request < 30){
            System.out.println(this.getClass().getSimpleName()+" 處理請求 "
                + request);
        }
```

```
        else if (successor != null){
            successor.handleRequest(request);
        }
    }
}
```

用戶端程式，向鏈上的具體處理者物件提交請求。

```
Handler h1 = new ConcreteHandler1();
Handler h2 = new ConcreteHandler2();
Handler h3 = new ConcreteHandler3();
h1.setSuccessor(h2);          ◀ 設定職責鏈上家與下家
h2.setSuccessor(h3);

int[] requests = { 2, 5, 14, 22, 18, 3, 27, 20 };

for(int request : requests) {    ◀ 迴圈給最小處理者提交請求，不同
    h1.handleRequest(request);      的數額，由不同許可權處理者處理
}
```

24.4 職責鏈的好處

「這當中最關鍵的是當客戶提交一個請求時，請求是沿鏈傳遞直到有一個 ConcreteHandler 物件負責處理它。」

「這樣做的好處是不是說請求者不用管哪個物件來處理，反正該請求會被處理就對了？」

「是的，這就使得接收者和發送者都沒有對方的明確資訊，且鏈中的物件自己也並不知道鏈的結構。結果是職責鏈可簡化物件的相互連接，它們僅需保持一個指向其後繼者的引用，而不需保持它所有的候選接受者的引用。這也就大大降低了耦合度了。」

「我感覺由於是在用戶端來定義鏈的結構，也就是說，我可以隨時地增加或修改處理一個請求的結構。增強了給物件指派職責的靈活性。」

「是的，這的確是很靈活，不過也要當心，一個請求極有可能到了鏈的末端都得不到處理，或因為沒有正確設定而得不到處理，這就很糟糕了。需要事先考慮全面。」

「哈，這就跟現實中郵寄一封信，因位址不對，最終無法送達一樣。」

「是的，就是這個意思。就剛才的例子而言，最重要的有兩點，一個是你需要事先給每個具體管理者設定他的上司是哪個類別，也就是設定後繼者。另一點是你需要在每個具體管理者處理請求時，做出判斷，是可以處理這個請求，還是必須要『推卸責任』，轉移給後繼者去處理。」

「哦，我明白你的意思了，其實就是把我現在寫的這個管理者類別當中的那些分支，分解到每一個具體的管理者類別當中，然後利用事先設定的後繼者來實現請求處理的許可權問題。」

24.5 加薪程式重構

「是的，所以我們先來改造這個管理者類別，此時它將成為抽象的父類別了，其實它就是 Handler。」

程式結構圖

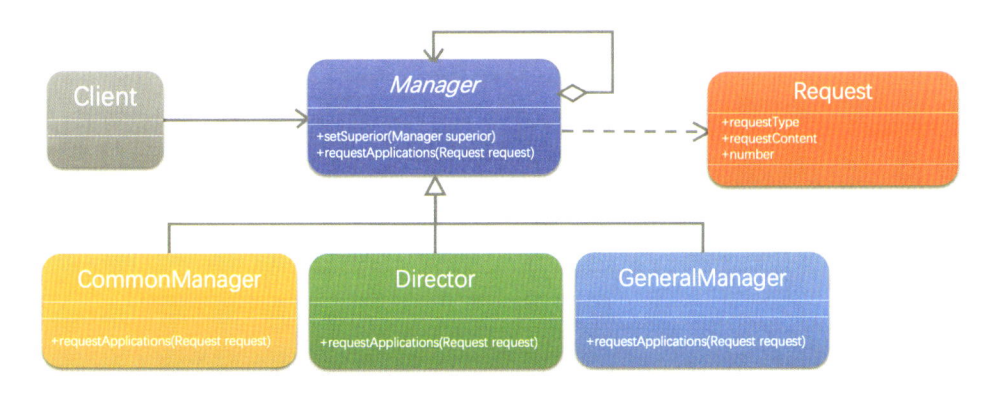

24.5 加薪程式重構

Request 請求類別與原來一樣。

```java
//管理者抽象類別
abstract class Manager{
    protected String name;
    public Manager(String name){
        this.name = name;
    }

    //設置管理者上級
    protected Manager superior;
    public void setSuperior(Manager superior){
        this.superior = superior;
    }

    //請求申請
    public abstract void requestApplications(Request request);
}
```

「經理類別就可以去繼承這個『管理者』類別，只需重寫『申請請求』的方法就可以了。」

```java
//普通經理
class CommonManager extends Manager{
    public CommonManager(String name){
        super(name);
    }

    public void requestApplications(Request request){
        if (request.getRequestType()=="請假" && request.getNumber()<=2)
            System.out.println(this.name+":"+request.getRequestContent()+" 數量："
                +request.getNumber()+"天，被批准");
        else {
            if (this.superior != null)
                this.superior.requestApplications(request);
        }
    }
}
```

> 經理所能有的權限就可准許下屬兩天內的假期，否則就要上報上級

24-12

「『總監』類同樣繼承『管理者類別』。」

```java
//總監
class Director extends Manager{
    public Director(String name){
        super(name);
    }

    public void requestApplications(Request request){
        if (request.getRequestType()=="請假" && request.getNumber()<=5)
            System.out.println(this.name+":"+request.getRequestContent()+" 數量："
                +request.getNumber()+"天，被批准");
        else {
            if (this.superior != null)
                this.superior.requestApplications(request);
        }
    }
}
```

「『總經理』的許可權就是全部都需要處理。」

```java
//總經理
class GeneralManager extends Manager{
    public GeneralManager(String name){
        super(name);
    }

    public void requestApplications(Request request){
        if (request.getRequestType()=="請假"){   ← 總經理可准許下屬任意天內的假期
            System.out.println(this.name+":"+request.getRequestContent()+" 數量："
                +request.getNumber()+"天，被批准");
        }
                                                     總經理對加薪 5000 以內的申請一般接通過
        else if (request.getRequestType()=="加薪" && request.getNumber()<=5000){
            System.out.println(this.name+":"+request.getRequestContent()+" 數量："
                +request.getNumber()+"元，被批准");
        }
```

24-13

24.5 加薪程式重構

```
        else if (request.getRequestType()=="加薪" && request.getNumber()>5000){
            System.out.println(this.name+":"+request.getRequestContent()+" 數量："
                +request.getNumber()+"元，再說吧");
        }
    }
}
```

> 總經理對加薪超過 5000 的申請，會要求再討論

「由於我們把你原來的『管理者』類別改成了一個抽象類別和三個具體類別，此時類別之間的靈活性就大大增加了，如果我們需要擴充新的管理者類別，只需要增加子類別就可以。比如這個例子增加一個『集團總裁』類別，完全是沒有問題的，只需要修改『總經理類別』即可，並不影響其他類別程式。目前，還有一個關鍵，那就是用戶端如何撰寫。」

```
CommonManager manager = new CommonManager("金利");
Director director = new Director("宗劍");
GeneralManager generalManager = new GeneralManager("鐘精勵");
manager.setSuperior(director);
director.setSuperior(generalManager);

Request request = new Request();
request.setRequestType("請假");
request.setRequestContent("小菜請假");
request.setNumber(1);
manager.requestApplications(request);

Request request2 = new Request();
request2.setRequestType("請假");
request2.setRequestContent("小菜請假");
request2.setNumber(4);
manager.requestApplications(request2);

Request request3 = new Request();
```

> 設定每個等級的上級，完全可以根據實際需求來更改設定

> 用戶端的申請都是由 '經理' 發起，但實際誰來決策由具體管理類別來處理，用戶端不知道

24-14

```
    request3.setRequestType("加薪");
    request3.setRequestContent("小菜請求加薪");
    request3.setNumber(5000);
    manager.requestApplications(request3);

    Request request4 = new Request();
    request4.setRequestType("加薪");
    request4.setRequestContent("小菜請求加薪");
    request4.setNumber(10000);
    manager.requestApplications(request4);
```

結果顯示

金利：小菜請假 數量：1天，被批准
宗劍：小菜請假 數量：4天，被批准
鐘精勵：小菜請求加薪 數量：5000元，被批准
鐘精勵：小菜請求加薪 數量：10000元，再說吧

「嗯，這的確是極佳地解決了原來大量的分支判斷造成難維護、靈活性差的問題。」

24.6 加薪成功

正在此時，小菜的手機響了起來。

「喂，」小菜說，「李經理，您好。」

「小蔡呀，是這樣，我剛才又去找總經理了，向他也匯報了這一段時間你的工作情況，你的積極表現和非常優秀的程式設計能力總經理也是非常肯定的。所以他最終答應了你的申請，給你加薪，從下個月開始實施。」小菜的經理在電話那邊說道。

24.6 加薪成功

「啊，是嗎！真的謝謝您，萬分感謝。回頭我請您吃飯。嗯，好的，好的，OK，拜拜。」小菜臉上笑開了花。

「你這馬屁精，幹嘛不跳槽了？不是說要跳的嗎？」

「還跳什麼槽呀。我這經理人真的不錯，還專門去幫我找總經理談，太為下屬著想了。」

「哈，事實上，他是改變了職責鏈的結構，跳過了總監直接找總經理處理這事，這也表現了職責鏈靈活性的方面。」

「對的對的，設計模式真是無處不在呀。」小菜笑著說，「走，我請你吃炒麵去。」

「誰說是炒麵，我講過的，我要吃的是──龍蝦。」

CHPATER
25

世界需要和平
-- 仲介者模式

25.1 世界需要和平！

時間：7月5日20點　地點：小菜大鳥住所的客廳　人物：小菜、大鳥

「大鳥，今晚學習什麼模式呢？」小菜問道。

「哦，今天講仲介者模式。」大鳥說。

「仲介？就是那個房產或出國留學的仲介？」

「哈，是的，就是那個詞，仲介者模式又叫做調停者模式。其實就是中間人或調停者的意思。」

「舉個例子來說說看。」

「比如烏克蘭，戰爭帶給人類的真是無法彌補的傷痛。」大鳥感慨道，「世界真的需要和平呀。」

25.1 世界需要和平！

「是呀，如果沒有戰爭，可能就沒這麼多事情了。相比較我們可真的太幸福了。」

「再比如巴以問題、伊朗核武問題、朝鮮核武問題以及各國間的政治外交問題，組成了極為複雜的國際形式。」

「這些和今天要講的仲介者模式有什麼關係？」

「你想想看，由於各國之間代表的利益不同，所以矛盾衝突是難免的，但如果有這樣一個組織，由各國的代表組成，用來維護國際和平與安全，解決國際間經濟、社會、文化和人道主義性質的問題，不就很好嗎？」

「啊，你指的就是聯合國組織是，我明白了，它就是一個調停者、仲介者的角色。」

「是的，各國之間關係複雜，戰略盟友、戰略夥伴、戰略對手、利益相關者等等等等，各國政府都需要投入大量的人力物力在政治、經濟、外交方面來搞好這些關係，但不管如何努力，國與國之間的關係還是會隨著時間和社會發展而發生改變。在第二次世界大戰以前，由於沒有這樣一個民主中立的協調組織，使得就出現了法西斯聯盟，給人類史上造成最大的災難——二戰。而自1945年成立了聯合國之後，地球上再沒有發生全球的戰爭，可以說，聯合國對世界和平的貢獻不可估量。」

「啊，原來沒有大型戰爭的原因在這裡。那這和我們的軟體設計模式又有什麼關係呢？」

「你想呀，國與國之間的關係，就類似於不同的物件與物件之間的關係，這就要求物件之間需要知道其他所有物件，儘管將一個系統分割成許多物件通常可以增加其可重複使用性，但是物件間相互連接的激增又會降低其可重複使用性了。你知道為什麼會這樣？」

「我想是因為大量的連接使得一個物件不可能在沒有其他物件的支援下工作，系統表現為一個不可分割的整體，所以，對系統的行為進行任何較大的改動就十分困難了。」

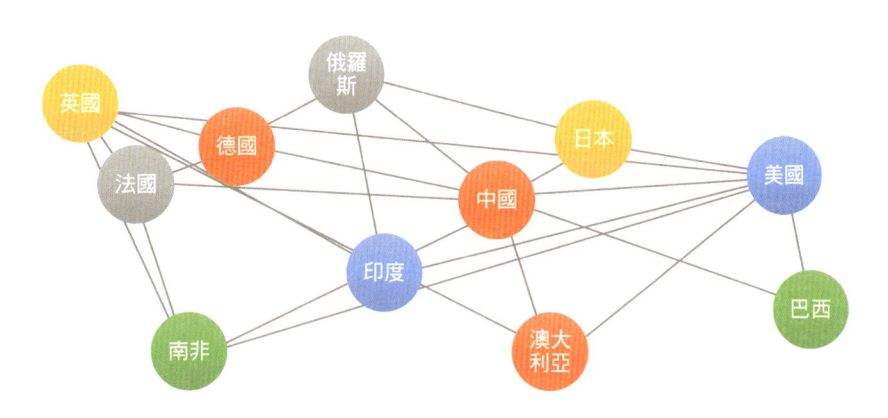

「複習得很好嘛，要解決這樣的問題，可以應用什麼原則？」

「我記得之前講過的叫『迪米特法則』，如果兩個類別不必彼此直接通訊，那麼這兩個類別就不應當發生直接的相互作用。如果其中一個類別需要呼叫另一個類別的某一個方法的話，可以透過第三者轉發這個呼叫。在這裡，你的意思就是說，國與國之間完全可以透過『聯合國』這個仲介者來發生關係，而不用直接通訊。」

「是呀，透過仲介者物件，可以將系統的網狀結構變成以仲介者為中心的星形結構，每個具體物件不再透過直接的聯繫與另一個物件發生相互作

▶ 25.2 仲介者模式

用,而是透過『仲介者』物件與另一個物件發生相互作用。仲介者物件的設計,使得系統的結構不會因為新物件的引入造成大量的修改工作。」

「當時你對我解釋『迪米特法則』的時候,是以我們公司的 IT 部門的管理為例子的,其實讓我一個剛進公司的人去求任何一個不認識的 IT 部同事幫忙是有困難的,但如果是有 IT 主管來協調工作,就不至於發生我第一天上班卻沒有電腦進行工作的局面。IT 主管就是一個『仲介者』物件了。」

25.2 仲介者模式

「說得好,看來這個模式很容易理解嘛!來,我們看看這個模式的定義。」

> 仲介者模式（Mediator）,用一個仲介物件來封裝一系列的物件互動。仲介者使各物件不需要顯性地相互引用,從而使其耦合鬆散,而且可以獨立地改變它們之間的互動。

仲介者模式（Mediator）結構圖

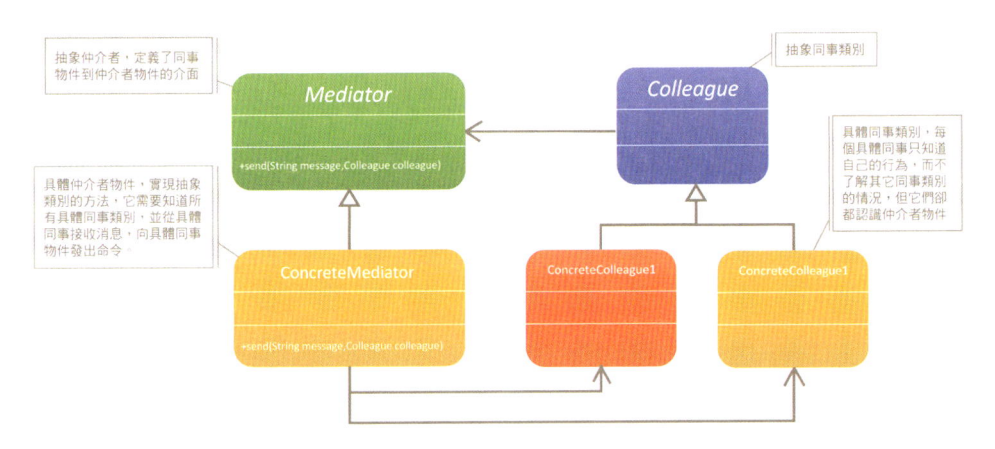

（圖：Mediator 結構圖）
- 抽象仲介者，定義了同事物件到仲介者物件的介面
- Mediator +send(String message, Colleague colleague)
- ConcreteMediator +send(String message, Colleague colleague)
- 具體仲介者物件，實現抽象類別的方法，它需要知道所有具體同事類別，並從具體同事接收消息，向具體同事物件發出命令。
- Colleague（抽象同事類別）
- ConcreteColleague1、ConcreteColleague1
- 具體同事類別，每個具體同事只知道自己的行為，而不了解其它同事類別的情況，但它們都認識仲介者物件

「Colleague 叫做抽象同事類別，而 ConcreteColleague 是具體同事類別，每個具體同事只知道自己的行為，而不了解其他同事類的情況，但它們卻都認識仲介者物件，Mediator 是抽象仲介者，定義了同事物件到仲介者物件的介面，ConcreteMediator 是具體仲介者物件，實現抽象類別的方法，它需要知道所有具體同事類別，並從具體同事接收消息，向具體同事物件發出命令。」

Colleague 類別 抽象同事類別

```
abstract class Colleague {
    protected Mediator mediator;
    //建構方法，得到仲介者物件
    public Colleague(Mediator mediator){
        this.mediator = mediator;
    }
}
```

ConcreteColleague1 和 ConcreteColleague2 等各種同事物件

```
class ConcreteColleague1 extends Colleague {
    public ConcreteColleague1(Mediator mediator) {
```

25.2 仲介者模式

```java
        super(mediator);
    }

    public void send(String message) {
        this.mediator.send(message, this);
    }

    public void notify(String message) {
        System.out.println("同事1得到資訊:" + message);
    }
}

class ConcreteColleague2 extends Colleague {
    public ConcreteColleague2(Mediator mediator) {
        super(mediator);
    }

    public void send(String message)
    {
        this.mediator.send(message, this);
    }

    public void notify(String message){
        System.out.println("同事2得到資訊:" + message);
    }
}
```

Mediator 類別 抽象仲介者類別

```java
//仲介者類別
abstract class Mediator{
    //定義一個抽象的發送消息方法，得到同事物件和發送資訊
    public abstract void send(String message,Colleague colleague);
}
```

ConcreteMediator 類別 具體仲介者類別

```java
class ConcreteMediator extends Mediator{
    private ConcreteColleague1 colleague1;
```

```
    private ConcreteColleague2 colleague2;

    public void setColleague1(ConcreteColleague1 value) {
        this.colleague1 = value;        ← 需要了解所有的具體同事物件
    }

    public void setColleague2(ConcreteColleague2 value) {
        this.colleague2 = value;
    }

    public void send(String message, Colleague colleague)
    {
        if (colleague == colleague1) {
            colleague2.notify(message);         ← 重寫發送資訊的方法，根據物件做
        }                                          出選擇判斷，通知物件
        else {
            colleague1.notify(message);
        }
    }
}
```

▌用戶端呼叫

```
    ConcreteMediator m = new ConcreteMediator();

    ConcreteColleague1 c1 = new ConcreteColleague1(m);    ← 讓兩個具體同事類
    ConcreteColleague2 c2 = new ConcreteColleague2(m);       別認識仲介者物件

    m.setColleague1(c1);        ← 讓仲介者認識各個體同事類物件
    m.setColleague2(c2);

    c1.send("吃過飯了嗎?");              ← 具體同事類別物件的發送資訊都是透過仲
    c2.send("沒有呢，你打算請客？");        介者轉發
```

「由於有了 Mediator，使得 ConcreteColleague1 和 ConcreteColleague2 在發送消息和接收資訊時其實是透過仲介者來完成的，這就減少了它們之間的耦合度了。」大鳥說，「該你來練習了，需求是美國和伊拉克之間的對話都是透過聯合國安理會作為仲介來完成。」

「哦，這應該沒什麼大問題，美國和伊拉克都是國家，有一個國家抽象類別和兩個具體國家類別就可以了。但『聯合國』到底是 Mediator 還是 ConcreteMediator 呢？」

「這要取決於未來是否有可能擴充仲介者物件，比如你覺得聯合國除了安理會，還有沒有可能有其他機構存在呢？」

「哈，大鳥你啟發我了，聯合國的機構還有如國際勞工組織、教科文組織、世界衛生組織、世界貿易組織等等，很多的，所以 Mediator 應該是『聯合國機構』，而『安理會』是一個具體的仲介者。」

「很好，如果不存在擴充情況，那麼 Mediator 可以與 ConcreteMediator 合二為一。」大鳥說，「開始吧。」

25.3 安理會做仲介

過了近一個小時，小菜才將程式寫了出來。

程式結構圖

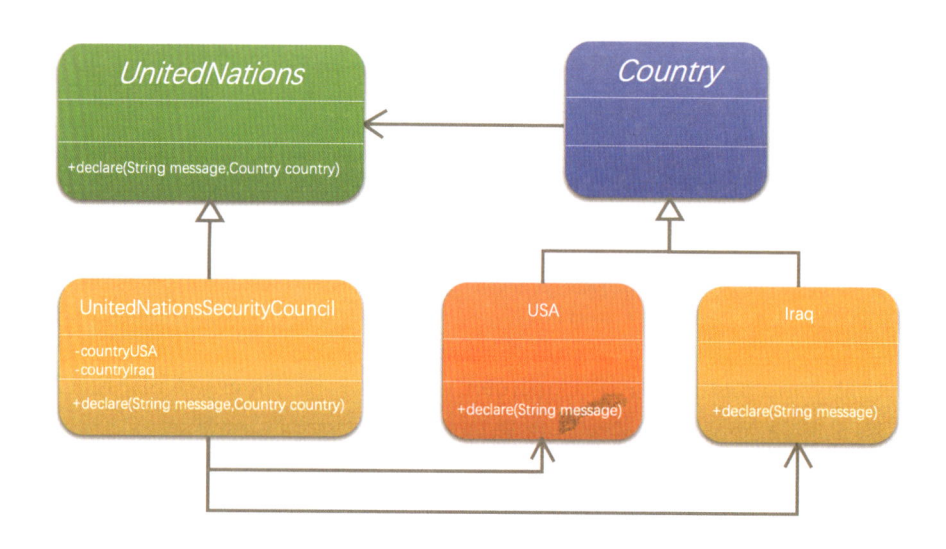

```
                    UnitedNations                       Country
            +declare(String message,Country country)
                         △                                △
                         |                        ┌───────┴───────┐
            UnitedNationsSecurityCouncil         USA             Iraq
            -countryUSA
            -countryIraq
            +declare(String message,Country country)   +declare(String message)   +declare(String message)
```

▍國家類別 相當於 Colleague 類別

```java
abstract class Country {
    protected UnitedNations unitedNations;
    public Country(UnitedNations unitedNations){
        this.unitedNations = unitedNations;
    }
}
```

▍美國類別 相當於 ConcreteColleague1 類別

```java
class USA extends Country {
    public USA(UnitedNations unitedNations) {
        super(unitedNations);
    }

    public void declare(String message) {
        this.unitedNations.declare(message, this);
    }

    public void getMessage(String message) {
        System.out.println("美國獲得對方資訊:" + message);
    }
}
```

▍伊拉克類別 相當於 ConcreteColleague2 類別

```java
class Iraq extends Country {
    public Iraq(UnitedNations unitedNations) {
        super(unitedNations);
    }

    public void declare(String message) {
        this.unitedNations.declare(message, this);
    }

    public void getMessage(String message) {
        System.out.println("伊拉克獲得對方資訊:" + message);
```

25.3 安理會做仲介

```
    }
}
```

聯合國機構類別 相當於 Mediator 類別

```java
//仲介者類別
abstract class UnitedNations{
    //宣告
    public abstract void declare(String message,Country country);
}
```

聯合國安理會 相當於 ConcreteMediator 類別

```java
//聯合國安理會
class UnitedNationsSecurityCouncil extends UnitedNations{
    private USA countryUSA;
    private Iraq countryIraq;

    public void setUSA(USA value) {
        this.countryUSA = value;
    }

    public void setIraq(Iraq value) {
        this.countryIraq = value;
    }

    public void declare(String message, Country country)
    {
        if (country == this.countryUSA) {
            this.countryIraq.getMessage(message);
        }
        else if (country == this.countryIraq) {
            this.countryUSA.getMessage(message);
        }
    }
}
```

聯合國安理會了解所有的國家，所以擁有美國和伊拉克的物件屬性

重寫了「宣告」方法，實現了兩個物件間的通訊

用戶端呼叫

```
UnitedNationsSecurityCouncil UNSC = new UnitedNationsSecurityCouncil();

USA c1 = new USA(UNSC);
Iraq c2 = new Iraq(UNSC);

UNSC.setUSA(c1);
UNSC.setIraq(c2);

c1.declare("不准研製核武,否則要發動戰爭!");
c2.declare("我們沒有核武,也不怕侵略。");
```

結果顯示

> 伊拉克獲得對方資訊:不準研製核武,否則要發動戰爭!
> 美國獲得對方資訊:我們沒有核武,也不怕侵略。

「小菜呀,你這樣的寫法和我寫的範例程式有什麼差別呀,除了類別名稱變數名稱的不同,沒什麼區別。這樣的程式為何還要寫這麼長的時間呢?」

「哈,我邊寫邊在思考它是如何做到仲介的,其實最關鍵的問題在於 ConcreteMediator 這個類別必須要知道所有的 ConcreteColleague,這好像有些問題?」

「你的想法是什麼呢?」

「我覺得儘管這樣的設計可以減少了 ConcreteColleague 類別之間的耦合,但這又使得 ConcreteMediator 責任太多了,如果它出了問題,則整個系統都會有問題了。」

25.4 仲介者模式優缺點

「說得好,如果聯合國安理會出了問題,當然會對世界都造成影響。所以說,仲介者模式很容易在系統中應用,也很容易在系統中誤用。當系統出現了『多對多』互動複雜的物件群時,不要急於使用仲介者模式,而要先反思你的系統在設計上是不是合理。你來複習一下仲介者模式的優缺點吧。」

「我覺得仲介者模式的優點首先是 Mediator 的出現減少了各個 Colleague 的耦合,使得可以獨立地改變和重複使用各個 Colleague 類別和 Mediator,比如任何國家的改變不會影響到其他國家,而只是與安理會發生變化。其次,由於把物件如何協作進行了抽象,將仲介作為一個獨立的概念並將其封裝在一個物件中,這樣關注的物件就從物件各自本身的行為轉移到它們之間的互動上來,也就是站在一個更宏觀的角度去看待系統。比如巴以衝突,本來只能算是國與國之間的矛盾,因此各自的看法可能都比較狹隘,但站在聯合國安理會的角度,就可以從全球化、也更客觀角度來看待這個問題,在調停和維和上做出貢獻。」

「哇,小菜不簡單,一個小時的編碼,原來你想到這麼多,不容易不容易,你說得非常好,用仲介者模式的確可以從更宏觀的角度來看待問題。那仲介者模式的缺點呢?」

「應該就是你剛才提到的,具體仲介者類別 ConcreteMediator 可能會因為 ConcreteColleague 的越來越多,而變得非常複雜,反而不容易維護了。」

「是的,由於 ConcreteMediator 控制了集中化,於是就把互動複雜性變為了仲介者的複雜性,這就使得仲介者會變得比任何一個 Concrete Colleague 都複雜。事實上,聯合國安理會秘書長的工作應該是非常繁忙的,誰叫他就是『全球最大的官』呢。也正因為此,仲介者模式的優點來自集中控制,其缺點也是它,使用時是要考慮清楚哦。」

「啊，這麼講，我感覺仲介者模式的應用很少的。」

「小菜，實際上你一直在用它而不自知呀。」大鳥得意地說道。

「哦，有嗎？是什麼時候？」小菜疑惑著。

「你平時用 .NET 寫的 Windows 應用程式中的 Form 或 Web 網站程式的 aspx 就是典型的仲介者呀。」

「啊，不會吧。這是怎麼講呢？」

「比如計算機程式，它上面有選單控制項、文字控制項、多個按鈕控制項和一個 Form 表單，每個控制項之間的通訊都是透過誰來完成的？它們之間是否知道對方的存在？」

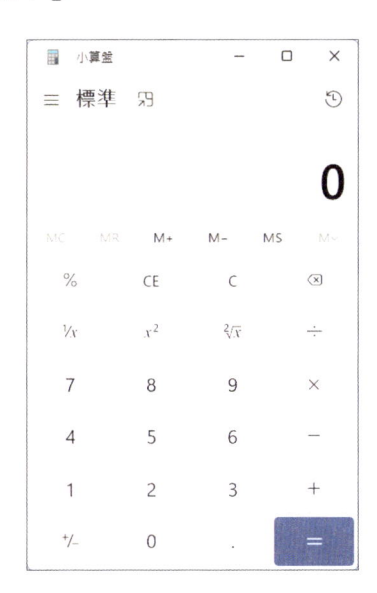

「哦，我知道了，每個控制項的類別程式都被封裝了，所以它們的實例是不會知道其他控制項物件的存在的，比如點擊數字按鈕要在文字標籤中顯示數字，按照我以前的想法就應該要在 Button 類別中撰寫給 TextBox 類別實例的 Text 屬性給予值的程式，造成兩個類別有耦合，這顯然是非常不合理的。但實際情況是它們都有事件機制，而事件的執行都是在

25.4 仲介者模式優缺點

Form 表單的程式中完成，也就是說所有的控制項的互動都是由 Form 表單來作仲介，操作各個物件，這的確是典型的仲介者模式應用。」

「是的，說得很好，」大鳥鼓勵道，「仲介者模式一般應用於一組物件以定義良好但是複雜的方式進行通訊的場合，比如剛才得到的表單 Form 物件或 Web 頁面 aspx，以及想訂製一個分佈在多個類別中的行為，而又不想生成太多的子類別的場合。」

「明白，回到聯合國的例子，我相信如果所有的國際安全問題都上升到安理會來解決，世界將不再有戰爭，世界將永遠和平。」

「讓世界充滿愛，世界呼喚和平。」

CHPATER
26

專案多也別傻做
-- 享元模式

26.1 專案多也別傻做！

時間：7 月 9 日 21 點　　地點：小菜大鳥住所的客廳　　人物：小菜、大鳥

「小菜，最近一直在忙些什麼呢？回家就自個忙開了。」大鳥問道。

「哦，最近有朋友介紹我一些小型的外包專案，是給一些私營業主做網站，我想也不是太難的事情，對自己也是一個很好的程式設計鍛煉，所以最近我都在開發當中。」

「哈，看來小菜有外快賺了，又能鍛煉自己的技術，好事呀。」

「現實不是想像的這麼簡單。剛開始是為一個客戶做一個產品展示的網站，我花了一個多星期的時間做也幫他租用了虛擬空間，應該説都很順利。」

「嗯，產品展示網站，這個應該不難實現。」

「而後，他另外的朋友也希望能做這樣網站，我想這有何難，再租用一個空間，然後把之前的程式複製一份上傳，就可以了。」

26.1 專案多也別傻做！

「哦，這好像有點問題，後來呢？」

「實際上卻是他們的朋友都希望我來提供這樣的網站，但要求就不太一樣了，有的人希望是新聞發佈形式的，有人希望是部落格形式的，也有還是原來的產品圖片加說明形式的，而且他們都希望在費用上能大大降低。可是每個網站租用一個空間，費用上降低是不太可能的。我在想怎麼辦呢？」

「他們是不是都是類似的商家客戶？要求也就是資訊發佈、產品展示、部落格留言、討論區等功能？」

「是呀，要求差別不大。你說該怎麼辦？」小菜問道。

「你的擔心是對的，如果有 100 家企業來找你做網站，你難道去申請 100 個空間，用 100 個資料庫，然後用類似的程式複製 100 遍，去實現嗎？

「啊，那如果有 Bug 或是新的需求改動，維護量就太可怕了。」

「先來看看你現在的做法。如果是每個網站一個實例，程式應該是這樣的。」

網站類別

```
//網站
class WebSite {
    private String name = "";
```

```java
    public WebSite(String name) {
        this.name = name;
    }
    public void use() {
        System.out.println("網站分類：" + name);
    }
}
```

用戶端程式

```java
WebSite fx = new WebSite("產品展示");
fx.use();

WebSite fy = new WebSite("產品展示");
fy.use();

WebSite fz = new WebSite("產品展示");
fz.use();

WebSite fl = new WebSite("部落格");
fl.use();

WebSite fm = new WebSite("部落格");
fm.use();

WebSite fn = new WebSite("部落格");
fn.use();
```

結果顯示

```
網站分類：產品展示
網站分類：產品展示
網站分類：產品展示
網站分類：部落格
網站分類：部落格
網站分類：部落格
```

▶ 26.2 享元模式

「對的，也就是說，如果要做三個產品展示，三個部落格的網站，就需要六個網站類別的實例，而其實它們本質上都是一樣的程式，如果網站增多，實例也就隨著增多，這對伺服器的資源浪費得很嚴重。小菜，你說有什麼辦法解決這個問題？」

「我不知道，我想過大家的網站共用一套程式，但畢竟是不同的網站，資料都不相同的。」

「我就希望你說出共用程式這句話，為什麼不可以呢？比如現在大型的部落格網站、電子商務網站，裡面每一個部落格或商家也可以視為一個小的網站，但它們是如何做的？」

「啊，我明白了，利用使用者 ID 號的不同，來區分不同的使用者，具體資料和範本可以不同，但程式核心和資料庫卻是共用的。」

「小菜又開竅了，專案多也別傻做呀。你想，首先你的這些企業客戶，他們需要的網站結構相似度很高，而且都不是那種高造訪量的網站，如果分成多個虛擬空間來處理，相當於一個相同網站的實例物件很多，這是造成伺服器的大量資源浪費，當然更實際的其實就是鈔票的浪費，如果整合到一個網站中，共用其相關的程式和資料，那麼對於硬碟、記憶體、CPU、資料庫空間等伺服器資源都可以達成共用，減少伺服器資源，而對於程式，由於是一份實例，維護和擴充都更加容易。」

「是的。那如何做到共用一份實例呢？」

26.2 享元模式

「哈，在弄明白如何共用程式之前，我們先來談談一個設計模式──享元模式。」

> 享元模式（Flyweight），運用共用技術有效地支援大量細粒度的物件。

26-4

享元模式（flyweight）結構圖

一個享元工廠，用來建立並管理Flyweight，當使用者請求一個Flyweight時，FlyweightFactory物件提供一個已建立的實例或建立一個（如果不存在的話）

所有具體享元類別的超類別或介面，透過這個介面，Flyweight可以接受並作用於外部狀態

繼承Flyweight超類別或實現Flyweight介面，並為內部狀態增加儲存空間

指那些不需要共用的Flyweight子類別，因為Flyweight介面共用成為可能，但它並不強制共用

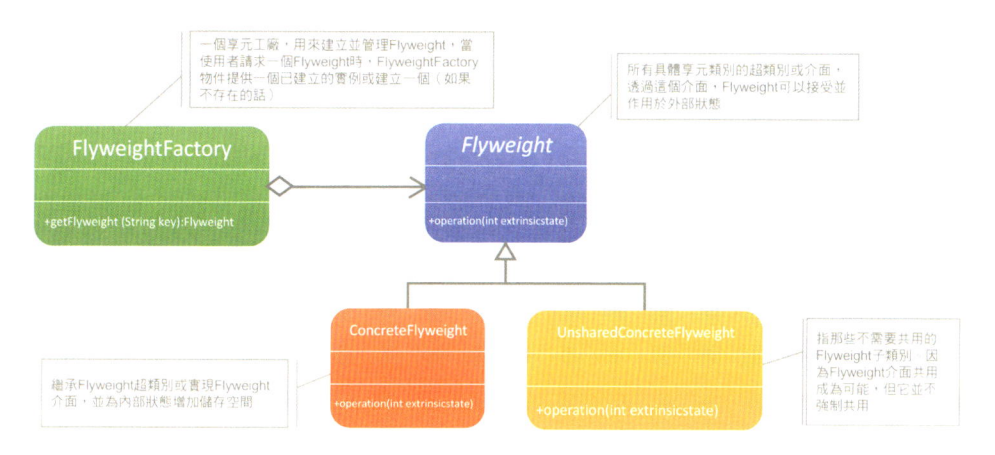

Flyweight 類別，它是所有具體享母類別的超類別或介面，透過這個介面，Flyweight 可以接受並作用於外部狀態。

```
abstract class Flyweight {
    public abstract void operation(int extrinsicstate);
}
```

ConcreteFlyweight 是繼承 Flyweight 超類別或實現 Flyweight 介面，並為內部狀態增加儲存空間。

```
//需要共用的具體Flyweight子類別
class ConcreteFlyweight extends Flyweight {
    public void operation(int extrinsicstate){
        System.out.println("具體Flyweight:"+extrinsicstate);
    }
}
```

UnsharedConcreteFlyweight 是指那些不需要共用的 Flyweight 子類別。因為 Flyweight 介面共用成為可能，但它並不強制共用。

```
//不需要共用的Flyweight子類別
class UnsharedConcreteFlyweight extends Flyweight {
    public void operation(int extrinsicstate){
```

26.2 享元模式

```java
        System.out.println("不共用的具體Flyweight:"+extrinsicstate);
    }
}
```

FlyweightFactory，是一個享元工廠，用來建立並管理 Flyweight 物件。它主要是用來確保合理地共用 Flyweight，當使用者請求一個 Flyweight 時，FlyweightFactory 物件提供一個已建立的實例或建立一個（如果不存在的話）。

```java
//享元工廠
class FlyweightFactory {
    private Hashtable<String,Flyweight> flyweights = new Hashtable <String, Flyweight>();

    public FlyweightFactory(){
        flyweights.put("X", new ConcreteFlyweight());     // 初始化工廠時，先
        flyweights.put("Y", new ConcreteFlyweight());     // 生成三個實例
        flyweights.put("Z", new ConcreteFlyweight());
    }

    public Flyweight getFlyweight(String key) {           // 根據客戶端請求，
        return (Flyweight)flyweights.get(key);            // 獲得已生成的實例
    }
}
```

用戶端程式

```java
        int extrinsicstate = 22;

        FlyweightFactory f = new FlyweightFactory();

        Flyweight fx = f.getFlyweight("X");
        fx.operation(--extrinsicstate);

        Flyweight fy = f.getFlyweight("Y");
        fy.operation(--extrinsicstate);

        Flyweight fz = f.getFlyweight("Z");
```

```
fz.operation(--extrinsicstate);

Flyweight uf = new UnsharedConcreteFlyweight();

uf.operation(--extrinsicstate);
```

結果表示

```
具體Flyweight：21
具體Flyweight：20
具體Flyweight：19
不共用的具體Flyweight：18
```

「大鳥，有個問題，」小菜問道，「FlyweightFactory 根據客戶需求傳回早已生成好的物件，但一定要事先生成物件實例嗎？」

「問得好，實際上是不一定需要的，完全可以初始化時什麼也不做，到需要時，再去判斷物件是否為 null 來決定是否實例化。」

「還有個問題，為什麼要有 UnsharedConcreteFlyweight 的存在呢？」

「這是因為儘管我們大部分時間都需要共用物件來降低記憶體的損耗，但個別時候也有可能不需要共用的，那麼此時的 UnsharedConcreteFlyweight 子類別就有存在的必要了，它可以解決那些不需要共用物件的問題。」

26.3 網站共用程式

「你試著參照這個範例來改寫一下幫人做網站的程式。」大鳥接著說。

「哦，好的，那這樣的話，網站應該有一個抽象類別和一個具體網站類別才可以，然後透過網站工廠來產生物件。我馬上就去寫。」

半小時後，小菜的第二版程式。

26.3 網站共用程式

網站抽象類別

```java
//抽象的網站類別
abstract class WebSite{
    public abstract void use();
}
```

具體網站類別

```java
//具體網站類別
class ConcreteWebSite extends WebSite {
    private String name = "";
    public ConcreteWebSite(String name) {
        this.name = name;
    }
    public void use() {
        System.out.println("網站分類:" + name);
    }
}
```

網站工廠類別

```java
//網站工廠
class WebSiteFactory {
    private Hashtable<String,WebSite> flyweights = new Hashtable<String, WebSite>();

    //獲得網站分類
    public WebSite getWebSiteCategory(String key)
    {
        if (!flyweights.contains(key))
            flyweights.put(key, new ConcreteWebSite(key));
        return (WebSite)flyweights.get(key);
    }

    //獲得網站分類總數
    public int getWebSiteCount()
    {
        return flyweights.size();
```

判斷是否存在這個物件,如果存在,則直接返回,若不存在,則實例化它再返回

          }
    }

用戶端程式

```java
WebSiteFactory f = new WebSiteFactory();

WebSite fx = f.getWebSiteCategory("產品展示");
fx.use();

WebSite fy = f.getWebSiteCategory("產品展示");     ← 實例化「產品展示」的
fy.use();                                              「網站」物件

WebSite fz = f.getWebSiteCategory("產品展示");     ← 共用上方生成的物件，
fz.use();                                              不再實例化

WebSite fl = f.getWebSiteCategory("部落格");
fl.use();

WebSite fm = f.getWebSiteCategory("部落格");
fm.use();

WebSite fn = f.getWebSiteCategory("部落格");
fn.use();

System.out.println("網站分類總數為:"+f.getWebSiteCount());
//統計產生實體個數，結果應該為2
```

結果顯示

```
網站分類：產品展示
網站分類：產品展示
網站分類：產品展示
網站分類：部落格
網站分類：部落格
網站分類：部落格
網站分類總數為：2
```

26-9

「這樣寫算是基本實現了享元模式的共用物件的目的，也就是說，不管建幾個網站，只要是『產品展示』，都是一樣的，只要是『部落格』，也是完全相同的，但這樣是有問題的，你給企業建的網站不是一家企業的，它們的資料不會相同，所以至少它們都應該有不同的帳號，你怎麼辦？」

「啊，對的，實際上我這樣寫沒有表現物件間的不同，只表現了它們共用的部分。」

26.4 內部狀態與外部狀態

「在享元物件內部並且不會隨環境改變而改變的共用部分，可以稱為是享元物件的內部狀態，而隨環境改變而改變的、不可以共用的狀態就是外部狀態了。事實上，享元模式可以避免大量非常相似類別的銷耗。在程式設計中，有時需要生成大量細細微性的類別實例來表示資料。如果能發現這些實例除了幾個參數外基本上都是相同的，有時就能夠受大幅度地減少需要實例化的類別的數量。如果能把那些參數移到類別實例的外面，在方法呼叫時將它們傳遞進來，就可以透過共用大幅度地減少單一實例的數目。也就是說，享元模式 Flyweight 執行時所需的狀態是有內部的也可能有外部的，內部狀態儲存於 ConcreteFlyweight 物件之中，而外部物件則應該考慮由用戶端物件儲存或計算，當呼叫 Flyweight 物件的操作時，將該狀態傳遞給它。」

「那你的意思是說，客戶的帳號就是外部狀態，應該由專門的物件來處理。」

「來，你試試看。」

大約二十分鐘後，小菜寫出程式第三版。

程式結構圖

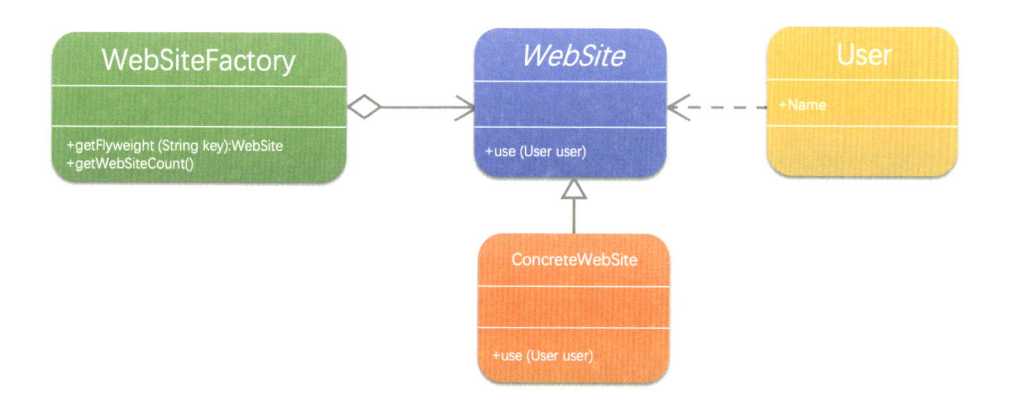

```
WebSiteFactory                    WebSite                    User
+getFlyweight (String key):WebSite   +use (User user)          +Name
+getWebSiteCount()

                            ConcreteWebSite
                            +use (User user)
```

使用者類別，用於網站的客戶帳號，是「網站」類別的外部狀態

```java
//用戶
class User{
    private String name;
    public User(String value){
        this.name=value;
    }

    public String getName(){
        return this.name;
    }
}
```

網站抽象類別

```java
//抽象的網站類別
abstract class WebSite{

    public abstract void use(User user);
}
```

"use" 方法需要傳遞使用者物件

26-11

26.4 內部狀態與外部狀態

具體網站類別

```java
//具體網站類別
class ConcreteWebSite extends WebSite {
    private String name = "";
    public ConcreteWebSite(String name) {
        this.name = name;
    }
    public void use(User user) {
        System.out.println("網站分類：" + name+" 用戶："+user.getName());
    }
}
```

網站工廠類別

```java
//網站工廠
class WebSiteFactory {
    private Hashtable<String,WebSite> flyweights = new Hashtable<String,WebSite>();

    //獲得網站分類
    public WebSite getWebSiteCategory(String key)
    {
        if (!flyweights.contains(key))
            flyweights.put(key, new ConcreteWebSite(key));
        return (WebSite)flyweights.get(key);
    }

    //獲得網站分類總數
    public int getWebSiteCount()
    {
        return flyweights.size();
    }
}
```

用戶端程式

```java
        WebSiteFactory f = new WebSiteFactory();

        WebSite fx = f.getWebSiteCategory("產品展示");
```

```
fx.use(new User("小菜"));

WebSite fy = f.getWebSiteCategory("產品展示");
fy.use(new User("大鳥"));

WebSite fz = f.getWebSiteCategory("產品展示");
fz.use(new User("嬌嬌"));

WebSite fl = f.getWebSiteCategory("部落格");
fl.use(new User("老頑童"));

WebSite fm = f.getWebSiteCategory("部落格");
fm.use(new User("桃谷六仙"));

WebSite fn = f.getWebSiteCategory("部落格");
fn.use(new User("南海鱷神"));

System.out.println("網站分類總數為:"+f.getWebSiteCount());
```

結果顯示

儘管給六個不同使用者使用網站，但實際上只有兩個網站實例。

```
網站分類：產品展示 使用者：小菜
網站分類：產品展示 使用者：大鳥
網站分類：產品展示 使用者：嬌嬌
網站分類：部落格 使用者：老頑童
網站分類：部落格 使用者：桃谷六仙
網站分類：部落格 使用者：南海鱷神
網站分類總數為：2
```

「哈，寫得非常好，這樣就可以協調內部與外部狀態了。由於用了享元模式，哪怕你接手了 1000 個網站的需求，只要要求相同或類似，你的實際開發程式也就是分類的那幾種，對伺服器來說，佔用的硬碟空間、記憶體、CPU 資源都是非常少的，這確實是很好的方式。」

26.5 享元模式應用

「大鳥，你透過這個例子來講解享元模式雖然我是理解了，但在現實中什麼時候才應該考慮使用享元模式呢？」

「就知道你會問這樣的問題，如果一個應用程式使用了大量的物件，而大量的這些物件造成了很大的儲存銷耗時就應該考慮使用；還有就是物件的大多數狀態可以外部狀態，如果刪除物件的外部狀態，那麼可以用相對較少的共用物件取代很多組物件，此時可以考慮使用享元模式。」

「在實際使用中，享元模式到底能達到什麼效果呢？」

「因為用了享元模式，所以有了共用物件，實例總數就大大減少了，如果共用的物件越多，儲存節約也就越多，節約量隨著共用狀態的增多而增大。」

「能具體一些嗎？有些什麼情況是用到享元模式的？」

「哈，實際上在 Java 中，字串 String 就是運用了 Flyweight 模式。舉個例子吧。'==' 可以用來確定 titleA 與 titleB 是否是相同的實例，傳回值為 boolean 值。當用 new String() 方法時，兩個物件 titleA 和 titleB 的引用位址是不相同的，但當 titleC 和 titleD 都使用給予值的方式時，兩個字串的引用位址竟然是相同的。」

```
String titleA = new String("大話設計模式");
String titleB = new String("大話設計模式");

System.out.println(" titleA==titleB:         "+(titleA == titleB));
//比較記憶體引用位址
System.out.println(" titleA.equals(titleB):  "+(titleA.equals(titleB)));
//比較字串的值

String titleC = "大話設計模式";
String titleD = "大話設計模式";
```

```
System.out.println(" titleC==titleD:          "+(titleC == titleD));
//比較記憶體引用位址
System.out.println(" titleC.equals(titleD):   "+(titleC.equals(titleD)));
//比較字串的值
```

結果顯示

```
titleA==titleB：           false
titleA.equals(titleB)：    true
titleC==titleD：           true
titleC.equals(titleD)：    true
```

「啊，傳回值竟然是 True，titleC 和 titleD 這兩個字串是相同的實例。」

「試想一下，如果每次建立字串物件時，都需要建立一個新的字串物件的話，記憶體的銷耗會很大。所以如果第一次建立了字串物件 titleC，下次再建立相同的字串 titleD 時只是把它的引用指向『大話設計模式』，這樣就實現了『大話設計模式』在記憶體中的共用。」

「哦，原來我一直在使用享元模式呀，我以前都不知道。還有沒有其他現實中的應用呢？」

「雖說享元模式更多的時候是一種底層的設計模式，但現實中也是有應用的。比如說休閒遊戲開發中，像圍棋、五子棋、跳棋等，它們都有大量的棋子物件，你分析一下，它們的內部狀態和外部狀態各是什麼？」

「圍棋和五子棋只有黑白兩色、跳棋顏色略多一些，但也是不太變化的，所以顏色應該是棋子的內部狀態，而各個棋子之間的差別主要就是位置的不同，所以方位座標應該是棋子的外部狀態。」

「對的，像圍棋，一碟棋理論上有 361 個空位可以放棋子，那如果用常規的物件導向方式程式設計，每碟棋都可能有兩三百個棋子物件產生，一台伺服器就很難支持更多的玩家玩圍棋遊戲了，畢竟記憶體空間還是有

26.5 享元模式應用

限的。如果用了享元模式來處理棋子,那麼棋子物件可以減少到只有兩個實例,結果……你應該明白的。」

「太了不起了,這的確是非常好地解決了物件的銷耗問題。」

「在某些情況下,物件的數量可能會太多,從而導致了執行時期的資源與性能損耗。那麼我們如何去避免大量細細微性的物件,同時又不影響客戶程式,是一個值得去思考的問題,享元模式,可以運用共用技術有效地支援大量細細微性的物件。不過,你也別高興得太早,使用享元模式需要維護一個記錄了系統已有的所有享元的清單,而這本身需要耗費資源,另外享元模式使得系統更加複雜。為了使物件可以共用,需要將一些狀態外部化,這使得程式的邏輯複雜化。因此,應當在有足夠多的物件實例可供共用時才值得使用享元模式。」

「哦,明白了,像我給人家做網站,如果就兩三個人的個人部落格,其實是沒有必要考慮太多的。但如果是要開發一個可供多人註冊的部落格網站,那麼用共用程式的方式是一個非常好的選擇。」

「小菜,說了這麼多,你網站賺到錢了是不是該報答一下呀。」

「哈,如果開發完成後客戶非常滿意,我一定……我一定……」

「一定什麼?怎麼這麼不爽快。」

「我一定送你一個部落格帳號!」

「啊!!!」

CHPATER 27

其實你不懂老闆的心
-- 解譯器模式

27.1 其實你不懂老闆的心

時間：7月12日20點　地點：小菜大鳥住所的客廳　人物：小菜、大鳥

「大鳥，今天我們大老闆找我談話。」小菜對大鳥說道。

「哦，大老闆找員工談話，多少有些事情要發生。」大鳥猜測道。

「不知道呀，反正以前我從來沒有直接和他面對面說過話，突然他讓秘書叫我去他的辦公室。我開始多少有些緊張的。」

「他對你說什麼了？」

「他問我最近的工作進展情況如何，有沒有什麼困難，同事相處如何等等。其實也就是簡單的調查民情吧。」

「哦，就這麼簡單？」

「對了，他誇我來著，說『小蔡，你在公司表現格外出色，要繼續好好努力。』」小菜面有得意。

27.1 其實你不懂老闆的心

「哈,你原來是想告訴我你們老闆誇獎你呀。」大鳥笑道,「你可別太得意了,這句話可以簡單地理解為誇獎,也可能有更深層次的含義哦。」

「那還能怎麼理解?」

「老闆私下對某員工大加誇獎時,多半是『最近有更多的任務需要你去完成』的意思。」

「啊,不會吧,已經加班夠多的了,難道還要加任務?」

「誰叫你平時表現積極呢,年輕人,多做點也沒什麼關係,累積經驗比什麼都強,老闆賞識你是好事情呀。他還說什麼了嗎?」

「他還問我另一個叫梅星的同事的情況。我說他工作也很努力。老闆最後評價了句『梅星是個普通員工。』」小菜說。

「有這樣的說法?哦,這個梅星情況不妙了。」大鳥一臉深沉。

「咦,為什麼?老闆也沒說他不好呀,只是說他是普通員工。」

「通常老闆說某個員工是普通員工,其實他的意思是說,這個員工不夠聰明,工作能力不足。」

「啊,有這種事,我可真是聽不懂了。難道老闆所說的話,都是有潛台詞的?」

「當然,當然。在職場上混,這些都不懂如何干得出名堂!職場菜鳥與老手的一大區別就在於,是否能察言觀色,見風使舵,是否聽得懂別人尤其是老闆上司的弦外之音。」

「大鳥不但在程式設計技術上有所造詣,連這等為人處世之道也深有研究?」

「略知一二,其實自己用點心,這也不算什麼難事的。」

「要是有一個翻譯機,或解譯器就省得每次講話還需要多動腦筋,多煩呀。」

「小子,你真是塊做軟體的料,什麼問題都想著靠程式設計解決呀?這種東西要靠感悟的,時間長了,你就會慢慢學會分析的。」大鳥提醒道,「不過,你說到了解譯器,我的確是想跟你講講解譯器模式,它其實就是用來翻譯文法句子的。」

「是嗎,說來聽聽。」

27.2 解譯器模式

> **解譯器模式**(interpreter),給定一個語言,定義它的文法的一種表示,並定義一個解譯器,這個解譯器使用該表示來解釋語言中的句子。

「解譯器模式需要解決的是,如果一種特定類型的問題發生的頻率足夠高,那麼可能就值得將該問題的各個實例表述為一個簡單語言中的句子。這樣就可以建構一個解譯器,該解譯器透過解釋這些句子來解決該問題。比方說,我們常常會在字串中搜索匹配的字元或判斷一個字串是否符合我們規定的格式,此時一般我們會用什麼技術?」

「是不是正規表示法?」

27.2 解譯器模式

「對，非常好，因為這個匹配字元的需求在軟體的很多地方都會使用，而且行為之間都非常類似，過去的做法是針對特定的需求，撰寫特定的函數，比如判斷 Email、匹配電話號碼等等，與其為每一個特定需求都寫一個演算法函數，不如使用一種通用的搜索演算法來解釋執行一個正規表示法，該正規表示法定義了待匹配字串的集合。而所謂的解譯器模式，正規表示法就是它的一種應用，解譯器為正規表示法定義了一個文法，如何表示一個特定的正規表示法，以及如何解釋這個正規表示法。」

「我的理解，是不是像 IE、Firefox 這些瀏覽器，其實也是在解釋 HTML 文法，將下載到用戶端的 HTML 標記文字轉換成網頁格式顯示到使用者？」

「哈，是可以這麼說，不過撰寫一個瀏覽器的程式，當然要複雜得多。」

「下面我們來看看解譯器模式實現的結構圖和基本程式。」

解譯器模式（interpreter）結構圖

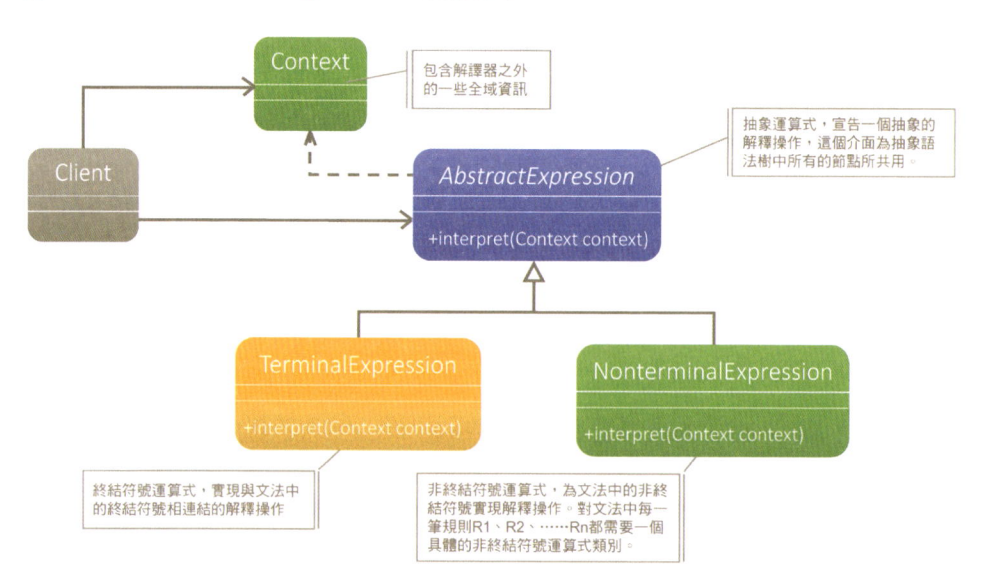

![解譯器模式結構圖]

- **Context**：包含解譯器之外的一些全域資訊
- **Client**
- **AbstractExpression**
  - +interpret(Context context)
  - 抽象運算式，宣告一個抽象的解釋操作，這個介面為抽象語法樹中所有的節點所共用。
- **TerminalExpression**
  - +interpret(Context context)
  - 終結符號運算式，實現與文法中的終結符號相連結的解釋操作
- **NonterminalExpression**
  - +interpret(Context context)
  - 非終結符號運算式，為文法中的非終結符號實現解釋操作。對文法中每一筆規則R1、R2、……Rn都需要一個具體的非終結符號運算式類別。

AbstractExpression（抽象運算式），宣告一個抽象的解釋操作，這個介面為抽象語法樹中所有的節點所共用。

```java
//抽象運算式類
abstract class AbstractExpression {
    //解釋操作
    public abstract void interpret(Context context);
}
```

TerminalExpression（終結符號運算式），實現與文法中的終結符號相連結的解釋操作。實現抽象運算式中所要求的介面，主要是一個 interpret() 方法。文法中每一個終結符號都有一個具體終結運算式與之相對應。

```java
//終結符運算式
class TerminalExpression extends AbstractExpression {
    public void interpret(Context context) {
        System.out.println("終端解譯器");
    }
}
```

NonterminalExpression（非終結符號運算式），為文法中的非終結符號實現解釋操作。對文法中每一筆規則 R1、R2……Rn 都需要一個具體的非終結符號運算式類別。透過實現抽象運算式的 interpret() 方法實現解釋操作。解釋操作以遞迴方式呼叫上面所提到的代表 R1、R2……Rn 中各個符號的執行個體變數。

```java
//非終結符運算式
class NonterminalExpression extends AbstractExpression {
    public void interpret(Context context) {
        System.out.println("非終端解譯器");
    }
}
```

Context，包含解譯器之外的一些全域資訊。

```java
class Context {
    private String input;
    public String getInput(){
```

27-5

27.2 解譯器模式

```
        return this.input;
    }
    public void setInput(String value){
        this.input = value;
    }

    private String output;
    public String getOutput(){
        return this.output;
    }
    public void setOutput(String value){
        this.output = value;
    }
}
```

用戶端程式,建構表示該文法定義的語言中一個特定的句子的抽象語法樹。呼叫解釋操作。

```
Context context = new Context();
ArrayList<AbstractExpression> list = new ArrayList<AbstractExpression>();
list.add(new TerminalExpression());
list.add(new NonterminalExpression());
list.add(new TerminalExpression());
list.add(new TerminalExpression());

for (AbstractExpression exp : list) {
    exp.interpret(context);
}
```

結果顯示

```
終端解譯器
非終端解譯器
終端解譯器
終端解譯器
```

27-6

27.3 解譯器模式好處

「看起來好像不難,但其實真正做起來應該還是很難的吧。」

「是的,你想,用解譯器模式,就如同你開發了一個程式語言或指令稿給自己或別人用。這當然是難了。」

「我的理解是,解譯器模式就是用『迷你語言』來表現程式要解決的問題,以迷你語言寫成『迷你程式』來表現具體的問題。」

「嗯,迷你這個詞用得很好,就是這樣的意思。通常當有一個語言需要解釋執行,並且你可將該語言中的句子表示為一個抽象語法樹時,可使用解譯器模式。」

「解譯器模式有什麼好處呢?」

「用了解譯器模式,就表示可以很容易地改變和擴充文法,因為該模式使用類別來表示文法規則,你可使用繼承來改變或擴充該文法。也比較容易實現文法,因為定義抽象語法樹中各個節點的類別的實現大體類似,這些類別都易於直接撰寫。」

「除了像正規表示法、瀏覽器等應用,解譯器模式還能用在什麼地方呢?」

「只要是可以用語言來描述的,都可以是應用呀。比如針對機器人,如果為了讓它走段路還需要去電腦面前呼叫向前走、左轉、右轉的方法,那也就太傻了吧。當然應該直接是對它說,『哥們兒,向前走 10 步,然後左轉 90 度,再向前走 5 步。』」

「哈,機器人聽得懂『哥們兒』是什麼意思嗎?」

「這就看你寫的解譯器夠不夠用了,如果你增加這個『哥們兒』的文法,它就聽得懂呀。說穿了,解譯器模式就是將這樣的一句話,轉變成實際的命令程式執行而已。而不用解譯器模式本來也可以分析,但透過繼承

抽象運算式的方式，由於依賴倒轉原則，使得對文法的擴充和維護都帶來了方便。」

「哈，難道說，Java、C# 這些高階語言都是用解譯器模式的方式開發的？」

「當然不是那麼簡單了，解譯器模式也有不足的，解譯器模式為文法中的每一筆規則至少定義了一個類別，因此包含許多規則的文法可能難以管理和維護。建議當文法非常複雜時，使用其他的技術如語法分析程式或編譯器生成器來處理」。

「哦，原來還有語法分析器、編譯器生成器這樣的東東。」

27.4 音樂解譯器

「要真正掌握，還需要練習，我們來做個小型的解譯器程式。」

「好呀，程式需求是什麼？」

「你以前有沒有用過 QBASIC？」

「沒有，聽說那是在 VB 以前，DOS 狀態下的程式語言。」

「是的，大鳥我以前就是整天用它來學習寫程式的，QBASIC 就是早期的 BASIC，它當中提供了專門的演奏音樂的敘述 PLAY，不過由於那時候多媒體並不像如今這般流行，所以所謂的音樂也僅相當於手機中的單音鈴聲。」大鳥說道。

「你一說這個我知道了，我以前的手機裡就有編輯鈴聲的功能，透過輸入一些簡單的字母數字，就可以讓手機發出音樂。我還試著找了些歌譜編了幾首流行歌進去呢。」小菜接話道。

其實你不懂老闆的心 -- 解譯器模式

「哈，那就好，你想呀，那就是典型的解譯器模式的應用，你用 QB 或手機說明書中定義的規則去撰寫音樂程式，不就是一段文法讓 QB 或手機去翻譯成具體的指令來執行嗎！」

「我明白了，這就是解譯器的應用呀。」

「現在我定義一套規則，和 QB 的有點類似，但為了簡便起見，我做了改動，你就按我定義的規則來程式設計。我的規則是 O 表示音階 'O 1' 表示低音階，'O 2' 表示中音階，'O 3' 表示高音階；'P' 表示休止符，'C D E F G A B' 表示 'Do-Re-Mi-Fa-So-La-Ti'；音符長度 1 表示一拍，2 表示二拍，0.5 表示半拍，0.25 表示四分之一拍，依此類推；注意：所有的字母和數字都要用半形空格分開。例如上海灘的歌曲第一句，『浪奔』，可以寫成 'O 2 E 0.5 G 0.5 A 3' 表示中音開始，演奏的是 mi so la。」

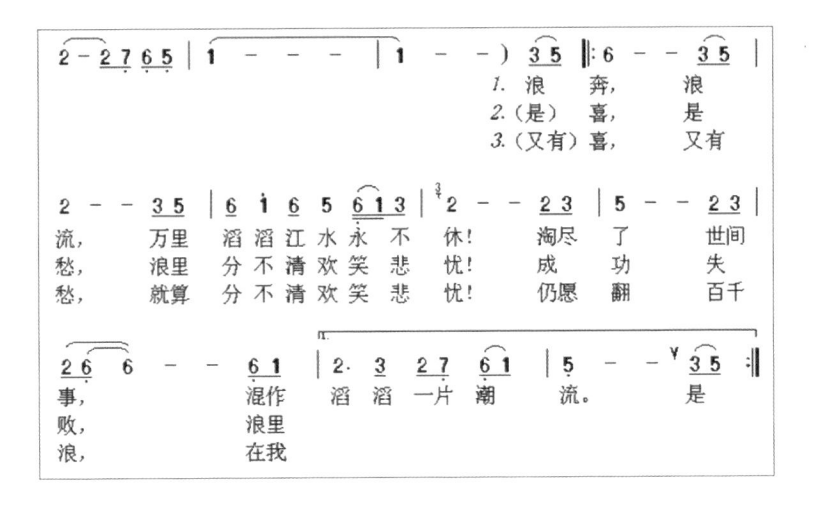

「好的，我試試編編看。」

「為了只關注設計模式程式設計，而非具體的播放實現，你只需要用主控台根據事先撰寫的敘述解釋成簡譜就成了。」

「OK！」

27.5 音樂解譯器實現

一個小時後，小菜通過了幾番改良，舉出了答案。

程式結構圖

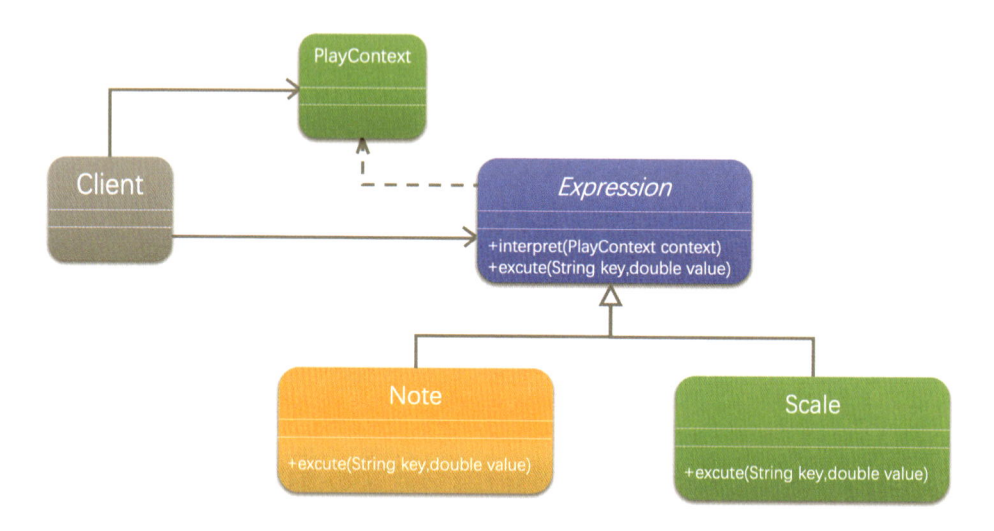

```
                    PlayContext
                        ↑
                        |
        Client ────────┐│
           │           ↓↓
           │       Expression
           └──────→+interpret(PlayContext context)
                   +excute(String key,double value)
                        △
                        │
              ┌─────────┴─────────┐
            Note                 Scale
    +excute(String key,double value)  +excute(String key,double value)
```

演奏內容類別（context）

```
//演奏內容
class PlayContext {
    private String playText;
    public String getPlayText(){
        return this.playText;
    }
    public void setPlayText(String value){
        this.playText = value;
    }
}
```

運算式類別 (AbstractExpression)

```java
//抽象運算式類別
abstract class Expression {

    public void interpret(PlayContext context) {
        if (context.getPlayText().length() == 0) {
            return;
        }
        else {
            String playKey = context.getPlayText().substring(0, 1);

            context.setPlayText(context.getPlayText().substring(2));

            double playValue = Double.parseDouble(context.getPlayText().
                substring(0,context.getPlayText().indexOf(" ")));
            context.setPlayText(context.getPlayText().substring(context.getPlayText().
                indexOf(" ") + 1));

            this.excute(playKey, playValue);
        }
    }
    //抽象方法"執行"，不同的文法子類別，有不同的執行處理
    public abstract void excute(String key, double value);
}
```

> 此方法用於將當前的演奏文字第一筆命令獲得命令字母和其參數值。
> 例如「O 3 E 0.5 G 0.5A3」則 playKey 為 O，而 playValue 為 3

> 獲得 playKey 和 playValue 後將其從演奏文字中移除。
> 例如「O3E 0.5 G 0.5A 3」變成了「E 0.5 G0.5A3」

音符類別（TerminalExpression）

```java
//音符類別
class Note extends Expression {
    public void excute(String key, double value) {
        String note = "";
        switch (key) {
            case "C":
                note = "1";
                break;
            case "D":
                note = "2";
                break;
```

> 表示如果獲得的 key 是 C 則演奏 1(do)

> 如果是 D 則演奏 2(Re)

27-11

27.5 音樂解譯器實現

```java
            case "E":
                note = "3";
                break;
            case "F":
                note = "4";
                break;
            case "G":
                note = "5";
                break;
            case "A":
                note = "6";
                break;
            case "B":
                note = "7";
                break;
        }
        System.out.print(note+" ");
    }
}
```

▌音階類別（TerminalExpression）

```java
//音階類別
class Scale extends Expression {
    public void excute(String key, double value) {
        String scale = "";
        switch ((int)value) {
            case 1:
                scale = "低音";
                break;
            case 2:
                scale = "中音";
                break;
            case 3:
                scale = "高音";
                break;
        }
        System.out.print(scale+" ");
    }
}
```

> 表示如果獲得的 key 是 O 並且 value 是 1 則演奏低音，2 則是中音，3 則是高音

27-12

用戶端程式

```java
PlayContext context = new PlayContext();
//音樂-上海灘
System.out.println("音樂-上海灘：");
context.setPlayText("O 2 E 0.5 G 0.5 A 3 E 0.5 G 0.5 D 3 E 0.5 G 0.5 A 0.5
                    O 3 C 1 O 2 A 0.5 G 1 C 0.5 E 0.5 D 3 ");

Expression expression=null;
//System.out.println(context.getPlayText().length());
while (context.getPlayText().length() > 0) {
    String str = context.getPlayText().substring(0, 1);
    //System.out.println((str));

    switch (str) {
        case "O":
            expression = new Scale();
            break;
        case "C":
        case "D":
        case "E":
        case "F":
        case "G":
        case "A":
        case "B":
        case "P":
            expression = new Note();
            break;
    }
    expression.interpret(context);
}
```

> 當首欄位是 O 時，則運算式實例化為音階

> 當字首是 CDEFGAB，以及休止符 P 時，則實例化音符

結果顯示

```
音樂-上海灘：
中音 3 5 6 3 5 2 3 5 6 高音 1 中音 6 5 1 3 2
```

27-13

27.5 音樂解譯器實現

「寫得非常不錯，現在我需要增加一個文法，就是演奏速度，要求是 T 代表速度，以毫秒為單位，'T 1000' 表示每節拍一秒，'T 500' 表示每節拍半秒。你如何做？」

「學了設計模式這麼久，這點感覺難道還沒有，首先加一個運算式的子類別叫音速。然後再在用戶端的分支判斷中增加一個 case 分支就可以了。」

音速類別

```java
//音速類別
class Speed extends Expression {
    public void excute(String key, double value) {
        String speed;
        if (value < 500)
            speed = "快速";
        else if (value >= 1000)
            speed = "慢速";
        else
            speed = "中速";

        System.out.print(speed+" ");
    }
}
```

用戶端程式（局部）

```java
        PlayContext context = new PlayContext();
        //音樂-上海灘
        System.out.println("音樂-上海灘：");
        context.setPlayText("T 500 O 2 E 0.5 G 0.5 A 3 E 0.5 G 0.5 D 3 E 0.5 G 0.5
                A 0.5 O 3 C 1 O 2 A 0.5 G 1 C 0.5 E 0.5 D 3 ");
```

增加速度的設定

```java
        Expression expression=null;
        while (context.getPlayText().length() > 0) {
            String str = context.getPlayText().substring(0, 1);
```

```
            switch (str) {
                case "O":
                    expression = new Scale();
                    break;
                case "C":
                case "D":
                case "E":
                case "F":
                case "G":
                case "A":
                case "B":
                case "P":
                    expression = new Note();
                    break;
                case "T":
                    expression = new Speed();
                    break;
            }
            expression.interpret(context);
        }
```

　　← 都加對 T 的判斷

結果顯示

音樂-上海灘：
中速 中音 3 5 6 3 5 2 3 5 6 高音 1 中音 6 5 1 3 2

「但是小菜，在增加一個文法時，你除了擴充一個類別外，還是改動了用戶端。」大鳥質疑道。

「哈，這不就是實例化的問題嗎，只要在用戶端的 switch 那裡應用簡單工廠加反射就可做到不改動用戶端了。」

「說得好，看來你的確是學明白了，在這裡是講解譯器模式，也就不那麼追究了，只要知道可以這樣重構程式就行。其實這個例子是不能代表解

譯器模式的全貌的，因為它只有終結符號運算式，而沒有非終結符號運算式的子類別，因為如果想真正理解解譯器模式，還需要去研究其他的例子。另外這是個主控台的程式，如果我給你鋼琴所有按鍵的音效檔，MP3 格式，你可以利用 Media Player 控制項，寫出真實的音樂語言解譯器程式嗎？」

「你的意思是說，只要我按照簡譜編好這樣的敘述，就可以讓電腦模擬鋼琴彈奏出來？」

「是的。可以嗎？」

「當然是可以，連設計模式都學得會，這點算什麼。」

「OK，那我就等你哪天給我寫出這樣的鋼琴模擬程式哦。」

「沒問題。」

> 注：由於鋼琴模擬程式相對複雜，書中篇幅所限，程式不在書中展示，在隨書程式本章節中提供有 C# 參考原始程式碼和 Windows 下可執行檔，可以直接執行看效果，很有意思。有興趣的讀者可下載研究。

27.6 料事如神

時間：7 月 16 日 20 點　　地點：小菜大鳥住所的客廳　　人物：小菜、大鳥

小菜：「大鳥，你真是料事如神呀，儘管都不是什麼好消息，但兩件事都讓你猜對了。」

「哦，哪兩件事？」

「第一，梅星離職了，說是他辭職，可聽說實際上是公司叫他走人的。」

> 老闆，我辭職

> 梅星，真捨不得你！

「唉！所以說呀，好好學習，加強自己的市場競爭力還是非常重要的。」

「第二，就是梅星的工作全部轉給我做了，這樣我的工作量大大提高，一個人做了兩個人的活。」

「哈哈，你不是被老闆誇得很開心的嗎？現在還開心嗎？」

「反正就像你說的，趁著年輕，多做點吧。」

「是的，多做點沒壞處的。小菜，你在公司表現格外出色，要繼續好好努力哦。」

「我怎麼現在聽著這話那麼不自然，大鳥，你少來，我可不是職場菜鳥了，這種虛情假意的誇獎我可不再上當了。」

「真誠地誇獎你，你反而不信了。真是好心被當作了驢肝肺哦。唉！做好人難，做好男人更難，做真心的好男人更是難上加難呀。」大鳥深情感慨地說道。

「真心好男人？嘔！嘔！嘔！」小菜大作嘔吐狀。

兩人的臉都笑開了花。

26.5 享元模式應用

CHPATER
28

男人和女人
-- 存取者模式

28.1 男人和女人！

時間：7月18日21點　地點：小菜大鳥住所的客廳　人物：小菜、大鳥

「……

男人這本書的內容要比封面吸引人，女人這本書的封面通常是比內容更吸引人。

男人的青春表示一種膚淺，女人的青春標識一種價值。

男人在街上東張西望，被稱做心懷不軌；女人在路上左瞅右瞧，被叫做明眸善睞。

男人成功時，背後多半有一個偉大的女人。女人成功時，背後大多有一個不成功的男人。

男人失敗時，悶頭喝酒，誰也不用勸。女人失敗時，眼淚汪汪，誰也勸不了。

28.1 男人和女人！

男人戀愛時，凡事不懂也要裝懂。女人戀愛時，遇事懂也裝作不懂。

男人結婚時，感慨道：戀愛遊戲終結時，『有妻徒刑』遙無期。女人結婚時，欣慰曰：愛情長跑路漫漫，婚姻保險保平安。

……」

「小菜在發神經，念什麼男人、女人、戀愛、結婚亂七八糟的東西？」大鳥問道。

「我在網上看到關於男人與女人的區別討論，很有點意思，抄了幾句念著玩玩。」小菜笑著道，「男人結婚時說是判了『有妻徒刑』，女人結婚時說是買了愛情保險。你說這滑稽嗎？」

「本來嗎，男人和女人就是完全不相同的兩類人，當然在對待各種問題上會有完全不相同的態度。」

「這樣的對比還有很多。你聽著，我念給你聽……」小菜顯得很興奮。

「行了行了，沒有事業的成功，你找出再多的男女差異也找不到女朋友的。還是好好學習吧。」大鳥打斷了小菜說話，「今天我們需要聊最後一個模式，叫做存取者模式。」

「哦，那我們上課吧。」小菜不得不停止。

「存取者模式講的是表示一個作用於某物件結構中的各元素的操作。它使你可以在不改變各元素的類別的前提下定義作用於這些元素的新操作。」大鳥開始如夫子般念叨起來。

「我覺得男女對比這麼多的原因主要就是因為人類在性別上就只有男人和女人兩類。」小菜意猶未盡。

「小菜！你又打斷了我。」大鳥一聲大喝，「大鳥很生氣，後果很嚴重。」接著説，「你還要不要學，到底是學存取者模式還是討論男女關係？」

「最好是混在一起同時學習。」小菜調皮地説道。

「狗屁，這是一回事嗎？男人女人與存取者模式有屁的關……」大鳥氣得髒話都脱口而出，拿起書本，對著小菜的頭上就拍了過去。突然，大鳥手停在了空中，「等等，你剛才説什麼？」

「我説什麼？我説混在一起學習。」小菜快速躲開。

「前面一句，」大鳥似乎想到了什麼。

「前面我説了什麼，哦，我是説人類只分為男人和女人，所以才會有這麼多的對比。」

「OK，就是這句話了。今天我們就來討論討論這男人與女人的問題。」大鳥把舉著書本的手放了下來，微笑著説道。

「大鳥，不學習設計模式了？」輪到小菜疑惑了。

「學呀，不過如你所願，我們混在一起學習。」

「這之間也有關係？」小菜更加丈二金剛摸不著頭腦。

「先不談模式，你能不能把剛才的那些對比，用主控台的程式寫出來，打到螢幕上？」大鳥避而不答。

> 28.2 最簡單的程式設計實現

「這個,應該不難實現。不過有什麼意義呢?」

「少來廢話,寫出來再講。」

「哦。」

28.2 最簡單的程式設計實現

十分鐘後,小菜的程式就寫出來了。

```java
System.out.println("男人成功時,背後多半有一個偉大的女人。");
System.out.println("女人成功時,背後大多有一個不成功的男人。");
System.out.println("男人失敗時,悶頭喝酒,誰也不用勸。");
System.out.println("女人失敗時,眼淚汪汪,誰也勸不了。");
System.out.println("男人戀愛時,凡事不懂也要裝懂。");
System.out.println("女人戀愛時,遇事懂也裝作不懂。");
```

「小菜呀,這樣的程式你也拿得出手?」大鳥譏諷地說道。

「你不是要把那些對比打在螢幕上嗎?我做到了呀。」小菜理直氣壯。

「但這和列印 'Hello World' 有什麼區別,難道你是第一天學習程式設計?」

「那你要我怎麼樣寫才可以呢?」

「你至少要分析一下,這裡面有沒有類別可以提煉,有沒有方法可以共用什麼的。」

「哦,你是這個意思,早說呀。這裡面至少男人和女人應該是兩個不同的類別,男人和女人應該繼承人這樣一個抽象類別。所謂的成功、失敗或戀愛都是指人的狀態,是一個屬性。成功時如何如何,失敗時如何如何不過是一種反應。我寫得出來了。」小菜開始得意道。

「這還有點物件導向的意思。快點寫吧。」

28.3 簡單的物件導向實現

半小時後，小菜寫出了第二版的程式。

「人」類別，是「男人」和「女人」類別的抽象類別

```java
//人抽象類別
abstract class Person {
    protected String action;
    public String getAction(){
        return this.action;
    }
    public void setAction(String value){
        this.action = value;
    }
    //得到結論或反應
    public abstract void getConclusion();
}
```

▎「男人」類別

```java
//男人
class Man extends Person {
    //得到結論或反應
    public void getConclusion() {
        if (action == "成功") {
            System.out.println(this.getClass().getSimpleName()+this.action
                +"時，背後多半有一個偉大的女人。");
        }
        else if (action == "失敗") {
            System.out.println(this.getClass().getSimpleName()+this.action
                +"時，悶頭喝酒，誰也不用勸。");
        }
        else if (action == "戀愛") {
            System.out.println(this.getClass().getSimpleName()+this.action
                +"時，凡事不懂也要裝懂。");
        }
    }
}
```

獲得當前類別的名稱，比如這裡就是 'Man(男人)'

28.3 簡單的物件導向實現

■「女人」類別

```java
//女人
class Woman extends Person {
    //得到結論或反應
    public  void getConclusion() {
        if (action == "成功") {
            System.out.println(this.getClass().getSimpleName()+this.action
                +"時,背後大多有一個不成功的男人。");
        }
        else if (action == "失敗") {
            System.out.println(this.getClass().getSimpleName()+this.action
                +"時,眼淚汪汪,誰也勸不了。");
        }
        else if (action == "戀愛") {
            System.out.println(this.getClass().getSimpleName()+this.action
                +"時,遇事懂也裝作不懂。");
        }
    }
}
```

■ 用戶端程式

```java
        ArrayList<Person> persons = new ArrayList<Person>();

        Person man1 = new Man();
        man1.setAction("成功");
        persons.add(man1);
        Person woman1 = new Woman();
        woman1.setAction("成功");
        persons.add(woman1);

        Person man2 = new Man();
        man2.setAction("失敗");
        persons.add(man2);

        Person woman2 = new Woman();
        woman2.setAction("失敗");
```

```
persons.add(woman2);

Person man3 = new Man();
man3.setAction("戀愛");
persons.add(man3);
Person woman3 = new Woman();
woman3.setAction("戀愛");
persons.add(woman3);

for(Person item : persons) {
    item.getConclusion();
}
```

結果顯示

> Man成功時，背後多半有一個偉大的女人。
> Woman成功時，背後大多有一個不成功的男人。
> Man失敗時，悶頭喝酒，誰也不用勸。
> Woman失敗時，眼淚汪汪，誰也勸不了。
> Man戀愛時，凡事不懂也要裝懂。
> Woman戀愛時，遇事懂也裝作不懂。

「大鳥，現在算是物件導向的程式設計了吧。」

「粗略看，應該是算，但你不覺得你在『男人』類別與『女人』類別當中的那些 if……else……很是礙眼嗎？」

「不這樣不行呀，反正也不算多。」

「如果我現在要增加一個『結婚』的狀態，你需要改什麼？」

「那這兩個類別都需要增加分支判斷了。」小菜無奈地說，「你說的意思我知道，可是我真的沒有辦法去處理這些分支，我也想過，把這些狀態寫成類別，可是那又如何處理呢？沒辦法。」

「哈，辦法總是有的。只不過複雜一些。」

28.4 用了模式的實現

大鳥幫助小菜畫出了結構圖並寫出了程式。

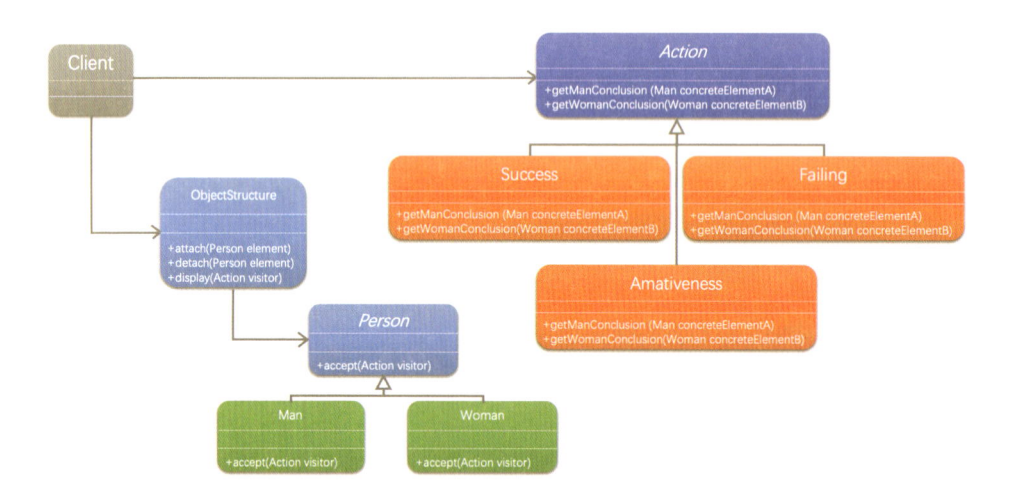

▌『狀態』的抽象類別和『人』的抽象類別

```
//狀態抽象類別
abstract class Action{
    //得到男人結論或反應
    public abstract void getManConclusion(Man concreteElementA);
    //得到女人結論或反應
    public abstract void getWomanConclusion(Woman concreteElementB);
}

//人類抽象類別
abstract class Person {
    //接受
    public abstract void accept(Action visitor);
}
```

accept(Action visitor) 它是用來獲得狀態物件的

男人和女人 -- 存取者模式

「這裡關鍵就在於人就只分為男人和女人，這個性別的分類是穩定的，所以可以在狀態類別中，增加『男人反應』和『女人反應』兩個方法，方法個數是穩定的，不會很容易的發生變化。而『人』抽象類別中有一個抽象方法『接受』，它是用來獲得『狀態』物件的。每一種具體狀態都繼承『狀態』抽象類別，實現兩個反應的方法。」

▌具體「狀態」類別

```java
//成功
class Success extends Action{
    public void getManConclusion(Man concreteElementA){
        System.out.println(concreteElementA.getClass().getSimpleName()
            +" "+this.getClass().getSimpleName()+"時，背後多半有一個偉大的女人。");
    }

    public void getWomanConclusion(Woman concreteElementB){
        System.out.println(concreteElementB.getClass().getSimpleName()
            +" "+this.getClass().getSimpleName()+"時，背後大多有一個不成功的男人。");
    }
}

//失敗
class Failing extends Action{
    //程式類似,省略
}

//戀愛
class Amativeness extends Action{
    //程式類似,省略
}
```

▌「男人」類別和「女人」類別

```java
//男人類別
class Man extends Person {
    public void accept(Action visitor) {
```

28.4 用了模式的實現

```java
        visitor.getManConclusion(this);
    }
}
//女人類別
class Woman extends Person {
    public void accept(Action visitor) {
        visitor.getWomanConclusion(this);
    }
}
```

> 首先在客戶程式中將具體狀態作為參數傳遞給「男人」類別完成了一次排程，然後「男人」類別呼叫作為參數的「具體狀態」中的方法「男人反應」，同時將自己 (this) 作為參數傳遞進去。這便完成了第二次排程

「這裡需要提一下當中用到一種雙排程的技術，首先在客戶程式中將具體狀態作為參數傳遞給「男人」類別完成了一次排程，然後「男人」類別呼叫作為參數的「具體狀態」中的方法「男人反應」，同時將自己（this）作為參數傳遞進去。這便完成了第二次排程。雙排程表示得到執行的操作決定於請求的種類和兩個接收者的類型。『接受』方法就是一個雙排程的操作，它得到執行的操作不僅決定於『狀態』類別的具體狀態，還決定於它存取的『人』的類別。」

物件結構類別 由於總是需要『男人』與『女人』在不同狀態的對比，所以我們需要一個『物件結構』類別來針對不同的『狀態』遍歷『男人』與『女人』，得到不同的反應。

```java
//物件結構
class ObjectStructure {
    private ArrayList<Person> elements = new ArrayList<Person>();

    //增加
    public void attach(Person element) {
        elements.add(element);
    }
    //移除
    public void detach(Person element) {
        elements.remove(element);
    }
    //查看顯示
    public void display(Action visitor) {
```

28-10

```
    for(Person e : elements) {
        e.accept(visitor);
    }
  }
}
```

用戶端程式

```
ObjectStructure o = new ObjectStructure();
o.attach(new Man());
o.attach(new Woman());
```
← 在物件結構中加入要對比的「男人」和「女人」

```
//成功時的反應
Success v1 = new Success();
o.display(v1);


//失敗時的反應
Failing v2 = new Failing();
o.display(v2);
```
← 查看在各種狀態下,「男人」和「女人」的反應

```
//戀愛時的反應
Amativeness v3 = new Amativeness();
o.display(v3);

//婚姻時的反應
Marriage v4 = new Marriage();
o.display(v4);
```

「這樣做到底有什麼好處呢?」小菜問道。

「你仔細看看,現在這樣做,就表示,如果我們現在要增加『結婚』的狀態來考查『男人』和『女人』的反應。只需要怎麼就可以了?」

「哦,我明白你意思了,由於用了雙排程,使得我只需要增加一個『狀態』子類別,就可以在用戶端呼叫來查看,不需要改動其他任何類別的程式。」

28.4 用了模式的實現

「來,寫出來試試看。」

結婚狀態類別

```java
//結婚
class Marriage extends Action{
    public void getManConclusion(Man concreteElementA){
        System.out.println(concreteElementA.getClass().getSimpleName()
            +" "+this.getClass().getSimpleName()
            +"時,感慨道:戀愛遊戲終結時,'有妻徒刑'遙無期。");
    }

    public void getWomanConclusion(Woman concreteElementB){
        System.out.println(concreteElementB.getClass().getSimpleName()
            +" "+this.getClass().getSimpleName()
            +"時,欣慰曰:愛情長跑路漫漫,婚姻保險保平安。");
    }
}
```

用戶端程式,增加下面一段程式就可以完成

```java
ObjectStructure o = new ObjectStructure();
o.attach(new Man());
o.attach(new Woman());

//成功時的反應
Success v1 = new Success();
o.display(v1);


//失敗時的反應
Failing v2 = new Failing();
o.display(v2);

//戀愛時的反應
Amativeness v3 = new Amativeness();
o.display(v3);
```

```
//婚姻時的反應
Marriage v4 = new Marriage();
o.display(v4);
```

「哈,完美的表現了開放 - 封閉原則,實在是高呀。這叫什麼模式來著?」

「它應該算是 GoF 中最複雜的模式了,叫做存取者模式。」

28.5 存取者模式

存取者模式(Visitor),表示一個作用於某物件結構中的各元素的操作。它使你可以在不改變各元素的類的前提下定義作用於這些元素的新操作。

存取者模式(Visitor)結構圖

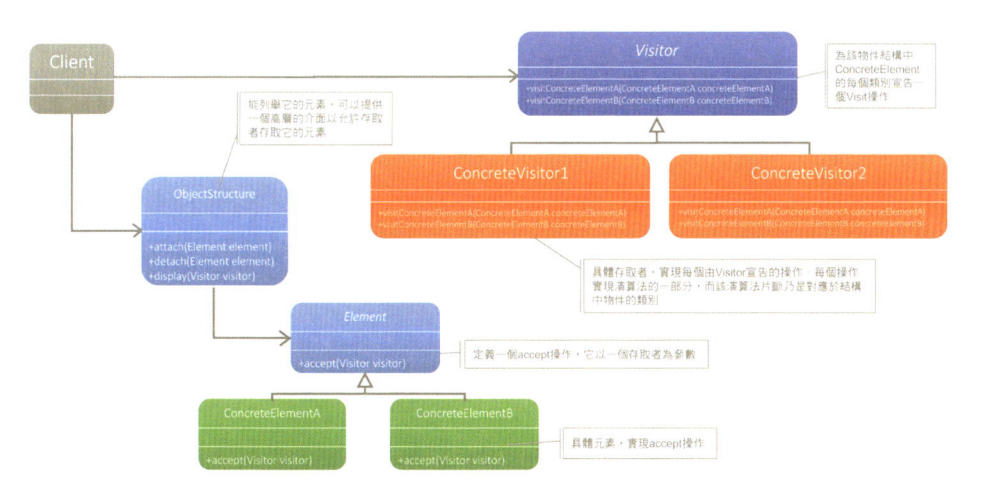

「在這裡,Element 就是我們的『人』類別,而 ConcreteElementA 和 ConcreteElementB 就是『男人』和『女人』,Visitor 就是我們寫的『狀態』類別,具體的 ConcreteVisitor 就是那些『成功』、『失敗』、『戀愛』等等狀態。至於 ObjectStructure 就是『物件結構』類別了。」

28.5 存取者模式

「哦,怪不得這幅類別圖我感覺和剛才寫的程式類別圖幾乎可以完全對應。」

「本來我是想直接來談存取者模式的,但是為什麼我突然會願意和你聊男人和女人的對比呢,原因就在於你說了一句話:『男女對比這麼多的原因是因為人類在性別上就只有男人和女人兩類。』而這也正是存取者模式可以實施的前提。」

「這個前提是什麼呢?」

「你想呀,如果人類的性別不止是男和女,而是可有多種性別,那就意味『狀態』類別中的抽象方法就不可能穩定了,每加一種類別,就需要在狀態類別和它的所有下屬類別中都增加一個方法,這就不符合開放 - 封閉原則。」

「哦,也就是說,存取者模式適用於資料結構相對穩定的系統?」

「對的,它把資料結構和作用於結構上的操作之間的耦合解脫開,使得操作集合可以相對自由地演化。」

「存取者模式的目的是什麼?」小菜問道。

「存取者模式的目的是要把處理從資料結構分離出來。很多系統可以按照演算法和資料結構分開,如果這樣的系統有比較穩定的資料結構,又有易於變化的演算法的話,使用存取者模式就是比較合適的,因為存取者模式使得演算法操作的增加變得容易。反之,如果這樣的系統的資料結構物件易於變化,經常要有新的資料物件增加進來,就不適合使用存取者模式。」

「那其實存取者模式的優點就是增加新的操作很容易,因為增加新的操作就表示增加一個新的存取者。存取者模式將有關的行為集中到一個存取者物件中。」

「是的,複習得很好。」大鳥接著說,「通常 ConcreteVisitor 可以單獨開發,不必跟 ConcreteElementA 或 ConcreteElementB 寫在一起。正因為

這樣，ConcreteVisitor 能提高 ConcreteElement 之間的獨立性，如果把一個處理動作設計成 ConcreteElementA 和 ConcreteElementB 類別的方法，每次想新增「處理」以擴充功能時就得去修改 ConcreteElementA 和 ConcreteElementB 了。這也就是你之前寫的程式，在『男人』和『女人』類別中加了對『成功』、『失敗』等狀態的判斷，造成處理方法和資料結構的緊耦合。」

「那存取者的缺點其實也就是使增加新的資料結構變得困難了。」

「所以 GoF 四人中的作者就說過：『大多時候你並不需要存取者模式，但當一旦你需要存取者模式時，那就是真的需要它了。』事實上，我們很難找到資料結構不變化的情況，所以用存取者模式的機會也就不太多了。這也就是為什麼你談到男人女人對比時我很高興和你討論的原因，因為人類性別這樣的資料結構是不會變化的。」

「哈，看來是我為你找到了一個好的教學範例。」小菜得意道。

「和往常一樣，我們需要書寫一些基本的程式來鞏固我們的學習。有了 UML 的類別圖，相信你應該沒什麼問題了。」

「OK。」

28.6 存取者模式基本程式

Visitor 類別

為該物件結構中 ConcreteElement 的每一個類別宣告一個 Visit 操作。

```
abstract class Visitor {
    public abstract void visitConcreteElementA(ConcreteElementA concreteElementA);

    public abstract void visitConcreteElementB(ConcreteElementB concreteElementB);
}
```

ConcreteVisitor1 和 ConcreteVisitor2 類別

具體存取者，實現每個由 Visitor 宣告的操作。每個操作實現演算法的一部分，而該演算法片斷乃是對應於結構中物件的類別。

```
class ConcreteVisitor1 extends Visitor {
    public void visitConcreteElementA(ConcreteElementA concreteElementA) {
        System.out.println(concreteElementA.getClass().getSimpleName()+"被"
            +this.getClass().getSimpleName()+"訪問");
    }

    public void visitConcreteElementB(ConcreteElementB concreteElementB) {
        System.out.println(concreteElementB.getClass().getSimpleName()+"被"
            +this.getClass().getSimpleName()+"訪問");
    }
}

class ConcreteVisitor2 extends Visitor {
    public void visitConcreteElementA(ConcreteElementA concreteElementA) {
        System.out.println(concreteElementA.getClass().getSimpleName()+"被"
            +this.getClass().getSimpleName()+"訪問");
    }

    public void visitConcreteElementB(ConcreteElementB concreteElementB) {
        System.out.println(concreteElementB.getClass().getSimpleName()+"被"
            +this.getClass().getSimpleName()+"訪問");
    }
}
```

Element 類別

定義一個 Accept 操作，它以一個存取者為參數。

```
abstract class Element {
    public abstract void accept(Visitor visitor);
}
```

ConcreteElementA 和 ConcreteElementB 類別

具體元素，實現 Accept 操作。

```java
class ConcreteElementA extends Element {
    public void accept(Visitor visitor) {
        visitor.visitConcreteElementA(this);   // 充分利用雙排程技術，實現處理與資料結構的分離
    }

    public void operationA(){                  // 其他相關操作
    }
}

class ConcreteElementB extends Element {
    public void accept(Visitor visitor) {
        visitor.visitConcreteElementB(this);
    }

    public void operationB(){
    }
}
```

ObjectStructure 類別

能列舉它的元素，可以提供一個高層的介面以允許存取者存取它的元素。

```java
class ObjectStructure {
    private ArrayList<Element> elements = new ArrayList<Element>();

    public void attach(Element element) {
        elements.add(element);
    }
    public void detach(Element element) {
        elements.remove(element);
    }
    public void accept(Visitor visitor) {
        for(Element e : elements) {
            e.accept(visitor);
        }
    }
}
```

▶ 28.7 比上不足，比下有餘

用戶端程式

```
ObjectStructure o = new ObjectStructure();
o.attach(new ConcreteElementA());
o.attach(new ConcreteElementB());

ConcreteVisitor1 v1 = new ConcreteVisitor1();
ConcreteVisitor2 v2 = new ConcreteVisitor2();

o.accept(v1);
o.accept(v2);
```

28.7 比上不足，比下有餘

「啊，存取者模式比較麻煩哦。」

「是的，存取者模式的能力和複雜性是把雙刃劍，只有當你真正需要它的時候，才考慮使用它。有很多的程式設計師為了展示自己的物件導向的能力或是沉迷於模式當中，往往會誤用這個模式，所以一定要好好理解它的適用性。」

「哈，大鳥太高估了我們這些菜鳥程式設計師了。你說得是沒錯，不過我估計大多數人不去用它的原因絕不是因為怕誤用，而是因為它過於複雜和晦澀，根本不能理解，不熟悉的東西當然就不會想著去應用它了。」

「對，如果不理解，實在是不可能會想到用存取者模式的。」

「不管男人女人，不懂也要裝懂的多得是了。」小菜說道，「這其實不能算是男人的專利。」

「你看的那些所謂男人和女人的對比，都是不準確的，我給個答案，男人與女人最大的區別就是，比上不足，比下有餘。」

「啊？！」

CHPATER 29

OOTV 杯超級模式大賽 -- 模式複習

說明：本書中 29 章中的虛擬人物姓名都是軟體程式設計中的專業術語，因此凡是專業術語被指向人物姓名的都用紫色字表示，以和實際術語區分。舉例來說，「第一位是我們 OOTV 創始人，物件導向先生」，這裡的物件導向指人名。

29.1 演講任務

時間：7 月 23 日下午 17 點　地點：小菜辦公室　人物：小菜、公司開發部經理

「小菜，」開發部經理來到小菜的辦公桌前，「最近我聽說你在工作中，用到了很多設計模式，而且在你們同一專案小組中引發了關於設計模式的學習和討論，反響非常好。明天全公司要開關於如何提高軟體品質的研討會，我希望到時你能做一個關於設計模式的演講。」

29.1 演講任務

「我？演講？給全公司？」小菜很驚訝於經理的這個請求,「還是不要了,我從來都沒上過台給那麼多人講東西。我怕講不好的。」

「沒事,你就像平時和同事交流設計模式那樣説説你在開發中的體會和經驗就行了。」

「明天,時間太倉促了,來不及的。」小菜想法推脱。

「哈,某位大導演在他的近期的電影裡不是已經向眾人證實,身材是可以靠擠來獲得的。同理可證,時間也是可以擠出來的,晚上抓緊一些,一定行的。就這麼定了,你好好準備一下。」説完,經理就離開了小菜的辦公桌。

「我……」小菜還來不及再拒絕,已經沒了機會。

時間:7月23日晚上22點　地點:小菜自己的臥室　人物:小菜

「講什麼好呢?」小菜使勁地想呀想,卻沒有頭緒,「該死的大鳥,還不回來,不然也可以請教請教他。」

「真睏」,小菜睡眼朦朧,趴到了桌上,打起盹來,不一會,進入了夢鄉。

29.2　報名參賽

時間：未知　　地點：未知　　人物：很多

「來來來，快來報名了，超級設計模式大賽，每個人都有機會，每個人都能成功，今天你參加比賽給自己一個機會，明天你就成功還社會一個輝煌。來來來……」只見檯子上方一很長的條幅，上寫著「OOTV 杯超級模式大賽海選」，下面一個帥小夥拿著話筒賣力地吆喝著。

「大姐、二姐，我們也去報名參加吧。」工廠三姐妹中最小的簡單工廠説道。

「這種選秀比賽，多得去了，很多是騙人的，沒意思。」大姐抽象工廠説。

「我覺得我們三姐妹有機會的，畢竟我們從小就是學這個出身。」二姐工廠方法也很有興趣參賽。

「大姐，去，去吧。」簡單工廠拉住抽象工廠的手左右搖擺著。

「行了行了，我們去試試，成就成，不成可別亂哭鼻子。」抽象工廠用手指點了一下簡單工廠的鼻子，先打上了預防針。

「放心，我們都會成功的。」簡單工廠很高興，肯定地説。

29.2 報名參賽

三個人果然順利通過了海選。但在決賽前的選拔中，工廠方法和抽象工廠都晉級，而簡單工廠卻不幸落選了。

「唔唔唔……唔唔唔……」簡單工廠哭著回到了後台。

「小妹，別哭了，到底發生了什麼？」工廠方法摟住她，輕聲地問道。

「他們說我不符合開放-封閉原則的精神，」簡單工廠哽咽地答道，「所以就把我淘汰了。」

「你在對每一次擴充時都要更改工廠類別，這就是對修改開放了，當然不符合開閉原則。」抽象工廠說道，「行了，別哭了，講好了不許哭鼻子的。」

「哇……哇……哇……」被大姐這麼一說，簡單工廠放聲大哭。

「沒關係的，這次不行，還會有下次的。」工廠方法拍了拍她的後背安慰地說。

「二姐，你要好好加油，為我們工廠家族爭光。」簡單工廠握著工廠方法的手說，然後對著抽象工廠說，「大姐，哼，你老是說風涼話，祝你早日淘汰。」邊說著，簡單工廠卻破涕為笑了。

「你這小妮子，敢咒我。看我不……」抽象工廠臉上帶笑，嘴裡罵著，舉起手欲拍過去。

「二姐救我，大姐饒命。」簡單工廠躲到工廠方法後面叫道。

三姐妹追逐打鬧著，落選的情緒一掃而空。

29.3 超模大賽開幕式

「各位主管、各位來賓、觀眾朋友們,第一屆 OOTV 杯超級設計模式大賽正式開始。」漂亮的主持人 GOF 出現在台前,話音剛落,現場頓時響起激昂的音樂熱烈的掌聲。

「首先我們來介紹一下到場的嘉賓。第一位是我們 OOTV 創始人,物件導向先生。」只見前排一位 40 多歲的中年人站了起來,向後排的觀眾揮手。

工廠方法在後台對著抽象工廠說:「沒想到物件導向這麼年輕,40 歲就功成名就了。」

「是呀,他從小是靠做 simula 服裝開始創業的,後來做 Smalltalk 的生意開始發揚光大,但最終讓他成功的是 Java,我覺得他也就是運氣好。」抽象工廠解釋說。

「運氣也是要給有準備頭腦的人,前二十年,做 C 品牌服裝生意的人多得是了,結構化程式設計就像神一樣的被頂禮膜拜,只有物件導向能堅持 OO 理念,事實證明,OO 被越來越多的人認同。這可不是運氣。」

「結構化程式設計那確實是有些老了,時代不同了,老的偶像要漸漸退出,新的偶像再站出來。現在是物件導向的時代,當然如日中天,再過幾年就不一定是他了。」抽象工廠相對悲觀。

29.3 超模大賽開幕式

「物件導向不是一直聲稱自己『永遠二十五歲』嗎？」工廠方法雙手抱拳放在胸前，堅定地說，「我看好他，他是我永遠的偶像。」

「到場來賓還有，抽象先生、封裝先生、繼承女士、多形女士。他們也是我們這次比賽的策劃、導演和監製，掌聲歡迎。」主持人 GOF 說道。

工廠方法說：「啊，這些明星，平時看都看不見的，真想為他們尖叫。」

抽象工廠說：「我最大的願望就是能得到抽象先生的簽名，看來極有可能夢想成真了。」

兩姐妹在那裡入迷地望著總機，自說自話著。

「現在介紹本次大賽的評審，單一職責先生、開放封閉先生、依賴倒轉先生、里氏代換女士、合成聚合重複使用女士、迪米特先生。」主持人 GOF 說道。

「那個叫開放封閉的傢伙就是提出淘汰小妹的人。」抽象工廠對工廠方法說。

「噓，小點聲，他們可就是我們的評審，我們的命運由他們決定的。」工廠方法把食指放在嘴邊小聲地說。

「下面有請物件導向先生發表演講。」主持人 GOF 說道。

物件導向大步流星地走上了台前，沒有任何稿子，語音洪亮地開始了發言。

「各位來賓，電視機前的朋友們，大家好！（鼓掌）

感謝大家來為 OOTV 的超級設計模式大賽捧場。OO 從誕生到現在，經歷了風風雨雨，我物件導向能有今天真的也非常的不容易。就著這機會，我來談談物件導向的由來和舉辦此次設計模式大賽的目的。

軟體開發思想經過了幾十年的發展。最早的機器語言程式設計，程式設計師一直在記憶體和外部儲存容量的苛刻限制下『艱苦』勞作。儘管如此，當時程式設計師還是創造了許多令人驚奇的工程軟體。後來，高性能的電腦越來越普及，它們擁有較多的內外部儲存空間，程式設計也發展到一個較高的層次，不再對任一細節都斤斤計較，於是出現了各種高階語言，軟體程式設計開始進入了全面開花的時代。

剛開始的高階語言撰寫，大多是麵條式的程式，隨著程式的複雜化，這會造成程式極度混亂。隨著軟體業的發展，麵條式的程式是越來越不適應發展的需要，此時出現了結構化程式設計，即程序式導向的開發，這種方式把程式分割成了多個模組，增強了程式的重複使用性，方便了偵錯和修改，但是結構也相對複雜一些。過程導向的開發，把需求理解成一筆一筆的業務流程，開發前總是喜歡問使用者『你的業務流程是什麼樣的？』，然後他們分析這些流程，把這些流程交織組合在一起，然後再劃分成一個又一個的功能模組，最終透過一個又一個的函數，實現了需求。這對一個小型的軟體來說，或許是最直接最簡捷的做法。

而問題也就出在了這裡。隨著軟體的不斷複雜化，這樣的做法有很大的弊端。面向過程關注業務流程，但無論多麼努力工作，分析做得如何好，也是永遠無法從使用者那裡獲得所有的需求的，而業務流程卻是需求中最可能變化的地方，業務流程的制定需要受到很多條件的限制，甚至程式的效率、執行方式都會反過來影響業務流程。有時候使用者也會為了更進一步地實現商業目的，主動地改變業務流程，並且一個流程的變化經常會帶來一系列的變化。這就使得按照業務流程設計的程式經常面臨變化。今天請假可能就只需要打聲招呼就行了，明天請假就需要多

個等級管理者審核才可以。流程的易變性，使得把流程看得很重，並不能適應變化。

過程透過劃分功能模組，透過函數相互間導向的呼叫來實現，但需求變化時，就需要更改函數。而你改動的函數有多少的地方在呼叫它，連結多少資料，這是很不容易弄得清楚的地方。或許開發者本人弄得清楚，但下一位維護程式者是否也了解所有的函數間的彼此呼叫關係呢？函數的修改極有可能引起不必要的 Bug 的出現，維護和偵錯中所耗費的大多數時間不是花在修改 Bug 上，而是花在尋找 Bug 上，弄清如何避免在修改程式時導致不良副作用上了。種種跡象都表明，過程導向的開發也不能適應軟體的發展。

與其抱怨需求總是變化，不如改變開發過程，從而更有效地應對變化。物件導向的程式設計方式誕生，就是為解決變化帶來的問題。

物件導向關注的是物件，物件的優點在於，可以定義自己負責的事物，做要求它自己做的事情。物件應該自己負責自己，而且應該清楚地定義責任。

物件導向的開發者，把需求理解成一個一個的物件，他們喜歡問使用者『這個東西叫做什麼，他從哪裡來，他能做什麼事情？』，然後他們製造這些物件，讓這些物件互相呼叫，符合了業務需要。

需求變化是必然的，那麼儘管無法預測會發生什麼變化，但是通常可以預測哪裡會發生變化。物件導向的優點之一，就是可以封裝這些變化區域，從而更容易地將程式與變化產生的影響隔離開來。程式可以設計得使需求的變化不至於產生太大的影響。程式可以逐步演進，新程式可以影響較少地加入。

顯然，物件比流程更加穩定，也更加封閉。業務流程從表面上看只有一個入口、一個出口，但是實際上，流程的每一步都可能改變某個資料的內容、改變某個裝置的狀態，對外界產生影響。而物件則是完全透過介

面與外界聯繫，介面內部的事情與外界無關。

當然，有了物件導向的方式，問題的解決看上去不再這麼直截了當，需要首先開發業務物件，然後才能實現業務流程。隨著物件導向程式設計方式的發展，又出現了設計模式、ORM、以及不計其數的工具、框架。軟體為什麼會越來越複雜呢？其實這不是軟體本身的原因，而是因為軟體需要解決的需求越來越複雜了。

面向過程設計開發相對容易，但不容易應對變化。物件導向設計開發困難，但卻能更好的應對千變萬化的世界，所以現代的軟體需要物件導向的設計和開發。

（鼓掌）

設計模式是物件導向技術的最新進展之一。由於物件導向設計的複雜性，所以我們都希望能做出應對變化，提高重複使用的設計方案，而設計模式就能幫助我們做到這樣的結果。透過重複使用已經公認的設計，我們能夠在解決問題時避免前人所犯的種種錯誤，可以從學習他人的經驗中獲益，用不著為那些總是會重複出現的問題再次設計解決方案。顯然，設計模式有助提高我們的思考層次。讓我們能站在山頂而非山腳，也就是更高的高度來俯視我們的設計。

如今，好的設計模式越來越多，但了解他們的人卻依然很少，我們OOTV舉辦設計模式大賽的目的一方面是為了評選出最佳秀的設計模式，另一方面也是希望讓更多的人了解她們，認識她們，讓她們成為明星，讓她們可以為您的工作服務。

祝願本屆大賽圓滿成功。謝謝大家！」（鼓掌）

正在此時，突然一個人雙手舉著一塊牌子衝上了講台，紙牌上寫著「Service-Oriented Architecture（服務導向的系統架構 SOA）」，口中大聲且反覆地說道：「抵

29.3 超模大賽開幕式

制 Object-Oriented，推廣 Service-Oriented，OO 已成往事，SOA 代表未來。」

這突如其來的變化，讓全場譁然，很多人都交頭接耳，說著關於 SOA 與 OO 的關係。只有<u>物件導向</u>先生依然站在講台上，微笑不語，顯然久經風雨的他對於這種事早已見怪不怪。保安迅速帶著此人離開了會場。會場漸漸又恢復了安靜。

「下面宣佈一下比賽規則。」GOF 的聲音再次響起，「本次大賽根據模式的特點，設定了三個類別，分別是建立型模式、結構型模式和行為型模式，但由於有 11 位選擇了行為型模式，人數過多，所以行為型模式又分為了兩組。也就是說，我們將選手共分為了四組，所有的選手都將首先參加分組比賽，每組第一名將參加我們最終設計模式冠軍的爭奪。選手的分組情況，請看大螢幕。」

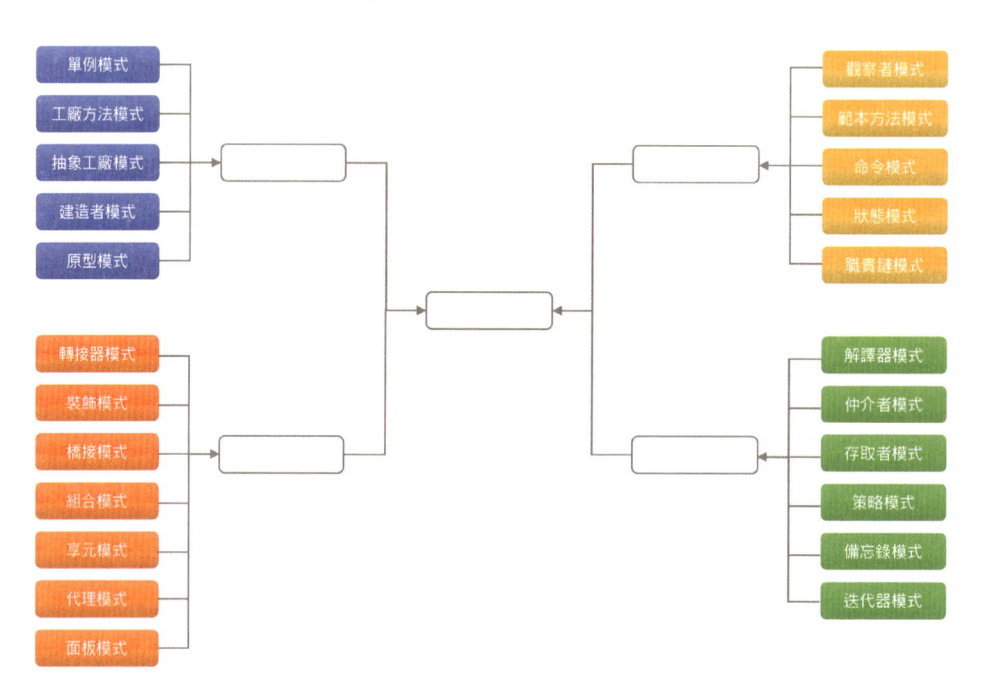

建立型模式組：
- 單例模式
- 工廠方法模式
- 抽象工廠模式
- 建造者模式
- 原型模式

行為型模式組一：
- 觀察者模式
- 範本方法模式
- 命令模式
- 狀態模式
- 職責鏈模式

結構型模式組：
- 轉接器模式
- 裝飾模式
- 橋接模式
- 組合模式
- 享元模式
- 代理模式
- 面板模式

行為型模式組二：
- 解譯器模式
- 仲介者模式
- 存取者模式
- 策略模式
- 備忘錄模式
- 迭代器模式

「下面我們就有請，單一職責先生代表評審宣誓。」

此時，幾位評審站了起來，單一職責先生拿起事先寫好的稿子，緩慢地說道：「我代表本屆大賽全體評審和工作人員宣誓：恪守職業道德，遵守競賽規則。嚴格執法，公正裁判，努力為參賽選手提供良好的比賽氣氛和高效優質服務，維護公正的評審信譽。為保證大會的圓滿成功，做出我們應有的貢獻！宣誓人：單一職責。」

「宣誓人：開放封閉」

「宣誓人：依賴倒轉」

……

「下面有請策略模式小姐代表參賽選手宣誓。」

「為了展示物件導向的優點和思想，為了程式設計的光榮和團隊的榮譽，我代表我們全體參賽選手，將弘揚『可維護、可擴充、可重複使用、靈活性好』的 OO 精神，嚴格遵守賽事活動的各項安排，遵守比賽規則和賽場紀律，尊重對手，團結協作，頑強拼搏，賽出風格，賽出水準，勝不驕，敗不餒，尊重裁判，尊重對方，尊重觀眾。並預祝大賽圓滿成功。」

29.4 建立型模式比賽

「現在比賽正式開始，有請第一組參賽選手入場，並進行綜合形象展示。」

「第一組建立型選手，他們身穿的是 Java 正裝進行展示。」

「1 號選手，抽象工廠小姐，她的口號是提供一個建立一系列或相關依賴物件的介面，而無需指定它們具體的類別。」

29.4 建立型模式比賽

▌1 號選手 抽象工廠（Abstract Factory）

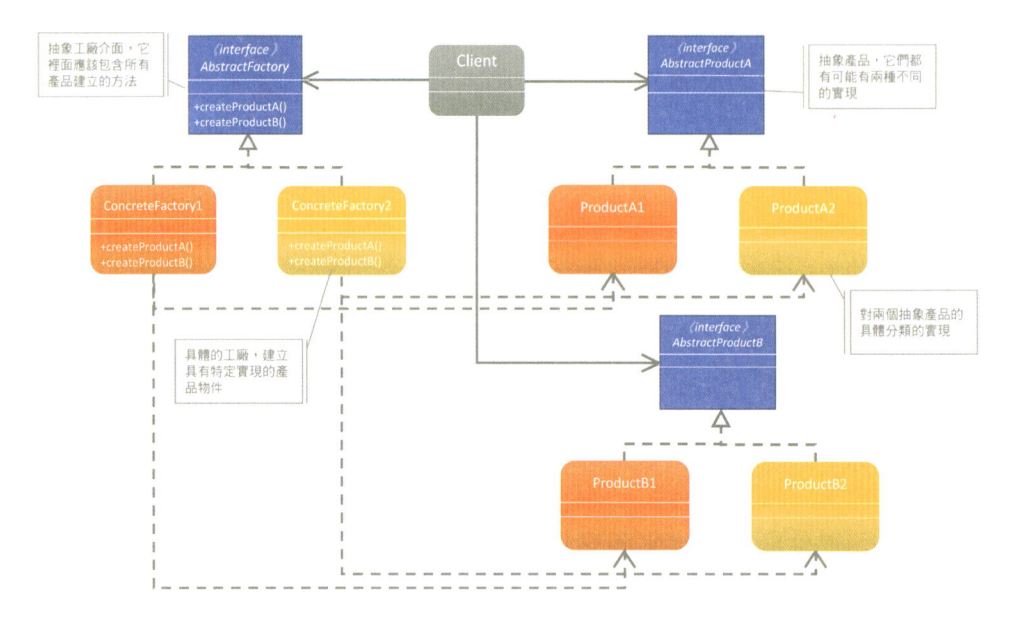

抽象工廠介面，它裡面應該包含所有產品建立的方法

具體的工廠，建立具有特定實現的產品物件

抽象產品，它們都有可能有兩種不同的實現

對兩個抽象產品的具體分類的實現

「2 號選手，建造者小姐，她的口號是將一個複雜物件的建構與它的表示分離，使得同樣的建構過程可以建立不同的表示。」

▌2 號選手 建造者（Bulider）

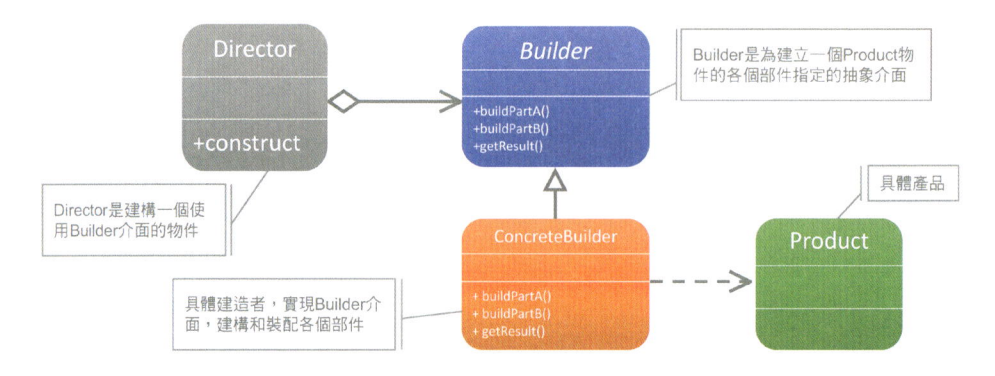

Director是建構一個使用Builder介面的物件

Builder是為建立一個Product物件的各個部件指定的抽象介面

具體建造者，實現Builder介面，建構和裝配各個部件

具體產品

29-12

「3 號選手工廠方法小姐向我們走來，她聲稱定義一個用於建立物件的介面，讓子類別決定實例化哪一個類別，工廠模式使一個類別的實例化延遲到其子類別。」

▌3 號選手 工廠方法（Factory Method）

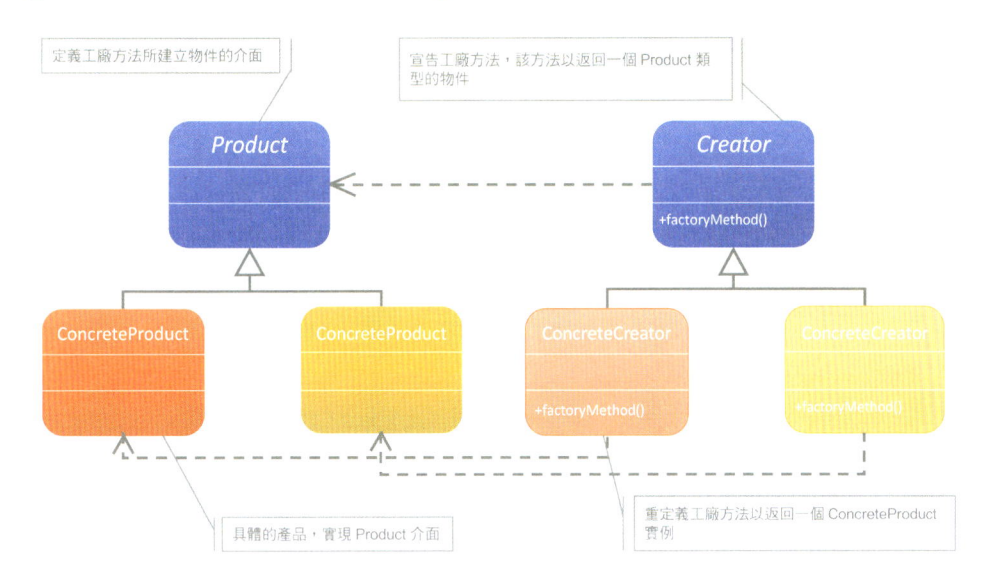

```
定義工廠方法所建立物件的介面        宣告工廠方法，該方法以返回一個 Product 類
                                型的物件

    Product                         Creator
                                   +factoryMethod()

ConcreteProduct  ConcreteProduct  ConcreteCreator  ConcreteCreator
                                  +factoryMethod() +factoryMethod()

具體的產品，實現 Product 介面        重定義工廠方法以返回一個 ConcreteProduct
                                實例
```

「4 號選手是原型小姐，她的意圖是用原型實例指定建立物件的種類，並且透過拷貝這些原型建立新的物件。」

29-13

29.4 建立型模式比賽

4 號選手 原型（Prototype）

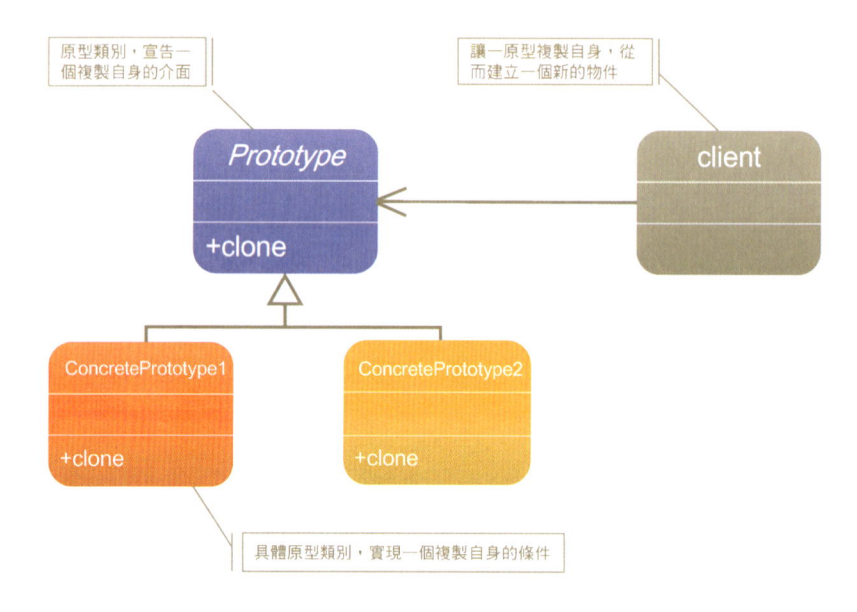

[圖：Prototype 類別圖，Prototype 類別（+clone）由 ConcretePrototype1、ConcretePrototype2 繼承，client 使用 Prototype。註解：原型類別，宣告一個複製自身的介面；讓一原型複製自身，從而建立一個新的物件；具體原型類別，實現一個複製自身的條件]

「5 號選手出場，單例小姐，她提倡簡捷就是美，保證一個類別僅有一個實例，並提供一個存取它的全域存取點。」

5 號選手 單例（Singleton）

[圖：Singleton 類別圖，+instance:Singleton、-Singleton()、+getInstance()。註解：Singleton 類別，定義一個 getInstance 操作，允許客戶存取它的唯一實例。getInstance 是一個靜態方法，主要負責建立自己的唯一實例。]

此時只見場下一幫 Fans 開始熱鬧起來。

簡單工廠帶領著抽象工廠和工廠方法的粉絲們開始齊唱，「我們工廠有力量，嗨！我們工廠有力量！每天每日工作忙，嗨！每天每日工作忙，……哎！嗨！哎！嗨！為了我程式設計師徹底解放！」

「單例單例，你最美麗，一人建立，全家獲益。」單例的 Fans 同樣不甘示弱地喊著口號。

觀眾席中還有兩位先生安靜地坐在那裡，小聲地聊著。

「你猜誰會勝出？」ADO.NET 對旁邊的 Hibernate 說。

「我覺得，抽象工廠可以解決多個類型產品的建立問題，就我而言，同一物件與多個資料庫 ORM 就是透過她來實現的。我覺得她會贏。」Hibernate 堅定地說。

「你也不看看，抽象工廠那形象，多臃腫呀，身上類別這麼多。做起事來一定不夠利索。」ADO.NET 不喜歡抽象工廠。

「那你喜歡單例？」Hibernate 問道。

「單例又太瘦了。過於骨感也不是美。我其實蠻喜歡原型那小姑娘的，我的 DataSet 只要呼叫原型模式的 Clone 就可以解決資料結構的複製問題，而 Copy 則不但複製了結構，連資料也都複製完成，很是方便。」

「那你不覺得建造者把建造過程隱藏，一個請求，完整產品就建立，在高內聚的前提下使得與外界的耦合大大降低，這不也是很棒的嗎？」

「問題是又有多少產品是相同的建造過程呢？再說回來，你造什麼物件，不還是需要 new 嗎？」

「哈，從 new 的角度講，工廠方法才是最棒的設計，它可是把工廠職責都分了類別了，其他幾位不過是她的變形罷了。」

「有點道理，看來建立型這一組，工廠方法有點優勢哦。」

「下面有請評審提問。」主持人 GOF 待五位選手出場亮相之後接著說。

「請問抽象工廠小姐，為什麼我們需要建立型模式？」開放 - 封閉先生問道。

29.4 建立型模式比賽

只見抽象工廠思考了一下，說道：「我覺得建立型模式隱藏了這些類別的實例是如何被建立和放在一起，整個系統關於這些物件所知道的是由抽象類別所定義的介面。這樣，建立型模式在建立了什麼、誰建立它、它是怎麼被建立的，以及何時建立這些方面提供了很大的靈活性。」

「請問原型小姐，你有什麼補充？」依賴倒轉對著原型問道。

原型顯然沒想到突然會問到她，而且對於這個問題，多少有點手足無措，她說：「當一個系統應該獨立於它的產品建立、組成和表示時，應該考慮用建立性模式。建立對應數目的原型並複製它們通常比每次用合適的狀態手工實例化該類別更方便一些。」

「哈，這可能是我們需要原型的理由。」依賴倒轉說道，然後轉頭問建造者，「請談談你對鬆散耦合的理解。」

建造者對這個問題一定是有了準備，不慌不忙，說道：「這個問題首先要談談內聚性與耦合性，內聚性描述的是一個常式內部組成部分之間相互聯繫的緊密程度。而耦合性描述的是一個常式與其他常式之間聯繫的緊密程度。軟體開發的目標應該是建立這樣的常式：內部完整，也就是高內聚，而與其他常式之間的聯繫則是小巧、直接、可見、靈活的，這就是鬆散耦合。」

「那麼你自己是如何去實踐鬆散耦合的呢？」依賴倒轉接著問。

「我是將一個複雜物件的建構與它的表示分離，這就可以很容易地改變一個產品的內部表示，並且使得建構程式和表示程式分開。這樣對客戶來說，它無需關心產品的建立過程，而只要告訴我需要什麼，我就能用同樣的建構過程建立不同的產品給客戶。」

「回答得非常好，現在請問單例，你來說說看你參賽的理由，你與別人有何不同？」單一職責問道。

OOTV 杯超級模式大賽 -- 模式複習

單例小姐有些羞澀，停了一會，才開口說：「我覺得對一些類別來說，一個實例是很重要的。一個全域變數可以使得一個物件被存取，但它不能防止客戶實例化多個物件。我的優勢就是讓類別自身負責儲存它的唯一實例。這個類別可以保證沒有其他實例可以被建立，並且我還提供了一個存取該實例的方法。這樣就使得對唯一的實例可以嚴格地控制客戶怎樣以及何時存取它。」

「工廠方法，請問你如何理解建立型模式存在的意義？」合成聚合重複使用問道。

此時只聽場下一聲音叫道，「二姐加油」，原來簡單工廠在觀眾席上喊叫呢。工廠方法對著觀眾席微笑了一下，然後非常有信心地答道，「建立型模式抽象了實例化的過程。它們幫助一個系統獨立於如何建立、組合和表示它的那些物件。建立型模式都會將關於該系統使用哪些具體的類別的資訊封裝起來。允許客戶用結構和功能差別很大的『產品』物件設定一個系統。設定可以是靜態的，即在編譯時指定，也可以是動態的，就是執行時期再指定。」

「那麼請問你與其他幾位建立型模式相比有什麼優勢？」

「我覺得她們幾位都可能設計出比我更加靈活的程式，但她們的實現也相對就更加複雜。通常設計應該是從我，也就是工廠方法開始，當設計者發現需要更大的靈活性時，設計便會向其他建立型模式演化。當設計者在設計標準之間進行權衡的時候，了解多個建立型模式可以給設計者更多的選擇餘地。」

幾位評審都在不住地點頭，顯然，他們非常肯定工廠方法的回答。

「下面有請幾位評審寫上您們認為表現最好的模式小姐。」GOF 說道。

「單一職責先生，您的答案是？」

只見單一職責翻轉紙牌，上面寫著「單例」。

29.4 建立型模式比賽

「非常好，單例小姐已有一票。」

「開放封閉先生，您的選擇是？」

「工廠方法。我覺得工廠方法能使得我們增加新的產品時，不需要去更改原有的產品系統和工廠類別，只需擴充新的類別就可以了。這對於一個模式是否優秀是非常重要的判斷標準，我選擇她。」開放封閉說道。

「OK，工廠方法小姐也有一票了。」

……

「工廠方法小姐再加一票。」

……

「工廠方法小姐一共有五票。成功晉級，恭喜你。」GOF 宣佈完，只見工廠方法抱住了旁邊的抽象工廠淚流滿面，喜極而泣。下面的簡單工廠和一幫工廠方法的小 Fans 們歡呼雀躍。而其他模式的 Fans 們低頭不語，個別竟然已潸然淚下。

「好的，各位來賓，觀眾朋友們，第一場的比賽現在結束，工廠方法成功晉級，但其他四位選手並不等於沒有機會，希望您能透過手機給她們投票，中華電信使用者，請發送 OO 加選手編號到 www.ootv.com，台灣大哥大用戶請發送 OO 加選手編號到 www.ootv.net，遠傳使用者請發送 OO 加選手編號到 www.ootv.org，您的支持將是對落選選手的最大鼓勵，最終獲得票數最多者同樣可以晉級決賽。下面休息一會，插播一段廣告。」

ADO.NET 開始發牢騷：「什麼最大鼓勵，根本就是電視台在騙錢。」

「你不發拉倒，我可要給抽象工廠投上一票了。」Hibernate 說道。

「唉！算了，反正也就一元錢，我給原型投上一票。」

「哥們，原型沒戲了，投抽象工廠，這樣她進級了，你的錢也不白花。」

29-18

「呸，你怎麼知道抽象工廠會比原型的票數多，大家都不投她，她能成功嗎？我不但投原型，而且要投她十五張票（最高限額）。」ADO.NET 堅持道。

「我碰到神經病了。你去打水漂去，我不陪你。」

29.5 結構型模式比賽

此時的後台，第二組選手正在做著準備，電視台的記者抓緊時間，對轉接器小姐做了一個小小的專訪。

「轉接器小姐，您入選的結構型模式組被稱為死亡之組，這一點您怎麼看？」

「我覺得，所謂死亡之組，意思是有多個可能得冠軍的選手不幸被分在了一組，造成有實力的選手會在小組賽中提前被淘汰，但那是針對體育比賽，我們這種選秀活動，選手只要充分表現了自己，就是成功，最終結果往往是多贏的局面。所以我不擔心。」

「您覺得您有可能成為冠軍嗎？」

「不想當冠軍的模式不是好模式。我來了，當然就是要努力爭取第一。」

29.5 結構型模式比賽

「您是否有與眾不同的殺手鐧來獲得勝利？」

「我有殺手鐧？」轉接器小姐笑著搖搖頭，「努力爭取勝利就可以了。不好意思，我得準備去了，再見。」

當轉接器離開後，記者小聲地對攝影師說，「你把最後一句擦掉。然後我們再錄。」接著這記者拿著話筒對著攝像機，正式地說道：「觀眾朋友，轉接器小姐說，她有成功致勝的殺手鐧，但她卻並沒有提及內容，最終是什麼讓我們拭目以待。OOTV 記者趙謠前方為您報導。」

「歡迎回到第一屆 OOTV 杯超級設計模式大賽現場，下面是第二組，也就是結構型模式組的比賽，她們將穿 C# 休閒裝出場。」

「6 號選手，轉接器小姐，她的口號是將一個類別的介面轉換成客戶希望的另外一個介面。轉接器模式使得原本由於介面不相容而不能一起工作的那些類別可以一起工作。」

6 號選手 轉接器（Adapter）

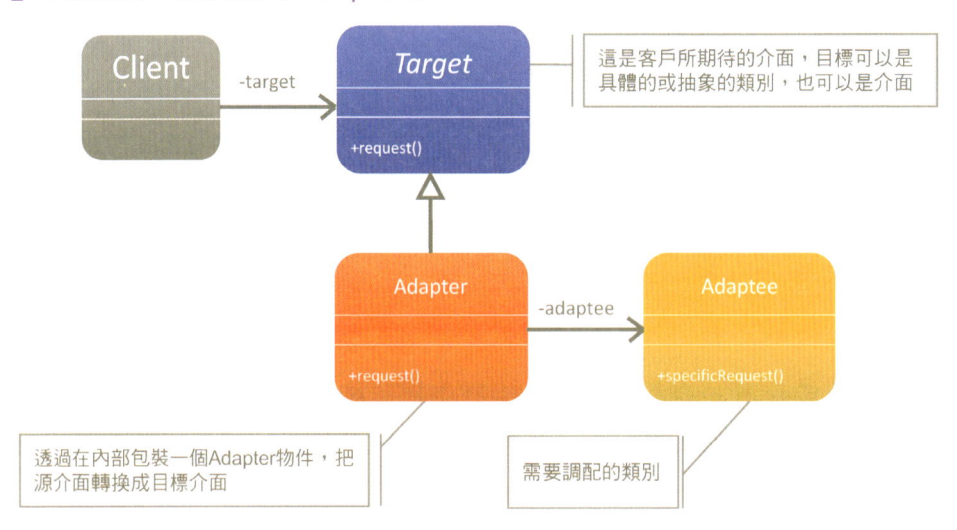

「7 號選手叫橋接。橋接小姐提倡的是將抽象部分與它的實現部分分離，使它們都可以獨立地變化。」

7 號選手 橋接（Bridge）

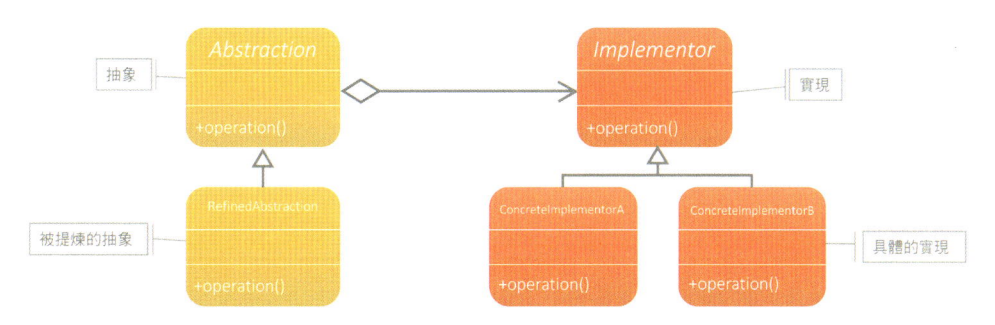

「8 號選手向我們走來，組合小姐，一個非常美麗的姑娘，她的口號是將物件組合成樹形結構以表示『部分 - 整體』的層次結構，組合模式使得使用者對單一物件和組合物件的使用具有一致性。」

8 號選手 組合（Composite）

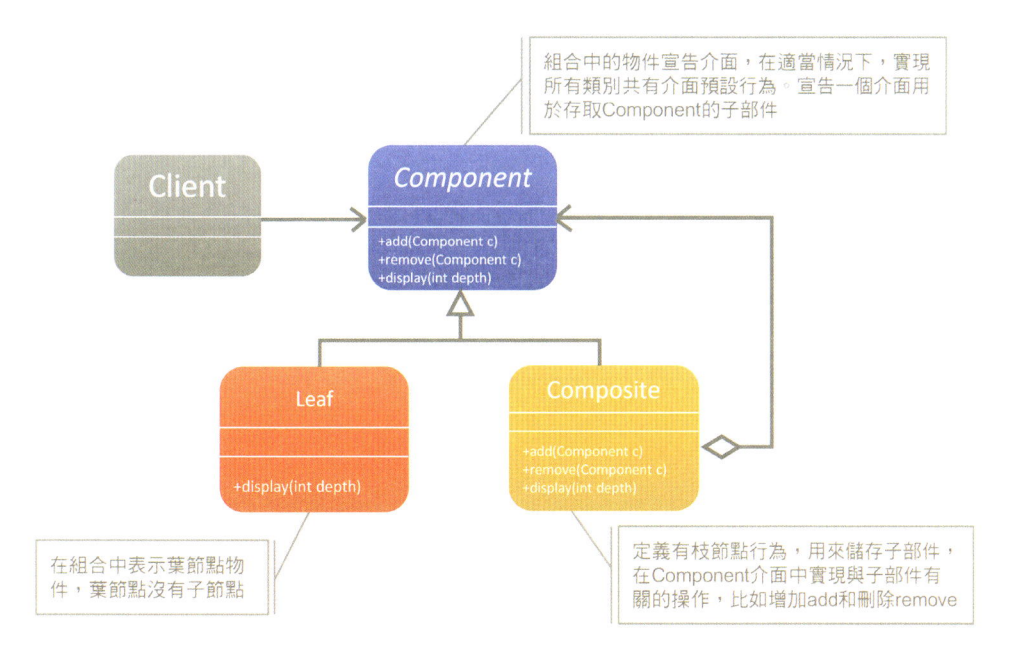

29.5 結構型模式比賽

「9號選手，裝飾小姐，她的意圖非常簡單，就是動態地給一個物件增加一些額外的職責。就增加功能來說，裝飾模式相比生成子類別更加靈活。的確，她把自己裝飾得非常漂亮。」

9號選手 裝飾（Decorator）

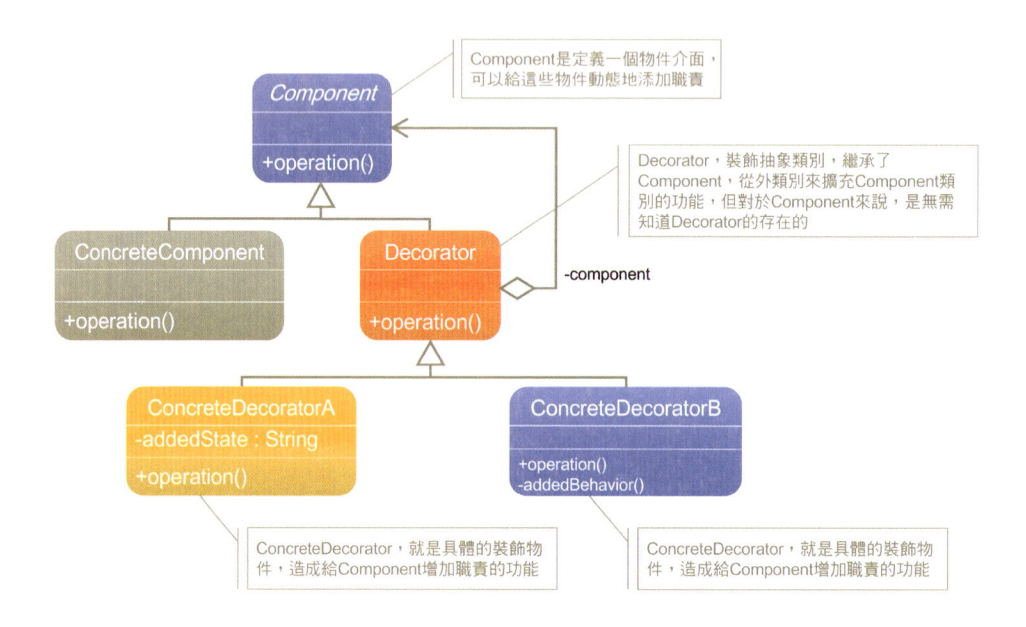

```
Component是定義一個物件介面，可以給這些物件動態地添加職責

Decorator，裝飾抽象類別，繼承了Component，從外類別來擴充Component類別的功能，但對於Component來說，是無需知道Decorator的存在的

ConcreteDecorator，就是具體的裝飾物件，造成給Component增加職責的功能
```

「10號選手出現了，外觀小姐，她的形象如她的名字一樣的棒，她說為子系統中的一組介面提供一個一致的介面，面板模式定義了一個高層介面，這個介面使得這一子系統更加容易使用。」

10 號選手 外觀（Facade）

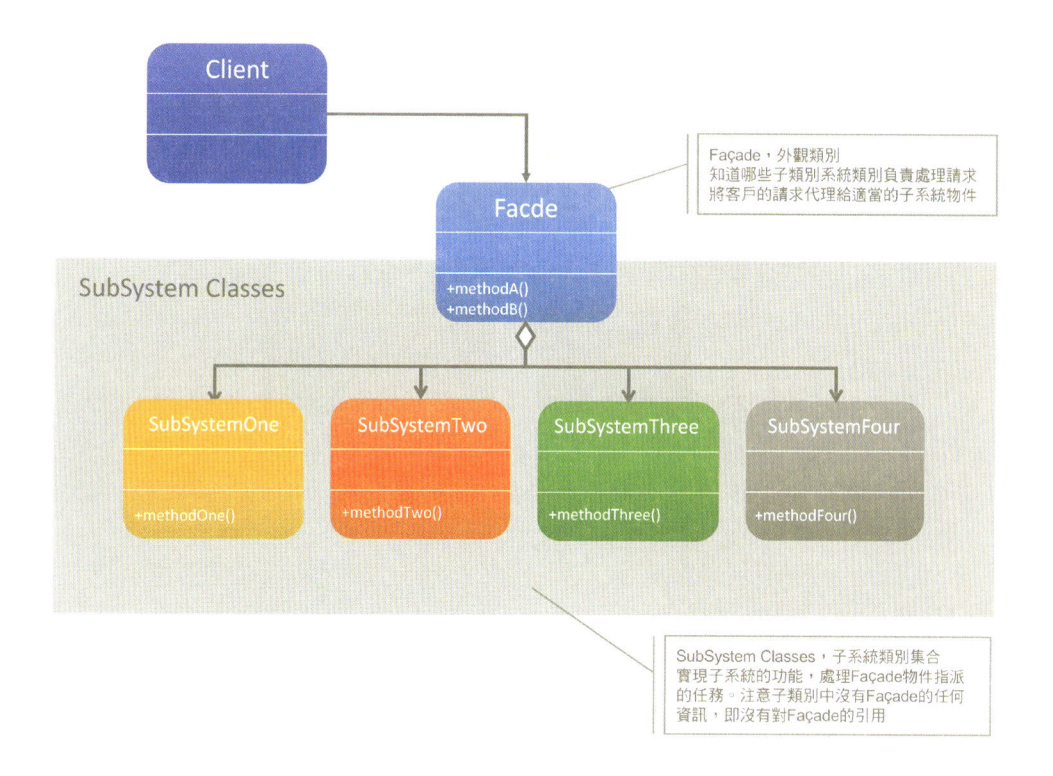

```
Client
  │
  ▼
Facde                    Façade，外觀類別
+methodA()               知道哪些子類別系統類別負責處理請求
+methodB()               將客戶的請求代理給適當的子系統物件

SubSystem Classes
  ├─ SubSystemOne     +methodOne()
  ├─ SubSystemTwo     +methodTwo()
  ├─ SubSystemThree   +methodThree()
  └─ SubSystemFour    +methodFour()
```

SubSystem Classes，子系統類別集合實現子系統的功能，處理Façade物件指派的任務。注意子類別中沒有Façade的任何資訊，即沒有對Façade的引用

「11 號選手是享元小姐，她的參賽宣言為運用共用技術有效地支援大量細細微性的物件。」

29.5 結構型模式比賽

11 號選手 享元（Flyweight）

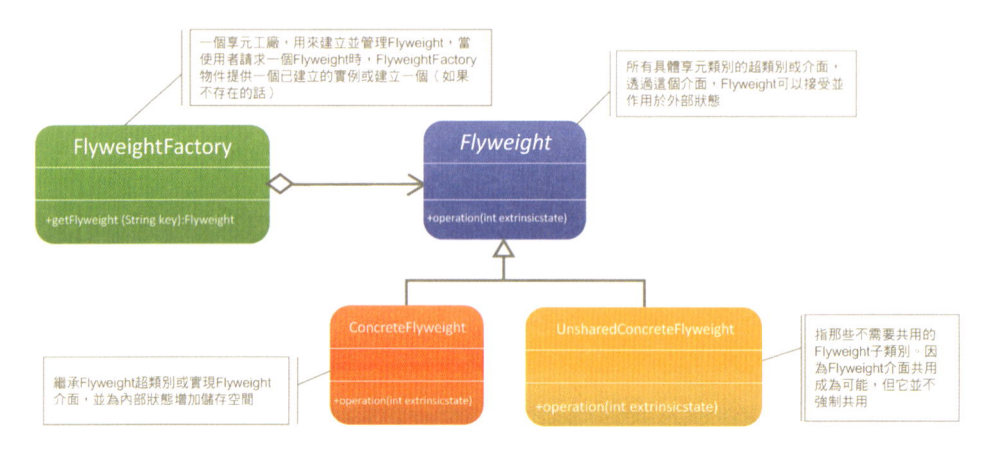

```
FlyweightFactory ◇──────▶ Flyweight
+getFlyweight(String key):Flyweight    +operation(int extrinsicstate)
                                              △
                                              │
                            ┌─────────────────┴─────────────────┐
                    ConcreteFlyweight              UnsharedConcreteFlyweight
                    +operation(int extrinsicstate) +operation(int extrinsicstate)
```

- FlyweightFactory：一個享元工廠，用來建立並管理Flyweight，當使用者請求一個Flyweight時，FlyweightFactory物件提供一個已建立的實例或建立一個（如果不存在的話）
- Flyweight：所有具體享元類別的超類別或介面，透過這個介面，Flyweight可以接受並作用於外部狀態
- ConcreteFlyweight：繼承Flyweight超類別或實現Flyweight介面，並為內部狀態增加儲存空間
- UnsharedConcreteFlyweight：指那些不需要共用的Flyweight子類別。因為Flyweight介面共用成為可能，但它並不強制共用

「本組了最後一位，12 號選手，<u>代理</u>小姐向我們走來，她聲稱<u>為其他物件提供一種代理以控制對這個物件的存取。</u>」

12 號選手 代理（Proxy）

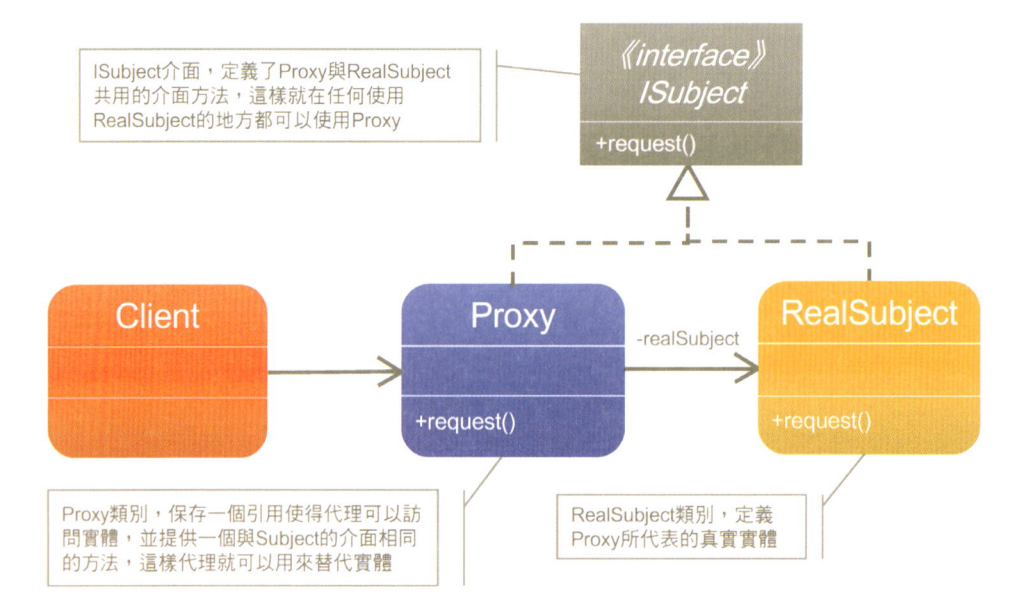

```
                        《interface》
                         ISubject
                         +request()
                            △
                    ┌───────┴───────┐
                    │               │
Client ────▶     Proxy ──realSubject──▶ RealSubject
                 +request()           +request()
```

- ISubject：ISubject介面，定義了Proxy與RealSubject共用的介面方法，這樣就在任何使用RealSubject的地方都可以使用Proxy
- Proxy：Proxy類別，保存一個引用使得代理可以訪問實體，並提供一個與Subject的介面相同的方法，這樣代理就可以用來替代實體
- RealSubject：RealSubject類別，定義Proxy所代表的真實實體

29-24

觀眾席中的 ADO.NET 和 Hibernate 又開始了討論。

Hibernate：「C# 休閒裝我不喜歡，還是 Java 正裝漂亮。」

ADO.NET：「哈，你這麼正經八百的人，當然是不喜歡休閒裝，你兄弟 NHibernate 一定喜歡得不得了，我也是喜歡休閒裝的。」

Hibernate：「這一組夠強，沒有太弱的，你感覺誰最有機會？」

ADO.NET：「不好說，都很漂亮的，各自有各自的特點，你認為呢？」

Hibernate：「我喜歡橋接，太漂亮了，那種解耦的方式，用聚合來代替繼承，實在是非常巧妙。」

ADO.NET：「是的，橋接很漂亮，不過裝飾也非常美麗。由於善於打扮，所以她可以極佳地展示其魅力。」

Hibernate：「說得也是，裝飾好歹也是靠化妝自己展示好看，而代理那個小妮子，聽說她甚至有可能就不是自己來參加比賽，而是找了一替身。」

ADO.NET：「啊，不會吧，這種謠傳你也會信呀，找人替身，那出了名算誰的？」

Hibernate：「當然還是她自己，大牌明星都這樣的，找了替身做了很多，最後可能連替身名字都不讓人家知道。」

ADO.NET：「代理要是大牌就不用來參加比賽了，出名前一切還是只有靠自己的。說心裡話，我最喜歡的是轉接器小姐。」

Hibernate：「哦，為什麼喜歡她？她好像並不算漂亮。」

ADO.NET：「因為她對我的幫助最大，我在存取不同的資料庫，如 SQL Server、Oracle 或 DB2 等時，需要將資料結構和資料都轉化成 XML 格式給 DataSet，DataAdapter 就是轉接器，沒有她的幫助，我的 DataSet 就發揮不了作用，真的很感激她。」

29.5 結構型模式比賽

Hibernate：「哈，原來是恩人呀，打小認識的？青梅竹馬？哈，好像就你認識她一樣，我也和她是老相好哦。」

ADO.NET：「你就吹吧你，之前也聽你說你和抽象工廠是相好，現在又和轉接器相好，你的相好真夠多的。」

Hibernate：「不信拉倒。我們不如來打賭，我賭 10 塊錢，橋接會贏。」

ADO.NET：「瞧你那小氣樣，我賭 100 元，轉接器會贏。」

Hibernate：「100 就 100，Who 怕 Who 呀。」

「下面有請評審提問。」主持人 GOF 說。

「請問轉接器小姐，剛才記者提到你有成功的殺手鐗，那是什麼呢？」開放封閉先生問道。

「殺手鐗？」轉接器心裡一咯噔，心想，「那記者太不道義了，我明明沒有回答她的問題，怎麼就斷章取義地說我有殺手鐗呢？造謠呀。」猶豫了一下，她說道，「我所謂的殺手鐗是說，物件導向的精神就是更進一步地應對需求的變化，而現實中往往會有下面這些情況，想使用一個已經存在的類別，而它的介面不符合要求，或希望建立一個可以重複使用的類別，該類別可以與其他不相關的類別或不可預見的類別協作工作。正如開放封閉先生您所宣導地對修改關閉，對擴充開放的原則，我可以做到讓這些介面不同的類別透過調配後，協作工作。」

開放封閉不住地點頭。

「橋接小姐，面對變化，你是如何做的？」合成聚合重複使用問道。

橋接答道：「繼承是好的東西，但往往會過度地使用，繼承會導致類別的結構過於複雜，關係太多，難以維護，而更糟糕的是擴充性非常差。而仔細研究如果能發現繼承系統中，有兩個甚至多個方向的變化，那麼就解耦這些不同方向的變化，透過物件組合的方式，把兩個角色之間的繼

承關係改為了組合的關係，從而使這兩者可以應對各自獨立的變化，事實上也就是合成聚合重複使用女士所提倡的原則，總之，面對變化，我主張『找出變化並封裝之』。」

「這個問題也同樣提問給裝飾小姐，面對變化，你如何做？」合成聚合重複使用接著問裝飾。

裝飾顯然對此問題很有信心，答道：「面對變化，如果採用生成子類別的方法進行擴充，為支援每一種擴充的組合，會產生大量的子類別，使得子類別數目呈爆炸性增長。這也是剛才橋接小姐所提到的繼承所帶來的災難，而事實上，這些子類別多半只是為某個物件增加一些職責，此時透過裝飾的方式，可以更加靈活、以動態、透明的方式給單一物件增加職責，並在不需要時，撤銷對應的職責。」

「組合小姐，我們透過你的材料，了解到你最擅長於表示物件的部分與整體的層次結構。那麼請問，你是如何做到這一點的？」里氏代換問道。

組合答道：「我是希望使用者忽略組合物件與單一物件的不同，使用者將可以統一地使用組合結構中的所有物件。」組合回答道，「使用者使用組合類別介面與組合結構中的物件進行互動，如果接收者是一個葉節點，則直接處理請求，如果接收者是組合物件，通常將請求發送給它的子元件，並在轉發請求之前或之後可能執行一些輔助操作。組合模式的效果是客戶可以一致地使用組合結構和單一物件。任何用到基本物件的地方都可以使用組合物件。」

一直沒有提過問題的迪米特先生，突然接過話筒，對著外觀小姐問了個問題，「請問外觀小姐，資訊的隱藏促進了軟體的重複使用 [J&DP]，你怎麼理解這句話？」

外觀小姐有些緊張，停頓了一會，然後緩緩答道，「類別之間的耦合越弱，越有利於重複使用，一個處在弱耦合的類別被修改，不會對有關係的類別造成波及。如果兩個類別不必彼此直接通訊，那麼就不要讓這兩

29.5 結構型模式比賽

個類別發生直接的相互作用。如果實在需要呼叫,可以透過第三者來轉發呼叫。」

「那你又是如何去貫徹這一原則呢?」迪米特繼續問道。

「我覺得應該讓一個軟體中的子系統間的通訊和相互依賴關係達到最小,而具體辦法就是引入一個外觀物件,它為子系統間提供了一個單一而簡單的屏障。通常企業軟體的三層或 N 層架構,層與層之間地分離其實就是面板模式的表現。」外觀小姐說話很慢,但顯然準備過,並沒說錯什麼。迪米特滿意地點了點頭。

「享元小姐,請問你如何看待很多物件使得記憶體銷耗過大的問題?」單一職責問道。

「物件使得記憶體佔用過多,而且如果都是大量重複的物件,那就是資源的極大浪費,會使得機器性能減慢,這個顯然是不行的。」享元說,「物件導向技術有時會因簡單化的設計而代價極大。比如文件處理軟體,當中的字元都可以是物件,而如果讓文件中的每一個字元都是一個字元物件的話,這就會產生難以接受的執行銷耗,顯然這是不合理也是沒必要的。由於文件字元就是那麼些字母、數字或符號,完全可以讓所有相同的字元都共用同一個物件,比如所有用到 'a' 的字元的地方都使用一個共用的 'a' 物件,這就可以節約大量的記憶體。」

「OK,最後一位,代理小姐,請對比一下你和外觀小姐,有哪些不同?與轉接器小姐又區別在何處?」迪米特問道。

代理沒有想到會問這樣一個問題,而旁邊就站著外觀和轉接器,如果說得不好,顯然就是很得罪人的事,她思考了片刻,說道:「代理與外觀的主要區別在於,代理物件代表一個單一物件而外觀物件代表一個子系統;代理的客戶物件無法直接存取目標物件,由代理提供對單獨的目標物件的存取控制,而外觀的客戶物件可以直接存取子系統中的各個物件,但通常由外觀物件提供對子系統各元件功能的簡化的共同層次的呼叫介

面。[R2P]」代理停了一下，然後接著說，「至於我與轉接器，其實都是屬於一種銜接性質的功能。代理是一種原來物件的代表，其他需要與這個物件打交道的操作都是和這個代表交涉。而轉接器則不需要虛構出一個代表者，只需要為應付特定使用目的，將原來的類別進行一些組合。」

「下面有請六位評審寫上您們認為表現最好的模式小姐。」GOF 說道。

橋接
轉接器
外觀
轉接器
橋接
外觀

「哦，各位來賓，觀眾朋友們，第二場結構型模式的比賽真是相當精彩，各位選手也都實力相當，難分伯仲，現在出現了『橋接』、『轉接器』、『外觀』的比分均為兩分的相同情況。根據比賽規則，她們三位需要站上 PK 台，進行 PK。三位有請。」

「下面請三位各自說一說你比其他兩位優秀的地方。轉接器小姐先來。」

轉接器說：「我主要是為了解決兩個已有介面之間不匹配的問題，我不需要考慮這些介面是怎樣實現的，也不考慮它們各自可能會如何演化。我的這種方式不需要對兩個獨立設計的類別中任一個進行重新設計，就能夠使它們協作工作。」

「非常好，下面有請橋接小姐。」

「我覺得我和轉接器小姐具有一些共同的特徵，就是給另一物件提供一定程度的間接性，這樣可以有利於系統的靈活性。但正所謂未雨綢繆，我們不能等到問題發生了，再去考慮解決問題，而是更應該在設計之初就想好應該如何做來避免問題的發生，我通常是在設計之初，就對抽象介

29.5 結構型模式比賽

面與它的實現部分進行橋接，讓抽象與實現兩者可以獨立演化。顯然，我的優勢更明顯。」

「OK，說得很棒，外觀小姐，您有什麼觀點？」

「首先我剛聽完兩位小姐的發言，我個人覺得她們各自有各自的優點，並不能說設計之初就一定比設計之後的彌補要好，事實上，在現實中，早已設計好的兩個類別，過後需要它們統一介面，整合為一的事例也比比皆是。因此橋接和轉接器是被用於軟體生命週期的不同階段，針對的是不同的問題，談不上孰優孰劣。然後，對我來說，和轉接器還有些近似，都是對現存系統的封裝，有人說我其實就是另外一組物件的轉接器，這種說法是不準確的，因為外觀定義的是一個新的介面，而轉接器則是重複使用一個原有的介面，轉接器是使兩個已有的介面協作工作，而外觀則是為現存系統提供一個更為方便的存取介面。如果硬要說我是調配，那麼轉接器是用來調配物件的，而我則是用來調配整個子系統的。也就是說，我所針對的物件的細微性更大。」

「各個觀眾朋友們，在評審宣佈結果之前，希望您能透過瀏覽器給她們投票，Chrome 使用者，Firefox 使用者，……，您的支持將是對當前選手的最大鼓勵，最終獲得票數最多者同樣可以進級決賽。現在插播一段廣告。」主持人 GOF 說道。

此時場下觀眾席中的兩位，ADO.NET 和 Hibernate 已經爭論得不可開交。

Hibernate：「哈，你我看好的人都在 PK 台上，不過我相信橋接一定會贏。」

ADO.NET：「那可不一定，沒出結果之前，別亂下結論，橋接老說轉接器不如她，你沒見評審在搖頭嗎？」

Hibernate：「我堅信橋接一定會贏，你要是不服，我加賭 50，也就是 150。」

ADO.NET：「唷唷唷，就加 50，神氣什麼呀，要賭就賭大一些，1000，我賭轉接器進級。」

Hibernate：「1000 太多了點了，500 吧。」

ADO.NET：「我賭 1000，我贏了，你給我 1000，我輸了，我給你 500。」

Hibernate：「小子，你也太狠了。賭，1000 就 1000。──評審呀，你們一定要看清楚呀，橋接才是真正的美女呀。」

ADO.NET：「哼，走著瞧吧。」

回到現場，「下面有請單一職責先生宣佈評審的決定。」GOF 大聲說道。

「根據我們六位評審的討論，做出了艱難的決策，最終統一了思想，一致決定，」單一職責停了停，「外觀小姐晉級。」

外觀小姐眼含淚光，但卻保持著鎮定，顯然勝利的喜悅並沒有讓她失去常態。

轉接器和橋接都非常失望，想哭，卻又不得不強忍住淚水，強顏歡笑，對外觀表示祝賀。

場下的 ADO.NET 和 Hibernate 看不出什麼失望，反而都有些高興。

29.6 行為型模式一組比賽

「歡迎回到第一屆 OOTV 杯超級設計模式大賽現場，下面是第三組，也就是行為型模式一組的比賽，她們將穿 VB.NET 運動裝出場。」

「首先出場的是 13 號選手，觀察者小姐入場，它的口號是定義物件間的一種一對多的依賴關係，當一個物件的狀態發生改變時，所有依賴於它的物件都得到通知並被自動更新。」

13 號選手 觀察者（Observer）

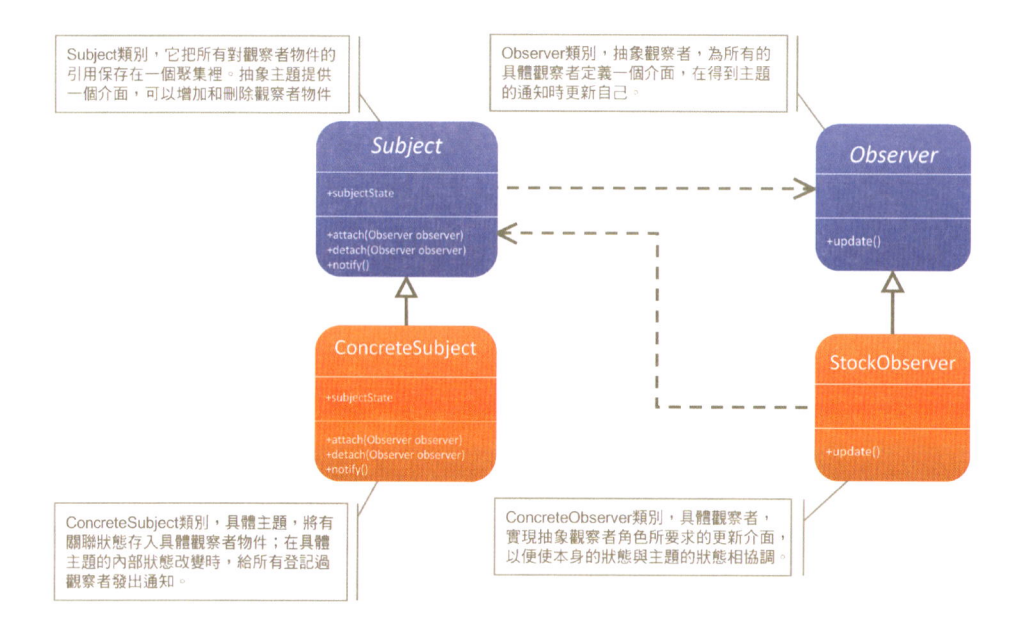

```
Subject類別，它把所有對觀察者物件的
引用保存在一個聚集裡。抽象主題提供
一個介面，可以增加和刪除觀察者物件

Observer類別，抽象觀察者，為所有的
具體觀察者定義一個介面，在得到主題
的通知時更新自己。

Subject
+subjectState
+attach(Observer observer)
+detach(Observer observer)
+notify()

Observer
+update()

ConcreteSubject
+subjectState
+attach(Observer observer)
+detach(Observer observer)
+notify()

StockObserver
+update()

ConcreteSubject類別，具體主題，將有
關聯狀態存入具體觀察者物件；在具體
主題的內部狀態改變時，給所有登記過
觀察者發出通知。

ConcreteObserver類別，具體觀察者，
實現抽象觀察者角色所要求的更新介面，
以便使本身的狀態與主題的狀態相協調。
```

「14 號選手，範本方法小姐，她提倡定義一個操作的演算法骨架，而將一些步驟延遲到子類別中，範本方法使得子類別可以不改變一個演算法的結構即可重定義該演算法的某些特定步驟。」

14 號選手 範本方法（TemplateMethod）

AbstractClass
+templateMethod()
+primitiveOperation1()
+primitiveOperation2()

實現了一個範本方法，定義了演算法的骨架，具體子類別將重新定義primitiveOperation以實現一個演算法的步驟

ConcreteClass
+primitiveOperation1()
+primitiveOperation2()

實現primitiveOperation以完成演算法中與特定子類別相關的步驟

「15 號選手是命令小姐，它覺得應該將一個請求封裝為一個物件，從而使你可用不同的請求對客戶進行參數化；可以對請求排隊或記錄請求日誌，以及支援可撤銷的操作。」

15 號選手 命令（Command）

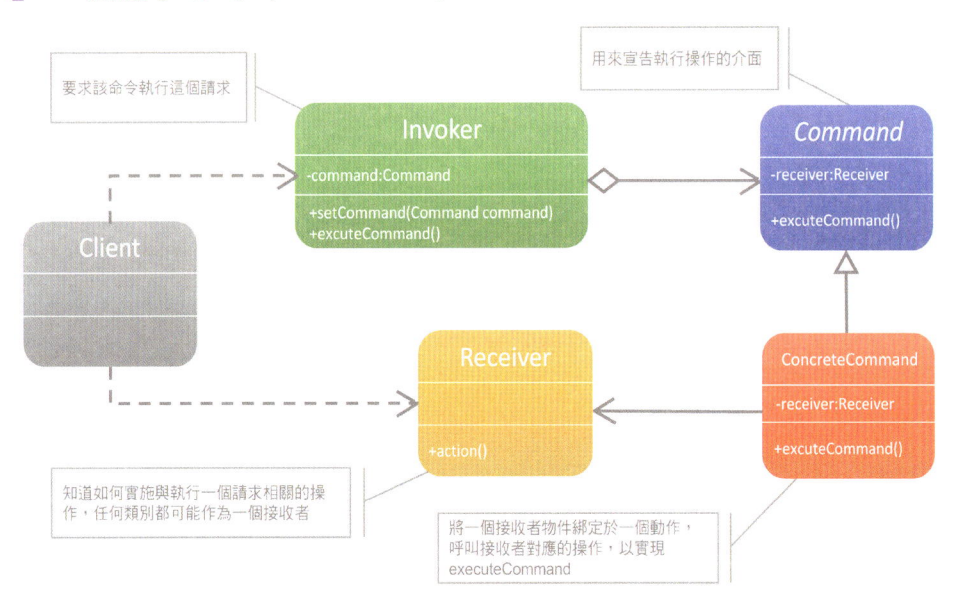

Invoker
-command:Command
+setCommand(Command command)
+excuteCommand()

Command（用來宣告執行操作的介面）
-receiver:Receiver
+excuteCommand()

Client

要求該命令執行這個請求

Receiver
+action()

知道如何實施與執行一個請求相關的操作，任何類別都可能作為一個接收者

ConcreteCommand
-receiver:Receiver
+excuteCommand()

將一個接收者物件綁定於一個動作，呼叫接收者對應的操作，以實現excuteCommand

「16 號是狀態小姐，她說允許一個物件在其內部狀態改變時改變它的行為，讓物件看起來似乎修改了它的類別。」

29.6 行為型模式—組比賽

16 號選手 狀態（State）

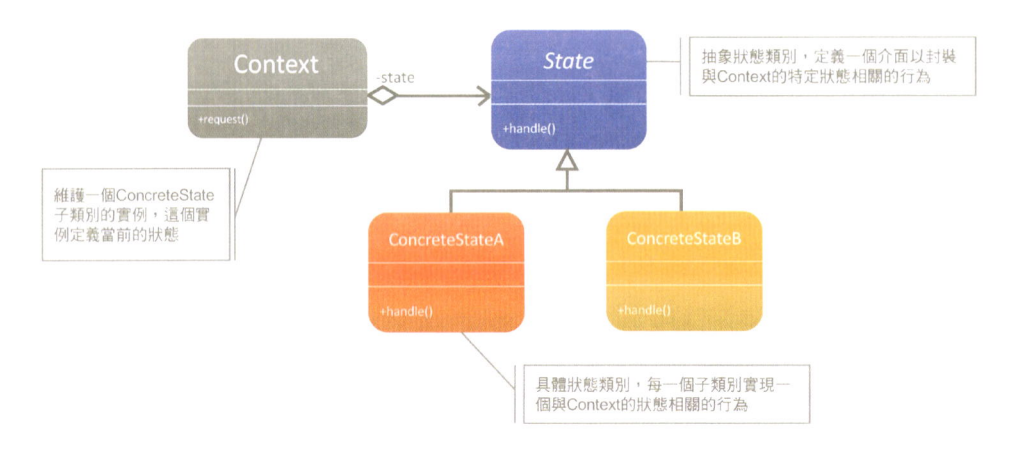

```
Context                    State         抽象狀態類別，定義一個介面以封裝
+request()     -state      +handle()     與Context的特定狀態相關的行為
```

維護一個ConcreteState子類別的實例，這個實例定義當前的狀態

```
        ConcreteStateA        ConcreteStateB
        +handle()             +handle()
```

具體狀態類別，每一個子類別實現一個與Context的狀態相關的行為

「本組最後一位，17 號選手，職責鏈小姐，她一直認為使多個物件都有機會處理請求，從而避免請求的發送者和接收者之間的耦合關係。將這些物件連成一條鏈，並沿著這條鏈傳遞該請求，直到有一個物件處理它為止。」

17 號選手 職責鏈（Chain of Responsibility）

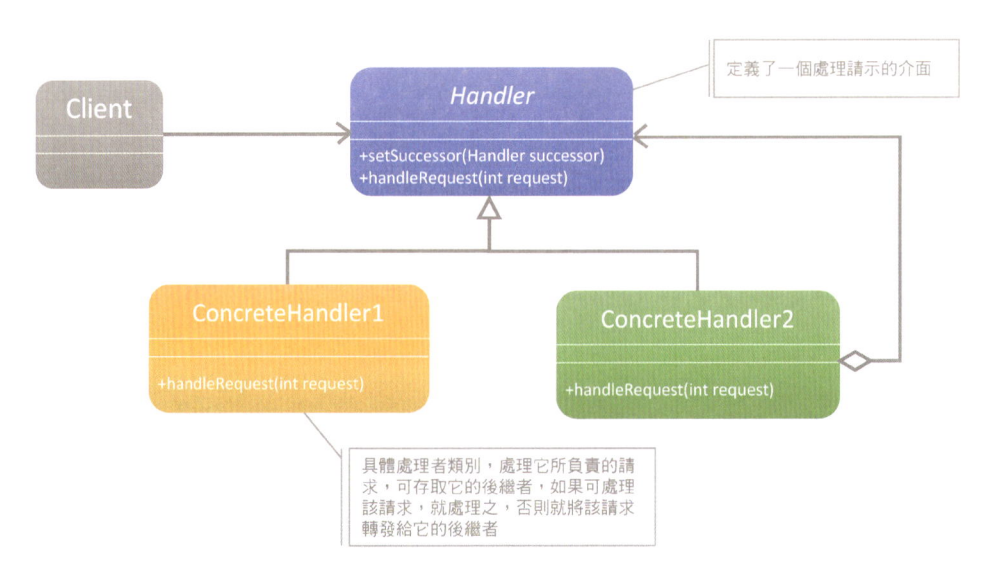

```
Client  →  Handler                              定義了一個處理請示的介面
           +setSuccessor(Handler successor)
           +handleRequest(int request)

    ConcreteHandler1              ConcreteHandler2
    +handleRequest(int request)   +handleRequest(int request)
```

具體處理者類別，處理它所負責的請求，可存取它的後繼者，如果可處理該請求，就處理之，否則就將該請求轉發給它的後繼者

觀眾席中的 ADO.NET 和 Hibernate 又開始了討論。

Hibernate：「VB.NET 是你們 .NET 家族的品牌吧？」

ADO.NET：「是的，最早是 BASIC，它是很古老的品牌，經過二十多年的發展，它已經成功地從以簡單入門為標準轉到了完全物件導向，真的很不容易，即簡單易懂，又功能強大，所以它做出的運動裝非常實用。」

Hibernate：「行為型模式的小姐們長得怎麼都不太一樣，風格差異也太大了。我不喜歡。」

ADO.NET：「我卻覺得還不錯，它們大多各有各的特長，比如這一組，應該還是有點看頭，觀察者、範本方法、命令都算是比較強的選手。」

Hibernate：「多半是觀察者勝出了，因為她實在是到處接拍廣告，做宣傳，什麼地方都能見到她的蹤影，恨不得通知所有人，她是一設計模式。」

ADO.NET：「我猜也是她，人家本來就是以通知為主要魅力點的模式呀。我們拭目以待吧。」

「下面有請評審提問。」主持人 GOF 說。

「請問觀察者小姐，說說你對解除物件間的緊耦合關係的理解？」依賴倒轉問道。

「我覺得物件間，尤其是具體物件間，相互知道的越少越好，這樣發生改變時才不至於互相影響。對我來說，目標和觀察者不是緊密耦合的，它們可以屬於一個系統中的不同抽象層次，目標所知道的僅是它有一系列的觀察者，每個觀察者實現 Observer 的簡單介面，觀察者屬於哪一個具體類別，目標是不知道的。」

「非常好，請問範本方法小姐，請你談談，你對程式重複的理解以及你如何實現程式重用？」里氏代換問。

29.6 行為型模式一組比賽

範本方法說,「程式重複是程式設計中最常見、最糟糕的『壞味道』,如果我們在一個以上的地方看到相同的程式結構,那麼可以肯定,設法將它們合而為一,程式會變得更好 [RIDEC]。但是完全相同的程式當然存在明顯的重複,而微妙的重複會出現在表面不同但是本質相同的結構或處理步驟中 [R2P],這使得我們一定要小心處理。繼承的非常大的好處就是你能免費地從基礎類別獲取一些東西,當你繼承一個類別時,衍生類別馬上就可以獲得基礎類別中所有的功能,你還可以在它的基礎上任意增加新的功能。範本方法模式由一個抽象類別組成,這個抽象類別定義了需要覆蓋的可能有不同實現的範本方法,每個從這個抽象類別衍生的具體類別將為此範本實現新方法。這樣就使得,所有可重複的程式都提煉到抽象類別中了,這就實現了程式的重用。」

「下面請問命令小姐,為什麼要將請求發送者與具體實現者分離?這有什麼好處?」單一職責問道。

「您的意思其實就是將呼叫操作的物件與知道如何實現該操作的物件解耦,而這就表示我可以在這兩者之間處理很多事,比如完全可以發送者發送完請求就完事了,具體怎麼做是我的事,我可以在不同的時刻指定、排列和執行請求。再比如我可以在實施操作前將狀態儲存起來,以便支援取消/重做的操作。我還可以記錄整個操作的日誌,以便以後可以在系統出問題時查詢原因或恢復重做。當然,這也就表示我可以支援事務,不是所有的命令全部執行成功,就是恢復到什麼也沒執行的狀態。總之,如果有類似的需求時,利用命令模式分離請求者與實現者,是最明智的選擇。」

「OK,職責鏈小姐,提問命令小姐的問題同樣提問給你,為什麼要將請求發送者與具體實現者分離?這有什麼好處?你如何回答。」

「我們時常會碰到這種情況,就是有多個物件可以處理一個請求,哪個物件處理該請求事先並不知道,要在執行時期刻自動確定,此時,最好的辦

法就是讓請求發送者與具體處理者分離，讓客戶在不明確指定接收者的情況下，提交一個請求，然後由所有能處理這請求的物件連成一條鏈，並沿著這條鏈傳遞該請求，直到有一個物件處理它為止。」職責鏈答道，「比如我住在縣城，生了怪病，我不知道什麼等級的醫院可以診治，顯然最簡單的辦法就是馬上找附近的醫院，讓此醫院來決定是否可以治療，如果不能則醫院會提供轉院的建議，由縣級轉市級、由市級轉省級、由省級轉國家級，反正直到可以治療為至。這就不需要請求發送者了解所有處理者才能處理問題了。」

「非常好，例子很形象，不過得怪病不是好事，健康才最重要。」開放封閉微笑道，「下面請問最後一位，狀態小姐，條件分支的大量應用有何問題？如何正確看待它？」

狀態答道：「如果條件分支敘述沒有牽涉重要的商務邏輯或不會隨著時間的變化而變化，也不會有任何的可擴充性，換句話說，它幾乎不會變化，此時條件分支是應該使用的。但是注意我這裡用到了很多前提，這些前提往往都是不成立的，事實上不會變化的需求很少，不需要擴充的軟體也很少，那麼如果把這樣的分支敘述進行分解並封裝成多個子類別，利用多形來提高其可維護、可擴充的需要，是非常重要的。狀態模式提供了一個更好的辦法來組織與特定狀態相關的程式，決定狀態轉移的邏輯不在單區塊的 if 或 switch 中，而是分佈在各個狀態子類別之間，由於所有與狀態相關的程式都存在於某個狀態子類別中，所以透過定義新的子類別可以很容易地增加新的狀態和轉換。」

「下面有請六位評審寫上你們認為表現最好的模式小姐。」GOF 說道。

「喔，觀察者 3 票、範本方法 2 票、命令 1 票，最終觀察者小姐晉級。」GOF 在等評審翻牌後宣佈道。「恭喜你，觀察者小姐，有什麼要說的嗎？」

29.6 行為型模式—組比賽

觀察者小姐平靜地說:「感謝所有關心我、喜歡我和憎恨我的人。比賽中的環境不太乾淨,但我是乾淨地站起來的。」

「啊,你,你說憎恨?不乾淨?什麼意思?」GOF 非常意外。

「無可奉告。」觀察者顯然知道剛才那些話的影響,所以選擇回避。

「哦,」GOF 有些尷尬,「下面先進段廣告,廣告後我們進行第四組的比賽。」慌忙之中,GOF 連讓簡訊投票的宣傳都忘記說了。

此時場下觀眾都議論紛紛。當然 ADO.NET 和 Hibernate 兩位也不例外。

ADO.NET:「你說她被誰憎恨了?」

Hibernate:「那誰知道。不過一定是來參賽前,受到了一些阻撓,甚至於產生了很大的矛盾,因此才有了憎恨一說。其實憎恨也就罷了,『不乾淨』一詞力道可就重了。」

ADO.NET:「這有什麼,只不過觀察者她膽子大,說了出來。在娛樂圈、體育圈有潛規則,難道我們程式世界裡就沒有潛規則?」

Hibernate:「是呀,只要牽涉到利益,就不可能沒有交易。我再給你爆個料,MVC 你聽說過嗎?」

ADO.NET:「知道呀,大名鼎鼎的 MVC 模式,就是 Model/View/Controller,非常漂亮的姑娘。在電視上經常能看到它,好像談模式、談架構沒有不談到她的。」

Hibernate:「你可知道為何她沒來參加這次超級模式大賽?」

ADO.NET:「咦,對哦,為什麼她沒來參加呢,要是她來,和這 23 個比,至少前三是一定可以進的。你不要告訴我,因為她被潛規則了?」

Hibernate:「我偷偷告訴你,你可別出去亂傳。MVC 是包括三類物件,Model 是應用物件,View 是它在螢幕上的表示,Controller 定義使用者介面對使用者輸入的回應方式。如果不使用 MVC,則使用者介面設計往

往將這些物件混在一起，而 MVC 則將它們分離以提高靈活性和重複使用性。因此，有人甚至說，她是集觀察者、組合、策略三個美女優點於一身的靚女。海洗和選拔賽時她都表現非常好的，但因為一次簡訊的事情，而她又在自己部落格裡寫了《非得這樣嗎？》的文章，大大地得罪了主辦方的大鱷。於是由於這件事，她就徹底把自己的前途給葬送了。後來部落格的文章也被勒令刪除。」

ADO.NET：「得罪誰了？簡訊什麼內容？」

Hibernate：「我哪知道呀，反正她後來就退出比賽了。」

ADO.NET：「你這也叫爆料呀，什麼都沒說出來，根本就一個聽風是雨沒任何根據的小道消息。據我猜測，主要原因是這次是設計模式比賽，而 MVC 是多種模式的綜合應用，應該算是一種架構模式，所以被排除在外。」

Hibernate：「不信就算了，不過你說的也有道理。」

29.7 行為型模式二組比賽

「歡迎回到第一屆 OOTV 杯超級設計模式大賽現場，下面是行為型模式二組，也就是最後一組的比賽，她們將穿 C++ 旗袍出場。」

「首先出場的是 18 號選手，解譯器小姐，它聲稱給定一個語言，定義它的文法的一種表示，並定義一個解譯器，這個解譯器使用該表示來解釋語言中的句子。」

18 號選手 解譯器（interpreter）

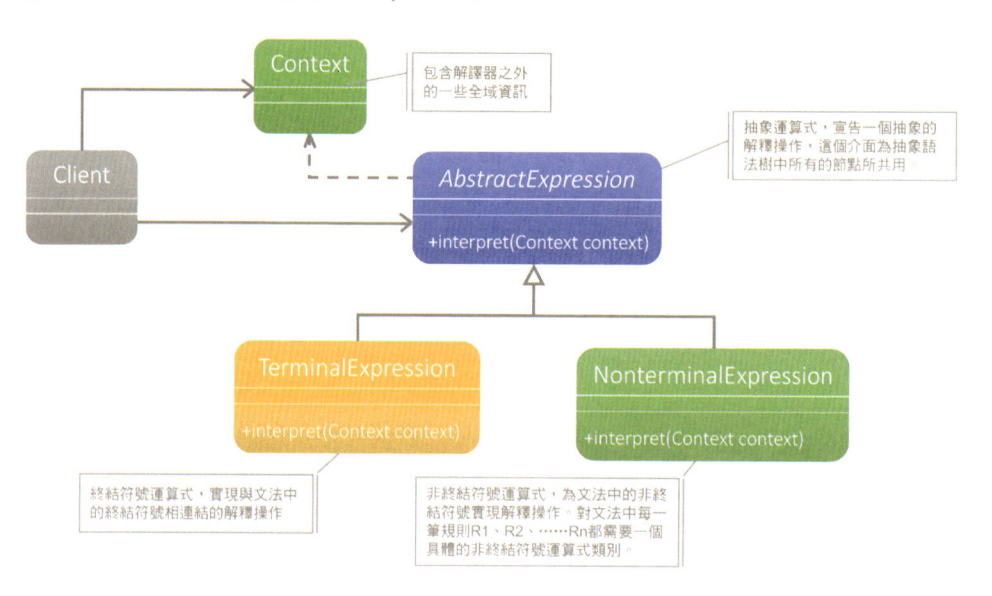

```
          ┌─────────┐
          │ Context │  包含解譯器之外
          └─────────┘  的一些全域資訊
            ▲
            │                              抽象運算式，宣告一個抽象的
┌────────┐  │   ┌─────────────────────┐    解釋操作，這個介面為抽象語
│ Client │──┼──▶│  AbstractExpression │    法樹中所有的節點所共用
└────────┘      ├─────────────────────┤
                │ +interpret(Context context) │
                └─────────────────────┘
                         △
              ┌──────────┴──────────┐
  ┌───────────────────────┐  ┌────────────────────────┐
  │  TerminalExpression   │  │ NonterminalExpression  │
  ├───────────────────────┤  ├────────────────────────┤
  │+interpret(Context context)│ │+interpret(Context context)│
  └───────────────────────┘  └────────────────────────┘
終結符號運算式，實現與文法中    非終結符號運算式，為文法中的非終
的終結符號相連結的解釋操作       結符號實現解釋操作。對文法中每一
                              筆規則R1、R2、……Rn都需要一個
                              具體的非終結符號運算式類別。
```

「19 號選手是仲介者小姐，她說她是用一個仲介物件來封裝一系列的物件互動。仲介者使各對像不需要顯性地相互引用，從而使其耦合鬆散，而且可以獨立地改變它們之間的互動。」

19 號選手 仲介者（Mediator）

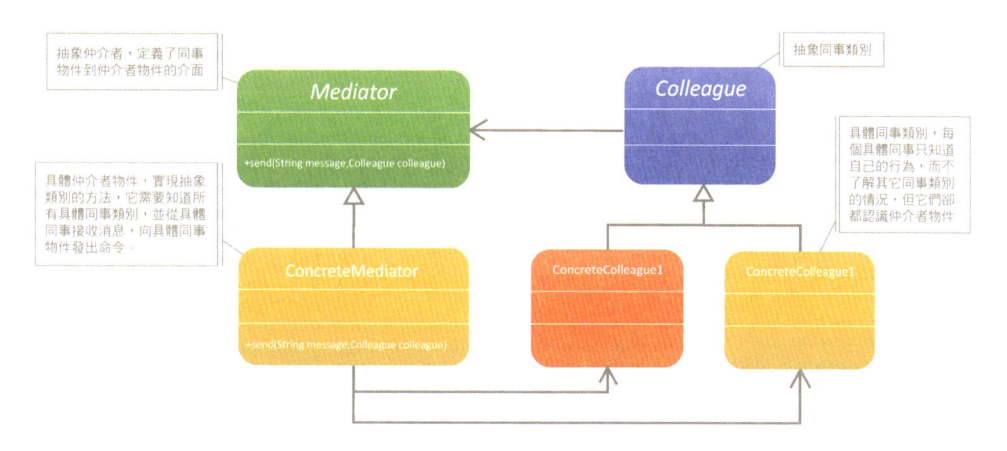

「20 號小姐向我們走來，存取者小姐，她表示一個作用於某物件結構中的各元素的操作。它使你可以在不改變各元素的類別的前提下定義作用於這些元素的新操作。」

20 號選手 存取者（Visitor）

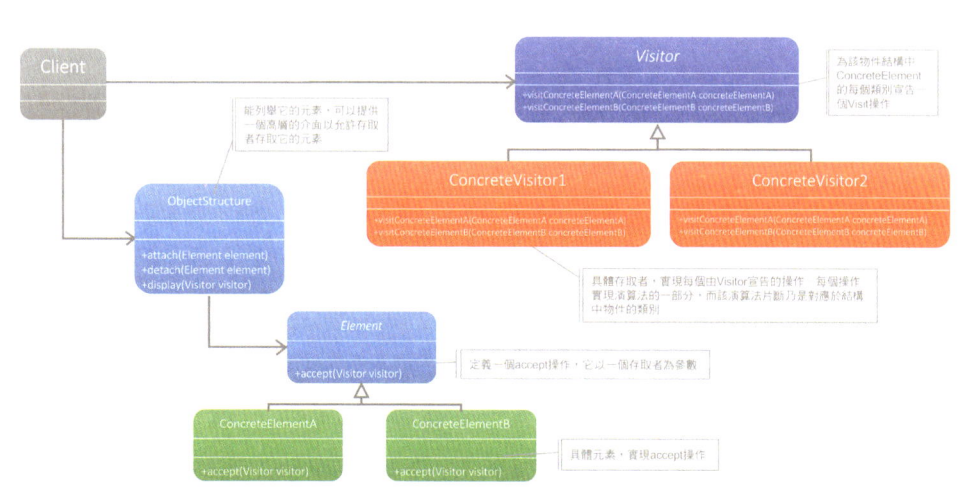

29.7 行為型模式二組比賽

「21 號小姐是策略，一個可愛的姑娘，她的意圖是定義一系列的演算法，把它們一個個封裝起來，並且使它們可相互替換。本模式使得演算法可獨立於使用它的客戶而變化。」

21 號選手 策略（Strategy）

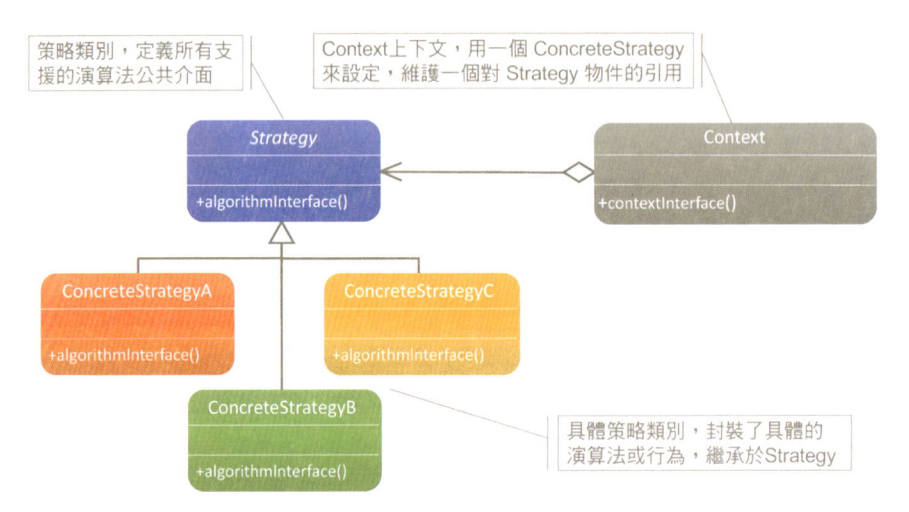

策略類別，定義所有支援的演算法公共介面

Context上下文，用一個 ConcreteStrategy 來設定，維護一個對 Strategy 物件的引用

具體策略類別，封裝了具體的演算法或行為，繼承於 Strategy

「22 號選手，備忘錄小姐，她說在不破壞封裝性的前提下，捕捉一個物件的內部狀態，並在該物件之外儲存這個狀態。這樣以後就可將該物件恢復到原先儲存的狀態。」

22 號選手 備忘錄（Memento）

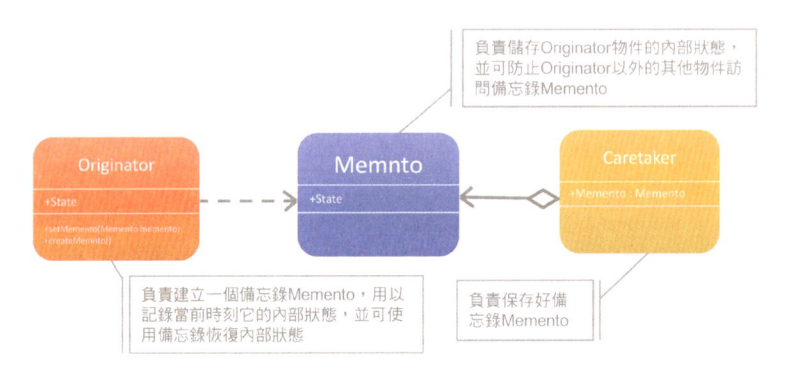

負責儲存Originator物件的內部狀態，並可防止 Originator以外的其他物件訪問備忘錄Memento

負責建立一個備忘錄Memento，用以記錄當前時刻它的內部狀態，並可使用備忘錄恢復內部狀態

負責保存好備忘錄Memento

「最後一名選手，23 號，迭代器小姐，她說，提供一種方法循序存取一個聚合物件中各個元素，而又不需曝露該物件的內部表示。」

23 號選手 迭代器（Iterator）

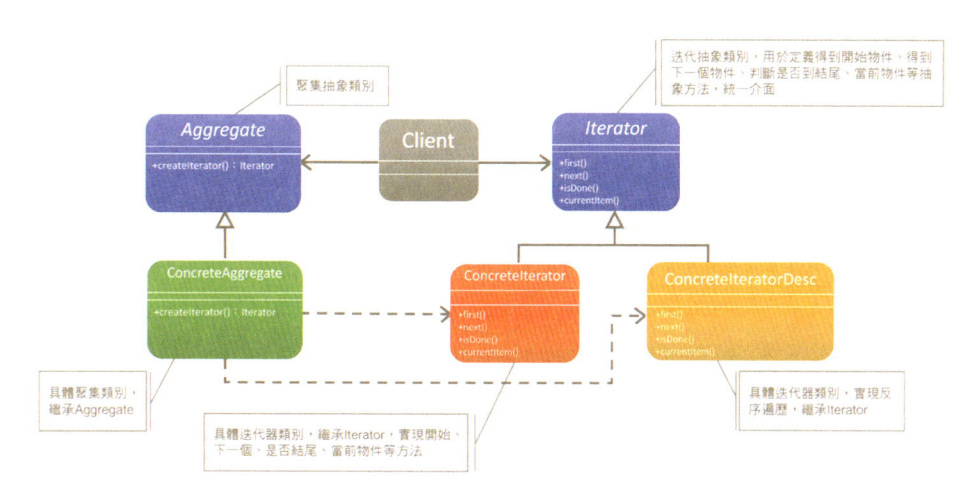

Hibernate：「這組裡我只認識策略小姐，看過她做過不少廣告，迭代器好像也聽說過。其他的小姐太沒名氣了，我不看好她們。」

ADO.NET：「仲介者也還算行，至少我是知道她的。不過這一組實力是不太強，估計策略拿第一沒什麼懸念了。」

「好的，各位小姐已展示完畢，下面有請評審提問。」主持人 GOF 說。

「請問解譯器小姐，説説你參賽的動機和優勢？」依賴倒轉問道。

解譯器小姐很鎮定地答道：「在程式設計世界裡，實現目標都是透過撰寫語言並執行來實現的，從最低級的機器語言到人能很容易讀懂機器也可以執行的高階語言，但是高階語言撰寫起一些問題可能還是比較複雜。如果一種特定類型的問題發生的頻率足夠高，那麼就可以考慮將該問題的各個實例表述為一個簡單語言中的句子。也就是說，透過建構一個解譯器，該解譯器解釋這些句子來解決該問題。比如正規表示法就是描述

29-43

29.7 行為型模式二組比賽

字串模式的一種標準語言，與其為每一個字串模式都建構一個特定的演算法，不如使用一種通用的搜索演算法來解釋執行一個正規表示法，該正規表示法定義了待匹配字元器的集合。」

「仲介者小姐，人家都說你是交際花，請問你廣交朋友的目的是什麼？」迪米特問道。

「交際花不敢當，但我的確喜歡交朋友。物件導向設計鼓勵將行為分佈到各個物件中，這種分佈可能會導致物件間有許多連接。也就是說，有可能每一個物件都需要知道其他許多物件。物件間的大量相互連接使得一個物件似乎不太可能在沒有其他物件的支援下工作，這對於應對變化是不利的，任何較大的改動都很困難。所以說朋友多既是好事情，其實也是壞事情。我提倡將集體行為封裝一個單獨的仲介者物件來避免這個問題，仲介者負責控制和協調一組物件間的互動。仲介者充當一個仲介以使組中的物件不再相互顯性引用。這些物件僅知道仲介者，從而減少了相互連接的數目。我作為仲介者，廣交朋友，就有著在朋友間牽線搭橋的作用。可以為各位朋友們服務。這其實不也正是迪米特先生您一直宣導的最少知識原則，也就是如何減少耦合的問題，類別之間的耦合越弱，越有利於重複使用。」

現在輪到存取者了，她面無表情，不知是否很緊張。合成聚合重複使用問道：「存取者小姐，聽說你對朋友要求很苛刻，要請到你幫忙是很難的事情，你喜歡交朋友嗎？」

聽到這個問題，存取者笑開了顏：「哪有這種事情，朋友要我幫忙，我都會盡力而為的。的確，我不太喜歡交很多朋友，一般找到好朋友了，就不喜歡再交往新的朋友了。我的理念是朋友在精不在多。但是我和朋友間的交往通常會是多方面的，一同聊天、逛街、旅遊、唱歌、游泳，哪怕是我們不會的活動，我們也可以嘗試一起去學習、去擴充我們的生活情趣。也就是說，存取者增加具體的 Element 是困難的，但增加依賴於

複雜物件結構的組件的操作就變得容易。僅需增加一個新的存取者即可在一個物件結構上定義一個新的操作。」

「非常有意思的交友觀。下面請策略小姐準備接受提問。」GOF 說道。

「請問策略小姐，說說你對『優先使用物件組合，而非類別繼承』的理解？」合成聚合重複使用問道。

策略小姐答得很流利，「繼承提供了一種支援多種演算法或行為的方法，我們可以直接生成一個類別 A 的子類別 B、C、D，從而給它以不同的行為。但這樣會將行為硬行編制到父類別 A 當中，而將演算法的實現與類別 A 的實現混合起來，從而使得類別 A 難以理解、難以維護和難以擴充，而且還不能動態地改變演算法。仔細分析會發現，它們之間的唯一差別是它們所使用的演算法或行為，將演算法封裝在獨立的策略 Strategy 類別中使得你可以獨立於其類別 A 改變它，使它易於切換、易於理解、易於擴充。這裡顯然使用物件組合要優於類別繼承。」

「策略小姐說得非常好，下面想請問一下備忘錄小姐，在儲存物件的內部狀態時，為何需要考慮不破壞封裝細節的前提？」單一職責問道。

「通常原物件 A 都有很多狀態屬性，儲存物件的內部狀態，其實也就是將這些狀態屬性的值可以記錄到 A 物件外部的另一個物件 B，但是，如果記錄的過程是對外透明的，那就表示儲存過程耦合了物件狀態細節。使用備忘錄就不會出現這個問題，它可以避免曝露一些隻應由物件 A 管理卻又必須儲存在物件 A 之外的資訊。備忘錄模式把可能很複雜的物件 A 的內部資訊對其他物件遮罩起來，從而保持了封裝邊界。」

「最後一位，迭代器小姐，說說迭代器模式對遍歷物件的意義？」里氏代換問道。

「一個集合物件，它當中具體是些什麼物件元素我並不知道，但不管如何，應該提供一種方法來讓別人可以存取它的元素，而且可能要以不同

29.7 行為型模式二組比賽

的方式遍歷這個集合。迭代器模式的關鍵思想是將對串列的存取和遍歷從串列物件中分離出來並放入一個迭代器物件中,迭代器類別定義了一個存取該串列元素的介面。迭代器物件負責追蹤當前的元素,並且知道哪些元素已經遍歷過了。」

「下面有請六位評審評選出行為型二組比賽的第一名。」GOF 說道。

「迭代器小姐 2 票、策略小姐 4 票。」GOF 宣佈。「晉級的是策略小姐。」

「Yeah!」策略小姐右手伸出食指和中指,打了「V」型手勢,向台前晃了晃,然後收到頭頂上方握緊拳頭做下拉狀。

「哈,策略小姐高興起來真像個孩子,說說感受吧。」GOF 對策略的反應也很開心,微笑著說。

「我要感謝 OOTV,感謝六位評審,感謝我爸我媽,感謝所有支持我的朋友,我愛你們!」策略彷彿已經問鼎冠軍一樣說了一大堆感謝的話。

「各位觀眾,請加快給你喜愛的選手投票,廣告過後,我們將關閉簡訊通道。宣佈投票結果。」GOF 宣佈說。

聽主持人一宣佈,下面的 Fans 們又紛紛掏出手機開始最後一輪的瘋狂簡訊。

Hibernate:「看來我們英雄所見完全相同。」

ADO.NET:「是呀,策略早就成名了,所以很習慣於這種大場合說些場面話,明星也是練出來的。」

Hibernate:「現在工廠方法、外觀、觀察者、策略晉級了,除了這幾位,你猜簡訊的結果是誰?」

ADO.NET:「從感覺上來講,組合、命令、轉接器、迭代器都有機會。」

Hibernate:「就不會出黑馬?比如抽象工廠、代理、範本方法、橋接等?不過這次確實難料了。」

29.8 決賽

「歡迎回來，我們的簡訊平台剛剛關閉，結果已經出來。」GOF 說，「除了四位入選的選手外，簡訊票數最多的選手是……她是……轉接器小姐。」

轉接器手捧住臉，剛才 PK 失利時都沒有流淚的她，現在卻梨花帶雨，楚楚動人。相信她自己也沒想到竟然會是自己，所有的人都將目光集中到了這個被稱為有「殺手鐧」的女孩身上。

「謝謝，謝謝觀眾朋友，我真心地……感謝……您們。」轉接器有些激動，有些泣不成聲，和剛才的策略小姐的表現形成了鮮明的對比。

「好的，現在我們比賽已經進入了最高潮，23 位選手，經過激烈的比拼，現在選出了五位選手將站在 PK 台上，來決定今天冠亞季軍的歸屬。她們分別是……工廠方法小姐、外觀小姐、觀察者小姐、策略小姐和觀眾朋友選出的可愛的轉接器小姐。」

工廠方法模式		觀察者模式
單例模式		觀察者模式
工廠方法模式		範本方法模式
抽象工廠模式		命令模式
建造者模式		狀態模式
原型模式		職責鏈模式

面板模式		策略模式
轉接器模式		解譯器模式
裝飾模式		仲介者模式
橋模式		存取者模式
組合模式		策略模式
享元模式		備忘錄模式
代理模式		迭代器模式
面板模式		

轉接器模式

29.8 決賽

「決賽是一道應用題,希望五位選手根據你們的經驗,來說明如果你參與其中,將發揮什麼樣的作用,具體如何做。評審將根據各位的臨場表現評分,最終評出冠亞季軍。」GOF 說道,「各位請聽題。」

「題目是說有一家以軟體開發和服務為主的創業型的公司創業初期初見成效,公司有了發展,員工數量大量增加,於是就考慮自主開發一套薪資管理系統來對公司的員工薪資進行管理,做得好也將作為產品對外銷售。公司的員工按照薪資來分類大致可分為普通員工,他們按照月薪制發放,每月有薪水和獎金;市場和銷售人員,按照每月底薪加抽成的方式發放;中高級管理人員,按照年薪加分紅的方式發放;兼職人員和臨時工,按照小時資費發放。系統要求介面不花俏,但要方便好用,如要有選單、工具列和狀態列等要素。產品初步打算用 SQL Server 作為資料庫,但不排除未來成為產品後將可以應用於 Oracle、MySQL 等資料庫來做資料持久化。薪資可以提供多種查詢和統計的功能,報表能生成各種複雜的統計圖。由於系統是自主研發的產品,所以統計圖生成如若時間充裕則自行開發,否則就購買協力廠商的元件。」GOF 念完題目後,接著說,「現在請選手們準備一下,說出你們對這個系統設計的建議。」

「首先有請外觀小姐發言。」

「我覺得這是一套典型的企業辦公軟體,所以在設計上我建議用三層架構比較好,也就是展現層、業務邏輯層和資料存取層。由於公司對業務有明確的需求,但對介面卻有模糊性,『不花俏』和『方便好用』實在是見仁見智。所以我的建議是在業務邏輯與展現層之間,增加一業務外觀層,這樣就讓兩層明顯地隔離,展現層的任何變化,比如是用用戶端軟體還是用瀏覽器方式表示都不會影響到業務與資料的設計。」外觀小姐侃侃而談。

「非常棒的回答,下面有請觀察者小姐發言。」

「需求中提到『要有選單、工具列和狀態列等要素』,其實不管是 C/S 架

構還是 B/S 架構，每個按鈕或連結的點擊都需要觸發一系列的事件。而所有的事件機制其實都是觀察者模式的一種應用，即當一個物件的狀態發生改變時，所有依賴於它的物件都得到通知並被自動更新，比如狀態列就是一個根據事件的不同時刻需要更新的控制項。因為我覺得整個展現層，採用事件驅動的技術是可以極佳地完成需求的。我說完了。」

「OK，下面有請轉接器小姐回答。」

「本來我以為這個系統沒我什麼事，但是最後的需求，讓我感覺我還是能發揮大作用。需求說『統計圖生成如若時間充裕則自行開發，否則就購買協力廠商的元件』，這裡的意思其實就是說，統計圖表的生成是自己開發還是購買元件是有變數的。既然這裡存在可能的變化，那很顯然要考慮將其封裝，根據依賴倒轉原則，我們讓業務模組依賴一個抽象的生成圖介面，而非具體的協力廠商元件或自行實現程式將有利於我們的隨機應變。至於協力廠商元件的介面不統一的問題，完全可以利用轉接器模式來處理，達到適應變化的需求。謝謝！」

「哈，看來題目難不倒各位模式的小姐。下面有請策略小姐發言。」

「輪到我了？好的，我是這麼想的。公司有多種薪資發放規則，但不管用哪種發放規則，只不過是計算的不同，最終都將是資料的儲存與展示，因此我們不希望發放規則的變化會影響系統的資料新增修改、資料統計查詢等具體的業務邏輯。應用策略模式，可以很好的把薪資發放規則一個個封裝起來，並且使它們可相互替換，這樣哪怕再增加多種發放規則，或修改原有的規則，都不會影響其他業務的實現。回答完畢。」

「Very Very Good ！策略小姐的回答，非常精彩。下面有請最後一位，工廠方法小姐發言。」

「只要是在做物件導向的開發，建立物件的工作不可避免。建立物件時，負責建立的實體通常需要了解要建立的是哪個具體的物件，以及何時建立這個而非那個物件的規則。而我們如果希望遵循開放 - 封閉原則、依

> 29.8 決賽

賴倒轉原則和里氏代換原則,那使用物件時,就不應該知道所用的是哪一個特選的物件。此時就需要『物件管理者』工廠來負責此事。比如需求中說到系統做成產品後可以用多種資料庫來做持久化。如果我們建立物件時指明了是用 SQL Server,那麼就會面臨著要用 Oracle 的時候的尷尬問題,因為這裡不能適應變化。解決辦法是我們可以透過抽象工廠模式、反射技術等手段來讓業務邏輯與資料存取之間減少耦合。當然,如果系統比較複雜,也可以使用一種 ORM 工具來將業務物件與關聯式資料庫進行映射。同樣的道理,剛才提到的應用策略模式解決薪資發放規則,用轉接器模式解決協力廠商元件調配等問題,在物件建立時,都可以透過工廠的手段來避免指明具體物件,減少耦合性。另外,在建立物件時,使用抽象工廠、原型、建造者的設計比使用工廠方法要更靈活,但它們也更加複雜,一般來說設計是以使用工廠方法開始,當設計者發現需要更大的靈活性時,設計便會向其他建立型模式演化。總之,在物件導向開發過程中,為了避免耦合,都多多少少會應用工廠方法來幫助管理建立物件的工作。工廠方法的實現並不能減少工作量,但是它能夠在必須處理新情況時,避免使已經很複雜的程式更加複雜。工廠方法會繼續努力,為大家做好優質的服務,謝謝大家。」

「哦,我對你的敬仰真如滔滔江水、連……」GOF 突然感覺自己有些失態,連忙收口。「下面有請 6 位評審慎重做出選擇,評出我們本屆大賽的季軍、亞軍,以及我們的──冠軍。現在是廣告時間,不要走開哦,我們馬上回來揭曉答案。」

場下,只見 Hibernate 雙手緊握,舉在胸前,ADO.NET 則詫異地望著他。

Hibernate:「啊,工廠方法,我真是愛死你了。」

ADO.NET:「花癡,別犯傻了,人家可是大明星了,你愛到死人家也不會知道。」

Hibernate:「我猜工廠方法準贏、確定贏、一定贏、肯定贏!」

ADO.NET：「那可難說得很。其他幾位也表現很好的，主要原因是工廠方法最後一個回答，所以佔了便宜，不然怎麼能舉出前面選手所說的例子，這其實都不太公平。」

Hibernate：「咦，你說得對哦，為什麼是工廠方法最後一個發言，按道理她應該第一個發言的。」

ADO.NET：「這誰知道呢，說不定又有什麼潛規則在裡面。」

Hibernate：「啊，如果真是這樣，那可實在是太讓我這『工仔』傷心了。」

ADO.NET：「『公仔』？怎麼聽得像是廣東香港那邊對毛絨玩具的叫法。這是什麼意思？」

Hibernate：「你不知道呀，『工仔』就是工廠方法的 Fans 的統稱。」

ADO.NET：「啊，連粉絲統稱都有了。太快了吧。」

此時，只聽場外口號聲四起。

「工廠工廠，工仔愛你，就像老鼠愛白米。」所有工仔們在簡單工廠的指揮下舉著條幅大叫道。

29.8 決賽

「模林至尊，策略同盟，號令天下，莫敢不從。」策略的粉絲開始齊呼。

外觀的 Fans 坐不住了，跟著對叫道：「外觀不出，誰與爭鋒。」

相比之下，觀察者和轉接器的 Fans 就顯得沒什麼聲勢。

「各位現場的來賓，觀眾朋友們，第一屆 OOTV 杯超級設計模式大賽的結果馬上就要揭曉，讓我們有請我們的總策劃兼總導演抽象先生，上台來宣佈結果。」

只見 50 多歲的抽象先生，緩緩走上台前，接過主持人 GOF 交給他的信封，對著話筒說：「真的很高興能看到今天的大賽舉辦得圓滿成功。在這我代表組辦方，向所有為這次大賽付出艱苦努力的工作人員表示衷心的感謝。望著這 23 位模式小姐，她們在台上盡情地『群模亂舞』，我們在台下感受到了她們的『模法無邊』。非常值得慶賀的是，23 位小姐都發揮出了應有的水準，賽出了風格，賽出了水準。我……」

GOF 打斷了抽象先生的說話，「請您打開信封宣佈結果。」

「哦，對對對，我是來宣佈結果的。」抽象先生反應過來，拆開了信封，念道，「第一屆 OOTV 杯超級設計模式大賽決賽入圍的有：工廠方法、外觀、觀察者、策略、轉接器。她們五位設計模式小姐表現都很出色。其實說到底，物件導向設計模式表現的就是抽象的思想，類別是什麼，類別是對物件的抽象，抽象類別呢，其實就是對類別的抽象，那介面呢，說穿了就是對行為的抽象。不管是什麼，其實……」

「抽象先生，請您宣佈結果。」GOF 不得不再次提醒他。

「哦，你等我說完，其實都是在不同層次、不同角度進行抽象的結果，它們的共通性就是抽象。所以……」抽象先生打了個咯噔，「我宣佈，第一屆 OOTV 杯超級設計模式大賽的冠軍是……」

29.9 夢醒時分

時間：7月23日 晚上23:50　　地點：小菜自己的臥室　　人物：小菜、大鳥

（註：此圖為作者兒子9歲時手繪原創作品）

「喂，小菜，醒醒。」大鳥站在小菜旁邊，推了推他，「這樣趴著睡會感冒的，上床去睡。」

「啊，大鳥呀，你壞我好夢。」小菜用手揉著眼睛說道，「早不來晚不來，剛夢到要宣佈結果，你就來了。氣死我了。」

「你夢到什麼了？都快12點了，快去睡覺吧。」

「這下是再也不可能夢到抽象宣佈結果了。你說怎麼辦？」

「什麼抽象宣佈結果，你做什麼鬼夢呢？」

「明天我們公司讓我去做關於應用設計模式體會的演講，我本想等你回來問你的，一不小心就睡著了，做了一個好夢，但卻被打擾了。」

「哦，這是好事呀，明天演講什麼內容，你想好了嗎？」

「本來是沒想好，不過現在嗎，嘿嘿，我已經有數了。」

「你打算怎麼講？」

「保密，明天我回來再對你說。我去睡覺去了。」

「好，祝你好運。晚安。」

　時間：7月24日下午15:30　　地點：小菜公司大會議室　　人物：全公司成員

「今天我給大家講一個關於『OOTV杯超級模式大賽』的故事。故事是這樣開始的……」

小菜的故事講得非常精彩，成了公司的技術明星。在隨後的日子裡，逐步完成了由菜鳥程式設計師向優秀軟體工程師的蛻變，並繼續向著成為軟體架構師的理想前進。

29.10 沒有結束的結尾

生活還在繼續，程式設計也不會結束。每天晚上，小菜和大鳥繼續著對程式、對愛情、對理想、對人生的討論和思考。而我們的故事，卻要暫時告一段落了。

祝願您在閱讀本書的過程當中，讀有所獲，閱有所思。書籍一定會有最後一頁，但你的物件導向程式設計之路或許才剛剛開始。相信透過你的努力，你的人生會更加精彩。

Appendix A

參考文獻

- 中文書名：《設計模式：可重複使用物件導向軟體的基礎》作者：Erich Gamm，Richard Helm，Ralph Johnson，John Vlissides，簡稱：GoF，譯者：李英軍、馬曉星、蔡敏、劉建中，機械工業出版社
- http://www.dofactory.com/Patterns/Patterns.aspx 網站名稱：data & object factory 本書的設計模式基本結構圖和基本程式都來自此網站
- 中文書名：《設計模式解析》（第 2 版）作者：Alan Shalloway，James R. Trott，譯者：徐言聲，人民郵電出版社
- 中文書名：《敏捷軟體開發：原則、模式與實踐》作者：Robert C.Martin，譯者：鄧輝，清華大學出版社
- 中文書名：《重構──改善既有程式的設計》作者：Martin Fowler，譯者：侯捷、熊節，中國電力出版社
- 中文書名：《Java 與模式》作者：閻宏，電子工業出版社
- 中文書名：《重構與模式》作者：Joshua Kerievsky，譯者：楊光、劉基誠，人民郵電出版社
- 《Head First Design Patterns》（影印版）作者：Eric Freeman & Elisabeth Freeman with Kathy Sierra & Bert Bates，東南大學出版社
- MSDN WebCast《C# 物件導向設計模式縱橫談》講師：李建忠

29.10 沒有結束的結尾

http://www.msdnwebcast.com.cn/CourseSeries.aspx?id=12

- 《企業應用架構模式》作者：Martin Fowler，譯者：王懷民、周斌，機械工業出版社
- 《Microsoft .NET 框架程式設計》（修訂版）作者：Jeffrey Richter，譯者：李建忠，清華大學出版社
- 《物件導向分析與設計》（原書第 2 版）作者：GRADY BOOCH，譯者：馮博琴、馮嵐、薛濤、崔舒寧，機械工業出版社
- 《.Net 設計模式》作者：甄鐳，電子工業出版社
- 《深入淺出設計模式 C#/Java 版》作者：莫勇騰，清華大學出版社
- 《C# 入門經典》作者：KARLI WATSON，CHRISTIAN NAGEL，譯者：齊立波，清華大學出版社
- 《C# 設計模式》作者：STEVE JOHN METSKER，譯者：顏炯，中國電力出版社
- 《C# 高級程式設計》（第 3 版）作者：CHRISTIAN NAGEL，BILL EVJEN，JAY GLYNN，譯者：李敏波，清華大學出版社
- 《程式設計的奧秘——.Net 軟體技術學習與實踐》作者：金旭亮，電子工業出版社
- http://wayfarer.cnblogs.com/ 部落格作者：張逸
- http://zhenyulu.cnblogs.com/ 部落格作者：呂震宇
- http://terrylee.cnblogs.com/ 部落格作者：李會軍
- http://idior.cnblogs.com/ 部落格作者：idior
- http://allenlooplee.cnblogs.com/ 部落格作者：Allen Lee
- http://www.jdon.com/designpatterns/index.htm 網站名稱：J 道，版主：banq
- http://blog.csdn.net/billdavid/category/22838.aspx 部落格作者：大衛
- http://blog.csdn.net/ai92/ 部落格作者：ai92
- 彩色圖片來源 1：https://unsplash.com/
- 彩色圖片來源 2：https://www.pexels.com/
- 彩色圖片來源 3：https://pixabay.com/